Technische Physik
in Einzeldarstellungen
Herausgegeben von W. Meissner

12

Mikrowellen-Meßtechnik

Von

Dr. Friedrich J. Tischer
Assoc. Professor der Ohio State University

Mit 257 Abbildungen

Springer-Verlag Berlin Heidelberg GmbH

1958

ISBN 978-3-642-87505-2   ISBN 978-3-642-87504-5 (eBook)
DOI 10.1007/978-3-642-87504-5

Gewidmet meinen lieben Eltern

Vorwort

Die Mikrowellentechnik ist eines der Fachgebiete, auf welchen in den letzten Jahren Fortschritte von außerordentlicher technischer und wirtschaftlicher Bedeutung erzielt wurden. Zu dieser Entwicklung hat die Mikrowellen-Meßtechnik wesentlich beigetragen. Diese Meßtechnik hat heute einen Stand erreicht, der es gestattet, die Meßverfahren und Meßgeräte, in einer wohl weitgehend endgültigen Übersicht zu beschreiben.

Die vorliegende Monographie soll, wie alle anderen Bücher der Sammlung, keine Einführung für Anfänger sein. Sie will vielmehr dem auf dem Gebiet der Mikrowellen Arbeitenden seine Tätigkeit erleichtern. Sie soll dem Leser eine möglichst vollständige Darstellung der Mikrowellen-Meßtechnik und ihrer theoretischen Grundlagen bieten, so daß ihm viel Mühe und Nachschlagen in Einzelarbeiten abgenommen wird. In der Darstellung sind Fehlerbetrachtungen, Methoden der Fehlervermeidung und fortgeschrittene Meßmethoden eingeschlossen.

Die Ausführlichkeit wurde so gewählt, daß mit den vermittelten Erkenntnissen die Vielzahl der vorkommenden Messungen unter den verschiedenartigen Versuchsbedingungen mit Verständnis durchgeführt werden können. Bei der Ableitung der zu benützenden Gleichungen und Formeln war es notwendig die theoretischen Grundlagen vielfach vorauszusetzen, so daß der Benutzer unter Umständen sich über sie an Hand der am Ende der Einführung angeführten Literatur informieren muß. Andererseits erschien es notwendig manches zu bringen, was nicht direkt zur Meßtechnik selbst gehört, um die Verständlichkeit der Darstellung zu erhöhen.

Es war schwierig anzuführen, wer die verschiedenen Meßverfahren und Geräte ursprünglich vorgeschlagen und entwickelt hat, da sie vielfach gleichzeitig in verschiedenen Laboratorien entstanden. Die Literatur am Ende der Abschnitte und besonders die am Schluß der Einleitung gibt einen Überblick über die Beiträge verschiedener Autoren zur Entwicklung der Meßtechnik. Die photographisch dargestellten Geräte wurden, wenn nicht anders angeführt, im Laboratorium des Verfassers entwickelt.

Das Buch entstand aus Vorlesungen, welche der Verfasser in den Jahren 1951—1954 in Stockholm und Helsinki gehalten hat. Es enthält zum Teil in jahrelanger Arbeit gewonnene Erkenntnisse und Erfahrungen, über welche teilweise in früheren Veröffentlichungen und in zahlreichen internen Schriften berichtet wurde. Manche Rechnungs- und Meßmethoden, Meßgeräte und ihre Fehleranalyse werden hier zum erstenmal beschrieben. Die Literaturverzeichnisse ermöglichen weiteres Studium von Spezialproblemen.

Es ist eine angenehme Pflicht, besten Dank auszusprechen: dem Herrn Herausgeber der Sammlung für wertvolle Anregungen, Herrn Civ. Ing. Martin Fehrm, Leiter der Försvarets Forskningsanstalt, Stockholm, für die Förderung mancher in diesem Buch enthaltenen Arbeiten, den Herren Obering. und Priv.-Dozent Dr. H. Kaden und Obering. Dr. A. Jaumann, für die freundliche Durchsicht der Korrekturbögen. Schließlich möchte der Verfasser seiner lieben Gattin, Alma Tischer, herzlich danken, die durch manchen Verzicht und unentbehrliche Hilfe das Zustandekommen des Buches ermöglichte.

Besonderer Dank gebührt dem Springer-Verlag für die entgegenkommende Zusammenarbeit und für die Ausstattung des Buches.

Columbus, Ohio, Herbst 1957

F. J. Tischer

Inhaltsverzeichnis

Zusammenstellung der verwendeten Bezeichnungen, Symbole und Schaltzeichen

A	Absorptionsfläche, effektive Antennenfläche (cm²)
$a_{\ddot{u}}$	Übertragungsdämpfung (Neper, Dezibel)
B	Bandbreite (Hz)
	Blindleitwert, Suszeptanz (Siemens = 1/Ohm)
	Magnetische Flußdichte (Vsek/cm²)
C	Kapazität (Farad)
c_0	Lichtgeschwindigkeit ($\sim 3 \cdot 10^{10}$ cm/sek)
c_p	Spezifische Wärme
D, d	Durchmesser (cm)
D	Dichte des elektrischen Verschiebungsflusses (Asek/cm²)
d	Dämpfung eines Kreises ($d = 1/Q$)
d_i	Eindringtiefe, äquivalente Leitschichtdicke (cm)
E	Elektrische Feldstärke (V/cm)
F	Geometrische Fläche (cm²)
	Rauschfaktor
f	Frequenz (Hz)
G	Gewinnfaktor einer Antenne
	Leitwert (Siemens = 1/Ohm)
	Verstärkung eines Verstärkers
g	Leitwert je Längeneinheit
H	Magnetische Feldgröße (Amp/cm)
h	Amplitude vorwärts laufender Wellen
I	Strom (Amp)
i	Stromdichte (Amp/cm²)
i	Imaginäre Einheitsgröße ($\sqrt{-1}$)
L	Länge
	Induktivität (Henry)
P	Leistung (Watt)
Q	Gütewert
R	Widerstand (Ohm = Ω)
$R_{\ddot{a}}$	Äquivalenter Rauschwiderstand (Ohm)
r	Widerstand je Längeneinheit (Ohm/cm)
r_f	Flächenwiderstand ($r_f = 1/\sigma \cdot d_i$; Ω)
S	Steilheit
SWV	Verhältnis der stehenden Wellen (V_{max}/V_{min}), Welligkeit
T	Temperatur (°C)
T_0	Zimmertemperatur (290° K)
t	Zeit (sek)
t_e	Einschwingzeit
V	Spannung (Volt)
v_0	Wellengeschwindigkeit im freien Raum ($\sim 3 \cdot 10^{10}$ cm/sek)
v_{ph}	Phasengeschwindigkeit
v_{gr}	Gruppengeschwindigkeit
W	Energie (Wsek)
w	Energiedichte (Wsek/cm²)
	Feldgröße eines Wellenfeldes
X	Blindwiderstand (Ω)
x, y, z	Kartesische Koordinaten
Y	Admittanz, komplexer Leitwert, $Y = G + i\,B$ (Siemens)

y — Verstimmung $(y = \omega/\omega_0 - \omega_0/\omega)$

Z — Impedanz, $Z = R + i X \,(\Omega)$

α — Dämpfungskonstante (Np/cm)

β — Phasenkonstante

Γ — Wellenausbreitungskonstante $i\,\Gamma = \alpha + i\,\beta$

γ — Feldverteilungskonstante $\gamma = \alpha + i\,\beta$

$\mathrm{tg}\,\delta$ — Verlustwinkel

δ_i — Eindringtiefe (cm)

ε — Dielektrizitätskonstante $(\varepsilon = \varepsilon_0\,\varepsilon_r)$

ε_0 — Dielektrizitätskonstante des Raumes $(0{,}08854 \cdot 10^{-12}\ \text{Asek/Vcm})$

λ_0 — Wellenlänge im freien Raum (cm)

λ_L — Leitungs-Wellenlänge (cm)

λ_c — Grenz-Wellenlänge (cm)

ω — Kreisfrequenz $(\omega = 2\,\pi\,f)$

ω_0 — Resonanz-Kreisfrequenz

ϱ — Reflexionsfaktor $(\varrho = |\varrho|\,e^{i\,\varphi})$

σ — Spezifische Leitfähigkeit (Siemens/cm)

τ — Komplexer Übertragungsfaktor $(\tau = |\tau|\,e^{i\,\psi})$

μ — Permeabilität $(\mu = \mu_0\,\mu_r)$

μ_0 — Permeabilität des Raumes $(1{,}257 \cdot 10^{-8}\ \text{Vsek/Acm})$

$a^{[\mathrm{Np}]} = \ln(V_1/V_2)$ Spannungsverhältnis in Neper

$a^{[\mathrm{db}]} = 20\,\log(V_1/V_2)$ Spannungsverhältnis in Dezibel

$a^{[\mathrm{db}]} = 10\,\log(P_1/P_2)$ Leistungsverhältnis in Dezibel

$1\ \mathrm{Np} = 8{,}686\ \mathrm{db}$

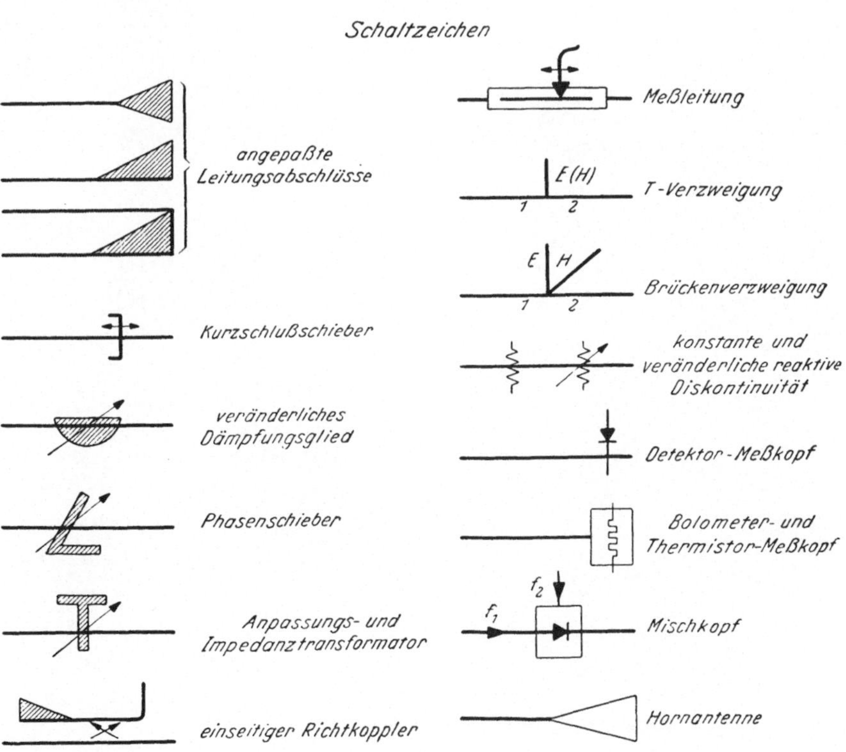

1 Einleitung

Die auf einem Fachgebiet angewandte Meßtechnik trägt häufig wesentlich zu den auf diesem Gebiet erzielten Fortschritten bei. Dies betrifft in starkem Maß die Entwicklung der Mikrowellentechnik und den Beitrag der Meßtechnik dieses Gebietes. Rückblickend kann man feststellen, daß ohne die weitsichtige Förderung der Mikrowellen-Meßtechnik und ohne die sehr erheblichen Bemühungen, gerade auf diesem Gebiet, der rasche Fortschritt nicht möglich gewesen wäre. Es war notwendig, die konventionellen Meßmethoden der niederfrequenten Technik zu übergeben und radikal neue Ideen aufzugreifen, zu untersuchen und die benötigten Geräte zu entwickeln. Viel wurde erreicht. Man kann mit den in den vergangenen Jahren geschaffenen Methoden und Geräten den größten Teil der heute vorkommenden meßtechnischen Probleme lösen. Die derzeitigen Bestrebungen gehen dahin, die Meß-verfahren einfacher zu gestalten, die Genauigkeit und Zuverlässigkeit der Geräte zu erhöhen und die Frequenzbereiche der einzelnen Geräte des gleichen Typs zu vergrößern.

Der Anwendungsbereich der Meßtechnik ist auf dem Mikrowellen-gebiet sehr weit. Forschung und Entwicklung sind ohne Meßtechnik nicht denkbar. Bei wissenschaftlichen Arbeiten dient sie zur quantitativen Untersuchung auftretender Phänomene und liefert Daten für ihre rechnerische Behandlung. Mit ihrer Hilfe können weiter die rechnerisch erhaltenen Resultate auf ihre Richtigkeit überprüft werden. Ähnlich wie die Windtunnel-Meßtechnik in der Luftfahrtforschung, ist die Mikrowellen-Meßtechnik häufig eine Brücke, welche die Forscher und Ingenieure über Arbeitsphasen hinweghilft, wo die mathematische Problembehandlung versagt. Es ist eine Eigenart des Arbeitsgebietes, daß der Hauptanteil von Entwicklungsarbeit in meßtechnischer Arbeit besteht. In der Fabrikation schließlich ist die Notwendigkeit der laufenden meßtechnischen Prüfung und Überwachung der in Produktion befindlichen Bauteile durch die Tatsache bedingt, daß kleinste Änderungen der geometrischen Dimensionen wesentliche Änderungen der elektrischen Eigenschaften verursachen. Die meßtechnisch durchgeführte Einstellung von Kompensationselementen zur Aufhebung der Wirkung unvermeidlicher Toleranzabweichungen ist eine weitere wichtige Aufgabe der Meßtechnik.

Der Frequenzbereich der Mikrowellen reicht von der oberen Grenze der Ultrakurzwellen bei etwa $300 \cdot 10^6$ Hz bis in das Gebiet der Millimeterwellen mit Frequenzen in der Größenordnung $100 \cdot 10^9$ Hz. An der unteren Bereichsgrenze versagen zum Teil die Meßmethoden, welche für die darunter liegenden Bereiche üblich sind. An der oberen Frequenzgrenze der Mikrowellen, in dem Bereich der Millimeterwellen werden bereits die typischen neuen Mikrowellen-Meßverfahren neben den übrigen Methoden der Energieerzeugung, Energiefortleitung und Gleichrichtung unbrauchbar oder wenigstens unzweckmäßig.

Zu dem Versagen der üblichen hochfrequenztechnischen Meßmethoden und Meßgeräte bei Mikrowellen tragen die gleichen Ursachen bei, welche auch die Anwendung der üblichen Hochfrequenzbauteile unmöglich machen. Das Versagen beruht hauptsächlich darauf, daß die Periodendauer der Mikrowellen so klein ist, daß die Laufzeiten der Wellen in den Leitungen und Bauteilen der Geräte und die Elektronenlaufzeiten in Röhren in deren Größenordnung fallen. Damit zusammenhängend haben kurze offene Leitungsstücke die Wirkung von Impedanz-, Spannungs- und Stromtransformatoren und von strahlenden Antennen. Kreiselemente, Spulen und Kondensatoren werden, wenn sie übliche Reaktanzwerte ergeben sollen, äußerst klein, ihre Verluste sehr hoch, und die Wirkung der Zuleitungen übersteigt diejenige der eigentlichen Kreiselemente. Röhren mit konventionellem Aufbau haben unzulässig große Eingangsadmittanz, und die Wirkung der Elektrodenkapazitäten und Zuleitungen sind unzulässig hoch. Infolge gleicher Größenordnung der Elektronenlaufzeit und Periodendauer wird die normale Wirkungsweise der Röhren gestört.

Aus diesen Gründen war es notwendig, in der Mikrowellentechnik neue Methoden der Energiefortleitung, Filtertechnik und Energieerzeugung anzuwenden. Als Leitungen finden allseitig abgeschirmte Kabel und Hohlleiter Verwendung, die Kreise bestehen aus räumlich verteilten kapazitiven und induktiven Blindenergiespeichern mit wellenförmiger Energiefortpflanzung, und die Energieerzeugung erfolgt in speziellen Röhren mit unkonventionellem Aufbau.

Für die üblichen niederfrequenten Meßmethoden, welche auf den elektrischen Meßgrößen, Spannung, Strom und Widerstand beruhen, ergeben sich eine Reihe von Folgerungen. Klemmen, zwischen welchen eine Spannung gemessen werden könnte, sind (vereinfacht ausgedrückt) bei Mikrowellen-Bauteilen nicht vorhanden, so daß eine Spannungsmessung unmöglich ist. Die Verteilung der Flächenströme im Innern der Bauteile ist unregelmäßig und die Stromdichte von Ort zu Ort verschieden, so daß die Strommessung, wenn sie existieren würde, keinen Aufschluß über irgendwelche interessierende Eigenschaften geben würde. Der Energietransport erfolgt nicht in den Leitern, sondern in dem die Leiter umgebenden oder von den Leitern eingeschlossenen Raum. Widerstände mit den in der niederfrequenten Technik üblichen Eigenschaften gibt es nicht. Sie stellen bei Mikrowellen verlustbehaftete Leitungselemente mit komplizierten Filtereigenschaften dar. Aus all diesen

Gründen war es notwendig, auch in der Meßtechnik dieses Frequenz-
gebietes neue Meßverfahren zu finden, und die entsprechenden Meßgeräte
zu entwickeln.

1.1 Arten der Mikrowellenmessungen

·Eine Übersicht typischer Mikrowellenmessungen ergibt sich auf Grund
einer Überlegung, welche Eigenschaften die Mikrowellenanlagen und ihre
Bauteile haben müssen, um einwandfrei zusammenzuarbeiten, und mit
welchen Messungen diese Eigenschaften festgestellt werden können. In
Abb. 1.1 ist als einfaches Beispiel eine auf den minimalen Aufwand
reduzierte, drahtlose Übertragungsanlage für Sprache oder sonstige
Signale dargestellt.

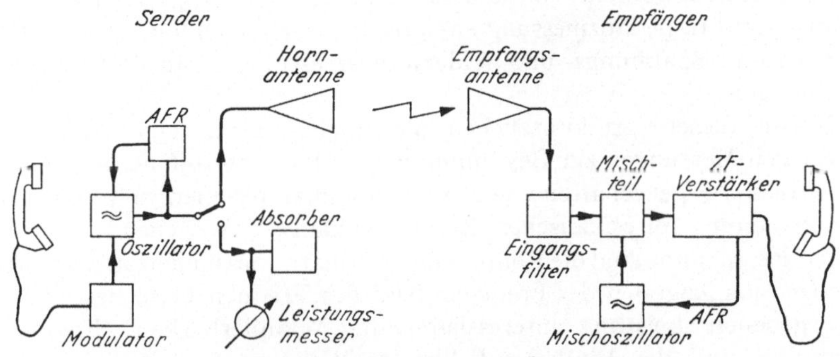

Abb. 1.1. Blockschaltbild einer Mikrowellen-Übertragungsanlage

Die Anlage besteht aus einem Sender und einem Empfänger. Die in
dem Senderoszillator, dessen Frequenz mit Hilfe einer automatischen
Frequenzregelung (AFR) konstant gehalten wird, erzeugte Energie ist
im Rhythmus der Sprachschwingungen moduliert. Sie wird über eine
Antenne ausgestrahlt. In Sendepausen und für Meßzwecke gelangt die
Energie in eine Ersatzantenne, welche die Form eines Absorbers hat. In
der empfängerseitigen Anlage gelangt die in der Antenne aufgenommene
Energie über die Eingangsfilter in den Mischteil, wo sie der ebenfalls
automatisch geregelten Frequenz des Mischoszillators überlagert wird.
Die zwischenfrequente Energie ergibt nach Verstärkung und nach De-
modulation das ursprüngliche dem Modulator des Senders zugeführte
Originalsignal.

Eine der grundsätzlichen Messungen erhält man aus der Forderung,
daß die Frequenz der senderseitigen und empfängerseitigen Oszillatoren
bestimmte Werte haben müssen, wenn eine einwandfreie Übertragung
gewährleistet sein soll. Eine sporadische oder dauernde Frequenzmessung
oder Frequenzüberwachung ist notwendig. Von gleicher Wichtigkeit ist
die abgegebene Leistung des Senders. Ihre Angabe gestattet die prälimi-
nare Feststellung, ob eine Übertragung überhaupt möglich ist. Die Lei-

stungsmessung erfolgt zweckmäßig am Eingang des Absorbers, welcher an Stelle der Antenne an das senderseitige Leitungssystem angepaßt angeschlossen werden kann. Bezüglich der Bauteile einer Anlage besteht die Forderung, daß sie aneinander angepaßt sein müssen. Schlecht angepaßte Bauteile reflektieren an den Anschlußstellen einen Teil der Leistung, so daß nur ein Bruchteil der vom Oszillator abgegebenen Leistung zum Verbraucher gelangt. Dadurch wird der Wirkungsgrad der Anlage herabgesetzt. Reflexionen können die Ursache von weiteren Betriebsstörungen sein. In einer ideal angepaßten Anlage wird die Energie in Wellenform in Richtung von der Energiequelle zum Verbraucher ohne Reflexionen übertragen. Um festzustellen, ob ein Bauteil an ein Leitungssystem angepaßt ist, muß eine Anpassungs- oder Impedanzmessung vorgenommen werden. Von den drei Hauptmessungen, Frequenz-, Leistungs- und Impedanzmessung entsprechen die beiden letzteren entfernt der Strom-, Spannungs- und Widerstandsmessung der niederfrequenten Meßtechnik.

Neben diesen grundsätzlichen Messungen dienen eine Reihe von speziellen Messungen zur Bestimmung von Daten betreffend der charakteristischen Eigenschaften von Bauteilen und Materialien und weiter zur Untersuchung physikalischer Zusammenhänge. Ausgehend von der Energieerzeugung sind die Röhren- und Oszillatormessungen zu erwähnen. Neben den Angaben der Frequenz bzw. des Frequenzbereiches und der abgegebenen Leistung interessieren die Modulierbarkeit, Frequenzstabilität und der Einfluß reflektierter Wellen auf die Röhreneigenschaften. Für diese speziellen Messungen sind die angeführten grundsätzlichen Verfahren anwendbar. Weitere Messungen dienen zur Feststellung der Übertragungskonstanten von Durchgangselementen, z. B. Kabel- und Hohlleiterstücken, Steckern, Stützen, Übergangsstücken und Filtern. Im Zusammenhang mit Filtern und selbstschwingenden Röhren mit frequenzbestimmenden Kreisen werden häufig Angaben über die Eigenschaften von Hohlraumkreisen benötigt. Die Gütewertmessungen ergeben Daten für deren Beschreibung. Spezielle Materialmessungen liefern die Dielektrizitätskonstante, den Verlustwinkel, die komplexe Permeabilität und die Leitfähigkeit verschiedener Materialien. Feldstärkemessungen geben Auskunft über die Feldverteilung in Hohlräumen, Leitungen und in der Umgebung von strahlenden Antennen. In Antennenmessungen werden die Strahlungsdiagramme und die Verstärkung von Antennen festgestellt. Spezielle Empfindlichkeits- und Rauschmessungen dienen zur Bestimmung der Güte von Empfängern und seinen Bauteilen.

Die Zusammenstellung der Messungen zeigt, daß eine beachtliche Vielzahl von typischen Messungen notwendig ist, um Angaben über die auf dem Mikrowellengebiet verwendeten Bauteile zu erhalten. Es ist eine Eigenart des Fachgebietes, daß die angeführten und viele weitere hauptsächlich bei wissenschaftlichen Untersuchungen angewendeten Verfahren häufig nicht auf gemeinsame Standard-Messungen zurückgeführt werden können. In vielen Fällen sind spezielle Anordnungen, Verfahren und Geräte für jeden Meßvorgang notwendig. Infolge dieser Vielfalt der Probleme fordert die Mikrowellen-Meßtechnik gewisse Kenntnisse betreffend des elektromagnetischen Verhaltens von Leitungen, Hohlleitern und Kreisen.

1.2 Meßgrößen und Maßsystem

Die Wahl der Einheiten für die in der Mikrowellentechnik verwendeten Meßgrößen führt zu einem Dilemma. Einerseits ist das international anerkannte Einheitensystem das nach GIORGI benannte Maßsystem, auch MKS-System genannt, welches auf den Einheiten Meter, Kilogramm, Sekunde und Coulomb beruht. Andererseits ist die für das Mikrowellengebiet zweckmäßige Längeneinheit das Zentimeter, da die Wellenlängen im allgemeinen in cm gemessen und angegeben werden, und da die Dimensionen der Bauteile in deren Größenordnung liegen. Aus diesen Gründen wurde das Zentimeter als Einheit gewählt bzw. beibehalten. Die Wahl ändert nichts an dem übrigen Konzept des Maßsystemes, welches durch die Einfachheit der MAXWELLschen Gleichungen ausgezeichnet ist. In den meisten Fällen sind im übrigen die physikalischen Zusammenhänge in Größengleichungen dargestellt, in welche beliebige Einheiten eingeführt werden können. Wo es zweckmäßig erscheint, sind Angaben im MKS-System beigefügt.

Die auf dem Mikrowellengebiet in den oben angeführten Typen von Messungen häufig gebrauchten Meßgrößen, ihre Bezeichnungen und ihre Einheiten sind in der folgenden Tabelle zusammengestellt:

Frequenz	(F)	Hz (Hertz = Anzahl der Schwingungen je Sekunde)
Leistung	(P)	W (Watt)
Länge	(L)	cm (Zentimeter)
Elektrische Feldstärke	(E)	V/cm (Volt je Zentimeter)
Elektrische Verschiebungsdichte	(D)	Asek/cm²
Magnetische Feldstärke oder Erregung	(H)	A/cm (Ampere je Zentimeter)
Magnetische Induktion	(B)	Vsek/cm²
Widerstand	(R)	Ω = V/A (Ohm)
Kapazität	(C)	F = Asek/V (Farad)
Induktivität	(L)	Hy = Vsek/A (Henry)
Masse	(m)	Kg (Kilogramm)
Kraft	(K)	Wsek/cm
Energie	(W)	Wsek

Zur Kennzeichnung der Vielfachen und Bruchteile der Einheiten werden folgende Buchstaben vorgesetzt:

$\times 10^3$ = K (Kilo-)	$\times 10^{-1}$ = d (Dezi-)	$\times 10^{-6}$ = μ (Micro-)
$\times 10^6$ = M (Mega-)	$\times 10^{-2}$ = c (Zenti-)	$\times 10^{-9}$ = n (Nano-)
$\times 10^9$ = G (Giga-)	$\times 10^{-3}$ = m (Milli-)	$\times 10^{-12}$ = p (Piko-)

Für die Zusammenhänge zwischen den verschiedenen Meßgrößen gibt es eine Reihe von Konstanten:

Dielektrizitätskonstante	ε	$= \varepsilon_r\,\varepsilon_0 = \mathrm{D}/\mathrm{E}$
Elektrische Feldkonstante	ε_0	$= 0{,}08854 \cdot 10^{-12}$ Asek/Vcm (F/cm)
		$= 8{,}8854 \cdot 10^{-12}$ Asek/Vm
Permeabilität	μ	$= \mu_r\,\mu_0 = \mathrm{B}/\mathrm{H}$
Magnetische Feldkonstante	μ_0	$= 1{,}257 \cdot 10^{-8}$ Vsek/Acm (Hy/cm)
		$= 1{,}257 \cdot 10^{-6}$ Vsek/Am
Wellengeschwindigkeit im	c	$= 2{,}9979 \cdot 10^{10}$ cm/sek
freien Raum		$\approx 3 \cdot 10^{10}$ cm/sek
Boltzmannsche Konstante	k	$= 1{,}380 \cdot 10^{-23}$ Wsek/Grad
Rauschenergie bei Zimmertempe-		
ratur	kT_0	$= 0{,}4 \cdot 10^{-20}$ Wsek
Ladung des Elektrons	e	$= 1{,}60 \cdot 10^{-19}$ Asek
Masse des Elektrons	m	$= 9{,}11 \cdot 10^{-35}$ Wsek^3/cm^2

Den Angaben bezüglich der Meßgrößen und ihrer Einheiten ist hinzuzufügen, daß diese der niederfrequenten Technik entlehnt sind. Es ist daher notwendig, die Meßgeräte zum Teil auf dem niederfrequenten Gebiet zu eichen. Das Watt, z. B. als Einheit der Leistung, wird durch eine Vergleichsmessung mit Gleichstrom oder mit einer niederfrequenten Leistung gewonnen. Es ist andererseits eine wichtige Tatsache, daß es auf dem Mikrowellengebiet für die Grundgrößen genau reproduzierbare Einheiten gibt, welche direkt gemessen werden können. Die Mikrowellen-Spektroskopie liefert z. B. bei Ausnützung molekularer und atomarer Resonanzerscheinungen die derzeit genauesten Zeitangaben. Mit Resonanzen zusammenhängende Wellenlängenmessungen ergeben genaue Längeneinheiten. Weitere genauestens reproduzierbare Normale erhält man für die Wellenwiderstände von Koaxialleitungen mit genau definierten geometrischen Dimensionen. Die Rauschleistung von Widerständen ergibt schließlich eine auf dem Mikrowellengebiet sehr brauchbare Leistungseinheit (kT_0).

1.3 Schaltbilder und Terminologie

Auf dem Mikrowellengebiet wird eine große Zahl von Leitungselementen und Bauteilen verwendet, welche entweder auf dem niederfrequenten Gebiet kein gleichwertiges Gegenstück besitzen oder grundsätzliche Verschiedenheiten aufweisen. Es war deshalb notwendig, diese Elemente und Bauteile in den Schaltbildern durch neue Symbole (s. S. XI) darzustellen und die Darstellungsweise diesen anzupassen. In vorliegendem Buch wird eine Reihe dieser neuen zweckmäßigen Symbole z. B. für Dämpfungsglieder, Phasenschieber, angepaßte Leitungsabschlüsse, Richtkoppler usw. verwendet. Zum Teil war es notwendig für Bauteile des Mikrowellen-Gebietes spezielle Benennungen zu wählen. An Stelle Zweipole und Vierpole wurden die Bezeichnungen Abschluß- und Durchgangselemente verwendet. Weitere Benennungen und Darstellungen wurden vielfach in Anlehnung an die niederfrequente Technik gewählt. Eine Zusammenstellung der verwendeten Bezeichnungen ist der Einleitung vorangestellt.

Hinweise auf allgemeine Mikrowellen-Literatur

[1] MEINKE, H. H.: Felder und Wellen in Hohlleitern. München: R. Oldenbourg 1949.

[2] GUNDLACH, F.W.: Grundlagen der Höchstfrequenztechnik. Berlin/Göttingen/Heidelberg: Springer 1950.

[3] KADEN, H.: Die elektromagnetische Schirmung in der Fernmelde- und Hochfrequenztechnik. Berlin/Göttingen/Heidelberg: Springer 1950.

[4] KLEEN, W.: Einführung in die Mikrowellen-Elektronik. Zürich: S. Hirzel 1952.

[5] WEISSFLOCH, A.: Schaltungstheorie und Meßtechnik des Dezimeter- und Zentimeterwellengebietes. Basel: Birkhäuser 1954.

[6] MEINKE, H. H., u. F. W. GUNDLACH: Taschenbuch der Hochfrequenztechnik. Berlin/Göttingen/Heidelberg: Springer 1956.

Bezüglich der umfangreichen angelsächsischen Literatur wird hauptsächlich auf die im Verlag McGraw-Hill Book Comp., Inc., N. Y., USA, erschienene Buchserie des Massachusetts Inst. of Technology und die in den Proc. I. R. E. (März-Hefte bis 1955) und I. R. E. Transactions on Microwave Theory and Techniques (April 1956) erschienenen Literaturzusammenstellungen (Progress in Radio bzw. Advances in Microwave Theory and Techniques) verwiesen.

Darstellungen der Mikrowellen-Meßtechnik in Buchform

[7] MONTGOMERY, C. G.: Technique of microwave measurements. New York: McGraw-Hill Book Comp., Inc. 1947. MIT-Serie Bd. 11.

[8] BARLOW, H. M., and A. L. CULLEN: Microwave measurements. London: Constable and Comp. LTD. 1950.

[9] KING, D. D.: Measurements at centimeter wavelength. New York: D. Van Nostrand Comp., Inc. 1952.

[10] WIND, M., and H. RAPAPORT: Handbook of microwave measurements. Bd. 1 u. 2. Polytechnic Inst. of Technology, Brooklyn. N. Y., USA, 1955.

[11] GINZTON, E. L.: Microwave measurements. New York: McGraw-Hill Book Comp., Inc. 1957.

Beiträge zur Mikrowellen-Meßtechnik

[12] ZINKE, O.: Hochfrequenz-Meßtechnik, 2. Aufl. Zürich: S. Hirzel 1946.

[13] ROHDE, L.: Grundelemente einer allgemeinen Dezimeßtechnik. T. F. T., Mai 1944, 95—105.

[14] DENIS, M.: Contributions to the study of methods and apparatus for measurements in the centimetre waveband. Ann. Radioelectr., I. Oct. 1947, 409—438, II. July 1948, 189—213.

[15] MEINKE, H. H.: Zentimeterwellen-Meßtechnik. Arch. d. Elektr. Übertragung. Jan., Febr., 1949, 3—11, 46—54.

[16] PIRCHER, G.: Microwave measurements. Revue Gén. Eléctr., June 1955, 301—311.

2   Frequenzmessung

Genaue Frequenzmessung und Frequenzüberwachung sind bei Forschungs- und Entwicklungsarbeit auf dem Mikrowellengebiet im Laboratorium, bei Fabrikation von Geräten und Bauteilen und bei den zahlreichen Anwendungen dieser Wellen, unerläßlich. Die Mikrowellen umfassen den Frequenzbereich von ungefähr 300 MHz bis 300 GHz. Teilbänder dieses Bereiches werden in den angelsächsischen Ländern mit Buchstaben bezeichnet.

L-Band	0,40— 1,60 GHz	X-Band	8,50—12,50 GHz
S-Band	2,70— 4,00 GHz	K-Band	18,00—26,00 GHz
C-Band	4,00— 5,60 GHz	Q-Band	26,50—40,00 GHz

Mit der Wellenlänge ebener Wellen im freien Raum λ_0 hängt die Frequenz durch die Gleichung $f \cdot \lambda_0 = c_0$ zusammen, wenn c_0 die Lichtgeschwindigkeit ist, welche den Wert $299\,776 \pm 3$ km/sek hat. Mit der Wellenlänge als Definitionsgröße umfaßt das Arbeitsgebiet die Dezimeter-, Zentimeter- und Millimeterwellen.

Bei der Angabe der Frequenz bzw. der Schwingungszahl je Sekunde erscheint die Zeit, welche sehr genau bestimmt werden kann, als Referenzgröße. In der Angabe der Wellenlänge dient das Meter bzw. das Zentimeter als Referenzgröße. Die Angabe der Frequenz ist vorzuziehen, da in den Quarzuhren und in den molekularen und atomaren Resonanzfrequenzen (s. Mikrowellenspektroskopie) sehr genaue Zeit- bzw. Frequenznormale existieren, mit welchen die zu untersuchenden Frequenzen verglichen werden können.

Die Genauigkeit, mit welcher die Frequenz bestimmt und angegeben werden muß, ist bei Mikrowellen sehr hoch. Dies rührt davon her, daß absolute Frequenzfehler, welche in Empfängern bei der Überlagerung in niedrigere Frequenzbereiche übertragen werden, die für niedrige Frequenzen üblichen Werte nicht überschreiten dürfen. Bei der Angabe der relativen Fehler sind die im Nenner stehenden Frequenzwerte sehr groß. Die sich ergebenden zulässigen relativen Fehler $\Delta F/F$ sind daher sehr klein. Frequenzmeßgeräte über 3 GHz sind durchwegs als Präzisionsmeßgeräte anzusehen.

Mit der Meßmethode als Ausgangspunkt können die Frequenzmeßgeräte und Apparaturen in drei Gruppen eingeteilt werden: Diejenigen, bei welchen die Wellenlänge direkt meßbar ist oder bei welchen Leitungsstücke und Resonatoren bestimmter oder veränderlicher Größe und Form, als frequenzbestimmende Elemente Verwendung finden. Die Überlagerungsfrequenzmesser bilden eine weitere Gruppe. Sie beruhen auf einem Vergleich mit einer festen oder veränderlichen Frequenz eines frequenzstabilen oder stabilisierten Oszillators. Gegebenenfalls erfolgt der Vergleich mit den Harmonischen des Oszillators. Eine dritte Gruppe umfaßt Apparaturen, welche den zeitlichen Verlauf molekularer und atomarer Bewegungen als Bezugsgröße benützen.

Mit der Genauigkeit als Unterscheidungsmerkmal kann man Orientierungs- und Präzisionsfrequenzmesser unterscheiden. Die ersteren bestreichen einen möglichst großen Frequenzbereich, wobei die Meßgenauigkeit stark herabgesetzt wird; bei der zweiten Gruppe steht die Meßgenauigkeit im Vordergrund. Sie muß meistens durch eine Herabsetzung des Meßbereiches erkauft werden.

2.1 Orientierungs-Frequenzmesser

Die Orientierungs-Frequenzmesser erfüllen in dem niederfrequenten Mikrowellenbereich von 300—1500 MHz den gleichen Zweck wie die Wellenmesser in der Hochfrequenztechnik. Sie dienen zur Bestimmung der ungefähren Lage der Frequenz von Oszillatoren. Sie sollen ohne Umschaltung einen möglichst großen Frequenzbereich überstreichen. Da diese Forderung derjenigen auf Genauigkeit direkt entgegen steht, ist diese im allgemeinen nicht sehr hoch (1—4%). Orientierungs-Frequenzmesser enthalten Schwingkreise oder Leitungen als frequenzbestimmende Elemente. Ein Detektor mit Instrument ist zur Anzeige der Resonanz an das frequenzbestimmende Element angekoppelt. Die Einkopplung der Energie erfolgt direkt durch Strahlung oder über eine spezielle Kopplungsleitung. Die Genauigkeit hängt hauptsächlich von dem Gütewert (Q-Wert) des Kreises oder der Leitung und von dem Kopplungsgrad, mit welchem der Detektor und die Eingangsleitung angekoppelt sind, ab.

Resonanz-Frequenzmesser der in der Hochfrequenzmeßtechnik üblichen Bauart mit Spulen und Kondensatoren sind wegen des geringen Gütewertes, welcher mit zunehmender Frequenz abnimmt, (s. Einleitung S. 2), nur im Grenzgebiet bei 300 MHz brauchbar. Eine verbesserte Abwandlung üblicher Kreise sind die „Butterfly-Kreise". Die Kapazität zwischen zwei gegenüberliegenden Statoren wirkt bei ihnen als Schwingkreiskapazität, welche durch einen dazwischen drehbar angeordneten Rotor verändert werden kann. Zwei halbkreisförmige Bügel, welche die Statoren verbinden, bilden die Induktivität. Deren Selbstinduktion wird bei herausgedrehtem Rotor gleichzeitig durch diesen vermindert. Die Eigenfrequenz wird in dieser Stellung erhöht und dadurch der Frequenzbereich vergrößert. Abb. 2.1

Abb. 2.1. Frequenzmesser mit Butterfly-Kreis (General Radio, Co., Cambridge, Mass., U.S.A.). A_1 und A_2 Statoren, B Rotor, C_1 und C_2 Induktivitätsbügel zwischen A_1 und A_2

zeigt einen Frequenzmesser mit einem Kreis entsprechend dieser Konstruktion für den Frequenzbereich 250—1200 MHz. Der Gütewert dieser Kreise ist ca. 800—300. Butterfly-Kreise zeigen bisweilen mehrfache oder bei bestimmten Frequenzen von der Abstimmung unabhängige Nebenresonanzen.

Von einem Schwingkreis, welcher aus nur einer Windung als Induktivität und aus einer in der Symmetrieachse liegenden Kapazität besteht, können die Topfkreise abgeleitet werden. Sie können ebenfalls als Hohlraumkreise mit konzentrierten Energiespeichern angesehen werden. Abb. 2.2 zeigt die praktische Konstruktion eines Topfkreises. Mit Hilfe eines kapazitiven Rotors A, welcher an einer drehbaren keramischen Achse B befestigt ist, kann die Kapazität zwischen den beiden von den Stirnflächen in den zylindrischen Hohlraum hineinragenden zylindrischen Statoren C_1 und C_2 verändert werden. Der Topf D bildet die äußere Begrenzung der Induktivität. Der Frequenzbereich umfaßt 300—1050 MHz. Der Gütewert schwankt zwischen 1200 im niederfrequenten und 400 im hochfrequenten Bereich.

In den ersten Entwicklungsjahren der Mikrowellen wurden häufig Frequenz- und Wellenmesser mit homogenen Koaxialleitungen mit verschiebbaren Kurzschlußkolben verwendet, da sie einfach sind und die Möglichkeit bieten die Wellenlänge λ_0 direkt zu messen. Eine Eichung war nicht notwendig, da die Verschiebung des Kurzschlußkolbens von einer Resonanzstelle zur nächsten im Abstand $\lambda_0/2$ oder ein Vielfaches davon gemessen wurde. Sie waren entweder offen und vom $\lambda_0/4$ Typ zur direkten

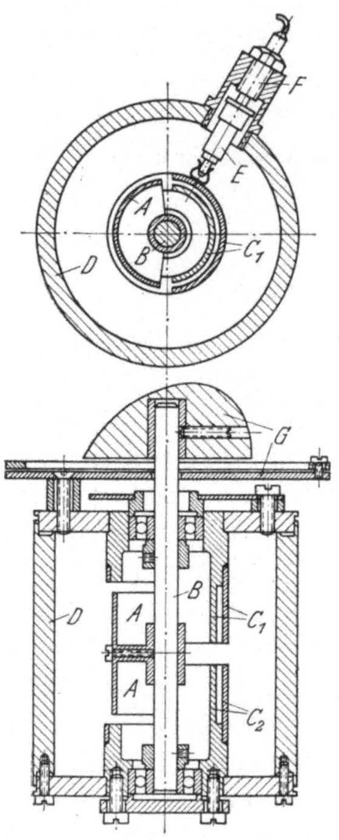

Abb. 2.2. Topfkreis-Frequenzmesser. A Kapazitiver Rotor, B keramische Achse von A, C_1 und C_2 kapazitiver Stator, D Außenwand des Topfkreises, E Detektor (Type 1 N 21), F Kondensatordurchführung, G Drehknopf und Skala

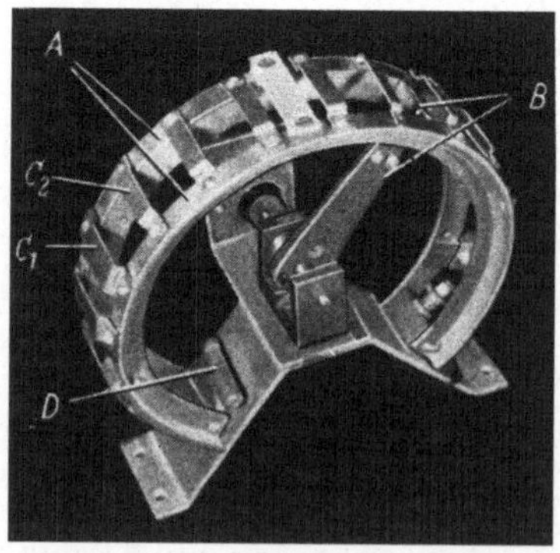

Abb. 2.3. Großbereich-Frequenzmesser mit Ringleitung. A Aufgewickelte Doppelleitung, B Kurzschlußbügel, drehbar, C_1, $C_2 \ldots C_n$ parallelgeschaltete Kapazitäten, D Widerstand

Ankopplung an einen strahlenden Oszillator oder geschlossen und $\lambda_0/2$ lang. Die Güte dieser Leitungs-Wellenmesser hing sehr von dem Aufwand und der Sorgfalt ab, mit welcher die gleitenden Kontakte und die Gleitbahnen hergestellt waren. Verchromte Kontakte auf stark versilberten Bahnen oder beide Teile mit Rhodium belegt, haben sich am besten bewährt.

In dem niederfrequenten Teil der Mikrowellen werden diese Meßgeräte relativ lang und unhandlich. Man hat deshalb versucht sie als

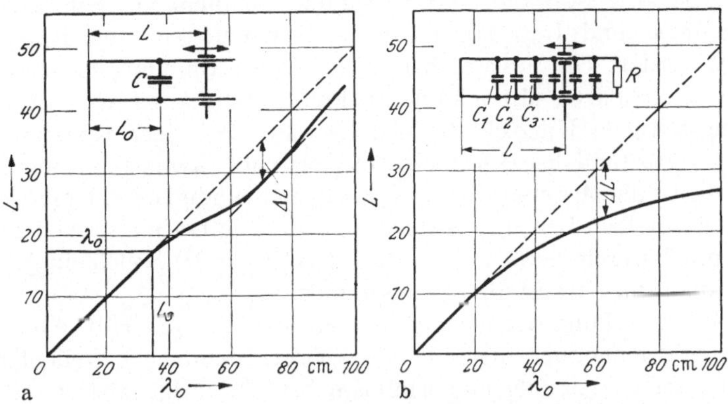

Abb. 2.4 a u. b. Herabsetzung der Resonanzlänge durch Kapazitäten

ringförmige Doppelleitungen auszuführen. Die Verschiebung des Kurzschlußschiebers erfolgt durch eine Drehbewegung. Abb. 2.3 zeigt einen Orientierungsfrequenzmesser entsprechend einer Konstruktion des Verfassers. Bei diesem Frequenzmesser wird eine weitere Verkürzung der aufgewickelten Leitung A durch Parallelschaltung von Kapazitäten $C_1, C_2 \ldots C_n$ erzielt. Durch Parallelschaltung nur einer Kapazität in der Mitte einer an den Enden kurzgeschlossenen Leitung mit dem Wellenwiderstand Z_0 kann die Resonanzlänge um den Betrag $\Delta L \approx \lambda_0 \, \omega C Z/2\pi$ verkürzt werden (Abb. 2.4a). Bei Parallelschaltung einer Reihe von Kapazitäten mit steigenden Werten, wie es schematisch in Abb. 2.4b gezeigt ist, wobei die Kapazitäten den Kurzschlußschieber nicht behindern

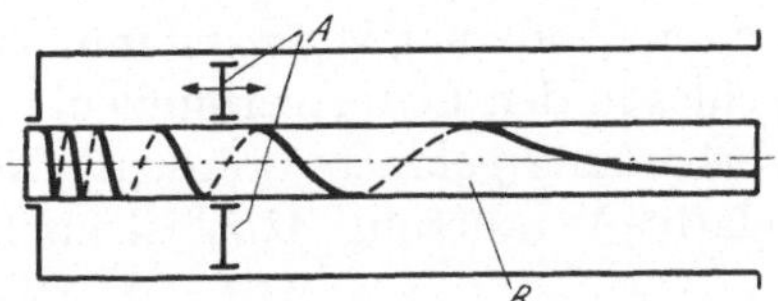

Abb. 2.5. Koaxieller $\lambda/4$-Kreis mit verschiebbarem Kurzschluß A und gewendeltem Innenleiter B

dürfen, kann man den in der Abbildung gezeigten optimalen Zusammenhang zwischen L und λ_0 erzielen. Abb. 2.3 zeigt die praktische Ausführung dieses Instrumentes, dessen Meßbereich Wellenlängen von 5—110 cm umfaßt. Zur Verminderung von Koppelschwingungen mit dem Rest der Leitung jenseits des Kurzschlußschiebers ist dieser Teil der Leitung mit einem Widerstand D abgeschlossen.

Einen anderen Konstruktionsvorschlag für einen $\lambda/4$-Kreis mit inhomogener Koaxialleitung, welcher ebenfalls für einen großen Frequenzbereich geeignet ist, zeigt schematisch Abb. 2.5. Der wendelförmige Innenleiter hat wachsende Steigung und kann durch Belegung eines keramischen Stabes mit einer Metallschicht und Einschleifen einer schraubenförmigen Nut hergestellt werden.

2.2 Die Genauigkeit der direkten Wellenlängenmessung

Behelfsmäßig kann die Wellenlänge und Frequenz mit Hilfe einer für Anpassungs- und Impedanzmessungen verwendeten Meßleitung festgestellt werden. Die Messung beruht auf der Bestimmung des Abstandes zweier benachbarter Minima oder mehrerer Minima auf der Leitung bei ausgangsseitigem Kurzschluß oder Leerlauf. Bei einer Koaxialleitung ergibt der Abstand direkt $\lambda_0/2$ oder ein Vielfaches davon. Bei einem Hohlleiter ergibt die Messung die der Phasengeschwindigkeit entsprechenden Werte der halben Leitungswellenlänge $\lambda_L/2$. Die Leitungswellenlänge λ_L hängt mit λ_0 durch die Beziehung $\lambda_L^2 = 1/(1/\lambda_0^2 - 1/\lambda_C^2)$, welche in Abb. 4.9 in Kurvenform dargestellt ist, zusammen.

Die Untersuchung der Genauigkeit der direkten mit Hilfe einer Meßleitung oder einem Leitungswellenmesser vorgenommenen Wellenlängenmessung zeigt, daß folgende Einflüsse berücksichtigt werden müssen, und daß der Meßfehler aus entsprechenden Teilfehlern zusammengesetzt ist:

Einfluß der Leitungs- und Strahlungsverluste, — des Eindringens des elektromagnetischen Feldes in den Leiter,

Einfluß der Temperatur und Luftfeuchtigkeit und des Schlitzes bei Hohlleitern auf die Phasengeschwindigkeit und Leitungswellenlänge,

Fehler bei der Bestimmung der Lage des Minimums und Fehler der Längenmessung.

Die Strom- und Strahlungsverluste einer Leitung verursachen neben der Dämpfung eine Herabsetzung der Leitungswellenlänge λ_L. Eine weitere Änderung von λ_L ist mit dem Eindringen des elektromagnetischen Feldes in den Leiter verbunden. Sie kann mit den Leitungsverlusten in Verbindung gebracht werden. Die von beiden Einflüssen herrührende relative Verkürzung $\Delta\lambda/\lambda_L$ ist für Hohlleiter

$$\frac{\Delta\lambda}{\lambda_L} = -\frac{1}{2}\left(\frac{\alpha}{\beta}\right)^2 - \left(\frac{\lambda_L}{\lambda_0}\right)^2\left(\frac{\alpha}{\beta}\right), \tag{2.1}$$

wenn α die Dämpfungskonstante und $\beta = 2\pi/\lambda_L$ die ursprüngliche Phasenkonstante sind.

Die rechnerische Bestimmung des Dämpfungsfaktors ist in dem Kapitel über Leitfähigkeitsmessungen angegeben.

Für Koaxialleitungen kann Gl. (2.1) zu

$$\frac{\Delta\lambda}{\lambda_0} = -\frac{1}{8}\left(\frac{R}{\omega L}\right)^2 - \frac{1}{2}\frac{R}{\omega L} \tag{2.2}$$

vereinfacht werden. Hierin sind R der Leitungswiderstand und L die Leitungsinduktivität je cm Leitungslänge.

In dem Fall der Frequenzmessung mittels Meßleitung kann der Dämpfungsfaktor α, welcher hauptsächlich von Leitungsverlusten herrührt, aus der Differenz der Feldstärkeamplituden in zwei auf einanderfolgenden Minima bei Kurzschluß der Leitung am Ausgang bestimmt werden. Es ist

$$\alpha \approx \left(\frac{1}{SWV_1} - \frac{1}{SWV_2} \right) \cdot \frac{2}{\lambda_L} = \frac{2\,(|\,V\,|_{min\,1} - |\,V\,|_{min\,2})}{|\,V\,|_{max}\,\lambda_L}\,. \tag{2.3}$$

Die Verkürzung der Leitungswellenlänge ist bei Meßleitungen, deren Innenleiter aus Stahl besteht, deutlich merkbar.

Der Einfluß von Temperatur und Luftfeuchtigkeit kann mit Hilfe des in Abb. 2.12 gezeigten Diagrammes berücksichtigt werden. Die von einem Schlitz einer Hohlleiter-Meßleitung herrührende Verlängerung der Leitungswellenlänge beträgt

$$\frac{\Delta\lambda}{\lambda_L} = \frac{1}{8\,\pi} \frac{d^2}{b^2} \frac{\lambda_L^2}{b\,h}\,, \tag{2.4}$$

mit d als Schlitzbreite und b und h für die Breite und Höhe des Hohlleiters.

Bei Berücksichtigung des Fehlers der Längenmessung (10^{-3}—10^{-4}) und aller übrigen Einflüsse ist die direkte Messung der Wellenlänge λ_0 mit üblichen Meßleitungen und Leitungswellenmessern mit einem ungefähren Fehler von 10^{-2}—10^{-3} behaftet.

2.3 Präzisions-Frequenzmesser mit Hohlraumkreisen

Erhöhte Genauigkeit der Frequenzmessung erhält man bei Anwendung von Hohlraumkreisen als frequenzbestimmende Elemente. In Hohlräumen schwingt die elektromagnetische Energie in Form stehender Wellen zwischen den räumlich verteilten Raumelementen als Energiespeicher. Durch die räumliche Verteilung sind die Verluste geringer als in den für die niederfrequente Technik charakteristischen Kreisen mit konzentrierten getrennten Energiespeichern in Form von Kapazitäten und Induktivitäten.

Die Hohlräume, welche auch als kurzgeschlossene Leitungsstücke angesehen werden können, schwingen in Grund- und Oberwellen und in verschiedenen Wellenformen. Die Wellenform hängt von der Art der Erregung der Wellen ab. Die Wellenlänge der Grundwelle steht in einem von der Form und der Erregung abhängigen Verhältnis zur Wellenlänge im freien Raum, so daß die Frequenzmessung mit diesen Kreisen einer indirekten Messung der Wellenlänge gleichkommt. Man könnte hierbei die Eigenwellenlänge bzw. die Resonanzfrequenz eines Hohlraumes aus den Dimensionen berechnen. Infolge der Ungenauigkeit der Längenmessung und der übrigen Fehlereinflüsse ist es zweckmäßiger und genauer den Hohlraum mittels eines Generators mit bekannten Frequenzen zu eichen. Als Eichfrequenzen können z. B. die Harmonischen der Frequenzen besonders für diesen Zweck stabilisierter Rundfunksender benutzt werden.

Die Hohlraumkreise müssen an eine Meßschaltung mittels spezieller Kopplungsanordnungen angeschlossen sein. Zuführung und Entnahme von Energie in und aus den Hohlräumen ermöglicht den Vergleich der Resonanzfrequenzen mit den Frequenzen der Energiequellen und damit die Frequenzbestimmung.

Für die Ankopplung eines Hohlraumes an die übrige Schaltung gibt es eine Reihe von Möglichkeiten für welche in Abb. 2.6 einige Beispiele dargestellt sind. Die Beispiele *a* und *b* zeigen die induktive Ankopplung von Koaxialleitungen mittels Schlinge und Schlitz an einen zylindrischen Hohlraum. Die Ausführungsformen *c* und *d* zeigen als Beispiele die kapazitive Ankopplung mit Kapazität und die Lochkopplung. Die induktive Kopplung erfolgt an einer Stelle des Hohlraumes, wo bei freischwingendem Kreis eine magnetische Feldstärke senkrecht zur Schlingenfläche oder Wandströme senkrecht zum Schlitz auftreten. Das sinngemäße Reziprozitätsgesetz gilt für die kapazitive Ankopplung und das elektrische Feld. Die Kopplung zwischen Hohlleitern und Hohlräumen erfolgt mittels Schlitzen und Löchern in analoger Form (KADEN, s. S. 7).

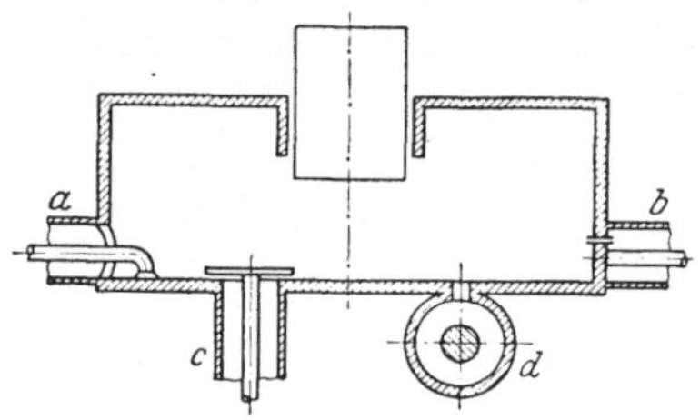

Abb. 2.6. Kopplung zwischen Zuleitung und Hohlraum. *a* induktiv mit Schlinge, *b* induktiv mit Schlitz, *c* kapazitiv, *d* kapazitive Lochkopplung

Hohlraumkreise, welche konstante Form und Größe und konstante Resonanzfrequenz haben, finden als sekundäre Frequenznormale Verwendung. Sie gestatten die Einstellung der veränderlichen Frequenz einer Energiequelle auf einen bestimmten vorgegebenen Wert. In den meisten Fällen ist die Resonanzfrequenz in einem gewissen Bereich veränderlich, um entweder die feste Frequenz eines Oszillators feststellen oder einen beliebigen Wert der Frequenz eines veränderlichen Oszillators einstellen und prüfen zu können.

Wie früher festgestellt wurde, können Hohlräume auch als Hohlleiterstücke angesehen werden. Die für die Frequenzmessung meist verwendeten Typen sind zylindrische oder prismatische Hohlleiter der Länge $\lambda_L/2$ ($\lambda_L =$ Leitungswellenlänge, s. Abb. 4.9). Die Änderung der Eigenfrequenz erfolgt durch Verschiebung einer der beiden Endwandungen, welche als galvanische oder kapazitive Kurzschlußschieber oder als Reflexionsflächen ausgebildet sind. Bei Frequenzmessern mit in einen Hohlraum hineinragenden verkürzten $\lambda/4$-Leitern erfolgt die

Änderung der Eigenfrequenzen durch Längenänderung der $\lambda/4$-Leiter. Diese sind mit den Hohlraumwandungen galvanisch oder kapazitiv verbunden.

Wegen der Einfachheit mechanischer Herstellung sind zylindrische Hohlräume anderen Formen vorzuziehen. Die Hohlraumdimensionen ergeben sich aus der Hohlleitertheorie. Die Zusammenhänge zwischen den Dimensionen und den Eigenfrequenzen sind für die wichtigsten Hohlraumtypen und den darin auftretenden Wellenformen in Abb. 2.7 angegeben. Betreffs der Wellenform und ihrer Beziehungen s. GUNDLACH, Grundlagen der Höchstfrequenztechnik, Abschn. D.

Bei der Konstruktion eines Frequenzmessers muß die Forderung erfüllt sein, daß der Hohlraum in dem nutzbaren Frequenzbereich nur eine Resonanz anzeigt und in nur einer Wellenform erregt wird. Für

Hohlraumtyp E = el. Feldstärke	Wellenform $TE_{r,\varphi,z}$ $TM_{r,\varphi,z}$	Dimensionen	Gütewert $\sigma_{cu} = 57 \cdot 10^4\ (\Omega \cdot \text{cm})^{-1}$
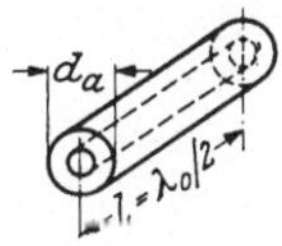	TEM	$l = \lambda_0/2$	$\dfrac{0{,}65 \cdot 10^4\,\sqrt{\lambda_0^{[\text{cm}]}}}{1 + 0{,}9\,\lambda_0/d_a}\sqrt{\dfrac{\sigma}{\sigma_{cu}}}$
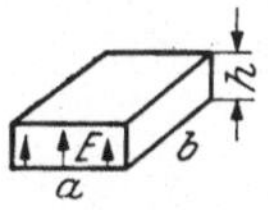	TE_{110} H_{10}	$\left(\dfrac{1}{a}\right)^2 + \left(\dfrac{1}{b}\right)^2 = \left(\dfrac{2}{\lambda_0}\right)^2$ $a = b$ $a = 0{,}707\,\lambda_0$	$a = b:$ $\dfrac{0{,}92 \cdot 10^4\,\sqrt{\lambda_0}}{1 + 0{,}354\,\lambda_0/h}\sqrt{\dfrac{\sigma}{\sigma_{cu}}}$
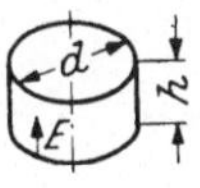	radiale TEM	$D = 0{,}767\,\lambda_0$	$\dfrac{0{,}98 \cdot 10^4\,\sqrt{\lambda_0}}{1 + 0{,}383\,\lambda_0/h}\sqrt{\dfrac{\sigma}{\sigma_{cu}}}$
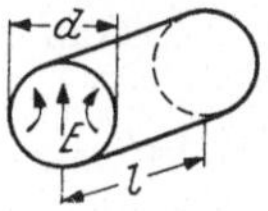	TE_{111} H_{11}	$\left(\dfrac{1}{l}\right)^2 + 1{,}37\left(\dfrac{1}{D}\right)^2 = \left(\dfrac{2}{\lambda_0}\right)^2$	$d = l:$ $0{,}735 \cdot 10^4\,\sqrt{\lambda_0}\,\sqrt{\dfrac{\sigma}{\sigma_{cu}}}$
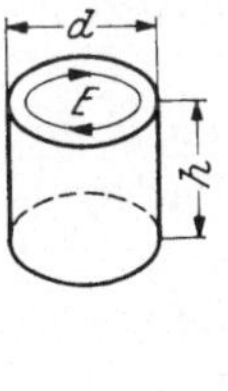	TE_{101} H_{01}	$\left(\dfrac{1}{h}\right)^2 + 5{,}94\left(\dfrac{1}{d}\right)^2 = \left(\dfrac{2}{\lambda_0}\right)^2$ $h = d:$ $d = 1{,}32\,\lambda_0$	$\dfrac{1{,}585 \cdot 10^4\,\sqrt{\lambda_0}\,\sqrt{\dfrac{\sigma}{\sigma_{cu}}}}{\left[\sqrt{1 - \left(\dfrac{\lambda_0}{2\,h}\right)^2}\right]^3 + 2{,}44\left(\dfrac{\lambda_0}{2\,h}\right)^3}$ $h = d:$ $1{,}72 \cdot 10^4\,\sqrt{\lambda_0}\,\sqrt{\dfrac{\sigma}{\sigma_{cu}}}$

Abb. 2.7. Tabelle der Daten für verschiedene Hohlräume und Wellenformen

zylindrische Hohlleiterstücke zeigt Abb. 2.8 das Schema der Eigenfrequenzen der verschiedenen Wellenformen abhängig von den Dimensionen. Das Schema beruht auf der Gleichung

$$\left(\frac{2\,D}{\lambda_0}\right)^2 = n^2\left(\frac{D}{L}\right)^2 + K\,, \tag{2.5}$$

wenn n der Periodizität der Feldverteilung in Richtung der Zylinderachse entspricht und K sich aus der Wellenform und Periodizität in radieller Richtung und längs des Umfanges ergibt. Dem Schema können

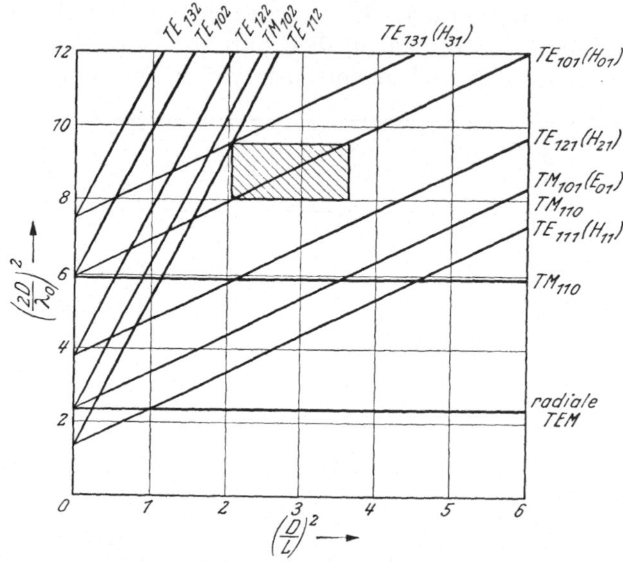

Abb. 2.8. Resonanzfrequenzen zylindrischer Hohlräume abhängig von den Dimensionen

die Eigen- oder Resonanzwellenlänge λ_0 abhängig von der Länge des Hohlraumes L bei konstantem Durchmesser D entnommen werden. Wenn z. B. ein größerer Frequenzbereich gewünscht ist, als dem schraffierten Rechteck in Abb. 2.8 entspricht, in welchem nur die Feldform TE_{101} erregt wird, muß durch die Art der Kopplung zwischen Hohlraum und Leitung und durch weitere Vorkehrungen die Erregung unerwünschter Wellenformen verhindert werden, um eine eindeutige Anzeige zu erzielen.

Die Präzisions-Frequenzmesser sind in den häufigsten Fällen eine Kompromißlösung zwischen mehreren einander widersprechenden Forderungen u. a. nach großem Frequenzbereich, Eindeutigkeit der Anzeige und Genauigkeit. Von diesen Eigenschaften steht bei der Beurteilung der Güte die Genauigkeit, bzw. Größe des Fehlers, im Vordergrund. Der Gesamtfehler eines Frequenzmessers mit Hohlraum setzt sich aus einer

Reihe von Teilfehlern zusammen und wird von mehreren **Faktoren** beeinflußt:

a) Prinzipieller Einstellfehler

b) Mechanischer Einstellfehler

c) Ablesegenauigkeit der Skala

d) Eichgenauigkeit

e) λ_L-Änderung durch Feuchtigkeits- und Temperaturänderung der Luft im Hohlraum

f) Größenänderung des Hohlraumes durch Temperaturänderung.

2.3.1 Prinzipieller Einstellfehler

Der prinzipielle Einstellfehler ist derjenige Teilfehler eines Hohlraum-Frequenzmessers, welcher von dem Prinzip der Meßschaltung, den Hohlraumeigenschaften und der Anzeigevorrichtung abhängt. Er entspricht den beiderseitigen relativen Frequenzabweichungen vom Frequenz-Sollwert, innerhalb welcher die Einstellung des Frequenzmessers oder die Frequenz des Oszillators geändert werden kann, ohne daß die Anzeigevorrichtung reagiert.

Bezüglich der Meßschaltung kann man als grundsätzliche Typen den Transmissions-, den Reaktions- und den Diskriminatortyp unterscheiden. Der Transmissionstyp (Abb. 2.9a) besitzt einen Ein- und Ausgang, wobei der Maximalwert der bei Resonanz durch den Hohlraum hindurchfließenden Mikrowellenleistung zur Anzeige der Resonanz dient; er entspricht dem üblichen Resonanzwellenmesser der Hochfrequenztechnik. Der Reaktionstyp besitzt nur einen Eingang und die Rückwirkung der frequenzabhängigen Eingangsimpedanz auf die übrige Schaltung dient zur Anzeige der Resonanz. Anzeigeinstrumente sind in den meisten Fällen in der Schaltung bereits vorhanden. Abb. 2.9b zeigt das Ersatzschaltbild und den Verlauf der Anzeige bei Frequenzänderung. Der Diskriminatortyp der Abb. 2.9c beruht auf einer speziellen Meßschaltung zur Erhöhung der Genauigkeit. Die Einstellung der Resonanzfrequenz ist auf den steilsten Teil der Resonanzkurve verlegt, welche die Form einer Diskriminatorkennlinie für FM (Riegerkreis) hat. Ein Gerät dieses Typs wurde vom Verfasser für den Frequenzbereich 500—650 MHz entwickelt.

Der prinzipielle Einstellfehler hat grundsätzlich die Form

$$\pm \frac{\Delta \omega}{\omega_0} = f(Q, a) \, . \tag{2.6}$$

Er ist, wenn ω_0 der Resonanz- oder Sollfrequenz entspricht, von dem Gütewert (siehe S. 198) des frequenzbestimmenden Kreises und von dem relativen Fehler der Anzeigevorrichtung a, z. B. des Anzeigeinstrumentes bei Vollausschlag, abhängig. Bei einem Spannungsmesser entspricht a dem relativen Spannungsbereich $\Delta V / V_0$ ($V_0 =$ Spannung bei Vollausschlag), innerhalb welchem die Spannung schwanken kann, ohne daß die Schwankung sichtbar wird.

Die Funktion $f(Q,a)$ ist für die angegebenen Typen der Meßschaltung verschieden. Für den Transmissionstyp wird sie unter Benutzung des Ersatzschaltbildes der Abb. 2.9a als Resultat folgender Ableitung erhalten.

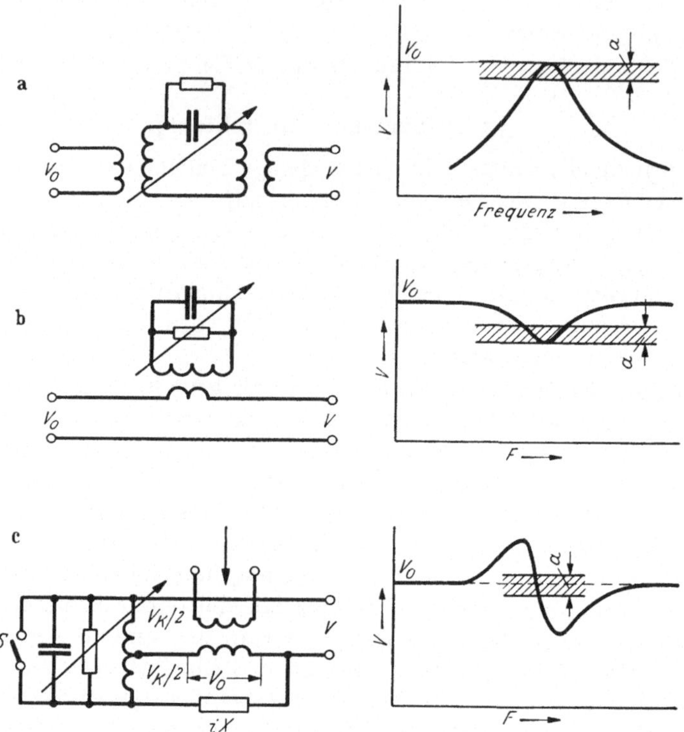

Abb. 2.9a—c. Frequenzmesser-Schaltungen. a Transmissionstyp, b Reaktionstyp, c Diskriminatortyp

Die Feldstärke E am Ausgang eines Hohlraumkreises hat, wenn Wellen konstanter Größe in den Kreis hineinlaufen, den Wert

$$E = E_0/[1 + i\,Q_{bel}\,(2\,\varDelta\omega/\omega_0)]\,, \qquad (2.7)$$

wenn E_0 der Maximalwert bei Resonanz und Q_{bel} der Gütewert bei Berücksichtigung der angekoppelten Leitungen und der Anzeigevorrichtung sind. Die Spannung an dem Schwingkreis des Ersatzschaltbildes ist analog:

$$V = V_0/[1 + i\,y/d] \qquad (2.8)$$

mit der Dämpfung $d = 1/Q_{bel}$ und der Verstimmung $y = \omega/\omega_0 - \omega_0/\omega$. In der Nähe von Resonanz ist $y \approx 2\,\varDelta\omega/\omega_0$.

Die angezeigte Amplitude der Kreisspannung ist

$$|V| = V_0 - \Delta V \approx V_0 \left[1 - (y/d)^2/2\right] . \tag{2.9}$$

Bei Verstimmung aus der Resonanzfrequenz um $\Delta \omega$ sinkt die Amplitude um ΔV. Es ist

$$\frac{\Delta V}{V_0} \approx 2 \left(\frac{\Delta \omega}{\omega_0}\right)^2 Q_{bel}^2 . \tag{2.10}$$

Wenn man $\Delta V/V_0 = a$ einführt, erhält man für die Frequenzverstimmung, innerhalb welcher die Frequenz schwanken kann, ohne daß sich die Anzeige des Instrumentes ändert,

$$\pm \frac{\Delta \omega}{\omega_0} \approx \sqrt{\frac{a}{2}} \, \frac{1}{Q_{bel}} . \tag{2.11}$$

Der Gütewert des belasteten Kreises gleicht im besten Fall demjenigen ohne angeschlossene Ein- und Ausgangsleitung. Durch die Energieentnahme für die Anzeige und die Ankopplung der Eingangsleitung wird der Gütewert herabgesetzt auf

$$Q_{bel} = Q_u \frac{1}{1 + \dfrac{P_1}{P_K} + \dfrac{P_2}{P_K}} , \tag{2.12}$$

wenn Q_u der Gütewert des unbelasteten Kreises und P_2/P_K das Verhältnis der für die Anzeige ausgekoppelten Leistung zu der im Kreis verbrauchten Leistung sind. P_1/P_K ist das analoge Verhältnis der in die Eingangsleitung abgeführten Leistung zu der im Kreis verbrauchten Leistung bei Speisung der Schaltung vom Ausgang her. Es ist daher zweckmäßig den Kreis möglichst lose anzukoppeln und ein empfindliches Instrument für die Anzeige zu benützen. Um zu vermeiden, daß Blindwiderstände in den angeschlossenen Leitungen die Resonanzfrequenz verändern, ist vorzuschreiben, daß die angeschlossenen Leitungen angepaßt abgeschlossen sind. Unter der Voraussetzung eingangsseitiger Anpassung der Schaltung ($P_1 = P_K$) ist der belastete Gütewert angenähert

$$Q_{bel} \approx \frac{Q_u}{2} \left(1 - \frac{P_{aus}}{P_{ein}}\right) . \tag{2.13}$$

P_{aus} ist die in der Anzeigevorrichtung verbrauchte und P_{ein} die gesamte dem Kreis zugeführte Leistung. Der Transmissionstyp hat den Nachteil, daß bei Anschluß des Frequenzmessers an einen Oszillator und bei verstimmtem Kreis nicht direkt festgestellt werden kann, ob der Oszillator schwingt.

Der Reaktionstyp der Abb. 2.9b setzt eine Schaltung voraus, in welche er eingefügt werden kann. In der Schaltung muß ein Leistungsanzeiger vorhanden sein, um die Rückwirkung des Frequenzmessers bei Abstimmung feststellen zu können. Der Verlauf der Ausgangsspannung hat

abhängig von der Frequenz oder Abstimmung des Kreises die in der
Abbildung gezeigte Frequenzcharakteristik mit einem Minimum bei
Resonanz. Der Verlauf ist durch

$$V = V_0 \left[1 - \cfrac{1}{1 + 2 \cfrac{Z_0}{R_p} Q_u \, (i \, y + d)} \right] \tag{2.14}$$

gegeben, wenn V_0 die Spannung bei maximaler Verstimmung und R_p der
Parallel-Ersatzwiderstand des Kreises bei Resonanz und Z_0 der Wellenwiderstand des Leitungssystems, in welchem der Kreis eingefügt ist,
sind. Für die rechnerische Behandlung wird eine Näherungsrechnung
empfohlen.

Die Amplitudenänderung der Ausgangsspannung ist abhängig von der
Ankopplung ein Bruchteil derjenigen des Transmissionstyps. Die Änderung
hat entgegengesetztes Vorzeichen;

$$\Delta V \approx p \, 2 \, V_0 \, (\Delta \omega / \omega_0)^2 \, Q_{bel}^2 \, . \tag{2.15}$$

Hierbei ist $p \, V_0$ der Betrag, um welchen die Ausgangsamplitude bei
Resonanz sinkt. Als Resultat einer Widerstandsbetrachtung ergibt sich,
daß durch die Ankopplung der beiden Leitungen der Gütewert des
Kreises auf den Wert

$$Q_{bel} = Q_u \, (1 - p) \tag{2.16}$$

herabgesetzt wird. Mit diesen Werten erhält man für die Verstimmung,
welche gerade noch sichtbar ist

$$\pm \frac{\Delta \omega}{\omega_0} \approx \sqrt{\frac{a}{2}} \, \frac{1}{Q_u} \, \frac{1}{\sqrt{p} \, (1 - p)} \, , \tag{2.17}$$

wenn die Empfindlichkeit des Meßinstrumentes $a = \Delta V / V_0$ eingeführt
wird. Der Nenner $\sqrt{p} \, (1 - p)$ hat ein Maximum für $p = 0{,}33$. Die Ankopplung hat daher einen günstigsten Wert, wenn bei Resonanz die
Ausgangsspannung um $1/_3$ sinkt. Unter dieser Bedingung ist

$$\pm \frac{\Delta \omega}{\omega_0} \approx \sqrt{\frac{a}{2}} \, \frac{1}{Q_u} \, 2{,}5 \, . \tag{2.18}$$

Der Reaktionstyp hat bei gleicher Kreisgüte ungefähr die gleiche
Einstellgenauigkeit wie der Transmissionstyp. Er hat den Vorzug, daß
er in jeder bereits vorhandenen Schaltung eingefügt werden kann, wobei an dem Anzeigeinstrument unabhängig von der Frequenzeinstellung
sichtbar ist, ob der Oszillator schwingt.

Der vom Verfasser entwickelte Diskriminatortyp Abb. 2.9c bestätigt,
daß durch eine geeignete Schaltung die Genauigkeit wesentlich verbessert werden kann. Die Einstellung der Resonanz erfolgt auf dem steilsten
Teil der Frequenzcharakteristik der Ausgangsspannung. Diese setzt sich
aus der an dem Transformator eingekoppelten Spannung V_0 und der

halben Kreisspannung $V_K/2$ zusammen. Der Kreis ist an den Transformator über eine Koppel-Reaktanz iX angeschaltet. Die Frequenzcharakteristik hat den in der Abbildung gezeigten Verlauf ähnlich einer Diskriminatorkennlinie für Frequenzmodulation. Mit einem Druckknopf kann der Kreis kurzgeschlossen werden, so daß nur die Eingangsspannung V_0 angezeigt wird. Bei der Messung ändert man die Einstellung bis die Ausgangsspannung den gleichen Wert hat wie bei kurzgeschlossenem Hohlraumkreis.

Die Kreisspannung hat den Wert

$$V_K = 2\,V_0/(1 + 2\,i\,X/Z_K)\,, \qquad (2.19)$$

wenn die Kreisimpedanz $Z_K = R_p/(1 + i\,y/d)$ ist. Nach Einführung von $2\,X\,R_p = p$ erhält man für die Summenspannung V

$$V = V_0\,(i\,p - p\,y/d)/(1 + i\,p - p\,y/d)\,. \qquad (2.20)$$

Bei dem Spannungsvergleich ist $|V| = V_0$; er erfolgt bei $p\,y/d = 0{,}5$. Die Steilheit der Diskriminatorkurve

$$\frac{d\,|V|}{dy} = -\,p/[d\,(0{,}25 + p^2)] \qquad (2.21)$$

hat für $p = 0{,}5$ ein Maximum. Mit diesen Werten ergibt sich für die prinzipielle Einstellgenauigkeit

$$\pm\,\frac{\Delta\omega}{\omega_0} = \frac{a}{4}\,\frac{1}{Q_{bel}}\,, \qquad (2.22)$$

wenn für $\Delta V/V_0$ die Empfindlichkeit des Meßinstrumentes $a/2$ eingeführt wird ($a/2$ nach beiden Seiten von der Resonanzeinstellung). Gl. (2.22) zeigt, daß der Einstellfehler des Diskriminatortyps gegenüber demjenigen des Transmissions- und Reaktionstyps um einen Faktor $\sqrt{a/8}$ herabgesetzt ist. Mit üblichen Meßinstrumenten ergibt die Diskriminatorschaltung eine etwa um einen Faktor 20 verbesserte Einstellgenauigkeit.

Bei Anwendung von Kristalldioden und quadratischer Gleichrichtung sinkt der Einstellfehler ungefähr auf den halben Wert. Das Verhältnis der Fehler für die angeführten Schaltungen bleibt unverändert.

2.3.2 Gütewert der Hohlraumkreise

Wie Gl. (2.7) gezeigt hat, bestimmen der Gütewert (auch Q-Wert) und die Resonanzfrequenz die Eigenschaften eines Hohlraumkreises in der Nähe der Resonanz. Von dem Gütewert ist direkt der Einstellfehler eines Hohlraum-Frequenzmessers abhängig. Der Reziprokwert des Gütewertes hat die Bezeichnung Dämpfung ($1/Q = d$).

Die Definition ist:

$$Q = 2\,\pi\,\frac{\text{gespeicherte Energie}}{\text{mittlere je Periode verbrauchte Energie}}\,. \qquad (2.23)$$

Die Definition deutet auf einen Zusammenhang des Gütefaktors mit dem natürlichen Abklingen der Schwingungen eines erregten Hohlraumkreises hin. Mit Gl. (2.23) erhält man für die je Sekunde durch Leitungsverluste oder andere Verluste im Hohlraum verbrauchte Energie

$$\frac{dW}{dt} = \frac{\omega}{Q} W \, ,$$

wenn W die gespeicherte Energie ist. Für das Abklingen ergibt sich

$$W(t) = W_0 \, e^{-\frac{\omega}{Q} t} \, . \tag{2.24}$$

W_0 ist die zur Zeit $t = 0$ gespeicherte Energie.

Das exponentielle Abklingen eines durch Impulse erregten Hohlraumes kann z. B. zur Prüfung von Radargeräten verwendet werden (Echo Box). Die Empfindlichkeit der Anlage ergibt sich aus der Zeit, innerhalb welcher das von dem ausschwingenden Hohlraumkreis herrührende Signal in dem Rauschpegel des Empfängers verschwindet.

Gl. (2.23) kann in die Form

$$Q = \omega \, \frac{W}{P_{v\,ges}} \tag{2.25}$$

gebracht werden, wenn $P_{v\,ges}$ die gesamte in den Hohlraum fließende und in der Schaltung verbrauchte Leistung ist, die sich aus den Kreisverlusten und einem weiteren Leistungsanteil zusammensetzt. Dieser letztere Anteil wird bei einem Frequenzmesser teils in der Anzeigevorrichtung verbraucht, teils fließt er in die angeschlossenen Leitungen ab. Dementsprechend können zwei Gütewerte, Q_u und Q_{bel}, derjenige des unbelasteten Kreises und derjenige bei Belastung, unterschieden werden. Beide hängen durch die Gleichung

$$Q_u/Q_{bel} = P_{v\,ges}/P_{v\,Kreis} \tag{2.26}$$

zusammen. $P_{v\,Kreis}$ ist der im Kreis verbrauchte Leistungsanteil.

Entsprechend der Definition Gl. (2.23) kann Q_u eines mit Luft gefüllten Hohlraumes aus der Feldverteilung im Hohlraum bestimmt werden;

$$Q_u = \frac{2 \int\limits_{v} H^2 \, dV}{d_i \int\limits_{0} H_t^2 \, dF} \approx \frac{2 \, \text{Volumen}}{d_i \times \text{Oberfläche}} \, . \tag{2.27}$$

H ist die Amplitude der magnetischen Feldstärke und H_t sind ihre Werte an der Innenwand. Das Oberflächenintegral ist über die gesamte Innenwand des Hohlraumes zu nehmen. d_i ist die Eindringtiefe oder äquivalente Leitschichtdicke:

$$d_i^{[cm]} = 3{,}85 \times 10^{-5} \, \sqrt{\lambda_0^{[cm]}} \, \sqrt{\frac{\sigma_{cu}}{\sigma}} \, . \tag{2.28}$$

Die Annäherung der Gl. (2.27) gibt einen ungefähren Richtwert des Gütewertes unter der Annahme, daß die magnetische Feldstärke im Hohlraum gleichmäßig verteilt ist.

In der Tabelle auf S. 15 sind für einige Hohlraumtypen die Gütewerte zusammengestellt. Abb. 2.10 zeigt Diagramme dieser Werte abhängig von den Hohlraum-Dimensionen. Die Kurven zeigen die Überlegenheit des zylindrischen Hohlraumes bei Erregung von TE_{01}-Wellen. (TE_{01} ist die häufig vorkommende Wellenbezeichnung, welche der TE_{101}-Feldverteilung in Hohlräumen entspricht.) Die praktisch erzielten Gütewerte sind auf Grund der Oberflächenbearbeitung und Korrosion um etwa 10—50% kleiner.

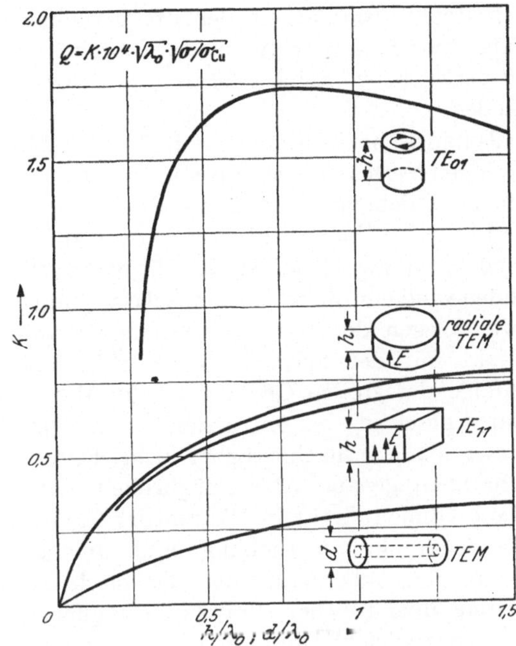

Abb. 2.10. Gütewerte der wichtigsten Hohlraumtypen

Die folgende Tabelle zeigt Richtwerte für die Gütewerte verschiedener Kreistypen.

	Frequenzbereich (GHz)	Gütewert
Kreise mit konzentrierten Energiespeichern (Butterfly-Kreise)	0,3—1	800— 200
Topfkreise	0,3—2	1500— 400
Homogene Leitungen	0,3—3	1000— 100
Hohlraumkreise mit $\lambda/4$-Leiter	2 —10	2000— 300
Hohlraumkreise	5 —100	30000—1000

2.3.3 Mechanischer Einstellfehler, Ablesegenauigkeit

Bei der wiederholten Einstellung gleicher elektrischer Werte des frequenzbestimmenden Kreises eines Frequenzmessers treten kleine Unterschiede der Einstellung auf. Der diesbezügliche Fehler ist ein Maß für die mechanische Einstellgenauigkeit. Er wird hauptsächlich von Ungenauigkeiten des mechanischen Antriebssystems, z. B. von totem Gang, verursacht. Antriebssysteme mit federnd gegeneinander verstellten Doppelzahnrädern oder mit federnd fixierten Muttern auf Schraubenspindeln ergeben gute Genauigkeit. Unsichere galvanische Kontakte gleitender Teile in Hohlraumkreisen können ebenfalls Fehler der Reproduzierbarkeit der Frequenzeinstellung verursachen. Es ist daher zweckmäßig galvanische Kontakte zu vermeiden oder an Stellen zu verlegen, wo keine oder geringe Ströme quer zu den Kontaktfugen fließen.

Zylindrische Hohlräume mit TE_{101}-Feldform haben, abgesehen von geringen Verlusten, weitere Vorzüge. Die Frequenzänderung wird durch die Verschiebung einer der beiden kreisförmigen Endwandungen hervorgerufen. Da keine radialen Ströme auf der scheibenförmigen Wand fließen, ist zwischen der verschiebbaren Wand und der zylindrischen Innenwand ein Zwischenraum zulässig, und es tritt kein Kontaktproblem auf. Wegen der Rotationssysmmetrie kann die verschiebbare Wand direkt mit der Schraube eines Mikrometerantriebs verbunden sein. Infolge der großen Genauigkeit der Mikrometerschrauben, deren toter Gang beseitigt werden kann, ist der mechanische Einstellfehler in diesem Falle vernachlässigbar klein. Darüber hinaus bieten Mikrometerschrauben genaue Ablesemöglichkeit auf schraubenförmigen Skalen. Diese können direkt in Werten der Frequenz geeicht sein und machen die Benützung von Eichkurven überflüssig.

Um den Ablesefehler und den mechanischen Einstellfehler klein zu halten, überstreichen Präzisions-Frequenzmesser einen relativ kleinen Frequenzbereich. Die Forderungen auf große Genauigkeit und auf einen möglichst großen Frequenzbereich sind gegensätzlich. Bei linearen Skalen kann die Ablesegenauigkeit durch Nonien oder dekadische Tachometerskalen verbessert werden.

Der mechanische Einstell- und Ablesefehler ist bei Frequenzmessern mit zylindrischen Hohlraumkreisen und Mikrometerschrauben meist vernachlässigbar klein.

2.3.4 Eichfehler

Die Eichgenauigkeit hängt von dem Fehler des für die Eichung benützten Frequenznormals und von der prinzipiellen Einstellgenauigkeit bei der Eichung ab. Als Eichfrequenzen werden in den meisten Fällen die Harmonischen von quarzstabilisierten Oszillatoren verwendet, deren Genauigkeit in der Größenordnung von 10^{-6} liegt. Die stabilisierten und genau kontrollierten Frequenzen bestimmter Sender im Rundfunkgebiet, z. B. Sender des National Bureau of Standards in Washington, und ihre Harmonischen können ebenfalls als Vergleichsfrequenzen bei der Eichung dienen. Die Frequenzgenauigkeit kommerzieller Rundfunksender dürfte in der gleichen Größenordnung liegen.

Der prinzipielle Einstellfehler bei der Eichung von Hohlraum-Frequenzmessern kann durch besondere Eichschaltungen herabgesetzt werden, für welche in Abb. 2.11 ein Beispiel gezeigt ist. Die Frequenz eines Frequenznormales ergibt nach Vervielfachung eine oder eine Reihe von Vergleichsfrequenzen, welche einem Mischteil M 1 zugeführt werden. Die Frequenz eines Klystrons wird mit Hilfe einer Sägezahnspannung, welche gleichzeitig als horizontale Ablenkspannung für den Strahl eines Oszillographen dient, sägezahnförmig moduliert. Die frequenzgewobbelte Energie gelangt über ein Dämpfungsglied in den Frequenzmesser, dessen Ausgangsspannung gleichgerichtet als vertikale Ablenkspannung des Oszillographen benutzt wird. Ein Teil der gewobbelten HF-Energie gelangt über einen Richtkoppler in den Mischteil M 1 und ergibt Interferenzfrequenzen. Diese werden in einem Bandpaßverstärker verstärkt und mit der Frequenz F_2, welche im Durchlaßbereich des

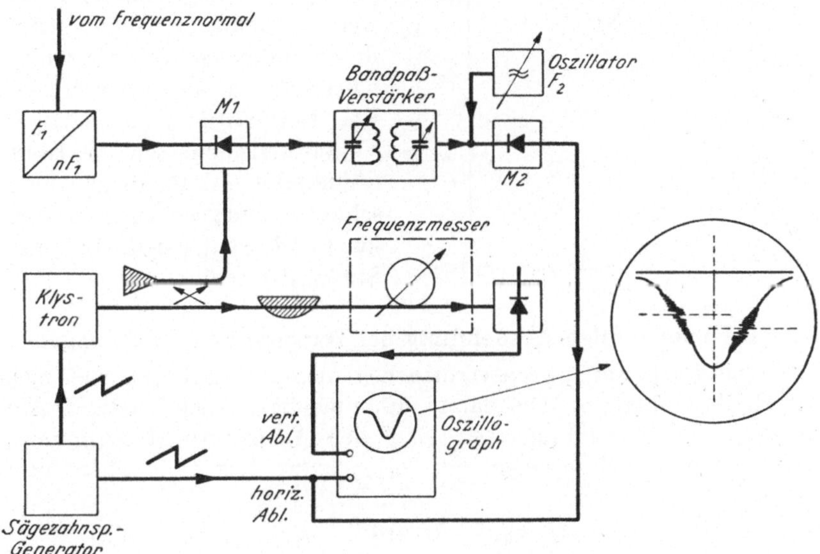

Abb. 2.11. Eichschaltung für Hohlraum-Frequenzmesser

Bandpaßverstärkers liegt, in einem zweiten Mischteil M 2 gemischt. Die resultierende Videospannung dient als zusätzlicher Teil der horizontalen Ablenkspannung. Die Kombination Bandpaßverstärker, Oszillator und Mischteil M 2 kann gegebenenfalls durch einen Superheterodynempfänger ersetzt werden.

Der auf dem Oszillographenschirm erhaltene resultierende Signalverlauf ist in Abb. 2.11 dargestellt. Die gewobbelte HF-Energie des Klystrons ergibt einerseits die Resonanzkurve des Frequenzmessers und andererseits Überlagerungsfrequenzen, welche um $\pm F_2$ seitlich von $n F_1$ auftreten. Wenn die Frequenz Null erreicht ist, zeigt das bandförmige Oszillogramm der Interferenzspannung eine Einschnürung. Bei Sollabstimmung fällt die Resonanz mit der Frequenz $n F_1$ zusammen, und die Einschnürungen der Interferenzspannung auf den beiden abfallenden Ästen der Resonanzkurve liegen gleich hoch.

Durch Wahl geeigneter Eichfrequenz-Normale und zweckmäßiger Eichschaltungen kann der Eichfehler vernachlässigbar klein gehalten werden.

2.3.5 Einfluß von Luftfeuchtigkeits- und Temperaturschwankungen

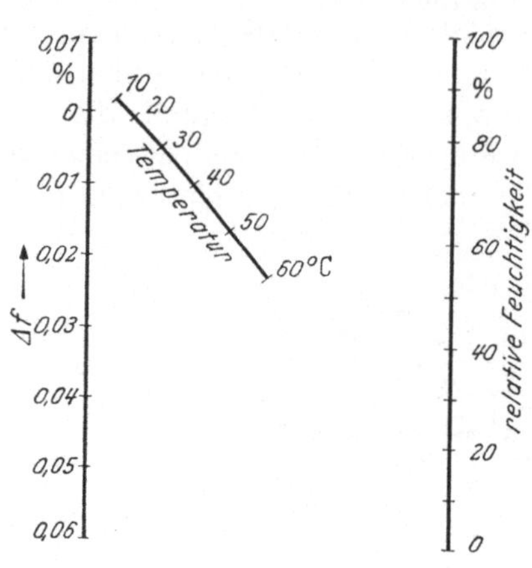

Abb. 2.12. Dielektrischer Feuchtigkeits- und Temperatureinfluß.

Die von Luftfeuchtigkeits- und Temperaturschwankungen herrührenden Änderungen der dielektrischen Eigenschaften der Luft in Hohlraumkreisen ergeben Fehler, deren Werte in dem in Abb. 2.12 gezeigten Nomogramm abgelesen werden können.[1] Sie dürften unter normalen Innenraumverhältnissen ca. $5 \cdot 10^{-5}$ betragen. Bei Betrieb unter schwierigen Verhältnissen müssen die Hohlraumkreise vakuumdicht abgeschlossen und gegebenenfalls evakuiert oder mit einem Gas (z. B. Stickstoff) gefüllt sein.

2.3.6 Fehler infolge Ausdehnung bei Temperaturschwankungen

Temperaturschwankungen verursachen Änderungen der Dimensionen von Hohlraumkreisen. Die damit zusammenhängenden relativen Änderungen der Eigenfrequenzen sind den Temperatur-Ausdehnungskoeffizienten der Materialien, aus welchen die Kreise bestehen, proportional;

$$\Delta F / F_0 = - k\,\alpha\,\Delta T^{[°C]}\,.$$

Bei einfachen festen Hohlraumkreisen ist $k = 1$; bei komplizierten Typen hat k einen von der Konstruktion abhängigen Wert.

Die Ausdehnungskoeffizienten einiger für die Konstruktion von Hohlraumkreisen wichtigen Materialien sind in der folgenden Tabelle zusammengestellt:

Tabelle einiger Ausdehnungskoeffizienten

Material	$\alpha/°C \times 10^6$	Material	$\alpha/°C \times 10^6$
Kupfer	16	Schleuderguß	0,8
Messing	14	Keramik	0,7
Invar	1,3	Quarz	0,3

Die Tabelle zeigt, daß der Fehler infolge Wärmeausdehnung durch die Wahl geeigneter Materialien klein gehalten werden kann. Hohl-

---

[1] Montgomery: Microwave Measurements, S. 391

raumkreise aus Schleuderguß oder Quarz, deren Oberflächen mit einer Schicht aus gut leitendem Material belegt sind, ergeben gute Temperaturstabilität.

Eine andere Möglichkeit besteht in der Kompensation der Ausdehnungseinflüsse durch Zusammensetzung der Hohlräume aus Materialien mit verschiedenen α-Werten. Von diesen beiden Möglichkeiten für die Herabsetzung des Temperaturfehlers sekundärer Frequenznormale ergibt die Temperaturkompensation die größere Genauigkeit.

Abb. 2.13 zeigt als Beispiel einen Hohlraumkreis für das X-Band (REED [8]) mit einem verkürzten $\lambda/4$-Leiter, welcher von einer beweglichen Membran in das Innere eines zylindrischen Hohlraumes hineinragt. Die Hohlraumwandungen und der Aufbau darüber bestehen aus Kupfer. Der Innenleiter ist aus Invar hergestellt. Bei geeigneter Wahl der Länge L_2 ist die Eigenfrequenz des als Reaktionstyp ausgeführten Frequenznormals weitgehend von der Temperatur unabhängig. Die Länge des durch die Membrane in den Hohlraum hineinragenden Innenleiters ist $L_1 \approx \lambda/4$. Die Kompensationslänge L_3 wird durch den Ausdehnungskoeffizienten für Kupfer und durch die elektrischen Eigenschaften des Hohlraumes bestimmt. Der Kreis ist durch ein Loch an einen X-Band Hohlleiter kapazitiv angekoppelt.

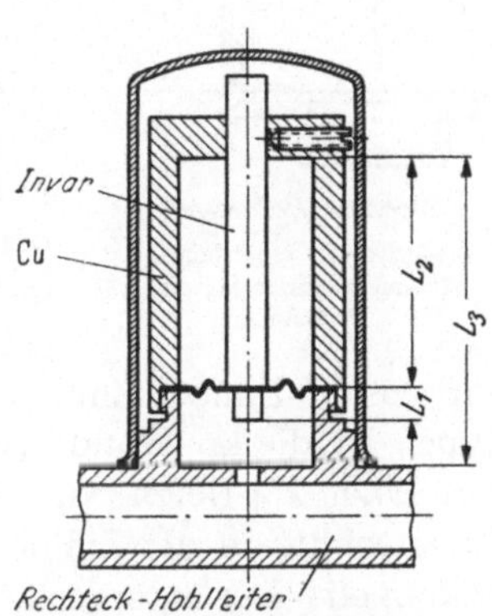

Abb. 2.13. Temperaturkompensiertes, evakuiertes Frequenznormal für das X-Band. (REED [8])

Vakuumdichte Fenster schließen den Hohlleiter an den beiden Anschlußflanschen ab. Der Innenraum ist mit einem neutralen Gas gefüllt. Die Genauigkeit eines Frequenznormals dieses Typs liegt in der Größenordnung von 10^{-4}.

2.3.7 Gesamtfehler

Für die Beurteilung des Fehlers vorhandener Instrumente oder bei der Konstruktion von Hohlraumfrequenzmessern können die Teilfehler aus den angegebenen Daten bestimmt werden. Wenn die Teilfehler von einander unabhängig sind, ergibt sich der wahrscheinliche relative Gesamtfehler $\Delta F_{ges}/F_0$ aus der Quadratsumme der Teilfehler $\Delta F_n/F_0$:

$$\pm \frac{\Delta F_{ges}}{F_0} = \sqrt{\Sigma\,(\Delta F_n/F_0)^2}\;. \tag{2.29}$$

Eine strengere Beurteilung stellt der maximale Fehler in der Form der Summe der Teilfehler dar:

$$\pm \frac{\Delta F_{max}}{F_0} = \sum \frac{\Delta F_n}{F_0}\;. \tag{2.30}$$

2.4 Zylindrische Hohlraum-Frequenzmesser

Zylindrische Hohlraumkreise mit TE_{01} Wellen stellen die zweckmäßigste Hohlraumform für die Verwendung als Frequenzmesser dar. Diese Kreise haben die benötigten hohen Gütewerte und ermöglichen einen einfachen mechanischen Aufbau und einfache Einstellung der Resonanzfrequenz. Der Vektor der elektrischen Feldstärke ist in jedem Punkt des Hohlraumes tangential an die Kreise um die Zylinderachse gerichtet, und die Ströme fließen auf Kreisbahnen um die Achse. Die Änderung der Eigenfrequenz wird durch Verschiebung einer der beiden kreisförmigen Abschlußwände hervorgerufen, ohne daß diese die Zylinderwand berührt. Die Verschiebung kann bei gleichzeitiger Drehung mit Hilfe einer Mikrometerschraube erfolgen. Abb. 2.14 zeigt als Beispiel schematisch den Schnitt eines Instrumentes

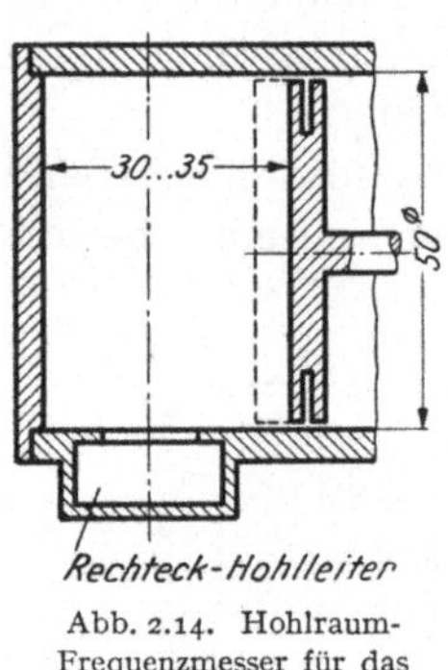

Abb. 2.14. Hohlraum-Frequenzmesser für das X-Band

für das X-Band. Zur Verhinderung des Entstehens anderer Wellentypen ist die kreisrunde verschiebbare Abschlußplatte auf dem Umfang mit einer $\lambda/4$-tiefen Nut versehen. Der Hohlraumkreis ist durch einen Längsschlitz in der Zylinderwand an einen rechteckigen Hohlleiter angekoppelt. Der entsprechende Schlitz in der Wand des Hohlleiters liegt in der oberen Breitseite quer zur Richtung der Wellenfortpflanzung. Mit dieser Anordnung der Schlitzkopplung werden im Hohlraum nur TE_{01} Wellen erregt. Diese Form der Ankopplung ergibt einen Frequenzmesser des Reaktionstyps. Der Gütewert des Kreises beträgt bei guter Bearbeitung und Behandlung der Oberfläche $Q \approx 20000$. Der maximale Gesamtfehler liegt bei üblichen Schaltungen und Innenraumgebrauch in der Größenordnung von $\pm 5 \cdot 10^{-4}$.

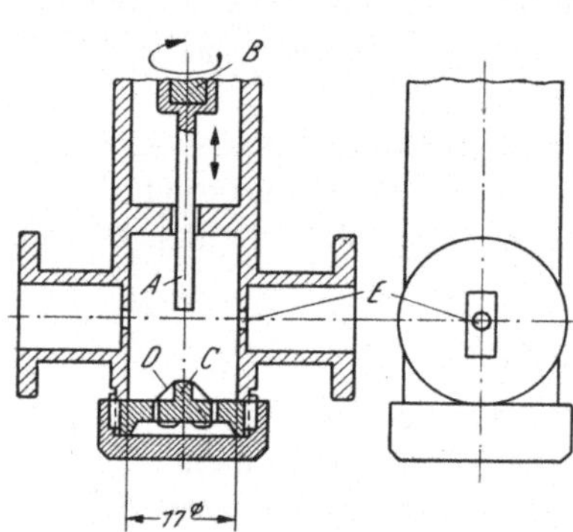

Abb. 2.15. Frequenzmesser für das K-Band. (USA-Surplusmaterial). A Innenleiter, B Mikrometerkopf, C Gegenleitungsstück, D Widerstandsdrähte, E Kopplungslöcher

In dem hochfrequenten Bereich der Mikrowellen, z. B. im K-Band ($\lambda_0 \approx 1{,}25$ cm) bereiten die mechanische Einstellgenauigkeit und die Ablesegenauigkeit zusätzlich Schwierigkeiten, da bereits sehr kleine Lageänderungen der verschiebbaren Wand beachtliche Frequenzänderungen hervorrufen. Bei Verwendung zylindrischer Hohlraumkreise des TE_{01}-Typs mit verschiebbaren stiftförmigen Innenleitern können diese Schwierigkeiten vermieden werden. In Abb. 2.15 ist ein Beispiel für einen Frequenzmesser des Transmissionstyps gezeigt. Der stiftförmige Innenleiter A ist direkt an einem Mikrometerkopf B befestigt und gestattet die Feineinstellung der Frequenz. Zur Dämpfung unerwünschter Wellenformen des Koaxial- und Radialtyps sitzt dem verstellbaren Stift ein kurzes Leitungsstück C gegenüber, das mit dünnen Widerstandsdrähten D kreuzweise überspannt ist. Die Lochkopplung bei E durch die Stirnwände der mit der Breitseite vertikalgestellten Hohlleiter bevorzugt die Erregung der Nutz-Wellenform.

2.5 Überlagerungs-Frequenzmesser

Die Frequenzmessung nach dem Überlagerungsverfahren besteht in einem Vergleich der unbekannten Frequenz mit der bekannten Frequenz oder deren Harmonischen eines frequenzstabilisierten Oszillators. Der Vergleich erfolgt mittels Mischung und Abhören des Differenztones. Da die Herstellung von Oszillatoren hoher Frequenzgenauigkeit und -Stabilität im Gebiet niedriger Frequenzen keine Schwierigkeiten bereitet, und diese Eigenschaften durch Vergleich der Harmonischen oder durch Oberwellenmischung direkt in das Mikrowellengebiet übertragen werden können, ist dieses Meßverfahren genau und einfach.

Für das Meßverfahren können Oszillatoren veränderlicher Frequenz in frequenzstabilen Schaltungen, quarzstabilisierte Oszillatoren oder solche mit frequenzstabilen Kreisen verwendet werden. Die Frequenzen besonders für diesen Zweck stabilisierter Sender (WWV des National Bureau of Standards, USA) sind ebenfalls verwendbar. Die mit molekularen Absorptionslinien stabilisierten Oszillatoren, mit welchen die bisher beste Frequenzkonstanz erzielt wurde, werden im Zusammenhang mit Mikrowellenspektroskopie besonders behandelt. Für mäßige Präzision ist der Vergleich mit den Harmonischen von Rundfunksendern, deren Frequenzen mit einer ungefähren Genauigkeit von $\pm 5 \cdot 10^{-6}$ mit den Sollwerten übereinstimmen, möglich.

Die Frequenzen niederfrequenter Oszillatoren müssen vervielfacht werden, um den Vergleich im Mikrowellengebiet zu ermöglichen. Oberwellenmischung, bei welcher dem Mischorgan z. B. einer Kristalldiode, niederfrequente Energie des Vergleichsoszillators zugeführt wird, ist ein weiteres Verfahren für den Frequenzvergleich. In diesem Fall erfolgt eine Vervielfachung der Frequenz des Vergleichsoszillators im Mischorgan. Bei getrennter Vervielfachung kann diese in dem niederfrequenten Bereich mit üblichen Verdreifacher- oder Vervielfacherstufen, bei höheren Frequenzen mit Röhren mit scheibenförmigen Elektroden, hergestellt werden. Vervielfachungen bis zu Faktoren in der Größenordnung von 100 je Stufe sind möglich. Für das Mikrowellengebiet sind spezielle Vervielfacherklystrone erhältlich. Eine weitere Möglichkeit für die Ver-

vielfachung bieten nichtlineare Elemente z. B. Kristalldioden (Kristalldetektoren). Mit ihrer Hilfe ist Vervielfachung bis in den 100 GHz-
Bereich (mm-Wellen) möglich. Die erhaltenen Leistungen sind zwar
sehr gering, liegen jedoch etwa 45 db über dem Rauschpegel. Abb. 2.16
zeigt eine Vervielfacheranordnung mit zwei gekreuzten Hohlleitern für
die Vervielfachung von 25 GHz auf 100 GHz. Die Vervielfachung erfolgt
in der Kristalldetektorstrecke A, deren Metallelektrode durch den
K-Band-Hohlleiter (25 GHz), durch ein Loch in der gemeinsamen Wand
und durch den 3 mm-Hohlleiter (100 GHz) geführt ist. Die Oberwellen

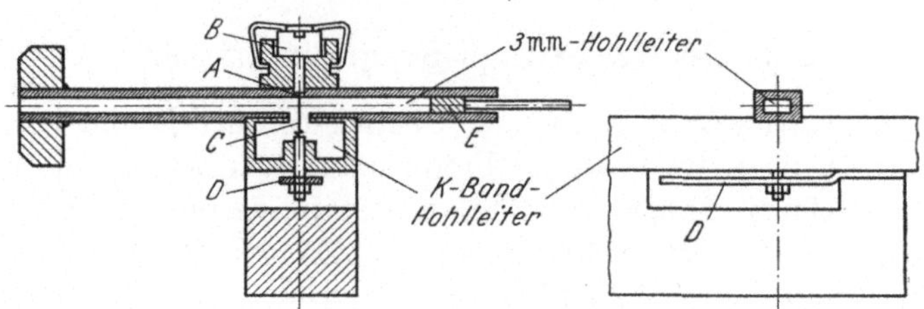

Abb. 2.16. Frequenzvervielfacher mit Kristalldetektor von 25 auf 100 GHz.
A Kristalldetektorstrecke, B Kristallhalter, C Metallelektrode, D Elektrodenhalter, E Kurzschlußschieber

(Ströme) entstehen in der Detektorstrecke, wenn diese durch die im
K-Band-Hohlleiter zugeführte Energie (25 GHz) erregt wird (Spannung).
Ein Kristallhalter B und ein Halter der Metallelektrode D gestattet die
sorgfältige Einstellung des Detektors. Kurzschlußschieber in den beiden
Hohlleitern ermöglichen die Herstellung günstiger Anpassungsbedingungen in den beiden Hohlleitern. Der Leistungswirkungsgrad entspricht ungefähr —35 db.

In dem niederfrequenten Bereich der Mikrowellen sind Überlagerungs-Frequenzmesser mit einem

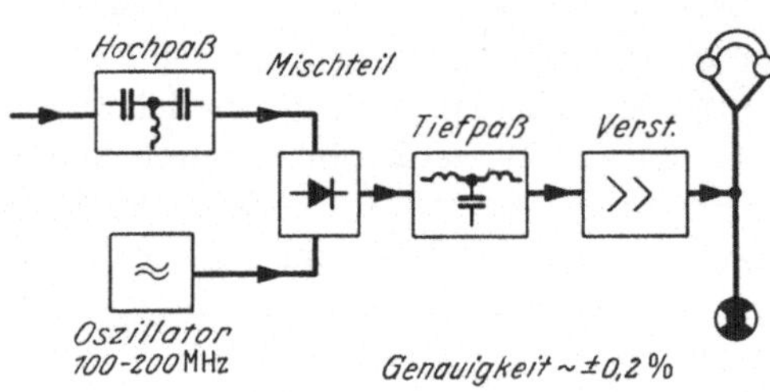

Abb. 2.17. Einfacher Überlagerungs-Frequenzmesser

stabilen selbsterregten Oszillator veränderlicher Frequenz sehr brauchbar. Die Frequenzvervielfachung kann entweder direkt in der Oszillator-
röhre oder in einer getrennten Kristalldiode erfolgen. Abb. 2.17 zeigt
das Blockschema eines Gerätes, dessen Oszillator im Bereich 100—220 MHz
mehr als eine Oktave mit genügender Frequenzstabilität überstreicht.
Mit dem Gerät können Frequenzen von 100 MHz bis ca. 3000 MHz
mit einer Genauigkeit von ca. $\pm 0,2\%$ gemessen werden. Höhere Genauigkeit wird durch Einbau eines quarzgesteuerten sekundären Oszillators erzielt. Dessen Oberwellen ermöglichen die laufende Kontrolle
der Frequenz des veränderlichen Vergleichsoszillators.

Das Blockschema des Oszillatorteiles eines Frequenzmeß- und Eichplatzes für hohe Genauigkeit ist in Abb. 2.18 gezeigt. Bei diesem Gerät werden von einem quarzgesteuerten, temperaturgeregelten Oszillator durch Frequenzvervielfachung in mehreren Stufen die Zehnerpotenzen der Grundfrequenz abgeleitet. Alle oder einzelne dieser Frequenzen können mittels Schalter einem Mischteil zugeführt werden. Hinter einem Hochpaßfilter, welches an dem Mischteil angeschlossen ist, erhält man ein Frequenzgemisch mit den gewünschten Frequenzen. Das Spektrum enthält z. B. die Hunderter, Zehner und zweifachen Einer des MHz-Spektrums, wie es in Abb. 2.18 angedeutet ist. Geräte dieses Typs gestatten die

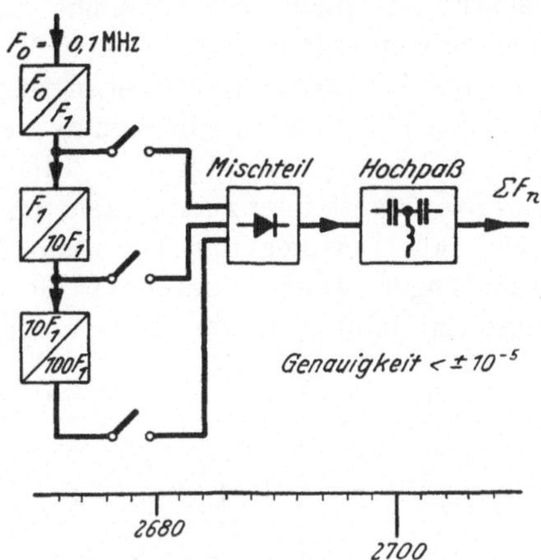

Abb. 2.18. Frequenz-Eichplatz mit Vervielfacher

einfache Eichung von Oszillatoren, Empfängern und Frequenzmessern. Die Genauigkeit liegt in der Größenordnung von 10^{-5}.

2.6 Frequenzdeviations-Meßgeräte

Das Überlagerungsprinzip bietet weitere Möglichkeiten für die Messung kleiner Frequenzabweichungen. Bei dieser Messung wird der Frequenzbereich, in welchem die Frequenzschwankungen oder Frequenzänderungen eines Oszillators festgestellt werden sollen, mit Hilfe eines stabilen

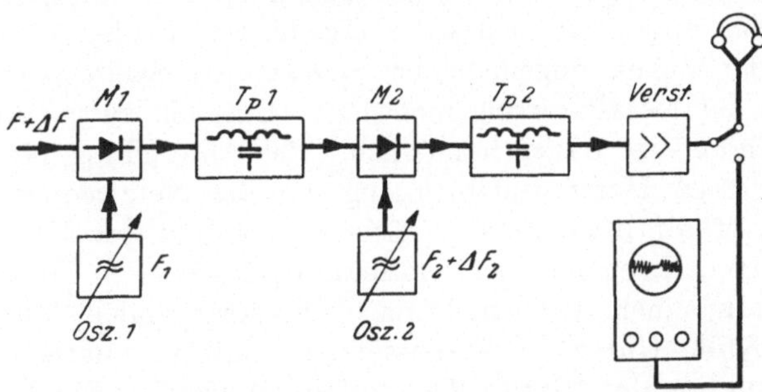

Abb. 2.19. Frequenzdeviations-Meßgerät

Oszillators und eines Mischteils in einen niederfrequenten Bereich transponiert. Die Frequenzabweichungen werden nach weiterer Mischung in einem zweiten Mischteil durch Abstimmung eines zweiten Lokaloszillators bestimmt. Abb. 2.19 zeigt das Blockschema eines Meßgerätes dieses Typs. Bei der Messung bleibt die Frequenz des ersten Lokal-

oszillators konstant. Die Frequenzänderungen des zu untersuchenden
Oszillators werden durch die Frequenzänderungen des zweiten Lokaloszillators ausgeglichen, bis im Kopfhörer oder Anzeigegerät die Über-
lagerungsfrequenz Null erreicht ist. Die Messung von Frequenzabweichungen entsprechend diesem Verfahren ist gegebenenfalls mit Hilfe
üblicher Breitband-Überlagerungsempfänger durchführbar. Als zweiter
Lokaloszillator dient ein Signalgenerator für den Frequenzbereich des
Zwischenfrequenzverstärkers. Seine Energie wird in die Eingangsstufe
des Zwischenfrequenzverstärkers des Empfängers eingekoppelt. Abb. 2.20
zeigt als Beispiel das Blockschaltbild einer Meßanlage, mit einem
Empfänger, welcher unter der Bezeichnung APR 4 als USA-Surplusmaterial häufig in den Laboratorien vorkommt.

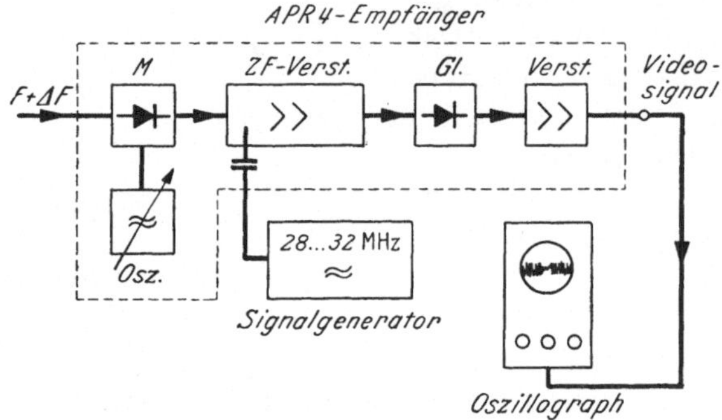

Abb. 2.20. Meßplatz für kleine Frequenzunterschiede mit APR 4-Empfänger

Die Verwendung eines Oszillographen als Anzeigevorrichtung zur
Einstellung von Frequenzgleichheit entsprechend der Überlagerungs-
frequenz-Null hat einen besonderen Grund. In den meisten Fällen ist
die Frequenz mindestens eines der Oszillatoren infolge Wechselstrom-
heizung oder wegen ungenügender Siebung der Speisespannungen im
Rhythmus der Netzspannung moduliert. Eine eindeutige Anzeige mit
dem Kopfhörer ist daher unmöglich. Bei Anwendung eines Oszillographen, dessen Horizontalablenkung mit der Netzfrequenz synchronisiert ist, erhält man auf dem Schirm das Bild der Überlagerungsschwingungen. Es enthält bei Verstimmung des zweiten Lokaloszillators
mindestens in einem kleinem Bereich der horizontalen Ablenkung die
Frequenz Null. Unter der Voraussetzung, daß die unerwünschte Frequenzmodulation der Mikrowellenoszillatoren während der Messung ihre
Form behält, ist eine genaue Frequenzeinstellung des zweiten Oszillators
möglich, wenn der Null-Bereich der Überlagerungsschwingungen bei
jedem Frequenzvergleich an der gleichen Stelle der Horizontalablenkung
auftritt.

Die Meßmethode mit Hilfe des Oszillographen als Anzeigeinstrument
kann zu einem Verfahren zur Bestimmung der Modulationscharak-

teristik frequenzmodulierter Oszillatoren erweitert werden. Hierbei wird eine sägezahnförmige horizontale Ablenkspannung gleichzeitig zur Frequenzmodulation des zu untersuchenden Oszillators verwendet. Die Lagen der Einschnürungen, der auf dem Oszillographenschirm als horizontales Band dargestellten Überlagerungsschwingungen — die Einschnürung entspricht der Frequenz Null — und die zugehörigen gleichzeitigen Einstellungen des zweiten Oszillators ergeben direkt die Modulationscharakteristik.

2.7 Frequenzstabilisierung von Mikrowellen-Oszillatoren

Die Frequenzstabilität üblicher Mikrowellen-Oszillatoren ist für viele meßtechnische Zwecke nicht ausreichend. Die Unstabilität wird von Schwankungen der Elektronengeschwindigkeiten und Elektronenlaufzeiten, von der mit zunehmender Frequenz verminderten stabilisierenden Wirkung der frequenzbestimmenden Kreise und von dessen Temperaturausdehnung verursacht. Eine Verbesserung der Stabilität ist einerseits durch Verminderung dieser Einflüsse und andererseits durch geeignete Regelverfahren erzielbar. Das zweite Verfahren hat den Vorzug, daß es eine Trennung der Frequenzstabilisierung von der Schwingungserzeugung ermöglicht. In den üblichen Oszillatoren sind Kreis und Elektronenstrecke eine Einheit, und Maßnahmen zur Erhöhung der Stabilität sind vielfach aus elektronischen Gründen undurchführbar.

Frequenz-Regelschaltungen bestehen aus einem Oszillator dessen Frequenz elektronisch steuerbar ist, einem frequenzempfindlichen Element, mit dessen Hilfe eine Steuerspannung erzeugt wird, und einem Verstärker der Steuerspannung. Die Steuerspannung, welche für die Sollfrequenz Null ist und bei Abweichungen davon in positiver und negativer Richtung im gleichen Sinne oder entgegengesetzt zunimmt, wird zur Steuerung der Frequenz des Oszillators in die der Abweichung entgegengesetzte Richtung benutzt.

Als frequenzempfindliche Elemente dienen stabile Hohlraumkreise und gasgefüllte Absorptionszellen. Die Frequenzcharakteristiken beider Elemente sind ähnlich und entsprechen in der einfachsten Form den üblichen Resonanzkurven. Für die Auswertung der Frequenzcharakteristik für die Regelung gibt es zwei Möglichkeiten, da sowohl die Amplitudenkurve als auch die komplexe Übertragungs- oder Impedanzfunktion benutzt werden können.

Eine Regelschaltung zur Auswertung der Amplitudenkurve zeigt Abb. 2.21. Zur Schwingungserzeugung dient ein Klystron, dessen Frequenz mit der Reflektorspannung gesteuert werden kann. Ein Teil der erzeugten Energie wird mit Hilfe eines Richtkopplers aus der Ausgangsleitung ausgekoppelt und einem Hohlraumkreis des Transmissionstyps als Frequenznormal zugeführt. Ein niederfrequenter Gene-

rator erzeugt über die Reflektorspannung eine sinusförmige Frequenzmodulation, welche im Hohlraumkreis in eine Amplitudenmodulation
umgewandelt wird. Die erhaltene Modulation hat bei Umwandlung auf
dem ansteigenden und abfallenden Ast der Resonanzkurve entgegen-
gesetztes Vorzeichen und ist bei Resonanz Null. Die am Ausgang des Hohlraumkreises erhaltene Spannung wird gleichgerichtet, in einem Bandpaßverstärker verstärkt und additiv der ursprünglichen Modulationswechselspannung überlagert. Nach der Gleichrichtung erhält man eine Regelspannung, welche ihren Wert in der Umgebung der Resonanz linear mit der Frequenz

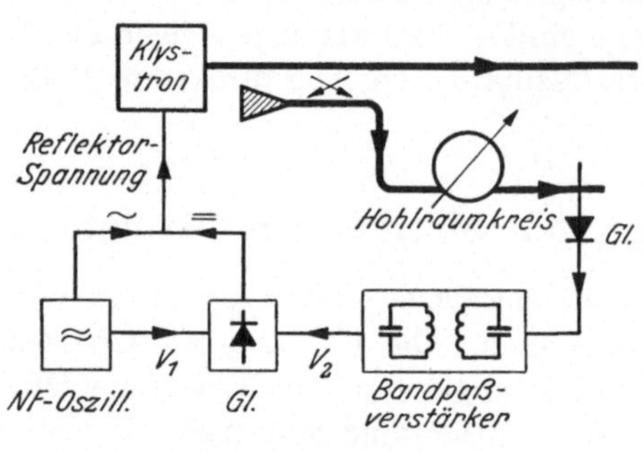

Abb. 2.21. Regelschaltung für
Frequenzstabilisierung mit Hohlraumkreis

ändert. Als Teil der Reflektorspannung hält die Regelspannung die
Frequenz des Klystrons konstant.

Die Frequenzwobbelung, mit deren Hilfe die Regelspannung hergestellt wird, kann gegebenenfalls durch eine periodische Änderung der
Resonanzfrequenz des Hohlraumkreises ersetzt werden. Diese Methode
hat den Vorteil, daß Frequenz und Amplitude des Oszillators konstant (ungewobbelt) sind. Die periodische Änderung der Resonanzfrequenz kann durch eine Membran oder durch einen in den Hohlraum
periodisch eintauchenden oder im Hohlraum rotierenden Metallkörper
erzeugt werden.

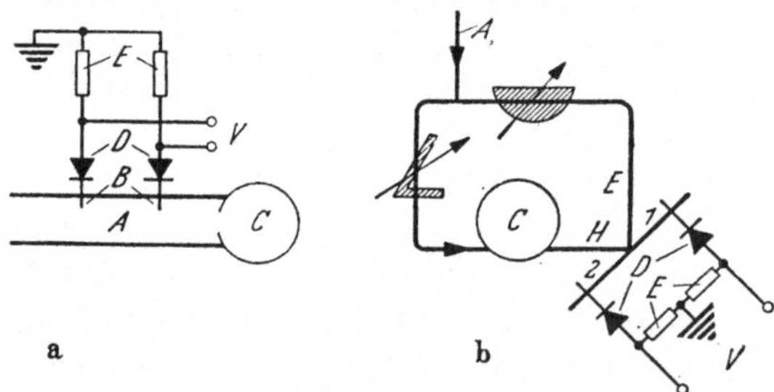

Abb. 2.22 a u. b. Mikrowellen-Diskriminatorschaltungen mit Hohlraumkreisen.
A Eingangs-Hohlleiter, B Sonden, C Hohlraumkreis, D Kristalldioden, E Widerstände

Anordnungen, welche sowohl Amplitude als auch Phase der übertragenen oder reflektierten Wellen auswerten, ergeben in der Regel direkt
eine Diskriminatorkennlinie der in Abb. 2.9c gezeigten Form, wie sie
ähnlich für die Demodulation von Frequenzmodulation Verwendung
findet. Diesbezügliche Schaltungen wurden von POUND [17] beschrieben.

In Abb. 2.22 sind zwei weitere Diskriminatorschaltungen für Hohlleiter gezeigt, von denen a den Vorteil besonderer Einfachheit besitzt. Schaltungen mit Diskriminatorkennlinie besitzen den Vorteil, daß die Modulation des stabilisierten Oszillators wegfällt.

Ein Teil der abgegebenen Oszillatorleistung wird über einen Richtkoppler einem Hohlleiter A (Abb. 2.22a) zugeführt, welcher zwei Sonden B enthält und an dessen Ende ein frequenzbestimmender Hohlraumkreis C angeschlossen ist. Durch den Kreis, welcher unterkritisch angekoppelt ist, wird die Feldstärkeverteilung im Hohlleiter bestimmt und abhängig von der Abstimmung geändert. Bei geeigneter Lage der Sonden, in gleichem Abstand beiderseits vom Minimum der Feldstärkeverteilung hat die Differenzspannung V nach Gleichrichtung abhängig von der Frequenz die in Abb. 2.9c gezeigte Form. Sie wird nach Verstärkung direkt zur Frequenzregelung verwendet. Es ist zweckmäßig, die beiden Sonden ähnlich wie bei einer Meßleitung in einer gemeinsamen Halterung verschiebbar anzuordnen und durch einen Schlitz in den Hohlleiter hineinragen zu lassen.

In der Anordnung der Abb. 2.22b wird ein Doppel-T-Brückenglied verwendet, dessen Vergleichsarme mit Meßköpfen abgeschlossen sind, welche Kristalldioden enthalten. Von einer an die Eingangsleitung A angeschlossenen T-Verzweigung wird dem E-(Parallel-)Arm über ein Dämpfungsglied Mikrowellenleistung zugeführt. Die dem H-(Serien-) Arm zugeführte Leistung läuft durch einen Phasenschieber und durch den Frequenzbestimmenden Kreis, z. B. einen Hohlraumfrequenzmesser des Transmissionstyps. Bei geeigneter Einstellung des Phasenschiebers ergibt die Differenzspannung der Gleichrichterdioden abhängig von der Frequenz eine Diskriminatorkennlinie. Verstärkt, kann die Differenzspannung direkt zur Regelung des Oszillators, z. B. eines Klystrons, verwendet werden.

Eine weitere Schaltungsmöglichkeit bietet die Verwendung von Bolometern an Stelle der Kristalldioden bei Einfügung der Bolometer-Widerstände in eine Wechselstrom-Brückenschaltung.

Die Regelgenauigkeit, mit welcher die Resonanzfrequenz des frequenzempfindlichen Elementes eingehalten wird, hängt weitgehend von der Güte der elektronischen Geräte, z. B. des Gleichstromverstärkers und von der Genauigkeit und der Temperaturabhängigkeit der Mikrowellenschaltung ab. Bei mittlerer Präzision sind Regelgenauigkeiten der Größenordnung 10^{-5} zu erwarten.

2.8 Mikrowellen-Spektroskopie

In der Mikrowellen-Spektroskopie wird die Wechselwirkung zwischen elektromagnetischen Wellen und der Bewegung der Moleküle, Atome und Elektronen untersucht. Die Wechselwirkung äußert sich hauptsächlich

in Absorption der Wellen, welche ein Medium, in den meisten Fällen
Gase, durchlaufen. Als Funktion der Frequenz dargestellt, ergibt die
Absorption verschiedener Medien abhängig von den Versuchsbedingungen bestimmte Spektren. Die Spektren entstehen durch Resonanzerscheinungen der molekularen und atomaren Bewegungen und durch
ihre Kopplung mit den überlagerten Mikrowellenfeldern. Anders ausgedrückt, eine Reihe von Frequenzen, welche den Übergängen zwischen
den Energiestufen bevorzugter Bewegungszustände entsprechen, liegen
im Mikrowellengebiet. Die Fortschritte der Mikrowellentechnik der
letzten Jahre ermöglichen eine genaue Bestimmung der Spektren. Daraus
könlnen wichtige Daten über den Aufbau der Materie bestimmt werden.
Mo ekulare Trägheitsmomente, elektrische Dipolmomente, magnetische
Momente, interatomare Entfernungen, Kernmomente und -Massen sind
einige dieser Daten. Spektroskopische Messungen geben weiter Auskunft
über die Ausbreitungsverhältnisse in der Atmosphäre.

Da die charakteristischen Resonanzfrequenzen der Spektren, welche
quantenhaft durch den Aufbau der Materie bestimmt sind, nicht durch
makroskopische Einflüsse und Alterungserscheinungen verändert werden,
ergeben sie genaue Zeit- und Frequenznormale. Die Genauigkeit der
sog. Atomuhren, welche Mikrowellenspektren benutzen, übertrifft bei
weitem diejenige anderer Einrichtungen.

2.8.1 Meßeinrichtungen und Meßmethoden

Einfache Meßeinrichtungen für die Bestimmungen der Absorption
von Gasen können von den im Abschnitt über Materialmessungen beschriebenen Meßmethoden und Apparaturen abgeleitet werden. Abb. 2.23

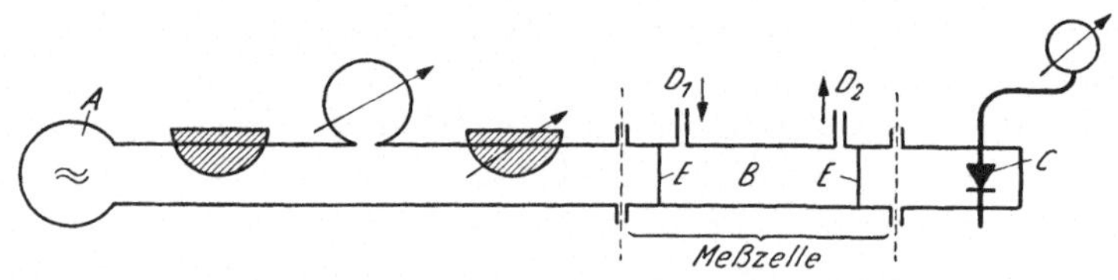

Abb. 2.23. Grundschaltung der Mikrowellen-Spektroskopie.
A Signalgenerator, B Meßzelle, C Kristalldetektor, D_1 und D_2 Gasleitungen, E vakuumdichte Fenster

zeigt eine Mikrowellenschaltung mit Hohlleiter bestehend aus ·Signal-
generator A, Dämpfungsglied zur Vermeidung der Rückwirkung auf
den Generator, Frequenzmesser, veränderlichem Dämpfungsglied, einer
Meßzelle B und einem Kristalldetektor C. Die Meßzelle besteht aus
einem Hohlleiter, dessen Enden durch Fenster aus Isolierstoff abgeschlossen sind. Gasleitungsstutzen D_1 und D_2 ermöglichen die Zu- und
Ableitung der zu untersuchenden Gase. Bei der Messung wird in Abhängigkeit von der eingestellten Frequenz des Signalgenerators die
am Ausgang erhaltene Leistung mit und ohne Gas in der Meßzelle fest-

gestellt. Bei Einführung eines Gases werden die durchlaufenden Wellen gedämpft. Die Dämpfungsänderung kann durch eine Verstellung des geeichten Dämpfungsgliedes aufgehoben und festgestellt werden. schwindigkeit.

Die Empfindlichkeit, das Auflösungsvermögen und die Genauigkeit der Meßeinrichtung ist durch Unstabilität und Rauschen des Generators, Rückwirkung der Schaltung auf den Generator, fehlerhafte Eichung des Frequenzmessers oder der Frequenzeichung des Generators und geringe Empfindlichkeit des Detektors begrenzt.

Eine Verbesserung der Empfindlichkeit ist durch Stark-Modulation (HUGHES [19]) möglich. Ein periodisch veränderliches elektrisches Feld in der Gaszelle verursacht eine periodische Änderung der Absorp-

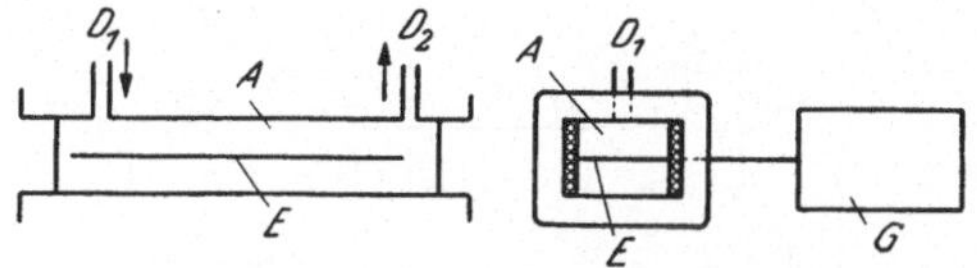

Abb. 2.24. Meßzelle mit Stark-Modulation. A Meßzelle, D_1 und D_2 Gasleitungen, E Elektrode für periodisch veränderliches elektrostatisches Feld, G Amplitudenmodulator für 100 KHz

tion, welche eine Amplitudenmodulation der Ausgangsleistung ergibt. Das elektrische Feld wird durch eine Elektrode E im Innern der Hohlleiterzelle hervorgerufen, wie es in Abb. 2.24 schematisch angedeutet ist. Der besondere Vorteil der Methode beruht darauf, daß Leistungsänderungen infolge Reflexionen an den Grenzflächen der Zelle wegfallen. Neben der Verbesserung der Empfindlichkeit der Meßmethode bei Anwendung des Stark-Effektes erhält man bei Überlagerung statischer Felder weitere zusätzliche physikalische Materialdaten.

Verbessertes Auflösungsvermögen und erhöhte Empfindlichkeit ergeben Brückenschaltungen [22]. Abb. 2.25 zeigt eine Anordnung für das K-Band (~ 24 GHz). Die Brückenschaltung besteht aus zwei Hohlleiter-Brückenverzweigungen (Abb. 4.60b) deren Vergleichsarme 1 und 2 durch zwei identische Hohlleiteranordnungen verbunden sind. Beide Anordnungen bestehen aus Hohlleiterstücken deren Enden mit vakuumdichten Fenstern abgeschlossen sind. Eines der Hohlleiterstücke ist mit Gaszuleitungen versehen und dient als Meßzelle, durch welches das zu untersuchende Gas oder Gasgemisch geleitet wird. Die Eingangsverzweigung A wird über den Parallelarm (E-Arm) von einem Klystron 2 K 50 gespeist. Der Serienarm (H-Arm) ist mit einem angepaßten Leitungsabschluß abgeschlossen, welcher die von unsymmetrischen Reflexionen in den Vergleichsarmen herrührende reflektierte Leistung absorbiert. An die ausgangsseitige Verzweigung B sind einerseits (E-Arm) eine automatische Regelungseinrichtung für die Frequenz des Mischoszillators (Klystron 2) und andererseits (H-Arm) der Mischkopf eines Superhetempfängers angeschlossen. Der Mischkopf besteht ebenfalls aus einer Brückenverzweigung (*C*) in deren Vergleichsarmen *1* und *2* die Mischdetektoren liegen, von welchen die Differenzfrequenz einem Zwischenfrequenzverstärker (*ZF*-Verstärker) zugeführt wird. Der Parallelarm (*E*-Arm) der Brückenverzweigung *C* wird von dem Mischoszillator (Klystron *2*) gespeist. Der Serienarm (*H*-Arm) dient als Eingang des Empfängers. Die Ausgangsspannung des *ZF*-Verstärkers wird nach Gleichrichtung als vertikale Ablenkspannung in einem Kathodenstrahl-Oszillographen benutzt. Die horizontale Ablenkspannung wird von dem Sägezahn-Spannungs-Generator geliefert.

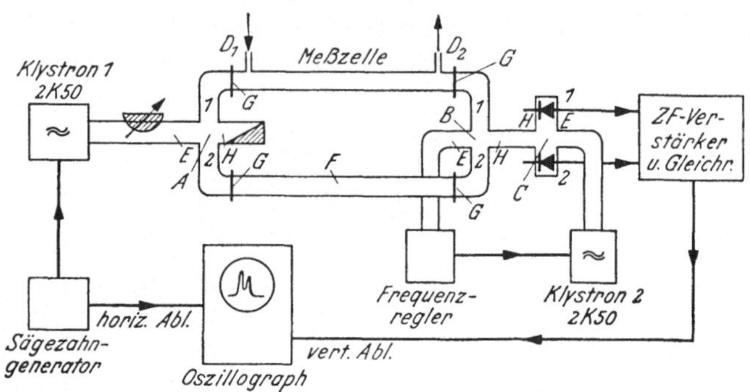

Abb. 2.25. Genaue Brückenschaltung für die Messung des Absorptionsspektrums. *A*, *B*, *C* Hohlleiter-Brückenverzweigungen (s. Abb. 4.60), D_1 und D_2 Gaszuleitungen der Meßzelle, *F* mit der Meßzelle identisches Hohlleiterstück, *G* vakuumdichte Fenster

Die Wirkungsweise der Meßanordnung ist folgende: Wenn die Übertragungseigenschaften der beiden Übertragungswege *1—1* und *2—2* verschieden sind, ergibt sich eine Differenzenergie im *H*-Arm der Verzweigung *B*. Sie wird in dem folgenden empfindlichen Überlagerungsempfänger verstärkt und gleichgerichtet. Nach weiterer Verstärkung dient das Ausgangssignal zur vertikalen Ablenkung des Kathodenstrahles eines Oszillographen. Die Sägezahnspannung verursacht eine lineare Frequenzänderung der Mikrowellenenergie, welche die Vergleichsanordnung durchläuft. Die Sägezahnspannung dient gleichzeitig als horizontale Ablenkspannung für den Kathodenstrahl. Auf dem Schirm des Oszillographen wird daher jeder Unterschied der Übertragungseigenschaften direkt als Funktion der Frequenz dargestellt. Wenn die Meßzelle mit einem zu untersuchenden Gas oder Gasgemisch gefüllt ist, ergeben sich abhängig von der Frequenz Unterschiede der Dämpfung, welche der Oszillograph direkt als Absorptionsspektrum aufzeichnet.

Die erhaltenen Kurven haben zum Teil die Form von Resonanzkurven, wobei die Resonanzspitzen den Absorptionslinien in der optischen Spektroskopie entsprechen. Die Breite der Resonanzkurven ist von der Güte der Apparatur und physikalischen Einflüssen abhängig. Das Auflösungsvermögen der beschriebenen Brückenschaltung ist so hoch, daß die Breite hauptsächlich durch physikalische Effekte in der Gasatmosphäre bedingt ist. Der Dopplereffekt infolge Bewegung der Moleküle, molekulare Kollisionen und Sättigungserscheinungen wirken verbreiternd auf das Spektrum. Bei Anwendung eines molekularen Strahles und Messung der Dämpfung senkrecht zur Strahlrichtung kann der Dopplereffekt weitgehend herabgesetzt und das Auflösungsvermögen verbessert werden (GORDON u. a. [27]).

Die spektroskopischen Messungen erfolgen unter den verschiedensten Bedingungen für Temperatur, Druck und überlagerte statische elektrische und magnetische Felder.

Abb. 2.26 zeigt als Beispiel ein für die Wellenausbreitung in der Atmosphäre wichtiges Dämpfungsspektrum eines Gasgemisches, dessen Zusammensetzung derjenigen der Atmosphäre entspricht.

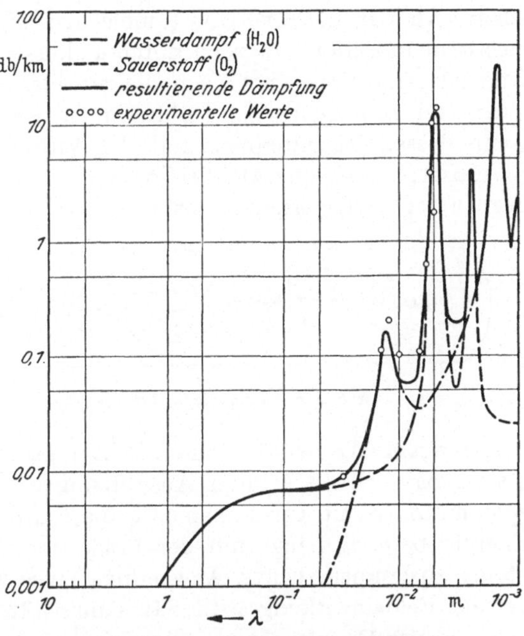

Abb. 2.26. Dämpfungsspektrum der Atmosphäre

2.8.2 Frequenzstabilisierung durch molekulare und atomare Energieübergänge

Spektrale Resonanzkurven sind von makroskopischen Einflüssen unabhängig. Es ist naheliegend, die Spektren für die Frequenzstabilisierung und weiter als Zeitnormale zu benützen. Es werden derzeit Atomuhren hergestellt, deren Bewegung von einem Quarzkristallgenerator gesteuert wird. Die Frequenz dieses Generators wird mit Hilfe der Absorptionslinie 3,3 von Ammoniak konstant gehalten. Die Konstanthaltung erfolgt durch ein Servosystem bei Vergleich der Oberwellen des Quarzoszillators mit der Frequenz 23,870127 GHz der Absorptionslinie. Die theoretische Genauigkeit, welche durch das Rauschen begrenzt ist, hat die Größenordnung 10^{-13}. Die praktisch erzielte Genauigkeit liegt weit unter dieser Grenze. Die Stabilität über längere Zeit dürfte derzeit die Größenordnung 10^{-8} haben. Eine Erhöhung der Genauigkeit erscheint möglich durch Verbesserung des Prinzips, entsprechend welchem die Absorptions-Resonanzkurve ausgenützt wird, durch Verbesserung der Bauteile und durch Erhöhung des Q-Wertes (Breite) der Absorptionslinie durch Herabsetzung störender Einflüsse in der Gasatmosphäre.

Eine weitere Möglichkeit für die Frequenzstabilisierung bietet die Ausnützung der in einem erregten Gasplasma enthaltenen Strahlungsenergie. Diese Möglichkeit wurde von J. P. GORDON, H. J. ZEIGER und C. H. TOWNES [27] (Columbia University, New York, U. S. A.) erfolgreich untersucht. In der „Maser"-Uhr („molecular amplification stimulated by electrical radiation") werden durch Fokussierungselektroden die strahlenden Gasmoleküle eines Ammoniakstrahles aussortiert und gelangen in einen elektromagnetischen Hohlraum, in welchem sie Energie abgeben, wenn dessen Eigenfrequenz mit der Vibrationsfrequenz der Moleküle (= Absorptionsfrequenz) übereinstimmt. Die bisher erzielte Stabilität liegt in der Größenordnung von 10^{-9}.

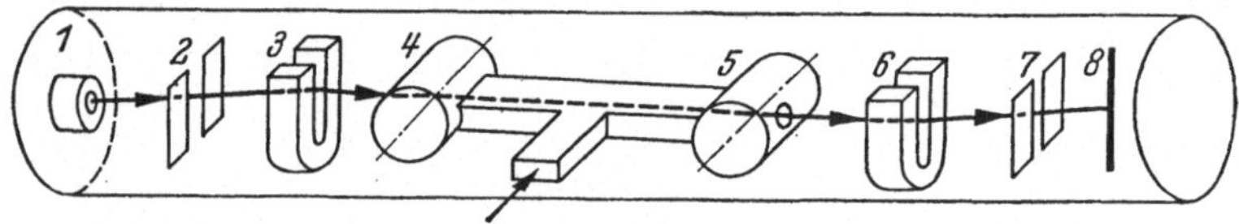

Abb. 2.27. Zäsiumzelle für Frequenzstabilisierung nach ZACHARIAS

Ein neuer Weg wurde von J. R. ZACHARIAS (Massachusetts Inst. of Technology, U. S. A.) unter Ausnützung eines Energieüberganges des Zäsiumatoms mit der Frequenz 9.192,631.830 Hz eingeschlagen. Der Energieübergang hängt mit der Präzession des magnetischen Zäsiumatoms zusammen. Durch Anwendung eines Zäsiumstrahles und transversale Feldeinwirkung wird Sättigungs-, Kollisions- und Dopplerverbreitung der Resonanzkurve vermieden.

Die Zäsiumzelle ist in Abb. 2.27 schematisch dargestellt. Vom Ofen *1* wird ein Zäsiumstrahl zwischen Blenden *2* und *7* und durch konstante entgegengesetzte Magnetfelder *3* und *6* hindurchgeleitet. Die Magnetfelder lenken die Atome von ihrer geradlinigen Bahn ab, so daß nur wenige den Detektordraht *8* hinter der Blende *7* erreichen. Auf ihrem Weg durchlaufen die Zäsiumatome zwei zylindrische elektromagnetische Hohlräume *4* und *5* und werden der Einwirkung transversaler paralleler zur Achse der Hohlräume gerichteter Wechselfelder ausgesetzt. Wenn deren Frequenz mit der Präzessionsfrequenz übereinstimmt, erhält ein großer Teil der Atome eine solche Bewegungsform, daß sie von dem zweiten Magnetfeld *6* auf den Detektordraht gelenkt werden und weiter einen Sekundäremissionsstrom verursachen. Der Strom ergibt, abhängig von der Frequenz dargestellt, eine Resonanzkurve. Diese wird zur Stabilisierung der Frequenz des Oszillators benutzt, welcher die Hohlräume *4* und *6* erregt.

Die Resonanzkurve der Zäsiumzelle wird durch Geschwindigkeitsunterschiede der Atome, störende äußere Magnetfelder, durch die Kürze der Einwirkungszeit des Wechselfeldes und durch Oszillatorrauschen verbreitert. Die Frequenzstabilität eines mit einer Zäsiumzelle stabilisierten Oszillators liegt derzeit in der Größenordnung von 10^{-9}. Weitere Verbesserungen und Genauigkeiten in der Größenordnung 10^{-11} erscheinen erreichbar.

2.9 Spektralanalyse

Die Spektralanalyse ist ein mit der Frequenzmessung verwandtes Verfahren zur Bestimmung der Verteilung der Energie von Mikrowellensignalen abhängig von der Frequenz. Die für diesen Zweck hergestellten Geräte zeigen direkt auf dem Schirm eines Kathodenstrahl-Oszillographen das Frequenzspektrum.

Die Geräte ermöglichen die Untersuchung der Seitenbänder, welche bei der Amplituden-, Frequenz- und Impulsmodulation von Mikrowellen-Oszillatoren auftreten. Sie gestatten weiter die direkte Ablesung von Frequenzunterschieden verschiedener Oszillatoren und von Frequenzänderungen desselben Oszillators. Die Betrachtung des Spektrums konstanter Amplitude, wie es bei Frequenzmodulation erhalten wird, vor und hinter einem Übertragungselement, z. B. einem Filter, ergibt direkt die Amplitude des Übertragungsfaktors abhängig von der Frequenz.

Als einfache Frequenzanalysatoren geringer Empfindlichkeit können Hohlraumkreise des Transmissiontyps mit automatischer Änderung der Eigenfrequenz verwendet werden. Um höhere Gütewerte und hohes Auflösungsvermögen zu erzielen sind die Kreise in höheren Wellenformen zu erregen.

Konventionelle Geräte arbeiten nach dem Überlagerungsprinzip. Sie enthalten einen schmalbandigen Empfänger, dessen Mischoszillator sägezahnförmig frequenzmoduliert ist, und einen Oszillographen, dessen Kathodenstrahl in vertikaler Richtung proportional zur Ausgangsspannung des Empfängers abgelenkt wird. Die horizontale Ablenkung ist mit der sägezahnförmigen Modulationsspannung für die Frequenzmodulation des Mischoszillators gekoppelt, so daß auf dem Schirm das Amplitudenspektrum als Funktion der Frequenz dargestellt wird. Abb. 2.28 zeigt das Blockschaltbild eines Gerätes mit doppelter Mischung. Diese Schaltung vermeidet die Schwierigkeiten bei Frequenzwobbelung und Frequenzvariation in nur einer Röhre durch Trennung dieser

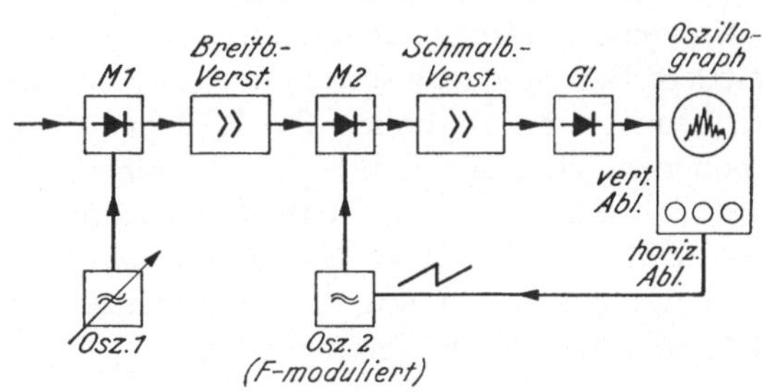

Abb. 2.28. Blockschaltbild eines Spektralanalysators

beiden Funktionen und Ausführung in verschiedenen Bauelementen. Oszillator *1* ist ein Mikrowellen-Oszillator mit einstellbarer Frequenz, dessen Frequenz im Mischteil *1* mit dem zu untersuchenden Frequenzspektrum gemischt wird. Das in einen konstanten Zwischenfrequenzbereich transponierte Spektrum wird in einem Breitbandverstärker verstärkt und einem Schmalband-Überlagerungsempfänger zugeführt. Dessen Eingang besteht aus dem Mischteil *2*, welchem die sägezahnförmig frequenzmodulierte Mischoszillatorspannung (Osz. *2*) zugeführt wird. Die FM-Modulation verursacht eine Abtastung des zwischenfrequenten Spektrums. Die Amplituden des Spektrums werden verstärkt und gleichgerichtet dem Kathodenstrahloszillographen zugeführt. Auf dessen Schirm erscheint der Amplitudenverlauf des Spektrums als Funktion der Frequenz. Dämpfungsglieder im Eingang und im Zwischenfrequenzteil ermöglichen die Darstellung großer Amplitudenbereiche.

Die erwünschten Eigenschaften eines Spektralanalysators sind gutes Auflösungvermögen, breiter abgesuchter Frequenzbereich und schnelles Absuchen, um auf dem Schirm des Oszillographen ein zusammenhängend erscheinendes Bild des Spektrums zu erhalten.

Diese Eigenschaften sind durch physikalische Einschränkungen begrenzt. Zur Anpassung des Gerätes an die verschiedenen Aufgaben sind meistens einige Daten, z. B. die Breite des abgesuchten Frequenzbandes ΔF und die Absuchfrequenz (Abtastfrequenz) N einstellbar. Weitere Daten sind das Auflösungsvermögen $\Delta\Delta F$, welches den minimalen Frequenzabstand angibt, mit welchem zwei benachbarte Frequenzen als getrennte Signale erscheinen, weiter die Bandbreite des Schmalband-Zwischenfrequenzverstärkers B und seine Einschwingzeit t_e. Angenäherte Überlegungen ergeben mit diesen Daten Beziehungen, welche für die Konstruktion und den Betrieb der Geräte wichtig sind.

Um eine eindeutige Anzeige zu erhalten, ist es notwendig, daß die mittlere Bandfrequenz sowohl des ersten als auch des zweiten Zwischenfrequenzverstärkers höher als $\Delta F/2$ liegt, da anderenfalls die Spiegelfrequenzen ebenfalls zum Signal beitragen. Eine weitere Bedingung ergibt sich daraus, daß bei extrem langsamer Abtastung die Bandbreite des Schmalband-Verstärkers kleiner als das Auflösungsvermögen sein muß, um zu verhindern, daß Frequenzen mit größerem Abstand als $\Delta\Delta F$ gleichzeitig ein Signal ergeben;

$$B < \Delta\Delta F .$$

Der Zusammenhang zwischen Einschwingzeit t_e und Bandbreite B ist durch die Beziehung

$$t_e \approx \frac{1}{B}$$

gegeben, wenn die Trägerfrequenz in der Bandmitte angenommen wird. Weitere Überlegungen ergeben, daß je Sekunde ein scheinbarer Frequenzbereich von $\Delta F \cdot N$ überstrichen wird. Wenn man angenähert annimmt, daß beim Abtasten zweier Frequenzen F_1 und F_2 im Abstand $\Delta\Delta F$ soviel Zeit vergehen soll, daß ein von F_1 herrührendes Signal im Zwischenfrequenzverstärker anschwingen und ausschwingen kann, bevor F_2 abgetastet wird, erhält man:

$$\Delta F \cdot N \, 2 \, t_e = \Delta\Delta F . \qquad (2.31)$$

Die Kombination obiger Gleichungen ergibt

$$\Delta F \cdot N < 0,5 \, \Delta\Delta F^2 . \qquad (2.32)$$

Gl. (2.32) zeigt, daß der überstrichene Frequenzbereich ΔF und die Abtastfrequenz nicht beliebig hoch angenommen werden können, ohne daß das Auflösungsvermögen wesentlich herabgesetzt wird.

Spektralanalysatoren bieten vielseitige meßtechnische Anwendungsmöglichkeiten und können unter anderem als Meßempfänger benutzt werden. Ihre Empfindlichkeit beträgt ungefähr —65 dbm.

Literatur

[1] ESSEN, L.: The measurement of frequency in the range 100 to 10 000 Mc/s. J. Instn elect. Engrs, (III), Dec. 1945, 291—298.

[2] ASTON, G. H., and L. ESSEN: The measurement of frequencies in the range 10 000 to 50 000 Mc/s. J. Instn elect. Engrs, (III), 1946, 1374—1377.

[3] HUSTEN, B. F., and H. LYONS: Microwave frequency measurements and standards. Trans. Amer. Inst. elect. Engrs, 1948, 321—328.

[4] DENIS, M., and B. EPSTEIN: Some problems in the accurate measurements of frequencies in the region of microwaves. Ann. Radioélect., Jan. 1949, 12—25.

[5] KOCH, B.: Frequenzmessung im Mikrowellengebiet. Arch. tech. Messen. Mai 1952, 111—116.

[6] DECAUX, B.: Recent developments in the frequency measurement department of the Laboratoire National de Radioélectricité. Onde élect., June, 1952, 219—231.

Meßmethoden mit Schwingkreisen, Leitungen und Hohlraumkreisen

[7] ESSEN, L.: The design, calibration and performance of resonance wavemeters for frequencies between 1000 and 25 000 Mc/s. J. Instn elect. Engrs, (III). 1946, 1413—1415.

[8] REED, R. R.: 3 cm resonant cavity. Tele-Tech, May 1947, 54—55.

[9] ISELY, F. C.: A new approach to tunable resonant circuits for 300 to 3000 Mc/s frequency range. Proc. Inst. Radio Engrs, Aug. 1948, 1077—1082.

[10] TOPPINGA, M. L.: Design of cavity-wavemeters for cm-waves. Tijdschr. ned. Radiogenoot., July 1951, 185—207.

[11] MLLE BONNET: Mesures précises de fréquences enter 22000 et 37 000 MHz. Onde élect., Juin 1953, 259—269.

Überlagerungs-Frequenzmesser

[12] ROHDE, L.: Frequenzmeß- und Eichplatz für Dezimeterwellen. TFT, Okt. 1943, 211—218.

[13] JEFFRIES, C. D.: SHF-heterodyne frequency meter. Electronics, April 1947, 134—137.

[14] CARTER, R. L., and W. V. SMITH: Microwave spectrum frequency markers. Phys. Rev., Dec. 1947, 1265—1266.

[15] MEAHL, H. B.: Absolute accuracy. Primary frequency standard. Proc. nat. Electronics Conference, Chicago Vol. 4, 446—450, (1948).

[16] FERRERO, R.: Frequency standards in the microwave region. Ricerca sci., Dec. 1951, 2142—2144.

Randgebiete

[17] POUND, R.: Electronic frequency stabilization of microwave oscillators. Rev. sci. Instrum., Nov. 1946, 490—505.

[18] SMITH, W.V., and others: Frequency stabilization of microwave oscillators by spectrum lines. J. appl. Phys., Dec. 1947, 1112—1115.

[19] HUGHES, R. H., and E. B. WILSON: A microwave spectrograph. Phys. Rev., April 1947, 562—563.

[20] HERSHBERGER, W. D., and L. E. NORTON: Frequency stabilization with microwave spectral lines. RCA Rev., March. 1948, 38—49.

[21] GORDY, W.: Microwave spectroscopy. Rev. mod. Phys., Oct. 1948, 668—717.

[22] Bericht der Konferenz über Mikrowellen-Spektroskopie der New York Academy of Science, New York, Nov. 1951.

[23] GORDY, W., W. V. SMITH and R. F. TRAMBARULO: Microwave spectroscopy. New York: John Wiley and Sons, Inc. and London: Chapman & Hall. 1953.

[24] PIPPARD, A. B.: Waveguide interferrometers as differential wave-meters. J. sci. Instrum., Sept. 1949, 296—298.

[25] LENGYEL, B. A.: A michelson typ interferrometer for microwave measurements. Proc. Inst. Radio Engrs, Nov. 1949, 1242—1244.

[26] MARTIN, J. R., and C. F. SCHUNEMANN: Measuring wavelength in millimeters. Electronics, May 1953, 184—187.

[27] GORDON, J. P., H. J. ZEIGER and C. H. TOWNES: Molecular microwave oscillator and new hyperfine structure in the microwave spectrum of NH_3. Phys. Rev., July 1954, 282—284.

[28] ADELSBERGER, U.: Die Stabwellenmesser im Bereich von 180—80 000 MHz; Konstruktion und Meßergebnisse. Arch. elect. Übertragung. Febr. 1956, 51—57.

3   Leistungsmessung

Die Leistung d. h. die je Zeiteinheit von einem Generator gelieferte, in einem Leitungssystem transportierte oder in einem an das System angeschlossenen Bauelement verbrauchte Energie ist auf dem Mikrowellengebiet eine zweckmäßige Meßgröße. Ihre Messung ersetzt die auf dem Niederfrequenzgebiet übliche Strom-Spannungsmessung. Die Zweckmäßigkeit beruht darauf, daß die Leistung in nur einem Meßvorgang festgestellt wird, und keine weiteren Angaben über die Art der Leitung, in welcher sie transportiert wird, notwendig sind.

Als Einheit der Leistung dient das Watt und seine Vielfachen, bzw. Teile (MW, KW, mW, μW). Oft erfolgt die Angabe in dbm. Sie beruht auf 1 Milliwatt als Bezugsgröße. Der Leistungsbetrag liegt um die angegebene Zahl Dezibel unter (— dbm) oder über (+dbm) diesem Wert.

Ausgehend von der Meßmethode kann man zwei Typen von Leistungsmessern unterscheiden: Die Absorptions- und die Durchgangs-Leistungsmesser. Mit Hilfe der Absorptions-Leistungsmesser wird die gesamte von einem Generator oder einem Leitungssystem abgebbare Leistung festgestellt. Während der Messung wird die Leistung in einem Abschlußelement, das ein Teil des Meßgerätes ist, verbraucht. Mit Hilfe von Übergangselementen und Anpassungstransformatoren können die Instrumente an alle Leitungstypen angeschlossen werden. Bei der Durchgangs-Leistungsmessung wird mit einer Sonde oder einem Richtkoppler ein Teil der in einer Leitung fließenden Leistung festgestellt. Die Messung setzt voraus, daß das Instrument zu dem zu untersuchenden Leitungssystem paßt und daß das Verhältnis zwischen der ausgekoppelten und der in der Leitung fließenden Leistung bekannt ist.

Ein wichtiges Problem der Leistungsmessung ist die Anpassung. Bei Fehlanpassung wird ein Teil der vom Generator zum Leistungsmesser fließenden Leistung reflektiert. Das Instrument zeigt in der Folge nicht die tatsächliche Leistung an, die in einen angepaßten Verbraucher fließen würde, sondern einen um die reflektierte Leistung verminderten Betrag an, so daß sich ein Fehler ergibt. Der Zusammenhang zwischen der gesamten zum Instrument fließenden Leistung P_0 und der reflektierten Leistung ΔP ist durch

$$\frac{\Delta P}{P_0} = \left(\frac{SWV-1}{SWV+1}\right)^2 \tag{3.1}$$

als Funktion von SWV gegeben. SWV ist das in einer Meßleitung erhaltene Amplituden-Verhältnis der stehenden Wellen (V_{max}/V_{min}).

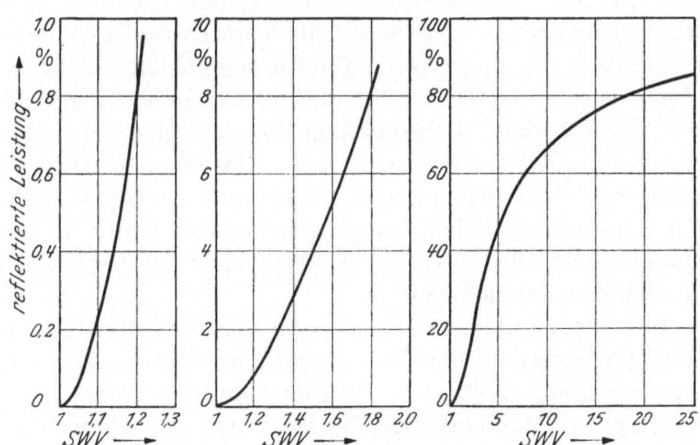

Abb. 3.1. Relative reflektierte Leistung abhängig vom Verhältnis der stehenden Wellen SWV

Abb. 3.1 zeigt die Beziehung graphisch. Bei eingangsseitiger Fehlanpassung, z. B. zwischen Generator und dem angeschlossenen Leitungssystem, wird der Fehler gegebenenfalls weiter erhöht. Es ist daher zweckmäßig bei jeder Leistungsmessung die Anpassung mit Hilfe einer Meßleitung zu überprüfen und, wenn der Anpassungsfehler unzulässig groß ist, mit einem Transformator Anpassung herzustellen. Durchgangs-

Leistungsmesser mit Sonden und mit parallel zu einer Leitung liegenden Bolometeranordnungen können ebenfalls fehlerhafte Meßresultate ergeben, wenn auf der untersuchten Leitung stehende Wellen auftreten. Bei Durchgangs-Leistungsmessern mit Richtkopplern sind Fehler infolge Reflexionen vernachlässigbar, da nur die in eine Richtung fließende Leistung gemessen wird. Die Meßgeräte zur Messung der Durchgangsleistung können einfach durch Abschluß mit einem angepaßten Leitungsabschluß in Absorptions-Leistungsmesser verwandelt werden.

Ein weiteres Problem ist die Bandbreite und der nutzbare Frequenzbereich, da es schwierig ist, die leistungsempfindlichen Elemente mit genügender Genauigkeit über einen großen Frequenzbereich an die üblichen Leitungssysteme anzupassen. Die große Zahl von Leitungstypen und Leitungen (Hohlleiter) mit verschiedenen Dimensionen für die verschiedenen Frequenzbereiche ist ein weiterer erschwerender Umstand. Im Allgemeinen bestehen die Geräte aus einem von der Frequenz unabhängigen Teil und austauschbaren Mikrowellen-Meßköpfen für die verschiedenen Meßbereiche und die verschiedenen Leitungstypen. Gegebenenfalls kann durch geeignete Übergangselemente der Anwendungsbereich auf zusätzliche Leitungstypen erweitert werden.

Der zu messende Leistungsbetrag ist ein wesentliches Unterscheidungsmerkmal, da die Methoden und Geräte für kleine, mittlere und große Leistungen sehr verschieden sind. Für den Bereich kleiner Leistungen bis 10 mW werden besondere Geräte hergestellt. Mittlere Leistungen sind weniger interessant, da diese mit Meßgeräten für kleine Leistungen bei Vorschaltung von angepaßten Dämpfungsgliedern leicht gemessen werden können. Geräte für die Messung großer Leistungen stellen eine besondere Gruppe dar. Behelfsmäßig können große Leistungen so gemessen werden, daß aus angepaßt abgeschlossenen Leitungen ein Teil der Leistung mittels Richtkoppler oder Sonden ausgekoppelt und dessen Größe mit Geräten für niedere Leistung festgestellt wird. Als ein Randgebiet könnte man die Messung, Anzeige und den Vergleich extrem kleiner Leistungen bezeichnen.

Neben den Meßgeräten für konstanten Leistungsfluß (Dauerstrich, CW) bilden die Geräte für die Messung der Impulsleistung und der mittleren Leistung impulsmodulierter Oszillatoren eine besondere Gruppe.

Die wichtigsten Meßmethoden beruhen auf der Umwandlung der Mikrowellenleistung in Wärme. Die absolute Leistungsmessung wird durch die kalorimetrische Bestimmung der je Zeiteinheit umgewandelten Wärmeenergie ermöglicht. Diese Methode ist hauptsächlich auf hohe Leistungen beschränkt. Bei niedrigen Leistungen dienen die durch die Wärmewirkung hervorgerufenen Widerstandsänderungen zur Messung der verbrauchten Leistung. In den ersten Entwicklungsjahren der Mikrowellentechnik wurden häufig Glühlampen mit der Lichtstärke als Maß für die umgewandelte Leistung und Thermoelemente als

Leistungsmesser angewendet. Die von elektrischen und magnetischen Feldstärken ausgeübten Kräfte ergeben weitere Möglichkeiten für die Anzeige der durch Leitungen fließenden Leistung.

3.1 Kalorimetrische Leistungsmessung

Die genaueste Methode der Messung großer Leistungen beruht auf der direkten kalorimetrischen Bestimmung der je Zeiteinheit in Wärme umgewandelten Mikrowellenenergie. Die Umwandlung kann in Verlustwiderständen oder Verlustdielektriken erfolgen. Zweckmäßig ist die Verwendung fließenden Wassers als Dielektrikum, da es gleichzeitig als Kühlmittel dient, und seine Temperaturerhöhung, welche der im

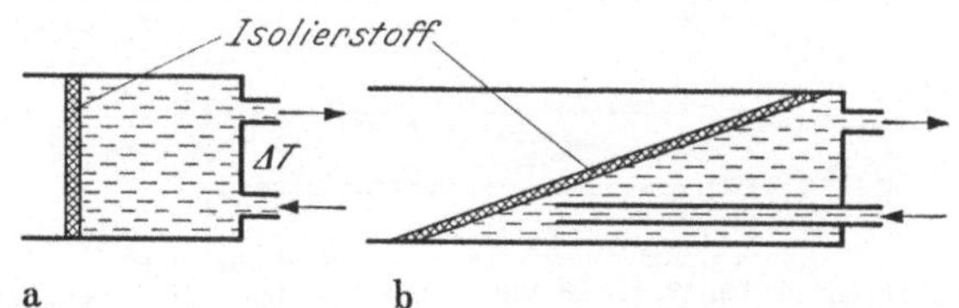

Abb. 3.2 a u. b. Hohlleiter-Meßköpfe für die kalorimetrische Leistungsmessung

Wasser in Wärme umgewandelten Energie proportional ist, leicht gemessen werden kann. Die Temperaturdifferenz des Wassers in Aus- und Eingang ist ein Maß für diese Temperaturerhöhung. Abb. 3.2 a und b zeigt schematisch zwei Beispiele für Absorber-Leistungsmesser mit Wasser als Verlustdielektrikum. In dem Absorber der Abb. 3.2 b ist der mit Wasser gefüllte Raum keilförmig ausgeführt, um Reflexionen an den Grenzflächen des Dielektrikums ($\varepsilon_r = 80$) herabzusetzen. Der Zusammenhang zwischen der Temperaturerhöhung des Wassers beim Durchfließen des Absorbers ΔT und der verbrauchten Mikrowellenleistung P in Watt ist durch

$$P^{[\mathrm{W}]} = 4.18 \, v \, c_p \, \Delta T^{[°\mathrm{C}]}$$

gegeben, wenn v die durchströmende Wassermasse in g/sec und c_p die spezifische Wärme in cal/g °C sind. Der Temperaturunterschied kann mit zwei Thermometern oder Thermoelementen in der Zu- und Ableitung für das Wasser gemessen werden. Die Thermoelemente in Zu- und Ableitung werden mit Vorteil entgegengeschaltet (Differentialthermoelement). Für die Meßgenauigkeit ist die Wärmeisolierung der Wasserkammer wichtig, damit die gesamte erzeugte Wärmeenergie zur Temperaturerhöhung des Wassers dient. Ungenauigkeiten bei der Feststellung der Geschwindigkeit des Wasserdurchlaufs verursachen ebenfalls Meßfehler. Die Genauigkeit einfacher Anordnungen dürfte in der Größenordnung von 5 bis 10% liegen.

Die vorgenannten Fehlereinflüsse werden in einer verbesserten Meßanordnung entsprechend Abb. 3.3 weitgehend herabgesetzt. Die Mikrowellenleistung wird in einer pyramidenförmigen Wasserkammer W in Wärme umgewandelt, deren Endteil am Ende des Hohlleiters als getrennte zweite Kammer ausgebildet ist. In dieser wird das Wasser von zwei Heizspiralen A_1 und A_2 vor dem Austritt zusätzlich erwärmt. Die zusätzliche Heizung wird so geregelt, daß sie in demselben Maß vermindert wird, wie die in Wärme umgesetzte Mikrowellenenergie das Wasser erwärmt. Die Regelung geht von der Temperaturdifferenz des Wassers in der Zu- und Ableitung aus. Beide Leitungen sind mit Widerstandsthermo-

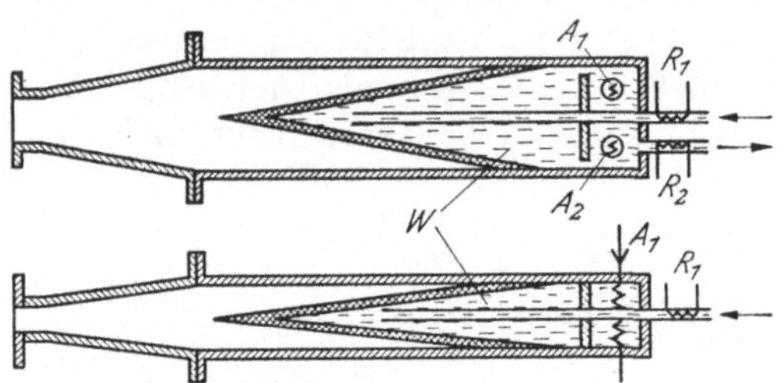

Abb. 3.3. Kalorimetrischer Balance-Leistungsmesser.
A_1 und A_2 Heizspiralen, R_1 und R_2 Widerstandsthermometer, W Wasserkammer

metern R_1 und R_2 versehen, die in eine Widerstandsbrückenschaltung eingefügt sind. Bei einer Änderung der Temperaturdifferenz des Wassers, z. B. durch verbrauchte HF-Leistung, wird das Brückengleichgewicht gestört und von der Brückenspannung die zusätzliche Heizung geregelt, bis die ursprüngliche Temperaturdifferenz und Brückengleichheit wieder hergestellt sind. Die Änderung der zusätzlichen Heizleistung entspricht direkt der in Wärme umgewandelten Mikrowellenenergie. Durch Luftkühlung wird die Einlauftemperatur des Wassers konstant gehalten. Die Wassergeschwindigkeit und die zusätzliche Heizung ist zur Herstellung bestimmter Meßbereiche in Stufen einstellbar. Der Hohlleiterabsorber ist für die niedrigste Frequenz dimensioniert. Der Anwendungsbereich kann mit Hilfe von Übergangsleitungen bis zu den höchsten Frequenzen erweitert werden.

Ein Vorteil der kalorimetrischen Meßmethode ist die relativ gute Genauigkeit, ein Nachteil die zeitraubende Meßprozedur in Folge der großen Zeitkonstante der Meßgeräte.

3.2 Thermische Meßmethoden für kleine Leistungen

Bei der Messung kleiner Leistungen mit thermischen Methoden ist es notwendig, die Wärmekapazität der Elemente, in welchen die HF-Energie umgewandelt wird, klein zu halten, damit die bei der Umwandlung hervorgerufene und zu messende Temperaturdifferenz möglichst groß ist. Das kalorimetrische Meßverfahren erfüllt nicht diese Forderung und ist ungenau. Zweckmäßig ist die Anwendung kleiner Widerstandselemente, Umwandlung der HF-Energie in JOULEsche Wärme und Bestimmung der je Zeiteinheit umgewandelten Energie und der Temperaturdifferenz direkt aus der Widerstandsänderung. Wenn die Dicke des Widerstandselementes kleiner ist als die Eindringtiefe des Hochfrequenzfeldes, kann das Instrument mit Gleichstrom oder einem niederfrequenten Strom geeicht werden. Voraussetzungen für die Genauigkeit dieses Eichverfahrens sind Gleichheit der Stromverteilung bei Gleichstrom und Mikrowellen und vernachlässigbar kleine Mikrowellenverluste in den Zuleitungen und Anpassungsanordnungen.

Zwei Typen von Widerstandselementen, welche diese Forderungen erfüllen, sind gebräuchlich: Bolometer (Barretter) und Thermistoren. Die Bolometer bestehen aus kurzen, extrem dünnen, runden oder bandförmigen, metallischen Widerständen mit positivem Temperaturkoeffizient. Die Thermistoren haben die Form extrem kleiner Halbleiterpillen mit negativem Temperaturkoeffizient. Die Messung der Widerstandsänderung erfolgt in den meisten Fällen in Brückenschaltungen.

Die für die Leistungsmesser verwendeten Schaltungen sind übliche Widerstandsbrücken der in Abb. 3.4 gezeigten Form. Die Brücke ist ohne zugeführte Mikrowellenleistung in Gleichgewicht, und die Brückenwiderstände haben gleiche Werte. Eine Änderung des Widerstandes des von I_4 durchflossenen leistungsempfindlichen Elementes um ΔR ruft einen Strom im Querarm der Brücke über das Instrument mit dem Widerstand R_g hervor. Wenn für die Stromrichtungen die Pfeilrichtungen gelten, ergeben sich folgende Bedingungen:

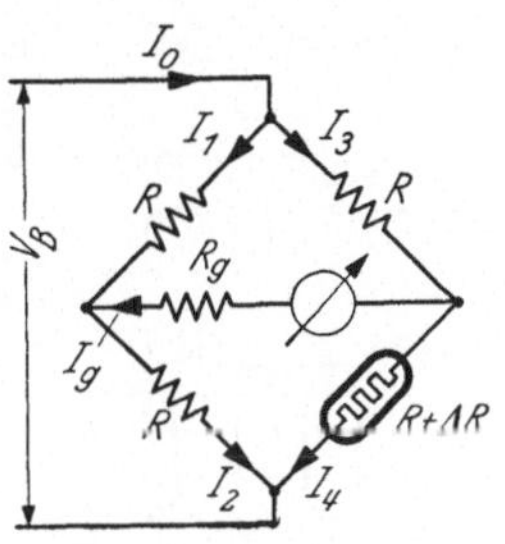

Abb. 3.4.
Widerstands-Meßbrücke

$$I_1 - I_2 + \Delta I = 0\,, \qquad I_3 - I_4 = \Delta I\,,$$
$$I_1 + I_2 = \frac{V_B}{R}\,, \qquad I_3 + I_4\left(1 + \frac{\Delta R}{R}\right) = \frac{V_B}{R}\,. \qquad (3.2)$$

Aus den Spannungsverhältnissen erhält man

$$\frac{I_3}{I_4} = \frac{I_1}{I_2}\frac{1 - \dfrac{\Delta I\,R_g}{I_1\,R}}{1 + \dfrac{\Delta I\,R_g}{I_2\,R}}\left(1 + \frac{\Delta R}{R}\right). \qquad (3.3)$$

Wenn man mit den Gleichungen (3.2) die Ströme I_1 bis I_4 berechnet, in Gl. (3.3) einführt und $\Delta I \cdot \Delta R$ vernachlässigt, ist angenähert

$$\Delta I \approx \frac{1}{4}\frac{\Delta R}{R}\frac{V_B}{R}\frac{1}{1 + \dfrac{R_g}{R}}\,. \qquad (3.4)$$

Die Widerstandsänderung ΔR nach Erwärmung des Widerstandselementes durch Mikrowellenleistung ist zu dieser proportional. Es ist

$$\Delta R = \frac{\partial R}{\partial P}\,\Delta P\,, \tag{3.5}$$

wenn $\dfrac{\partial R}{\partial P}$ die Steilheit der Widerstandskennlinie des Elementes ist. Eingeführt in Gl. (3.4) ergibt sich für den im Instrument angezeigten Brückenstrom ΔI:

$$\Delta I \approx \Delta P\,\frac{V_B\,\dfrac{\partial R}{\partial P}}{4\,R\,(R + R_g)}\,. \tag{3.6}$$

Gl. (3.6) zeigt, daß der Widerstand des Anzeigeinstrumentes möglichst niedrig sein soll. Die Widerstandskennlinie des leistungsempfindlichen Elementes kann mit Hilfe einer Strom-Spannungsmessung festgestellt werden.

Wie später gezeigt wird, ist der Widerstand und die Widerstandskennlinie in manchen Fällen, z. B. bei Thermistoren stark von der Temperatur abhängig. Dadurch wird die Herstellung genauer Leistungsmesser mit einfachen Brückenschaltungen sehr erschwert. Die in den Laboratorien meist verwendeten automatischen Balancebrücken arbeiten nach einem abweichenden Verfahren, bei welchem diese Schwierigkeiten vermieden werden. Die Arbeitsweise des Gerätetyps, für welchen Abb. 3.5 das Prinzipschema zeigt, ist folgende: Das Widerstandselement, z. B. ein Bolometer, welches in einem Mikrowellen-Meßkopf eingebaut ist, bildet einen der Vergleichswiderstände in einer Wechselstrom-Brückenschaltung. Der Widerstand des Elementes ist so abgestimmt, daß bei einer bestimmten verbrauchten Niederfrequenzleistung und Gleichstrom-Vorbelastung der angeschlossene 10 KHz-Oszillator mit einer bestimmten Amplitude schwingt. Wenn Mikrowellenleistung im Widerstandselement verbraucht wird, ändert sich dessen Widerstand. Die Widerstandsänderung regelt die Rückkopplung des Oszillators und ergibt eine zusätzliche Differenzspannung. Diese Differenzspannung regelt die Speise-Wechselspannung der Brücke und damit die im Widerstandselement verbrauchte Niederfrequenzleistung soweit herab, bis der ursprüngliche Widerstand des temperaturempfindlichen Elementes und das ursprüngliche Widerstandsverhältnis in der Brücke wieder hergestellt

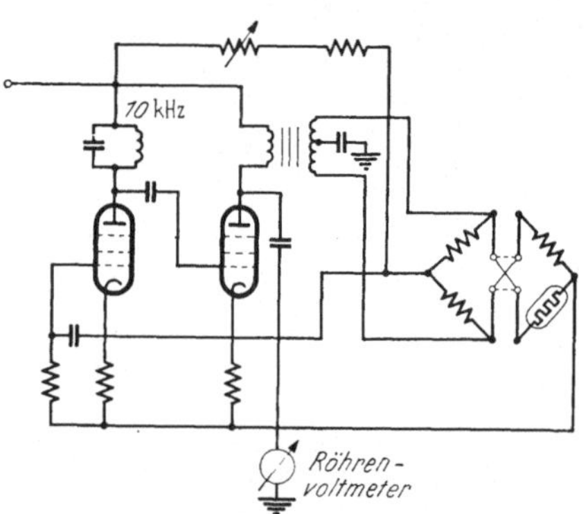

Abb. 3.5. Prinzipschaltbild einer Balance-Meßbrücke

sind. Unter dieser Bedingung hat die Verminderung der niederfrequenten Heizleistung P_{NF} den gleichen Wert wie die im Bolometer verbrauchte Mikrowellenleistung P_{MKW}. Es ist

$$\Delta P_{MKW} + P_{NF} - \Delta P_{NF} + P_= = \text{konstant,} \qquad (3.7)$$

und weiter

$$\Delta P_{MKW} = \Delta P_{NF}\,.$$

Die niederfrequente Speisespannung der Brücke wird mit Hilfe eines Röhrenvoltmeters RV gemessen und ihre Änderung angezeigt. Die Änderung ist ein Maß für die im Bolometer verbrauchte Mikrowellenleistung; die Skala des Instrumentes kann direkt in mW oder Bruchteilen davon geeicht sein. Durch Umschaltung und Vertauschung der beiden symmetrischen Brückenzweige, von denen einer vom Bolometer gebildet wird, kann mit einem Schalter die Regelrichtung vertauscht werden, so daß Widerstandselemente mit sowohl positivem (Bolometer, Barretter) als auch negativem Temperaturkoeffizient (Thermistoren) verwendet werden können. Für die Brückenwiderstände und das temperaturempfindliche Element ist der Widerstandswert 200 Ω gebräuchlich. Die Meßbrücken sind in den meisten Fällen für die Meßbereiche 0.1, 0.3, 1, 3 und 10 mW dimensioniert. Die Genauigkeit der Balancebrücken in Verbindung mit gut angepaßten Meßköpfen liegt in der Größenordnung von $\pm$ 5%.

3.2.1 Bolometer

Bolometer sind Widerstandselemente, bestehend aus dünnem Draht (Wollastondraht) oder Metallband oder dünnen Metallschichten. Sie haben positive Temperaturkoeffizienten. In dem niederfrequenten Bereich der Mikrowellen wurden in den ersten Entwicklungsjahren vielfach Glühlampen, z. B. Autolämpchen mit geradem Glühdraht und Feinsicherungen (10—20 mA) verwendet. Sie wurden später durch speziell hergestellte Bolometer ersetzt. Diese sind zum Teil in gleichen Gehäusen wie Kristalldioden (Abb. 3.23) eingebaut. Das Ersatzschaltbild eines Bolometerelementes ist in Abb. 3.6 gezeigt. In Abb. 3.7 ist eine typische Widerstandskennlinie dargestellt.

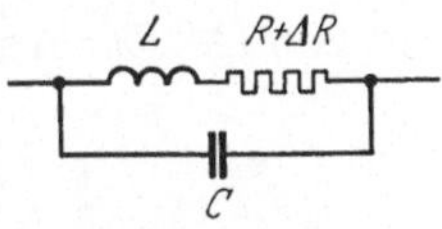

Abb. 3.6. Ersatzschaltbild eines Bolometers

Entsprechend Abb. 3.6 ist ein Bolometer und seine Halterung hochfrequenzmäßig kein reiner Widerstand, so daß seine Breitbandanpassung schwierig ist. Einfache Bolometer haben bisweilen niedrige Widerstände und müssen mit Hilfe von Impedanztransformatoren an die zu untersuchenden Leitungssysteme angepaßt werden. Abb. 3.8 zeigt schematisch einen Meßkopf mit Anpassungstransformator für den Anschluß an eine Koaxialleitung (s. a. Abschn. 6.5). Abb. 3.9 zeigt ein Breitband-Bolometer für den Anschluß an eine 50 Ω-Koaxialleitung (Polytechnic

Research and Development Comp., Brooklyn, N. Y.). Es besteht aus zwei bandförmigen Widerstandselementen A_1 und A_2, welche mit den Kapazitätsflächen B_1, B_2 und B_3 verbunden sind. B_1 ist kapazitiv an das Ende des Innenleiters, B_2 und B_3 kapazitiv an den Außenleiter angekoppelt. Als Isolator und gleichzeitige Halterung des Bolometers

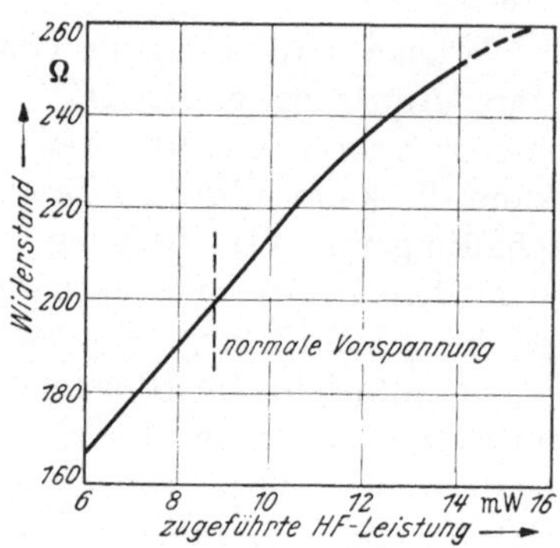

Abb. 3.7. Typische Widerstandskennlinie eines Bolometers

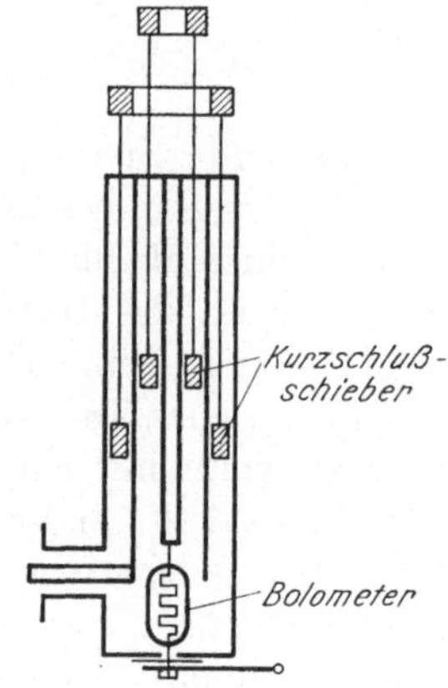

Abb. 3.8. Bolometer-Meßkopf mit Anpassungstransformator für Koaxialanschluß. Schematisch

dienne dünne Glimmerscheiben C. In der Niederfrequenzschaltung liegen die Widerstandselemente in Serie, wobei B_2 mit dem Gehäuse und B_3 mit einem Stiftkontakt verbunden sind. Der Widerstand jedes der beiden Elemente beträgt 100 Ω, so daß die Leitung hochfrequent mit 50 Ω angepaßt abgeschlossen ist. Niederfrequenzmäßig hat das Bolometer den für die Brückenschaltung zweckmäßigen Widerstandswert von 200 Ω. Der Anwendungsbereich hat eine obere Frequenzgrenze bei etwa 10 GHz. Der Anpassungsfehler beträgt ca. $SWV = 1{,}5$. Er entspricht einem zusätzlichen Meßfehler von 4%. In Verbindung mit der automatischen Balancemeßbrücke ist die Genauigkeit etwa $\pm 6\%$.

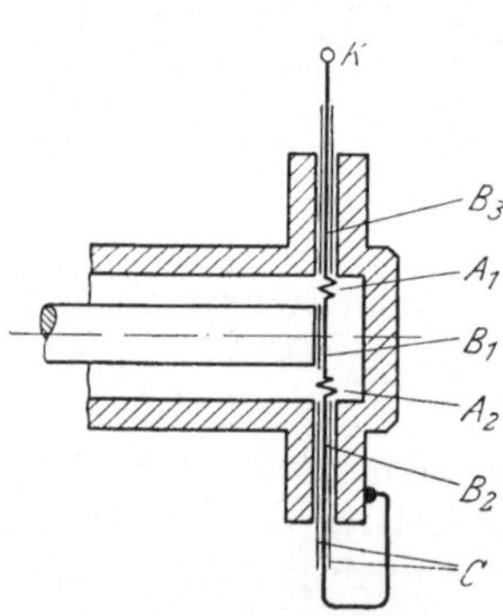

Abb. 3.9. Bolometer-Meßkopf für Koaxialanschluß, 10 MHz—10 GHz. A_1 und A_2 Widerstandselemente, B_1, B_2 und B_3 Kapazitätsflächen, C Glimmerscheibe. (Polytechnic Research and Development Comp., Brooklyn, N. Y., USA)

Die Bolometer-Meßköpfe für Hohlleiter haben ähnliche Eigenschaften wie Meßköpfe für Thermistoren und Hohlleiter-Abschlußelemente mit Kristalldioden. Vor Anwendung für die Leistungsmessung ist es zweckmäßig, die Anpassung der Meßköpfe zu überprüfen. Es ist zu beachten, daß Meßköpfe, welche bei Nullanzeige der Brücke angepaßt sind, bei Vollausschlag infolge der Widerstandsänderung des Bolometers oder Thermistors gegebenenfalls Fehlanpassung ergeben. Ein Meßfehler ist die Folge. Bei Balancebrücken, in welchen der Widerstand des temperaturempfindlichen Elementes konstant ist, tritt dieser Fehler nicht auf. Die zusätzliche Anpassung durch Vorschaltung eines möglichst verlustfreien, einstellbaren Transformators ist übrigens bei allen genauen Leistungsmessungen vorzunehmen. Bei weniger genauen Messungen kann man Breitband-Meßköpfe verwenden. Diese Anordnungen sind über den gesamten Hohlleiter-Frequenzbereich intern optimal angepaßt. Dieser Vorteil ist durch einen Fehler infolge Fehlanpassung erkauft. Eine maximale Fehlanpassung entsprechend $SWV = 1.3$, welche den Gesamtfehler um einen Betrag von $\pm 2\%$ erhöht, ist üblich.

Infolge der geringen Wärmeträgheit und geringen thermischen Zeitkonstante (ca. 400 μsek) können Bolometer in Verbindung mit Niederfrequenzverstärkern zur Anzeige der relativen Größe von niederfrequent modulierten Mikrowellen-Leistungen verwendet werden. Die Anwendung als Indikator in Meßleitungen und für andere meßtechnische Zwecke, bei welchen große Genauigkeit und Reproduzierbarkeit erwünscht sind, ist empfehlenswert. Zur Verminderung des Fehlers infolge thermischen Rauschens kann das Prinzip des Kohärent-Detektors (s. S. 70) angewendet werden.

Bolometer haben den Vorteil guter Reproduzierbarkeit der Messungen, haben relativ geringe Temperaturabhängigkeit der Widerstandskennlinie und geringe Streuwerte bei der Herstellung. Ein Nachteil ist die Empfindlichkeit für Überbelastung.

3.2.2 Thermistoren

Thermistoren sind im Gegensatz zu Bolometern für Überbelastung weitgehend unempfindlich. Sie bestehen aus einer extrem kleinen Kugel ($D \approx 0{,}2$ mm) aus halbleitendem Material, einer gesinterten Mischung aus Metalloxyden und fein verteiltem Kupfer. Zwei parallele Zuleitungen

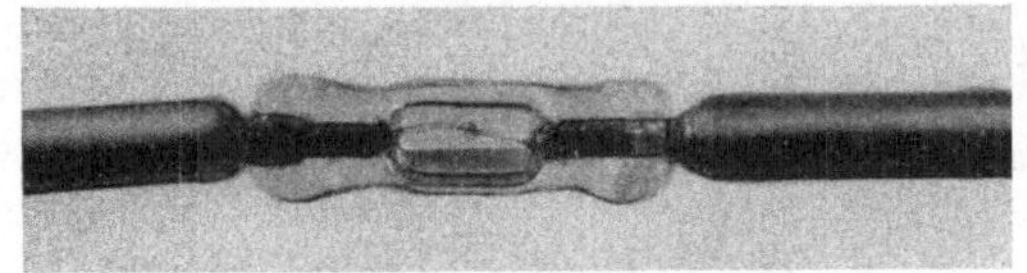

Abb. 3.10. Thermistorelement, Maßstab 3:1.
(USA-Surplusmaterial)

aus Platin-Iridium im ungefähren Abstand des Kugelradius durchdringen von entgegengesetzten Seiten die Halbleiterkugel. Abb. 3.10 zeigt als Beispiel ein in einem Glasröhrchen eingeschmolzenes Thermistorelement. Im Gegensatz zu Bolometern haben Thermistoren einen negativen Temperaturkoeffizienten. Der Widerstand sinkt bei Überbelastung stark und schützt das Element vor Zerstörung. Abb. 3.11 zeigt Kurven für die Abhängigkeit des Widerstandes von der im Element vernichteten Leistung mit der Temperatur der Umgebung als Parameter. Unter Berücksichtigung der Zuleitungen haben Thermistoren das in Abb. 3.12 gezeigte Ersatzschaltbild. Parallel zu dem Ersatzwiderstand des Thermistorelementes liegt die zwischen den Zuleitungsdrähten bestehende Kapazität C. Die dünnen Zuleitungen bilden Induktivitäten L_s und haben Verlustwiderstände R_s. Bei hohen Frequenzen verursacht der über die Kapazität C fließende kapazitive Strom zusätzliche Verluste in den Zuleitungen und einen Fehler der Anzeige. Bei sehr hohen Frequenzen wurden Fehler bis zu 100% festgestellt.

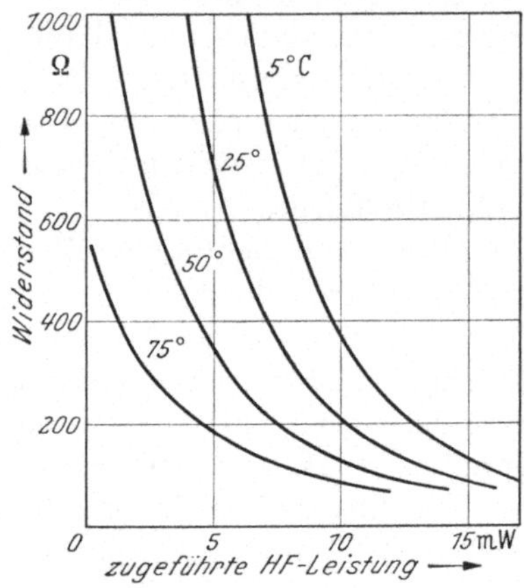

Abb. 3.11. Widerstansdkennlinie eines Thermistors mit der Temperatur der Umgebung als Parameter

Thermistoren können in Brückenschaltungen oder in Balancebrücken, bei welchen eine niederfrequente Vorheizung um den Betrag der Hochfrequenzleistung herabgesetzt wird, bis der ursprüngliche Gleichgewichtszustand der Brücke wiederhergestellt ist, verwendet werden. Bei dem letzteren Verfahren wirkt sich die Temperaturabhängigkeit der Widerstandskennlinie nicht nachteilig aus. Zweckmäßig ist die Anwendung einer automatischen Balancebrücke entsprechend Abb. 3.5.

In normalen Brückenschaltungen können Thermistoren nicht ohne weiteres benützt werden, da die Leistungsempfindlichkeit $\frac{\partial R}{\partial P}$, wie die Widerstandskennlinien der Abb. 3.11 zeigen, stark von der Temperatur der Umgebung abhängt. Um ihre Anwendung dennoch zu ermöglichen, wurden spezielle Scheibenthermistoren und Kompensationsschaltungen entwickelt. Die Scheibenthermistoren werden an dem HF-Meßkopf befestigt und stellen einen mit der Umgebungstemperatur des Meßthermistors schwankenden Widerstand dar. In

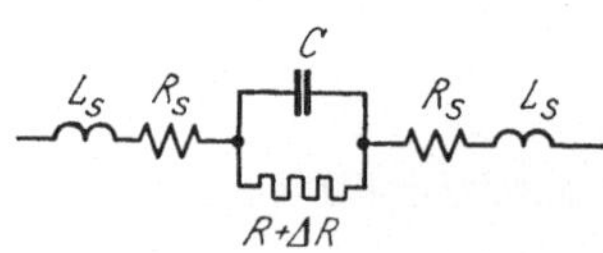

Abb. 3.12. Angenähertes Ersatzschaltbild des Thermistors

Abb. 3.13 ist eine Kunstschaltung mit zwei Kompensations-Scheibenthermistoren (USA-Surplusmaterial) gezeigt, welche eine relativ einfache und direkte Leistungsmessung zwischen 0,2 und 2 mW ermöglicht. $Th\,1$ ist der Meßthermistor, und $Th\,2$ und $Th\,3$ sind die an dem Gehäuse befestigten Scheibenthermistoren. Die Wirkungsweise ist folgende: Wenn die Temperatur steigt, sinkt der Widerstand aller Thermistoren. Mit dem herabgesetzten Widerstand des Thermistors $Th\,2$, welcher in einer Spannungsteilerschaltung für die Speisespannung eingefügt ist, sinkt die Speisespannung der Brücke und damit ebenfalls die in *Th 1* verbrauchte Gleichstromleistung. Dadurch steigt aber wiederum der Widerstand von *Th 1*. Die verschiedenen Widerstände haben solche Werte, daß der Widerstand von *Th 1* bei Temperaturschwankungen konstant bleibt. Im Kennlinienblatt der Abb. 3.11 verschiebt sich mit zunehmender Temperatur der Arbeitspunkt nach links. Infolge der Änderung der Speisespannung sinkt die Empfindlichkeit der Brückenschaltung, so daß der Leistungsmesser einen zu kleinen Wert anzeigen würde. Um die Gesamtempfindlichkeit wieder auf den ursprünglichen Wert zu bringen, liegt der Scheibenthermistor *Th 3* als Teilwiderstand in Serie zum Instrument im Diagonalarm der Brücke und regelt die Empfindlichkeit auf den ursprünglichen Wert. Die Kompensation ist in Brückenschaltungen mit der beschriebenen Wirkungsweise in einem Temperaturbereich von etwa $\pm 30°\,\mathrm{C}$ wirksam. Die Dimensionierung der Widerstände hängt naturgemäß von den Widerstandskennlinien der Thermistoren ab.

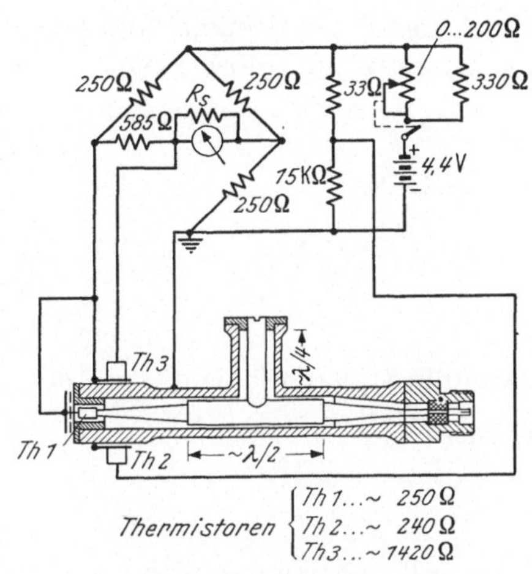

Abb. 3.13. Temperaturkompensierte Thermistor-Meßbrücke für Batteriebetrieb

3.2.3 Temperaturkompensierte Thermistor-Brückenschaltung

Thermistor-Leistungsmesser mit Nullpunkt- und Empfindlichkeitskompensation für Batteriebetrieb stellen eine optimale Kompromißlösung betreffend Einfachheit und Genauigkeit dar. Einige Anmerkungen betreffend der Bestimmung der Widerstandswerte der Kompensationsschaltung dürften angebracht sein. Die Dimensionierung erfolgt zweckmäßig gemischt rechnerisch und experimentell. Der Rechnung liegt die angenäherte Darstellung der Widerstandskennlinie für den Meßthermistor *Th 1* mit dem Widerstand R_1 und für die Scheibenelemente *Th 2* und *Th 3* mit R_2 bzw. R_3 durch

$$R_1^{[\Omega]} = A^{[\Omega]}\, e^{\frac{B^{[°C]}}{T^{[°C]} + C^{[°C/W]}\, P^{[W]}}} \qquad (3.8)$$

und

$$R_2 = R_3 = A\, e^{\frac{B}{T}} \qquad (3.9)$$

zu Grunde. A, B und C sind Konstante mit zweckmäßigen Dimensionen. Ihre Werte können aus den experimentell bestimmten Gleichstrom-

Widerstandskennlinien (Abb. 3.11) gewonnen werden. T ist die Temperatur und P die im Widerstand vernichtete Leistung.

Von den beiden Kompensationen ist die Nullpunktstabilisierung, welche den Thermistorwiderstand R_1 konstant hält, vordringlich. Ihre Wirkungsweise kann rechnerisch verfolgt werden. Die Forderung der Konstanz von R_1 wird durch Nullsetzen des Differentialquotienten erfüllt. Da R_1 direkt und über P von der Temperatur abhängt, ist

$$\frac{dR_1}{dT} = \frac{\partial R_1}{\partial T} + \frac{\partial R_1}{\partial P}\frac{\partial P}{\partial T} = 0 \;. \tag{3.10}$$

Weiter ist

$$\frac{\partial P}{\partial T} = - \frac{\dfrac{\partial R_1}{\partial T}}{\dfrac{\partial R_1}{\partial P}} = - \frac{1}{C}\;, $$

wenn die Differentialquotienten der Gl. (3.10) bestimmt und eingeführt werden. $\dfrac{\partial P}{\partial T}$ kann durch

$$\frac{\partial P}{\partial T} = \frac{\partial P}{\partial V_B}\frac{\partial V_B}{\partial R_2}\frac{\partial R_2}{\partial T} \tag{3.11}$$

dargestellt werden, da die im Thermistor verbrauchte Leistung von der Brückenspannung V_B und diese von der Spannungsteilerschaltung zwischen Brücke und Spannungsquelle (Abb. 3.14), in welcher der Thermistor $Th2$ eingefügt ist, abhängen. $\dfrac{\partial R_2}{\partial T}$ ist die Steilheit der Kennlinie des Scheibenthermistors $Th2$, welcher die Brückenspannung abhängig von der Temperatur regelt. Wenn man die Werte der Differentialquotienten und Gl. (3.10) in Gl. (3.11) einführt, erhält man

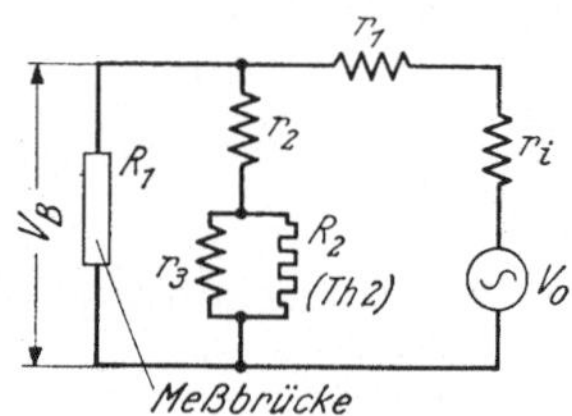

Abb. 3.14. Spannungsteiler mit Scheibenthermistor für die Konstanthaltung des Thermistorwiderstandes in der Meßbrücke ($Th\ 1$)

$$\frac{\partial V_B}{\partial R_2} = - \frac{T_0^2}{B\,C}\frac{\sqrt{R_1}}{R_2\,\sqrt{P_0}}\;. \tag{3.12}$$

Gl. (3.12) ist eine Beziehung, welche bei der Dimensionierung des Spannungsteilers für die Speisespannung erfüllt sein muß. Abb. 3.14 zeigt das Schaltbild des Spannungsteilers. Nach Wahl geeigneter Werte für r_1 und r_2 kann r_3 mit Hilfe von Gl. (3.12) berechnet werden. Bei geeigneter Wahl von r_1 und r_2 ist die Kompensation über einen weiten Temperaturbereich wirksam.

Es wird weiter verlangt, daß die Gesamtempfindlichkeit S der Brücke von der Temperatur unabhängig ist. Sie ist entsprechend Gl. (3.6)

$$S = \frac{I_g}{\Delta P} = \frac{V_B\dfrac{\partial R_1}{\partial P}}{4\,R_1\,(R_1 + R_g)} \tag{3.13}$$

Die Kompensationschaltung mit dem Scheibenthermistor $Th\,2$ hält den Widerstand R_1 des Meßthermistors konstant. Von den Faktoren, aus welchen S besteht, ändert nur V_B bei Temperaturschwankungen seinen Wert. $\dfrac{\partial R_1}{\partial P}$ ist, wie die Rechnung ergibt, von der Temperatur unabhängig, da R_1 seinen Wert nicht ändert. Die schwankende Speisespannung V_B ergibt Schwankungen der Empfindlichkeit der Brücke, welche mit einem temperaturabhängigen R_g ausgeregelt werden können. Ein Scheibenthermistor $Th\,3$ in der Querverbindung der Brücke entsprechend der Abb. 3.15 erfüllt diesen Zweck. Die rechnerische Behandlung der Kompensation ist ähnlich derjenigen für die Beseitigung der Nullpunktschwankungen. Es ist:

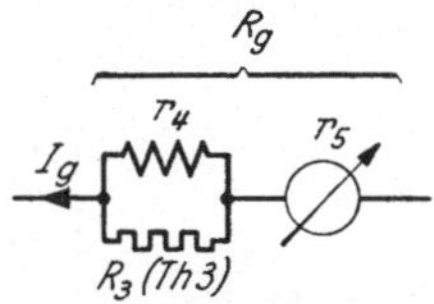

Abb. 3.15. Regelung der Empfindlichkeit einer Thermistor-Meßbrücke

$$\frac{\partial S}{\partial T} = \left[\frac{\partial V_B}{\partial T}\frac{\partial R_1}{\partial P}\frac{1}{1+\dfrac{R_g}{R_1}} - \frac{V_B}{R_1}\frac{\dfrac{\partial R_1}{\partial P}}{\left(1+\dfrac{R_g}{R_1}\right)^2}\frac{\partial R_g}{\partial T} \right]\frac{1}{4\,R_1^2} = 0\;. \tag{3.14}$$

Aus Gl. (3.14) erhält man nach Einführung der Differentialquotienten

$$\frac{\partial R_g}{\partial T} = \frac{R_1}{2\,C\,P_0}\left(1+\frac{R_g}{R_1}\right). \tag{3.15}$$

$\dfrac{\partial R_g}{\partial T}$ kann in $\dfrac{\partial R_g}{\partial R_3}\cdot\dfrac{\partial R_3}{\partial T}$ zerlegt werden. Wenn für $\dfrac{\partial R_3}{\partial T}$ der entsprechende Wert eingeführt wird, ergibt Gl. (3.15) eine zusätzliche Beziehung zur Bestimmung von r_4.

Da die Widerstandskennlinien nicht exakt durch Gl. (3.8) und (3.9) wiedergegeben werden, und neben den Thermistoren die übrigen Widerstände ebenfalls temperaturabhängig sind, muß eine Justierung der Widerstände auf Grund praktischer Messungen erfolgen. Die Genauigkeit doppeltkompensierter Gleichstrombrücken mit Thermistoren liegt bei etwa $\pm 10\%$ bei 2 mW Vollausschlag, bei Vernachlässigung des Anpassungsfehlers.

3.2.4 Meßköpfe für Thermistoren

Zur Vermeidung eines zusätzlichen Fehlers der Leistungsmessung muß der Meßkopf, in welchem das leistungsempfindliche Widerstandselement eingebaut ist, möglichst gut an das zu prüfende Leitungssystem angepaßt sein. Bei genauen Messungen ist mit einem Transformator genaue Anpassung herzustellen. Die in Abb. 6.18 gezeigten Instrumente sind für diesen Zweck vorzüglich geeignet. Ihre Einstellung kann gegebenenfalls mit Hilfe von Eichtabellen abhängig von der Frequenz vorgenommen werden. Für Messungen mäßiger Genauigkeit sind festangepaßte Meßköpfe zweckmäßig. Abb. 3.13 zeigt den Querschnitt eines Meßkopfes für Koaxialanschluß für das S-Band. Verbesserte Thermistorelemente haben einen der Abb. 3.9 ähnlichen Aufbau und ermöglichen bei Anwendung automatischer Balancebrücken die direkte Messung im Frequenzbereich von 10 MHz bis 10 GHz. Ihr Anpassungsfehler wird mit $SWV_{max} = 1,5$ angegeben.

Abb. 3.16 zeigt vereinfacht einen Hohlleiter-Meßkopf mit direkt eingebautem Thermistorelement Th. Die Breitbandanpassung ist mit einer

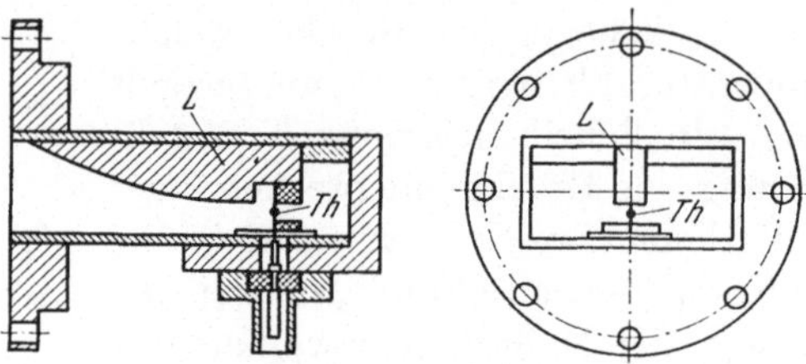

Abb. 3.16. Hohlleiter-Meßkopf mit Thermistor. Th Thermistor, L Transformations-Steg

kapazitiven Belastung des Hohlleiters L hergestellt. Der maximale Anpassungsfehler im C-Band entspricht $SWV_{max} = 1,3$. Bei der Konstruktion von Anpassungsanordnungen und der Anwendung von variablen Transformatoren ist darauf zu achten, daß durch ihre Verluste kein zusätzlicher Fehler eingeführt wird.

3.3 Durchgangs-Leistungsmesser

Durchgangs-Leistungsmesser dienen zur laufenden Betriebs-Kontrolle der in einem Leitungssystem zum Verbraucher fließenden Leistung. Ihr Meßbereich umfaßt mittlere und große Leistungen. Der zweckmäßigste

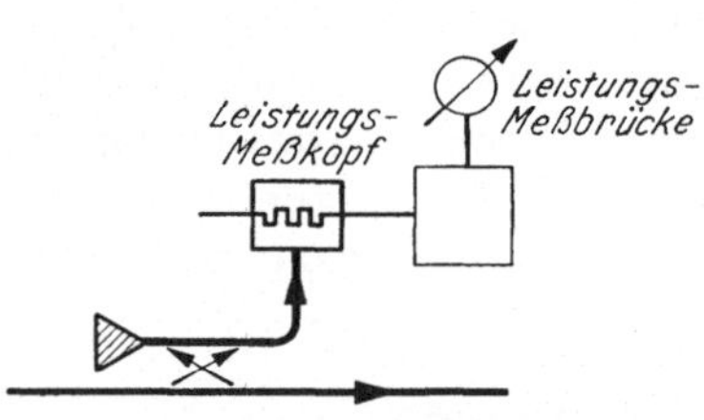

Abb. 3.17. Prinzipschaltbild eines Durchgangs-Leistungsmessers mit Richtkoppler

Aufbau ist in Abb. 3.17 schematisch dargestellt. Dementsprechend besteht ein Gerät aus der Kombination eines Richtkopplers mit einem Absorptions-Leistungsmesser für geringe Leistung. Der gesamte Meßfehler setzt sich aus dem Fehler des Absorptions-Leistungsmessers und dem Fehler der Übertragungsdämpfung des Richtkopplers (s. Abschn. 4.6) zusammen. Da Richtkoppler nur die in einer Richtung laufenden Wellen übertragen, sind die Fehler infolge Fehlanpassung vernachlässigbar klein.

In Anlagen mit festen gut angepaßten Verbrauchern, kann die Durchgangsleistung mit kapazitiven oder induktiven Sonden und einem Leistungsindikator gemessen werden. Als Leistungsindikatoren dienen Kristalldioden (Detektoren) in Verbindung mit einem Instrument und gegebenenfalls einem Verstärker. Entsprechend diesem Prinzip sind vielfach Leistungsmesser für hohe Leistungen aufgebaut. Sie bestehen aus einem Absorptionswiderstand in dessen Eingang die Leistung mit Hilfe von Sonden und Detektoren festgestellt wird.

Hochohmige Widerstandsschichten, welche in der Querschnittsebene der Leitung angebracht sind und eine vernachlässigbare Diskontinuität darstellen, ergeben weitere Möglichkeiten für den Aufbau von Durchgangs-Leistungsmessern entsprechend dem Bolometerprinzip. Eine einfache Lösung für die Anwendung bei extrem hohen Frequenzen stellt ein mit geeigneter Neigung ungefähr parallel zur Breitseite eines rechteckigen Hohlleiters gespannter Widerstandsdraht (Wollastondraht) A dar (Abb. 3.18). Mit einem Instrument dieses Typs wurden 2 bis 10 mW

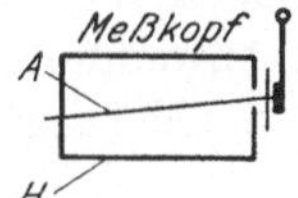

Abb. 3.18. Durchgangs-Leistungsmesser mit schrägem Bolometerdraht in einem Hohlleiter.

H Hohlleiter-Querschnitt, A Bolometerdraht

Leistungen im K-Band mit einer Genauigkeit von $\pm 10\%$ gemessen. Die durch das Bolometer hervorgerufenen Reflexionen entsprachen $SWV = 1{,}03$.

Die Kraftwirkung des elektromagnetischen Feldes kann ebenfalls für die Messung der Durchgangsleistung ausgenützt werden. Instrumente mit dünnen Membranen in den Wänden von Hohlleitern (NORTON [21], CULLEN [23]) und Drahtschleifen, welche durch das magnetische Feld bewegt werden (GUNDLACH [20]), sind in der Literatur beschrieben. Bei Einbau in Resonatoren ist die Anwendung als Absorptions-Leistungsmesser möglich.

3.4 Leistungsmessung bei Impulsbetrieb

Auf dem Mikrowellengebiet wird häufig Impulsmodulation verwendet. Hauptanwendungsgebiete sind die Übertragung mehrerer Kanäle mit modulierten Impulsen und Funkortung (Radar). Es ergibt sich die Frage, mit welchen Daten die Mikrowellen-Impulse zweckmäßig definiert und wie diese Daten gemessen werden können. In Rechnungen, welche die Reichweite und die Güte der Signal-Übertragung betreffen, kommt neben der Impulsform und dem Impulsspektrum die Spitzenleistung P_{max} vor. Für die Dimensionierung der Oszillatoren und der Speisespannungsgeräte hat die mittlere Dauerleistung P_m Bedeutung. Sie ist durch die Beziehung

$$P_m = \frac{1}{t_p} \int_{-\frac{t_p}{2}}^{+\frac{t_p}{2}} p(t)\, dt \tag{3.16}$$

gegeben, wenn $p(t)$ die Momentanleistung und t_p die Impuls-Periodendauer sind. Die mittlere Impulsleistung P_{imp}, welche bei Mittelung über die Impulsdauer t_{imp} erhalten wird, ist von untergeordneter Bedeutung.

Die für Dauerstrich-Leistungsmessung verwendeten Geräte und Meßmethoden sind bei Impulsbetrieb nicht immer brauchbar. Die kalorimetrische Meßmethode wirkt wegen der großen Zeitkonstante integrierend und ergibt praktisch die mittlere Dauerleistung entsprechend Gl. (3.16). Diese Meßmethode ist relativ genau und bis zu hohen Leistungen anwendbar, doch für manche Abgleich- und Einstellarbeiten in Betrieb und Laboratorium zu zeitraubend. Bolometer und Thermistoren haben vergleichsweise kleine Zeitkonstanten, welche in der Größenordnung von einigen 100 μsek. liegen. Ihr Verhalten ist interessant im Zusammenhang mit der Anwendungsmöglichkeit für die Spitzenleistungmessung und für eine schnell reagierende Messung der Dauerleistung.

Die grundsätzliche Impuls-Meßschaltung mit einem leistungsempfindlichen Element, z. B. einem Bolometer, ist in Abb. 3.19 gezeigt. Mit Hilfe eines Gleichstromes I_0 wird das Bolometer vorbelastet, damit es

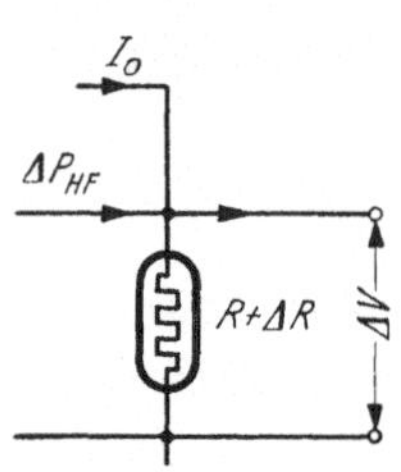

Abb. 3.19. Grundsätzliche Bolometerschaltung bei Impuls-Leistungsmessung

bei einer Widerstandsänderung infolge verbrauchter Mikrowellenleistung eine ablesbare Spannungsänderung ΔV ergibt. Das Verhalten bei Impulsmodulation erhält man aus der Untersuchung der Folgen des Einschaltvorganges, wenn dem Bolometer sprunghaft Mikrowellenleistung der Größe ΔP zugeführt wird. Zur Vereinfachung wird anfänglich die durch die Widerstandsänderung hervorgerufene Änderung der Gleichstromvorbelastung vernachlässigt. Die sprunghafte Erhöhung der im Bolometer verbrauchten Leistung um den Betrag ΔP ruft teils eine Erhöhung der Temperatur T des Bolometers hervor, teils wird der Wärmeabfluß an den Enden des Bolometers erhöht. Die Erhaltung der Energie fordert

$$\Delta P \, dt = c_w \, dT + \alpha \, (T - T_0) \, dt \, , \tag{3.17}$$

wenn c_w die Kapazität an Wärmeenergie, T die momentane Temperatur und T_0 die Temperatur vor dem Einschalten von ΔP ist. α entspricht dem Wärmefluß je °C Temperaturerhöhung und je Zeiteinheit. Gl. (3.17) führt auf die Differentialgleichung

$$\frac{d \, \Delta R}{dt} + \frac{\alpha}{c_w} \Delta R - \frac{\Delta P \, k}{c_w} = 0 \, , \tag{3.18}$$

wenn für die Widerstandsänderung, welche eine Funktion der Zeit ist, $\Delta R = k \, (T - T_0)$ angenommen wird. Die Lösung ist

$$\Delta R(t) = \Delta R_{end} \left(1 - e^{-\frac{\alpha}{c_w} t} \right) = \frac{\Delta P \, k}{\alpha} \left(1 - e^{-\frac{\alpha}{c_w} t} \right) . \tag{3.19}$$

$S = \dfrac{\Delta R_{end}}{\Delta P}$ entspricht der statischen Steilheit der Widerstandskennlinie (Abb. 3.7 und Abb. 3.11).

Es ist weiter

$$S = \frac{k}{\alpha}\,.\tag{3.20}$$

Die Ableitung ergibt für eine sprunghafte Änderung der im Bolometer verbrauchten Leistung einen exponentiellen Verlauf der Widerstandsänderung. Die Widerstandsänderung verursacht eine Änderung der Bolometerspannung der gleichen Form. Für einen kurzzeitigen Leistungsimpuls hat diese die in Abb. 3.20 gezeigte Form. Da die Impulsdauer verglichen mit der Zeitkonstante des Widerstandselementes meist kurz ist, kann angenommen werden, daß ΔR während des Impulses ungefähr linear zunimmt. Daher ist

$$\Delta R(t) \approx \frac{\Delta P \cdot k}{c_w}\, t\,.\tag{3.21}$$

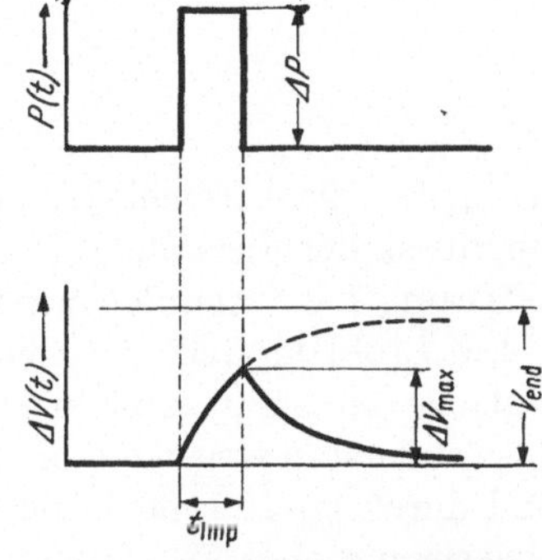

Abb. 3.20. Zeitlicher Verlauf der Bolometerspannung bei Impuls-Leistungsmessung

Entsprechend Gl. (3.21) kann man als neue Größe die Impulsempfindlichkeit S_i des Bolometers einführen, welche angibt mit welcher Steilheit die Änderung von ΔR je Einheit des Leistungsprunges erfolgt:

$$S_i = \frac{dR(t)}{dt}\Big/\Delta P = \frac{k}{c_w}\,.\tag{3.22}$$

Eingeführt in Gl. (3.19) ergibt sich

$$\Delta R(t) = \Delta P\, S \left(1 - e^{-\frac{S_i}{S}\,t}\right) \approx \Delta P\, S_i\, t\,.\tag{3.23}$$

Unter der Voraussetzung, daß entsprechend der Schaltung in Abb. 3.19 $\Delta V = I_0\, \Delta R$ ist, verursacht ein Impuls der Länge t_{imp} einen Spannungssprung mit einer Spitzenspannung (s. Abb. 3.20)

$$\Delta V_{max} \approx I_0\, S_i\, t_{imp}\, \Delta P\,.\tag{3.24}$$

Die Impulsspitzenleistung ΔP kann daher in der in Abb. 3.19 gezeigten Schaltung mit einem Bolometer oder Thermistor gemessen und mit Hilfe der Gl. (3.24) aus ΔV_{max} bestimmt werden.

Um den Einfluß der Gleichstromvorbelastung zu berücksichtigen, werden einige vereinfachende Überlegungen angestellt. ΔV_{max} ist entsprechend Gl. (3.24) der zugeführten HF-Energie $\Delta P \cdot t_{imp}$ proportional. Dem Widerstandselement wird nicht nur $\Delta P \cdot t_{imp}$ zugeführt, sondern auch Energie, welche von der Widerstandserhöhung während der Zeit t_{imp} herrührt. Diese Energie ist

$$I_0^2 \int_0^{t_{imp}} \Delta R(t)\, dt = \frac{1}{2}\, t_{imp}\, I_0\, \Delta V_{max}\,. \tag{3.25}$$

Wenn man diesen zusätzlichen Beitrag berücksichtigt, erhält man

$$\Delta V'_{max} \approx I_0\, S_i\, t_{imp} \left(\Delta P + \frac{1}{2}\, I_0\, \Delta V'_{max} \right) \tag{3.26}$$

und weiter

$$\Delta V'_{max} \approx \genfrac{}{}{0pt}{}{+}{(-)}\; \frac{I_0\, S_i\, \Delta P\, t_{imp}}{1 \genfrac{}{}{0pt}{}{-}{(+)} \frac{1}{2}\, I_0^2\, S_i\, t_{imp}}\,. \tag{3.27}$$

$\Delta V'_{max}$ ist die tatsächliche maximale Spannungsänderung, welche von Impulsen der Leistung ΔP bei Berücksichtigung der Gleichstromvorbelastung hervorgerufen wird.

Ein Problem stellt die meßtechnische Bestimmung von S_i dar. Eine einfache Messung kann in einer Röhrenschaltung erfolgen, wenn man das Widerstandselement in die Anodenleitung einer Penthode schaltet und durch zusätzliche Impulsmodulation auf der Gitterseite der Röhre eine sprungweise Erhöhung des Anodenstromes ΔI_0 hervorruft. Dadurch wird dem Bolometer eine zusätzliche Leistung $\Delta P = 2\, \Delta I_0\, R\, I_0$ zugeführt, welche eine Änderung von R und eine mit der Zeit ansteigende Spannungsänderung ΔV ergibt. Hierbei wird in ΔV nicht der plötzliche Spannungssprung $\Delta I_0\, R$ einbezogen. Aus $\Delta V'_{max}$ und den übrigen Daten kann mit Gl. (3.26) S_i festgestellt werden:

$$S_i \approx \genfrac{}{}{0pt}{}{+}{(-)}\; \frac{\Delta V'_{max}}{I_0 \left(\Delta P + \frac{1}{2}\, \Delta V'_{max}\, I_0 \right) t_{imp}}\,. \tag{3.28}$$

Die Ableitungen für Thermistoren sind analog. Die Gleichungen (3.27) und (3.28) sind für Thermistoren mit den in Klammern gesetzten Vorzeichen direkt anwendbar.

Aus Gl. (3.23) geht hervor, daß die Steilheit der Widerstands- bzw. Spannungsänderung $\dfrac{d\,\Delta V}{dt}$ ebenfalls ein Maß für die Spitzenleistung ist. Auf dieser Tatsache beruht eine Meßmethode für die Bestimmung der Spitzenspannung extrem kurzer Impulse. Abb. 3.21 zeigt das Blockschaltbild eines Gerätes, welches aus einem Richtkoppler, einem Bolometer-Meßkopf, einem Breitbandverstärker, einem Differenzierungsglied und einem Spitzenspannungsmesser besteht. Das Bolometer ergibt, wenn Mikrowellen-Impulsleistung die Hauptleitung des Richtkopplers durchfließt, einen periodischen Spannungsverlauf der in Abb. 3.20 gezeigten Form, welcher in dem nachfolgenden Breitband-Videoverstärker verstärkt und in einem angeschlossenen Filternetz differenziert wird. Am Ausgang des Differenzierungsgliedes werden Impulse ähnlich der Einhüllenden der ursprünglichen HF-Impulse erhalten. Wenn die Impulsdauer klein gegenüber der Zeitkonstante des Bolometers ist, stellt die Impulsgröße, welche in einem Spitzenspannungsmesser angezeigt wird, ein Maß für die Impulsleistung dar. Das Instrument kann direkt in Werten der Spitzenleistung geeicht werden. Einschaltung von Dämpfungsgliedern zwischen Richtkoppler und Meßkopf ermöglicht eine Erweiterung des Meßbereiches.

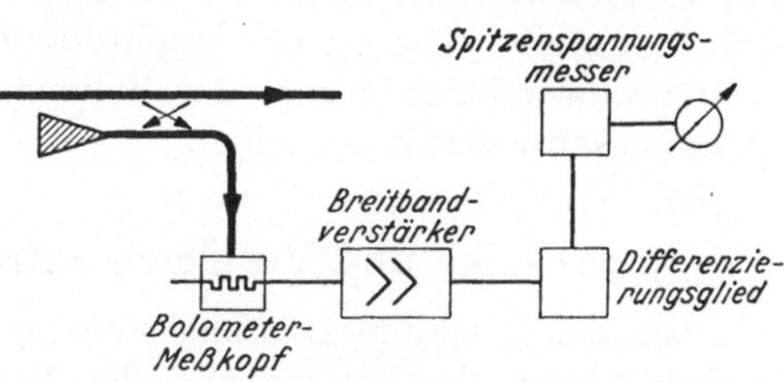

Abb. 3.21. Blockschaltbild eines Meßgerätes für die Bestimmung der Spitzenleistung von Impulsen

An Stelle des Bolometers kann ein Thermistor verwendet werden. Die Eichungen sind für beide Fälle verschieden. Die Polarität des Signals am Ausgang des Verstärkers ist durch eine Umkehrstufe zu wechseln. Das Meßverfahren mit Differentiation des Signals ergibt bessere Meßgenauigkeit, als in dem Fall, daß ΔV_{max} entsprechend Abb. 3.20 direkt gemessen wird, da die zu messende Spitzenspannung nach Differentiation während einer größeren Zeitdauer erhalten bleibt.

Weitere Überlegungen in gleicher Richtung führen zu einem Meßverfahren und zu einem Universalmeßgerät für die direkte Bestimmung

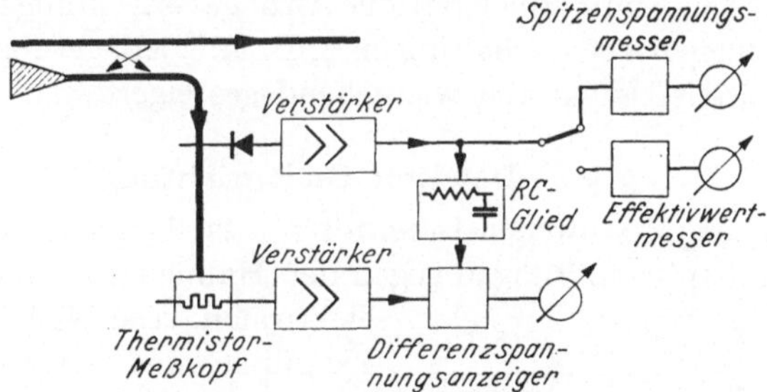

Abb. 3.22. Blockschaltbild einer Anordnung für die Messung der Spitzen- und Dauerleistung von Impulsen

der Spitzenleistung und mittleren Dauerleistung von Impulsen, dessen Blockschaltbild in Abb. 3.22 gezeigt ist. Der von einem Richtkoppler kommende Teil der HF-Energie speist einen Detektor und ein Bolometer oder einen Thermistor. Der Detektor liefert Impulse, welche für kleine Leistungen direkt der Momentanleistung der HF-Impulse proportional sind. Sie werden verstärkt und einem RC-Glied zugeführt. An dessen Ausgang hat der Spannungsverlauf die gleiche Form wie die vom Bolometer erhaltenen und verstärkten Spannungsänderungen, wenn die Zeitkonstante des RC-Gliedes derjenigen des Bolometers oder des

Thermistors gleicht. Ein Spitzenspannungsmesser und ein Effektivwert-
messer am Ausgang des Detektorverstärkers ergeben direkt die gewünschten Meßwerte. Die Wirkungsweise beruht auf der Annahme,
daß der Detektor ein Signal der richtigen Form, jedoch unzureichender
Stabilität ergibt. Die genaue Amplitude wird durch Vergleich mit dem
gut reproduzierbaren Signal des Bolometers mit Hilfe des Differenz-
Spannungsanzeigers eingestellt.

3.5 Anzeige und Vergleich extrem kleiner Leistungen

Neben der absoluten Leistungsmessung ist in der Mikrowellen-Meßtechnik häufig die Anzeige und der Vergleich kleiner und kleinster
Leistungen notwendig. Diese Leistungen liegen unter dem für die Anwendung von Bolometern und Thermistoren zweckmäßigen Leistungs-
bereich ($P < 10^{-5}$ W). In Verbindung mit Meßleitungen, z. B. für die
Bestimmung der Feldstärke im Minimum, und mit Feldstärkemessungen
werden Anzeigevorrichtungen höchster Empfindlichkeit benötigt.

In dem niederfrequenten Bereich können Röhren (Dioden) als Gleichrichter zur Anzeige kleiner Leistungen verwendet werden. Die Laufzeit
der Elektronen und die Kapazitäten der Elektroden hat bisher ihre
Anwendung auf den Frequenzbereich unter 1—2 GHz beschränkt. Oberhalb dieses Bereiches ist die Anwendung von Kristalldetektoren (Halb-
leiterdioden) als nichtlineare Elemente für die Gleichrichtung zweckmäßig. Ihre Stabilität und Betriebssicherheit ist für relative Messungen
ausreichend. Die Empfindlichkeit der Anzeigevorrichtungen mit Detektoren, kann in speziellen Schaltungen z. B. in Überlagerungsempfängern
und als Kohärent-Detektoren weitgehend gesteigert werden.

3.5.1 Detektor-Gleichrichtung

Die typischen Mikrowellen-Detektoren bestehen aus Silizium-Halb-
leiterpillen mit spitzenförmigen gegen den Halbleiter gedrückten Metall-
elektroden. Die Nichtlinearität der
Kennlinie und Leitfähigkeitsände-
rung beruht auf einer Zunahme der
Defekt-Elektronenleitung bei zu-
nehmend negativer Metallspitze. In
Abb. 3.23 sind Schnittzeichnungen
für einen üblichen Detektor (a) und
eine Koaxialausführung (b, 1 N 26)
für das K-Band ($\lambda_0 \approx 1{,}25$ cm) dargestellt. Abb. 3.24 zeigt außer diesen
Ausführungen (die 2 mittleren Bilder)
einen Detektor der Firma Siemens,
Berlin (RL1, 1943) (links) und einen

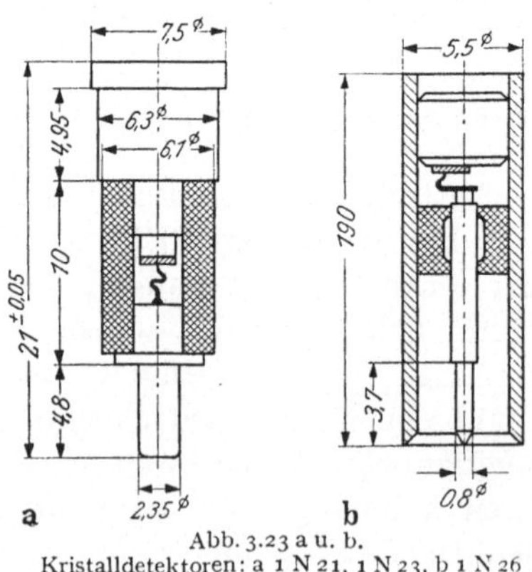

Abb. 3.23 a u. b.
Kristalldetektoren: a 1 N 21, 1 N 23, b 1 N 26

in England für das Q-Band (8 mm) hergestellten Hohlleiter-Detektor (1953) (rechts).

Das Hochfrequenz-Ersatzschaltbild eines Detektors ist in Abb. 3.25 dargestellt. Zu der eigentlichen spannungsabhängigen Detektor-Strecke (R_i) liegt die Kapazität C zwischen der Spitzenelektrode und Gegenelektrode parallel. In Serie liegen die Induktivität L_s und der Verlustwiderstand r_s der drahtförmigen Metallelektrode.

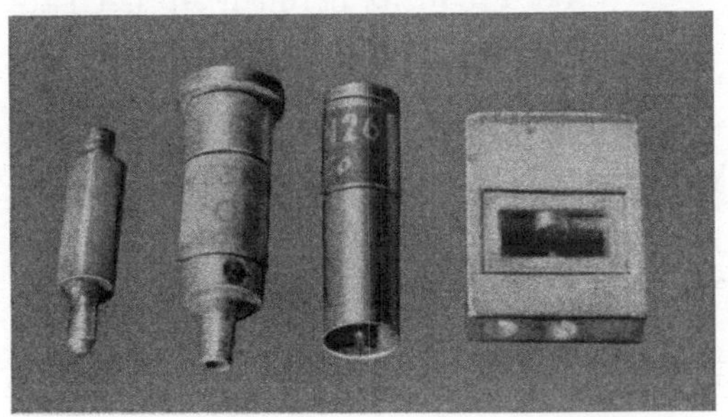

Abb. 3.24. Kristalldetektoren verschiedener Ausführungsformen Siemens RL 1, Sylvania 1 N 23B (X-Band), Sylvania 1 N 26 (K-Band), Englischer Detektor für das Q-Band

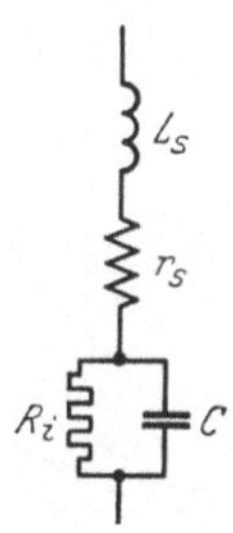

Abb. 3.25
Ersatzschaltbild
des Kristalldetektors

Die Gleichrichterwirkung beruht auf der Nichtlinearität der Strom-Spannungskennlinie des Detektors. Rechnerisch kann der Zusammenhang zwischen dem Strom I und der Spannung V für kleine Spannungsänderungen durch die TAYLORsche Reihe

$$I = f(V) + f'(V)\,\Delta V + f''(V)\,\frac{\Delta V^2}{2!} + \cdots$$

dargestellt werden, wobei $f'(V) = \dfrac{dI}{dV} = G$ der Leitwert und $f''(V) = T$ die Krümmung der Kennlinie sind. Wenn einem Detektor die Summe einer Gleichspannung V_0 und einer Wechselspannung $V_m \cos \omega t$ zugeführt wird, ergibt sich für den Strom

$$I = I_0 + G\,V_m \cos \omega t + \frac{T}{4}\,V_m^2 + \frac{T}{4}\,V_m^2 \cos 2\,\omega t + \dots \qquad (3.29)$$

Die Krümmung der Kennlinie verursacht neben einer Frequenzverdoppelung eine Erhöhung des Gleichstromes um ΔI. Es ist

$$\Delta I = \frac{T}{4}\,V_m^2 = \frac{1}{2}\,\frac{T}{G}\,\Delta P\,, \qquad (3.30)$$

wenn ΔP die dem Detektor zugeführte Wechelstromleistung ist. Der Quotient $\Delta I/\Delta P$ (Richtwirkung) ist ein Maß für die Güte der Gleichrichterwirkung.

Die Richtwirkung $\Delta I/\Delta P$ hängt von der Lage des Arbeitspunktes auf der Kennlinie des Detektors ab. In Abb. 3.26 ist strichpunktiert die Kennlinie eines für das X-Band bestimmten Detektors (1N 23 B) und

typische Kurven für die Richtwirkung abhängig von der Vorspannung
für 3 Frequenzen gezeigt. Die Kurven für $\Delta I/\Delta P$ haben ausgeprägte
Maxima, welche in der Nähe des Knicks der Kennlinie liegen, und
deren Werte mit zunehmender
Frequenz abnehmen. Der Abfall
der Richtwirkung und die Verschiebung der Maxima mit steigender Frequenz beruhen auf der Tatsache, daß der Detektor wechsel-
strommäßig ein kompliziertes
Netzwerk ist. Gleichstrommäßig
wirkt der Detektor als Stromquelle,
zu welcher sein innerer Widerstand $R_i = 1/G$ und R_a, der Ersatzwiderstand für den äußeren Gleich-
stromkreis, parallelgeschaltet sind.

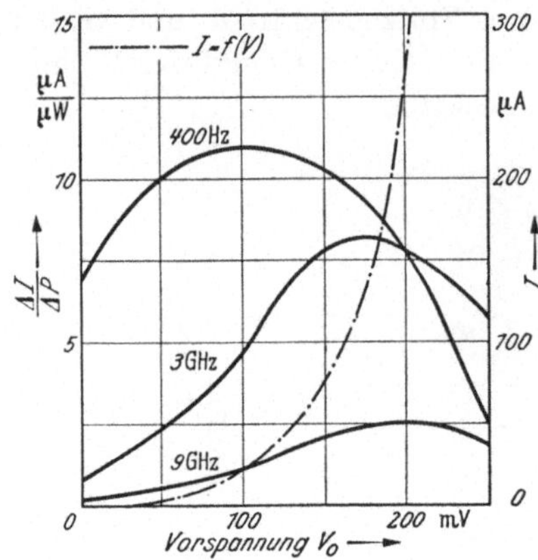

Abb. 3.26. Kristalldetektor 1N 23B: Typische Strom-
Spannungskennlinie, Abhängigkeit der Richtwirkung $\Delta I/\Delta N$ von der Vorspannung

Neben dem von ΔP hervorgerufenen Nutzstrom ΔI tritt bei der
Gleichrichtung ein Rauschstrom
auf. Durch ihn ist die Empfindlich-
keit der Detektoren begrenzt. Der Rauschstrom rührt von dem Widerstandsrauschen und dem elektronischen Rauschen in der Gleichrichter-
strecke her. Der Rauschstrom hat den Wert

$$I_R^2 = 4\,k\,T_0\,\Delta F\,\frac{1}{R_i} + 2\,e\,I_{ges}\,\Delta F \tag{3.31}$$

mit T_0 für die absolute Temperatur, ΔF für den Frequenzbereich, in
welchem das Rauschen wirksam wird, z. B. die Bandbreite des nachfolgenden Verstärkers, und mit den Konstanten k und e (s. S. 6).
Nach Einführung eines äquivalenten Rauschwiderstandes $R_{\ddot{a}}$ entsprechend der üblichen Bezeichnungsweise erhält man für das Verhältnis
von Nutz- zu Rauschstrom:

$$\frac{\Delta I}{I_R} = \frac{T}{2\,G}\,\frac{\Delta P\,R_i}{\sqrt{4\,k\,T_0}\,\sqrt{R_i + R_{\ddot{a}}}\,\sqrt{\Delta F}}\;;\; R_{\ddot{a}} \approx 20\,I_{ges}\,R_i^2\,. \tag{3.32}$$

Die Empfindlichkeit kann durch die Eingangsleistung angegeben werden, bei welcher für eine bestimmte Bandbreite Signal und Rauschen
gleich sind ($\Delta I/I_R = 1$). Unter dieser Bedingung ist

$$\Delta P_{min} = 1,26 \cdot 10^{-10}\,\frac{1}{\Delta I/\Delta P}\,\frac{\sqrt{R_i + R_{\ddot{a}}}}{R_i}\,\sqrt{\Delta F}\,. \tag{3.33}$$

In Gl. (3.33) treten $\Delta I/\Delta P$ als Maß für die Güte der Richtwirkung und
$R_i/\sqrt{R_i + R_{\ddot{a}}}$ als Maß für die Rauschgüte des Detektors auf. In
Abb. 3.27 u. 3.28 sind die aus der Kennlinie berechnete Rauschgüte für
$\Delta f = 1$ MHz und die Empfindlichkeit des untersuchten Detektors ab-

hängig vom Arbeitspunkt dargestellt. Wenn an den Detektor ein Verstärker angeschlossen ist, muß bei der Berechnung der Empfindlichkeit der auf den Eingang bezogene Rauschwiderstand des Verstärkers zu $R_{\ddot{a}}$ addiert werden.

Für kleine zugeführte Leistungen, bis etwa $5 \cdot 10^{-5}$ W ist die Gleichrichtung quadratisch. Mit zunehmender Eingangsleistung sinkt der Exponent. Die maximal zulässige Belastung üblicher Detektoren liegt in der Größenordnung von 10^{-2} W für Dauerstrich und 10 W für die Spitzenleistung bei Impulsbetrieb mit $t_{imp} \approx 1\,\mu$sek und $N = 1000$.

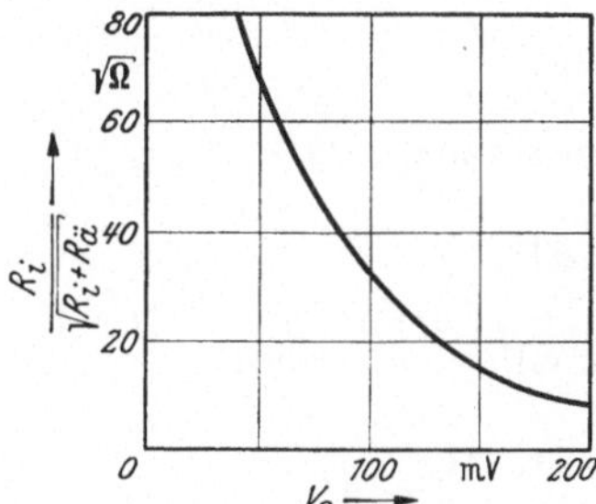

Abb. 3.27. Rauschgütefaktor als Funktion der Vorspannung (1 N 23B)

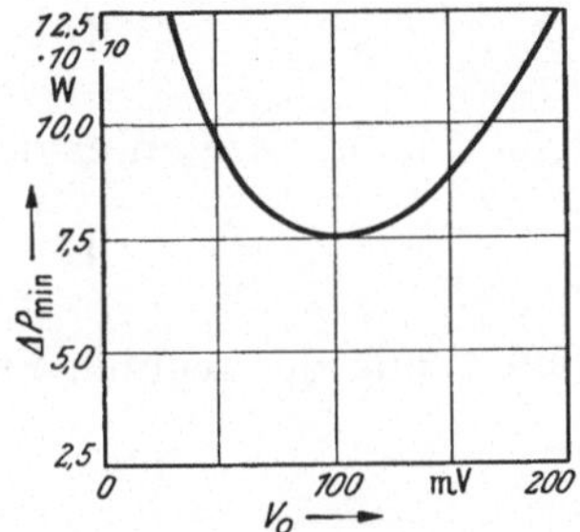

Abb. 3.28. Empfindlichkeit des untersuchten Kristalldetektors abhängig von der Lage des Arbeitspunktes

Detektoren für Meßzwecke sind ähnlich wie Bolometer und Thermistoren in Meßköpfe eingebaut. Die Abhängigkeit des Widerstandes von der Gleichstromvorbelastung und von dem Widerstand des angeschlossenen Gleichstromkreises erschwert die Anpassung. Besonders die Breitbandanpassung bereitet Schwierigkeiten, da der eigentliche Detektor ein kompliziertes frequenzabhängiges Netzwerk ist.

Auf der Gleichstromseite können direkt empfindliche Anzeigeinstrumente, z. B. μA-Meter und Lichtmarkengalvanometer verwendet werden. Bei der Meßbereichumschaltung der Instrumente ist zu beachten, daß durch eine Änderung des Widerstandes des Instrumentes der Detektorstrom und die Empfindlichkeit des Detektors beeinflußt werden. Die Vorschaltung eines umschaltbaren T-förmigen Dämpfungsgliedes mit konstantem Eingangswiderstand ist eine zweckmäßige Art der Umschaltung des Meßbereiches der Instrumente. Verbesserte Empfindlichkeit erhält man bei Modulation der Mikrowellenleistung und Anwendung eines Niederfrequenzverstärkers zur Verstärkung des nach der Gleichrichtung erhaltenen Signals. Um hohe Empfindlichkeit zu erhalten [Gl. (3.33)], werden sehr schmalbandige Verstärker verwendet.

3.5.2 Detektorschaltungen hoher Empfindlichkeit

Erhöhte Empfindlichkeit und die Feststellung und Anzeige sehr kleiner Leistungen wird durch Anwendung spezieller Verfahren ermöglicht, von denen das in Empfängern benutzte Überlagerungsverfahren das bekannteste ist. Die folgende Ableitung zeigt Wege und erzielbare Werte der Verbesserung. Ausgehend von Gl. (3.29) wird angenommen, daß eine Mikrowellenspannung $V_m \cos \omega t$ einem Detektor zugeführt wird. Der gleichgerichtete Strom ist

$$I = \frac{T}{4} V_m^2 \; .$$

Wenn die Spannung um einen Betrag ΔV_m erhöht wird, erhält man einen erhöhten Strom

$$I + \Delta I = \frac{T}{4} \left(V_m + \Delta V_m \right)^2 \; . \tag{3.34}$$

Die Stromzunahme ist unter der Voraussetzung, daß $\Delta V_m \ll V_m$,

$$\Delta I = \frac{T}{2} V_m \, \Delta V_m \; . \tag{3.35}$$

Die Umformung der rechten Seite der Gl. (3.35) ergibt

$$\Delta I = \frac{T}{2\,G} \sqrt{G} \, V_m \sqrt{G} \, \Delta V_m \; . \tag{3.36}$$

Es wird angenommen, daß die Erhöhung der Wechselspannung ΔV_m das eigentliche Signal darstellt und V_m eine dauernd vorhandene Oszillatorspannung ist. Unter dieser Bedingung ist mit ΔP für die Signalleistung und P_{osc} für die dem Detektor zugeführte Dauerleistung

$$\Delta I = \frac{T}{2\,G} \sqrt{2\,P_{osc}} \, \sqrt{2\,\Delta P} \; .$$

Nach Einführung von $P_{osc} = p \cdot \Delta P$ erhält man

$$\Delta I = \frac{T}{2\,G} \sqrt{p} \; 2 \, \Delta P \; . \tag{3.37}$$

Vergleich der Gl. (3.37) mit Gl. (3.30) für den Richtstrom bei normaler Detektor-Gleichrichtung zeigt, daß ein um den Betrag $2 \sqrt{p}$ höherer Richtstrom bei dem hier angedeuteten Verfahren erzielt werden kann. Ebenso ist die Eingangs-Signalleistung, bei welcher der Signalstron ΔI und Rauschstrom I_R gleich sind, um den Betrag $2 \sqrt{p}$ kleiner und die Empfindlichkeit um diesen Faktor besser. Angenommen, daß die Empfindlichkeit bei Detektor-Gleichrichtung 10^{-9} W und die maximale Oszillator-Leistung, ohne den Detektor zu zerstören, 10^{-2} W sind, ergibt sich für p der maximale Wert 10^7. Eingeführt in Gl. (3.37) ergibt dies eine ungefähre Verbesserung der Empfindlichkeit um $2 \cdot 10^{3,5} \approx 5 \cdot 10^3$. Eine weitere Verbesserung der Empfindlichkeit beruht auf der Tatsache, daß der Detektor bei Anlegen der Oszillator-Wechselspannung nur während eines Teiles der Periode stromführend ist, und dadurch der mittlere Rauschstrom um einen ungefähren Faktor 2 verkleinert wird. Bei 1 MHz Bandbreite ist daher eine Gesamtverbesserung der Empfindlichkeit um ca. 10^4 möglich. Die minimale Leistung beträgt 10^{-13} gegenüber 10^{-9} bei Detektor-Gleichrichtung.

Die Realisierung des hier beschriebenen Verfahrens für Meßzwecke ist mit Hilfe der in Abb. 3.29 schematisch dargestellten Schaltung

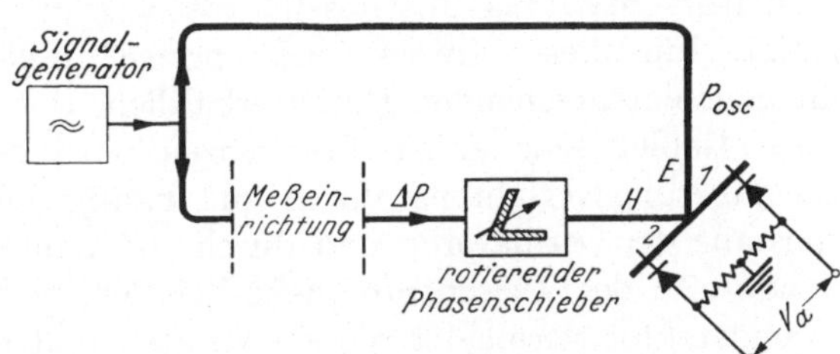

Abb. 3.29. Meßplatz mit Synchrondetektor mit Brückenverzweigung und rotierendem Phasenschieber

möglich. Die von einem Signalgenerator gelieferte Leistung wird in einer T-Verzweigung geteilt. Ein Teil speist eine Meßeinrichtung, z. B. eine Meßleitung für die Anpassungsmessung, während der andere Teil über die zweite Zweigleitung in eine T-Brückenverzweigung gelangt, in deren Vergleichsarmen Detektoren gleicher charakteristischer Daten eingebaut sind. Von der Meßeinrichtung durchläuft die zu messende Mikrowellenleistung, z. B. die Sondenspannung der Meßleitung, einen automatisch veränderlichen Phasenschieber, welcher von einem Motor betrieben ist, und dessen Phasenänderung $360°$ betragen möge. Im Rhythmus des Phasenschiebers wird die Signalleistung in den Detektoren der Brückenverzweigung der Oszillator-Leistung periodisch additiv und subtraktiv überlagert. Die von den Detektoren gelieferte niederfrequente Wechselspannung V_n ist entsprechend der Gl. (3.37) der Quadratwurzel der zu messenden Leistung oder direkt der Feldstärke proportional und kann verstärkt zur Anzeige benützt werden.

Die kontinuierliche Phasenänderung im Meßzweig entspricht einem Frequenzunterschied der den beiden Armen der Brückenverzweigung zugeführten Leistungen.

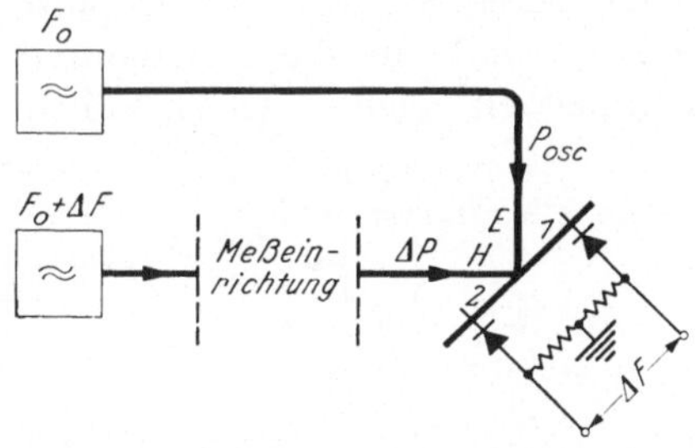

Abb. 3.30. Meßeinrichtung mit Mischdetektor in rauscharmer Brückenschaltung

Die Wirkungsweise des hier beschriebenen Synchrondetektors gleicht daher derjenigen des Überlagerungsverfahrens. Bei diesem Verfahren werden die beiden Mikrowellenleistungen von zwei getrennten Oszillatoren, einem Mischoszillator hoher Leistung und von dem für Meßzwecke verwendete Meßoszillator, geliefert. Daher hat die Empfindlichkeit des Überlagerungsempfängers ungefähr den gleichen Wert, wie die abgeleitete Empfindlichkeit des Synchrondetektors. Aus der Schaltung der Abb. 3.29 ergibt sich direkt diejenige des Überlagerungsdetektors, dessen Schema in Abb. 3.30 gezeigt ist. Der Einbau zweier Mischdetektoren in die Vergleichsarme der Brückenverzweigung hat einen weiteren Vorteil. Der Rauschstrom, welcher von der Rauschmodulation des Oszillators bzw. des Mischoszillators herrührt, wird weitgehend beseitigt. Für diesen Zweck sind speziell ausgesuchte Detektoren mit einander entsprechenden Daten erhältlich.

Im Gebiet sehr hoher Frequenzen wird die Empfindlichkeit des Überlagerungsverfahrens durch die häufig unzureichende Frequenzkonstanz der Oszillatoren und durch die daher benötigte relativ große Bandbreite des Zwischenfrequenz-Verstärkers herabgesetzt. Der Synchrondetektor vermeidet diesen Nachteil und hat erhöhte Bedeutung. Bei der Verwendung der hier beschriebenen Anordnung für die Anzeige extrem kleiner Leistungen ist zur Vermeidung von fehlerhaften Meßresultaten auf sorgfältige Abschirmung der Leitungen und Geräte Wert zu legen.

3.5.3 Kohärentdetektor

Die Empfindlichkeit der Anzeigevorrichtungen kleiner Leistungen wird durch das gleichzeitig mit dem Nutzsignal auftretende Rauschen beeinträchtigt. Untersuchungen haben gezeigt, daß auch Signale, deren Leistung einen Bruchteil der Rauschleistung darstellt, ausgefiltert und mit überraschender Genauigkeit angezeigt werden können. Eine Voraussetzung ist die Kenntnis der Form bzw. des Spektrums des Nutzsignals und eine Ausdehnung der Beobachtungszeit. In der Meßtechnik sind diese Voraussetzungen meist erfüllt. Die Form des für den Meßvorgang verwendeten Signals, z. B. Impulse und die Phasenlage derselben sind bekannt und nur die Signalamplitude ist zu bestimmen. Die Beobachtungszeit spielt in vielen Fällen eine untergeordnete Rolle.

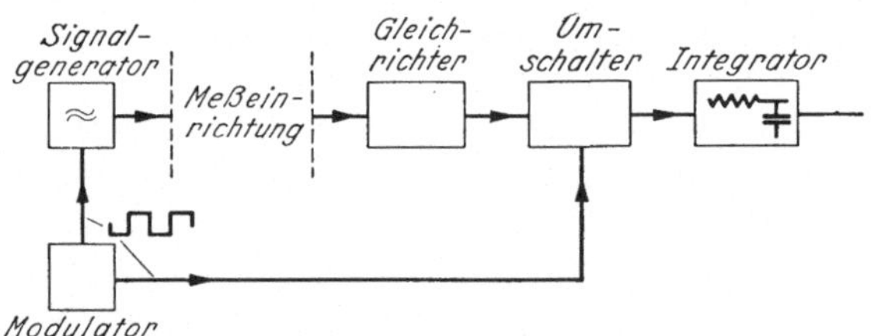

Abb. 3.31. Meßplatz mit Kohärentdetektor

Ein Verfahren zur Trennung eines Nutzsignales vom Rauschen ist unter dem Namen Kohärent-Gleichrichtung seit langem bekannt. Es hat im Zusammenhang mit Untersuchungen auf dem Gebiet der Informationstheorie erneut Beachtung gefunden. Das Verfahren ist bei allen Anzeigemethoden, Überlagerungsempfang, Detektor-Gleichrichtung und Bolometeranzeige anwendbar.

In der Abb. 3.31 ist das Blockschaltbild eines Meßplatzes mit Kohärentdetektor dargestellt. Ein Modulator steuert einen Signalgenerator und ruft Impulse mit Rechteckform hervor. Die Impulsdauer entspricht der halben Periodendauer. Die Impulse werden für die Messung, z. B. die Anpassungsmessung mit Hilfe einer Meßleitung, verwendet. Die am Ausgang der Meßeinrichtung erhaltene Leistung, bei dem angeführten Beispiel diejenige der Sonde der Meßleitung, wird gleichgerichtet und ist anzuzeigen. Wenn das Signal klein ist, wird es nach der Gleichrichtung und Verstärkung durch das Rauschen wesentlich beeinträchtigt und die Meßgenauigkeit herabgesetzt. Um das Originalsignal auszusieben wird das Signalgemisch einer Filteranordnung zugeführt, welche aus einem elektronischen Schalter und einem nachfolgenden Integrator besteht. Der Schalter wird im Rhythmus der Impulse automatisch umgeschaltet. Durch die Umschaltung werden die rechteckigen Impulse in eine konstante Gleichspannung verwandelt, welche integriert eine

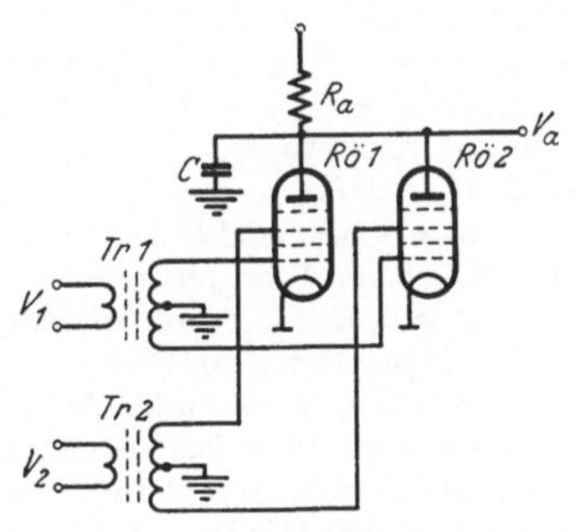

Abb. 3.32
Schaltbild eines Kohärentgleichrichters

stetig wachsende Spannung ergibt. Da der zeitliche Mittelwert, bzw. das Integral einer normalen Rauschspannung über eine genügend lange Zeit sich Null nähert, nimmt das Rauschen mit zunehmender Integrationszeit ab, während sich die Signalwirkung der umgeschalteten Impulse addiert. Die Verbesserung des Verhältnisses von Signal zu Rauschen ergibt sich aus der Bandbreiten-Verminderung, welche der Integration nach der Gleichrichtung entspricht. Einen Beitrag zum Rauschsignal liefern nur phasenrichtige Teilbänder des gesamten Rauschspektrums mit der Umschaltfrequenz und deren Harmonischen als mittlere Frequenzen.

Abb. 3.32 zeigt ein Schaltungsbeispiel für den elektronischen Schalter und den Integrator. Zwei Hexoden werden durch das Nutz-Signal V_1 in entgegengesetzter Richtung gesteuert und wirken als Schalter. Die Schaltwirkung wird von den Modulationsimpulsen V_2 verursacht, welche über den Transformator $TR\,2$ die beiden Röhren abwechselnd öffnen. Die beiden Anoden sind parallelgeschaltet und an einen Ladekondensator C angeschlossen, welcher mit dem Anodenwiderstand das integrierende RC-Glied bildet. Die Ausgangsspannung V_a hat die gewünschten Eigenschaften.

Die Schaltung der Abb. 3.32, mit Eigenschaften ähnlich denjenigen eines Ringmodulators, verbessert das Verhältnis von Signal zu Rauschen bei beliebiger Form der Modulationsspannung. Die Rauschverminderung dieser Korrelations-Gleichrichtung entspricht der Herabsetzung der Bandbreite durch die nachfolgende Integrationsstufe (RC-Glied).

Der Kohärentdetektor ermöglicht die Messung kleiner Impulsleistungen mit dem Bolometer. Als Demodulationsspannung, welche über den Transformator $TR\,2$ zugeführt wird, dient die Grundwelle der Modulationsimpulse. Ein Phasenschieber dient zur Einstellung der geeigneten Phasenlage.

Literatur

[1] CROWLEY-MILLING, M. C., and others: The measurement of power at centimetric and decimetric wavelengths. J. Instn elect. Engrs, (III A). **1946**, 1452—1456.

[2] GAINSBOROUGH, G. F.: Some sources of error in microwave milliwatt-meters. J. Instn elect. Engrs, (III), July **1948**, 229—238.

[3] COLLARD, J., G. R. NICOLL and A. W. LINES: Discrepancies in the measurement of microwave power at wavelengths below 3 cm. Proc. phys. Soc., March **1950**, 215—216.

[4] STREET, R., and P. D. WHITAKER: The measurement of power at wavelengths of 3 and 10 cm. Proc. phys. Soc., Aug. **1950**, 623—624.

[5] HAND, B. P.: Power measurement from 10 to 12.400 Mc/s. Hewlett-Packard Journ., April **1951**, No. 7—8.

[6] BEATTY, R. W., and A. C. MACPHERSON: Mismatch errors in mc power measurements. Proc. Inst. Radio Engrs, Sept. **1953**, 1112—1119.

[7] GALLAGHER, W.: New conveniences for microwave power measurements. Hewlett-Packard Journ., July **1954**, Nov. 11.

Ausnützung dielektrischer Wärmewirkung

[8] GUNDLACH, F.W.: Ein neues Meßverfahren für HF durch Ausnützung der dielektrischen Verlustwärme. Hochfrequenztech. u. Elektroakust., Mai **1939**, 162—165.

[9] TURNER, L. B.: Balanced calorimeters for 3000 and 10.000 Mc/s with tapered water loads for H_{01} rectangular pipes. J. Instn elect. Engrs, (III A). **1946**, 1467 bis 1476.

[10] PENTON, W. A., and I. R. A. OVERTON: A balanced water flow wattmeter for centimeter wavelengths. N. Z. J. Sci. Tech., Jan. **1948**, 215—222.

[11] GIUSTINI, S., and R. TOZZI: Arrangement for measurement of high power at microwave frequencies. Alta Frequenza, April. **1952**, 67—76.

Bolometer und Thermistoren

[12] MEINKE, H. H.: Der Bolometer-Leistungsmesser bei sehr kurzen Wellen. Elektr. Nachr.-Techn., Mai **1942**, 27—40.

[13] BECKER, J. A., C. B. GREEN and G. L. PEARSON: Properties and uses of thermistors-thermally sensitive resistors. Trans. Amer. Inst. elect. Engrs, Nov. **1946**, 711—725.

[14] ROSENBERG, W.: A milliwattmeter for power measurement in the super frequency band of 8700—10.000 Mc/s. J. sci. Instrum., June **1947**, 155—158.

[15] DiTORO, M. J.: Broadband bolometer type U.H.F. power meters. Proc. nat. Electronics Conference, Chicago, Vol. **3**, 119 (1947).

[16] CARLIN, H. J.: Broadband bolometric measurement of microwave power. Radio & Telev. News, July **1949**, 16—19.

[17] ROSENTHAL, L. A., and J. L. POTTER: A self-balancing microwave power-measuring bridge. Proc. Inst. Radio Engrs, Aug. **1951**, 927—931.

[18] CARLIN, J. H., and M. SUCHER: Accuracy of bolometric power measurements. Proc. Inst. Radio Engrs, Sept. **1952**, 1042—1048.

[19] SORIA, R. M., and J. G. KRISILAS: Accurate R. F. power measurements. Radio & Telev. News, Radio-Electronic Engn Section, Sept. **1953**, 3—6, 29.

Kraftwirkung des elektromagnetischen Feldes

[20] GUNDLACH, F. W.: Ein elektrodynamischer Strommesser für UHF. Hochfrequenztech. u. Elektroakust., Juni 1940, 169—173.

[21] NORTON, L. E.: Broadband power-measuring methods at microwave frequencies. Proc. Inst. Radio Engrs, July 1949, 759—766.

[22] BOMKE, H. A., u. T. SCHMIDT: Pondermotorische Effekte im Gebiet der Zentimeterwellen und die Möglichkeit ihrer Verwendung zu Meßzwecken. Arch. elekt. Übertragung, Jan. 1950, 33—35, März 105—112, Juni 219—222 und Sept. 377—381.

[23] CULLEN, A. L.: A general method for absolut measurement of microwave power. Proc. Instn elect. Engrs, (IV), April 1952, 183—186.

Messung der Impulsleistung

[24] HASSELBECK, W.: Impulseffektmessung. Funk und Ton, Juli 1951, 344 bis 350.

[25] DOBERTIN, W. H.: Microwave-pulse power measurement technics. Tele-Tech., Sept. 1952, 54, 55, ···162.

4 Anpassungs- und Impedanzmessung

Zur Fortleitung von Hochfrequenzenergie über kurze Entfernungen und für den Zusammenschluß verschiedener Bauteile werden auf dem Mikrowellengebiet hauptsächlich Koaxialleitungen und Hohlleiter verwendet. Abb. 4.1 und Tab. 4.1 zeigen Daten einiger Standard-Leitungen. In dem niederfrequenten Bereich werden wegen einfacherer Herstellung der Bauteile und größerer Breitbandigkeit Koaxialleitungen vorgezogen. Bei höheren Frequenzen finden Hohlleiter Verwendung, welche für die verschiedenen Frequenzbereiche verschiedene Dimensionen haben. Der Anwendungsbereich eines Typs mit bestimmter Dimension ist in Richtung hoher Frequenzen durch das Auftreten höherer Wellenformen begrenzt und hat eine untere Grenze bei der Grenzfrequenz.

Abb. 4.2 zeigt als prinzipielles Beispiel eine Mikrowellenschaltung bestehend aus einem Generator, verschiedenen Bauteilen und einem Verbraucher, welche durch Leitungsstücke und Stecker oder Kupplungen verbunden sind. Es ist ein charakteristisches Merkmal der Mikrowellenschaltungen, daß keine offenen Leitungsstücke verwendet werden um die Abstrahlung der Energie zu vermeiden. Aus der Leitungs- und Vierpoltheorie ist bekannt, daß bei Anpassung der Bauteile und Leitungen der Wirkungsgrad der Leistungsübertragung und die übrigen Eigenschaften der Schaltung optimal sind. Anpassung bedeutet, daß sich in den Leitungen, Verbindungselementen und zum Teil in den Bauteilen nur Wellen in einer Richtung, nämlich vom Generator zum Verbraucher, fortpflanzen. Damit diese Bedingung erfüllt ist, müssen die zusammengeschlossenen Elemente bestimmte Eigenschaften haben. Bei

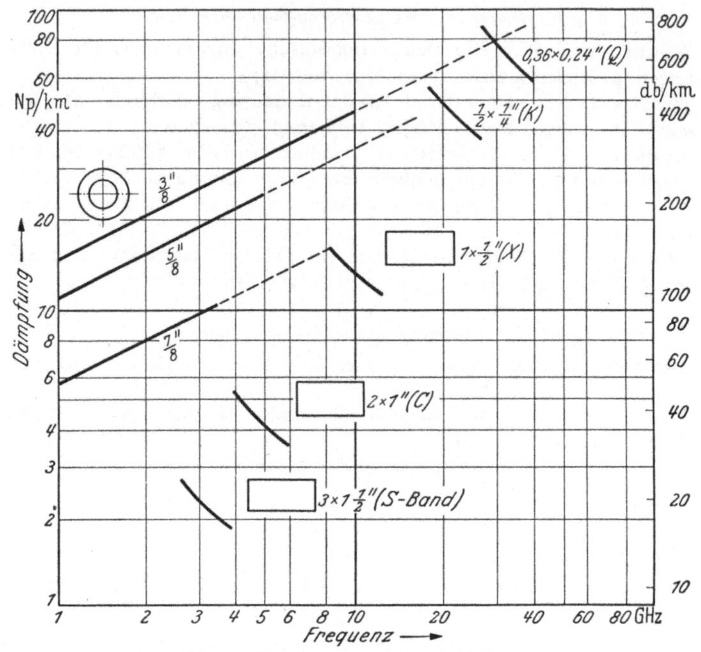

Abb. 4.1. Dämpfung einiger Standardleitungen

Tabelle 4.1. *Daten verschiedener Leitungstypen*

Koaxialleitungen

	D_a	$d_a^{[mm]}$	$d_i^{[mm]}$	$Z_0^{[\Omega]}$	$F_{max}^{[GHz]}$	$P_{max}^{[kW]}$
	$7/8\,''$	20,6	9,5	46,4	$\sim 3,5$	~ 70
	$5/8\,''$	14,0	6,2	48,4	$\sim 5,0$	~ 40
	$3/8\,''$	7,0	3,0	50,7	$\sim 10,0$	~ 20

Hohlleiter

	F-Band	$A \times B$	F-Bereich [GHz]	$a^{[mm]}$	$b^{[mm]}$	$P_{max}^{[MW]}$
	S	$3 \times 1^1/_2\,''$	2,7—4,0	72,14	34,04	2,00
	C	$2 \times 1\,''$	4,0—5,6	47,55	22,15	1,00
	X	$1 \times {}^1/_2\,''$	8,5—12,5	22,86	10,16	0,25
	K	$^1/_2 \times {}^1/_4$	16—26	10,67	4,32	0,10
	Q	$0,36 \times 0,22$	26—40	7,11	3,56	0,05

Koaxialsystemen sind die Eigenschaften durch den Wellenwiderstand (charakteristische Impedanz) gekennzeichnet, der in allen Teilen den gleichen Wert haben muß. Die Bestimmung dieser Eigenschaften ist der Zweck der Anpassungs- und Impedanzmessung.

Um verschiedene Bauteile verschiedener Herkunft, welche für die gleiche Betriebsfrequenz vorgesehen sind, zusammenschalten zu können, sind die Leitungen und Stecker genormt. In den angelsächsischen Ländern haben sich die in Tabelle 4.1 angeführten Leitungen als Standard-Übertragungssysteme durchgesetzt. Ein Bauteil gilt als angepaßt, wenn er bei Anschluß an die entsprechende Leitung keine Reflexionen hervorruft. Die relative Größe der reflektierten Wellen ist ein Maß für die Güte der Anpassung.

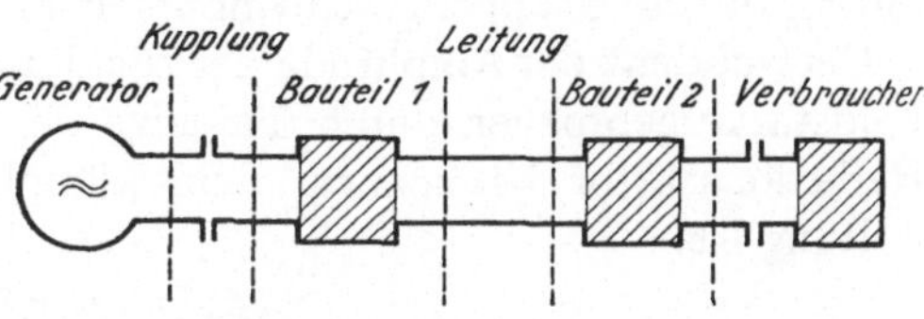

Abb. 4.2. Grundsätzliche Mikrowellenschaltung. Schematisch

Die Bauteile haben in den meisten Fällen einen oder zwei Anschlüsse, je nachdem ob sie als Generatoren oder Verbraucher ein Leitungssystem abschließen oder im Zuge der Leitung liegen. Die entsprechenden Schaltelemente der Niederfrequenztechnik mit einem oder zwei Polpaaren sind die Zwei- und Vierpole. Die Mikrowellen-Bauteile besitzen keine Polpaare und der Zusammenschluß erfolgt auf eine wesentlich unterschiedliche Art. Für die Bezeichnung dieser Bauteile werden daher die passenderen Ausdrücke „Abschlußelemente" und „Durchgangselemente" angewendet.

4.1 Grundlagen und Meßgrößen

Für die Ausbreitung der elektromagnetischen Energie in allen zylindrischen Leitungssystemen ist die wellenförmige Fortpflanzung charakteristisch. Die Theorie der allgemeinen Hohlleiter zeigt, daß die rechnerische Darstellung der Verteilung der Transversalkomponenten der elektrischen und magnetischen Feldstärke E_T und H_T unabhängig von der Art der Leitung bei komplexer Darstellung auf ein gemeinsames Gleichungspaar führt. Es ist

$$E_T(x) = \overrightarrow{E_{T_0}}\, e^{-i\Gamma x} + \overleftarrow{E_{T_1}}\, e^{+i\Gamma x}\,, \qquad (4.1\,\text{a})$$

$$H_T(x) = \overrightarrow{H_{T_0}}\, e^{-i\Gamma x} - \overleftarrow{H_{T_1}}\, e^{+i\Gamma x}\,. \qquad (4.1\,\text{b})$$

$\overrightarrow{E_{T_0}}$ und $\overrightarrow{H_{T_0}}$ sind die Amplituden der fortschreitenden und $\overleftarrow{E_{T_1}}$ bzw. $\overleftarrow{H_{T_1}}$ der rücklaufenden reflektierten Wellen am Eingang der Leitung. $e^{-i\Gamma x}$ und $e^{+i\Gamma x}$ mit der komplexen Wellenfortpflanzungskonstanten $\Gamma = \beta - i\alpha$ symbolisiert die wellenförmige Ausbreitung. α ist die Dämpfungskonstante, welche bei verlustlosen Leitungen den Wert Null hat. Unter dieser Bedingung nimmt $\Gamma = \beta = 2\,\pi/\lambda_L$ den Wert der Phasenkonstanten an, wenn λ_L die Leitungswellenlänge ist.

Der Zusammenhang zwischen E_{T_0} und H_{T_0} hängt von der Wellenform ab, mit welcher der Energietransport in der Leitung erfolgt. Er hat für die verschiedenen Wellenformen die Werte

$$TM\text{-Wellen:} \qquad E_{T_0}/H_{T_0} = \mu\, v_{gr}\,,$$
$$TE\text{-} \quad ,, \quad : \qquad\qquad = 1/\varepsilon\, v_{gr}\,,$$
$$TEM\text{-} \quad ,, \quad : \qquad\qquad = \sqrt{\mu/\varepsilon} = Z_0\,,$$

mit v_{gr} für die Gruppengeschwindigkeit in der Leitung.

Der Quotient der Amplitude der rücklaufenden Wellen der elektrischen Feldstärke gebrochen durch diejenige der hinlaufenden Wellen wird als Reflexionsfaktor bezeichnet. Sein komplexer Wert an der Stelle x der Leitung ist:

$$\varrho_x = |\varrho_x|\, e^{i\varphi}\,. \tag{4.2}$$

Wenn die Leitung an der Stelle L mit einem durch ϱ_L gekennzeichneten Schaltungselement abgeschlossen ist, nehmen die Gleichungen (4.1) folgende Form an:

$$E_T(x) = \overrightarrow{E_{T_0}}\,[1 + \varrho_L\, e^{-2\,i\Gamma\,(L-x)}]\, e^{-i\Gamma x} \tag{4.3a}$$
$$H_T(x) = \overrightarrow{H_{T_0}}\,[1 - \varrho_L\, e^{-2\,i\Gamma\,(L-x)}]\, e^{-i\Gamma x}\,. \tag{4.3b}$$

Das Gleichungspaar (4.3) zeigt, daß

$$\varrho_x = \varrho_L\, e^{-i\,2\,\Gamma\,(L-x)}\,, \tag{4.4}$$

und daß bei verlustlosen Leitungen die Größe des Reflexionsfaktors längs der Leitung konstant ist und die Phase bei Fortschreiten längs der Leitung zum Generator um $\Delta L = L - x$ eine Verschiebung um $2\,\Gamma(L-x)$ erleidet, die der Drehung $e^{-i\,2\,\Gamma(L-x)}$ entspricht.

Die Klammerausdrücke des Gleichungspaares (4.3) entsprechen einem komplexen Amplitudenfaktor und geben an, daß Amplitude und Phase der Feldstärken abhängig von der Lage auf der Leitung periodisch schwanken. In der komplexen Zahlenebene ist die gemeinsame Ortskurve dieser Amplitudenfaktoren ein Kreis mit dem Radius $|\varrho_L|$ um $+1$ als Mittelpunkt (Abb. 4.3). Die Amplituden sind die Richtgrößen (A und B) vom Ursprung zu den Endpunkten des Durchmessers, welcher mit $\lambda_L/2$ als Periodenlänge rotiert.

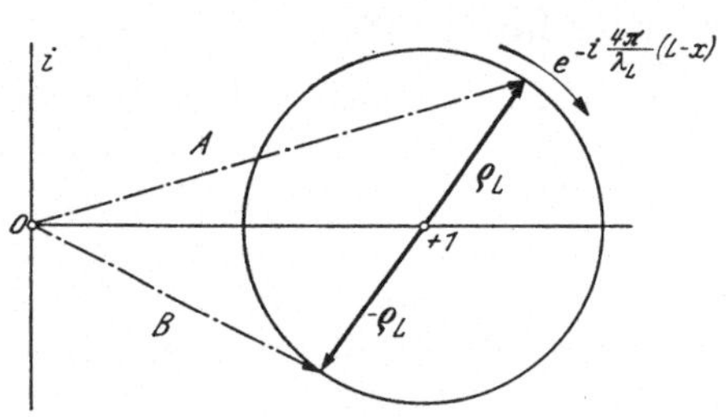

Abb. 4.3. Gemeinsame Ortskurven der Amplitudenfaktoren. $A = E_T(x)/E_{T_0}\, e^{i\,\Gamma'x}$ und $B = H_T(x)/H_{T_0}\, e^{i\,\Gamma'x}$

Der Absolutwert des Amplitudenfaktors, als Funktion von der Lage auf der Leitung aufgetragen, ergibt die Verteilung der Feldstärke, welche mit einer längs der Leitung verschiebbaren elektrischen (kapazitiven) oder magnetischen (induktiven) Sonde gemessen werden kann. Der Verlauf ist für beide Feldstärken der Gleiche, doch liegen Maxima und Minima um $\lambda_L/4$ verschoben. Abb. 4.4 zeigt für einige charakteristische Werte von $|\varrho_L| = |\varrho_x| = |\varrho|$ den Verlauf der relativen Amplituden der Feldstärke längs der Leitung, welcher durch Gl. (4.5) dargestellt ist.

$$|A| = \sqrt{1 + |\varrho|^2 + 2|\varrho| \cos \varphi}. \qquad (4.5)$$

Die Amplituden der Feldstärken rein fortschreitender Wellen ($|\varrho| = 0$) ist konstant. Für kleine Werte von $|\varrho|$ schwankt die Amplitude sinus-

förmig. Die Schwankungen werden mit zunehmendem Wert $|\varrho|$ unsymmetrisch. Die Verteilung nimmt für $|\varrho| = 1$ die Form halber Sinuskurven an.

Abb. 4.4 und Gl. (4.5) zeigen, daß die Feldstärkemaxima dem Wert $1 + |\varrho|$ und die Minima $1 - |\varrho|$ proportional sind. Der Quotient aus maximaler zu minimaler Feldstärke, das sogenannte „Stehende-Wellenverhältnis" SWV, ist ein Maß für die vorhandenen stehenden Wellen.

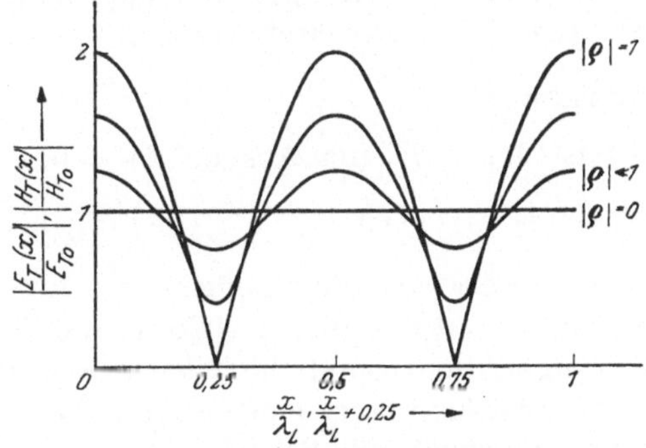

Abb. 4.4. Amplitudenverteilung der Feldstärken längs der Leitung für verschiedene Werte von $|\varrho|$

SWV, auch Welligkeit genannt, hat entsprechend dieser Definition den Wert

$$SWV = \frac{|E_T|_{max}}{|E_T|_{min}} = \frac{|H_T|_{max}}{|H_T|_{min}} = \frac{1 + |\varrho|}{1 - |\varrho|}. \qquad (4.6)$$

Für den Absolutwert des Reflexionsfaktors, welcher bei verlustloser Leitung von der Lage auf der Leitung unabhängig ist, erhält man, wenn SWV gegeben ist, mit Hilfe der Gl. (4.6);

$$|\varrho| = \frac{SWV - 1}{SWV + 1}. \qquad (4.7)$$

Die Definition $SWV = m = |E_T|_{max}/|E_T|_{min}$ ist der Benützung des Reziprokwertes vorzuziehen, um Verwechslungen mit dem Absolutwert des Reflexionsfaktors zu vermeiden. Die Werte für SWV liegen bei dieser Voraussetzung zwischen 1 und ∞ und für $|\varrho|$ zwischen 0 und 1.

Der Phasenwinkel des Reflexionsfaktors am Ausgang $\sphericalangle \varrho_L = \varphi_L$ entspricht dem Abstand der Lagen der Minima der Feldstärkeverteilung unter zwei Betriebsbedingungen. Unter einer Bedingung ist der Ausgang der Leitung kurzgeschlossen. In dem anderen Falle ist die Leitung mit dem Meßobjekt abgeschlossen. Wenn $x_{K\,min}$ und x_{min} die entsprechenden Lagen der Minima bezeichnen, ergibt sich

$$\varphi_L = 2\,\beta\,(x_{K\,min} - x_{min}) - \pi\,. \tag{4.8}$$

Bei Verschiebung der Bezugsebene für ϱ um den Abstand $\varDelta L$ vom Leitungsausgang, wo unter der ursprünglichen Betriebsbedingung der Kurzschluß lag, ändert sich ϱ_L zu ϱ'_L. Es wird

$$\varphi'_L = \varphi_L - 2\,\beta\,\varDelta L\,. \tag{4.9}$$

Mit Hilfe von Gl. (4.7) und (4.8) können die Werte von ϱ_L für drei wichtige Fälle abgeleitet werden.

Anpassung: $\qquad\qquad\qquad\qquad\qquad\qquad\quad \varrho_L = 0\,.$

Kurzschluß: $\quad E_T$ (im Abstand L) $= 0;\qquad \varrho_L = -1\,.$

Leerlauf: $\qquad H_T\,(\qquad\,\,\,,,\qquad\,\,\,) = 0;\qquad \varrho_L = +1\,.$

Die abgeleiteten Beziehungen sind für alle Leitungstypen gültig. Sie zeigen, daß der Reflexionsfaktor, die für den Zusammenschluß von Leitungssektionen und Bauteilen maßgebliche Meßgröße, aus der Feldstärkeverteilung längs einer Leitung bestimmt werden kann, an welche der zu untersuchende Bauteil angeschlossen ist. Auf diesen Beziehungen beruht die Anpassungs- und Impedanzmessung mit Hilfe von Meßleitungen in Koaxial- und Hohlleiterausführung.

Für Leitungen mit TEM-Wellen (Koaxialleitungen), gehen die abgeleiteten Gleichungen in einige aus der Leitungstheorie bekannte Beziehungen über. Integration über die Querschnittsdimensionen ergibt aus den Gleichungen (4.3) Beziehungen für die Strom- und Spannungsverteilung längs der Leitung. Es wird

$$V(x) = V_0\,[1 + \varrho_L\,e^{-2\,i\,\varGamma(L-x)}]\,e^{-i\,\varGamma x}\,, \tag{4.10a}$$

$$I(x) = \frac{V_0}{Z_0}\,[1 - \varrho_L\,e^{-2\,i\,\varGamma(L-x)}]\,e^{-i\,\varGamma x}\,, \tag{4.10b}$$

wenn $Z_0 = V_0/I_0$ der Wellenwiderstand der Koaxialleitung ist. Einführung der Impedanz $Z(x)$

$$Z(x) = V(x)/I(x)\,,$$

ergibt für die Impedanzen im Abstand L am Ausgang der Leitung und an der Stelle x:

$$\frac{Z_L}{Z_0} = \frac{1 + \varrho_L}{1 - \varrho_L}$$

und

$$\frac{Z(x)}{Z_0} = \frac{1 + \varrho_L\,e^{-2\,i\,\varGamma(L-x)}}{1 - \varrho_L\,e^{-2\,i\,\varGamma(L-x)}}\,, \tag{4.11a}$$

bzw.

$$\frac{Z(x)}{Z_0} = \frac{\dfrac{Z_L}{Z_0} + i \, \text{tg} \, \Gamma \, (L - x)}{1 + i \dfrac{Z_L}{Z_0} \, \text{tg} \, \Gamma(L - x)} \, . \qquad (4.11\,\text{b})$$

Umgerechnet in Werte der Admittanzen (komplexe Leitwerte) ist

$$\frac{Y_L}{Y_0} = \frac{1 - \varrho_L}{1 + \varrho_L} \qquad (4.12\,\text{a})$$

und

$$\frac{Y(x)}{Y_0} = \frac{\dfrac{Y_L}{Y_0} + i \, \text{tg} \, \Gamma \, (L - x)}{1 + i \dfrac{Y_L}{Y_0} \, \text{tg} \, \Gamma \, (L - x)} \, , \qquad (4.12\,\text{b})$$

wenn Y_0 die charakteristische Admittanz oder der Wellenleitwert der
Leitung ist. Gl. (4.11) bestätigt, daß bei Anpassung die Impedanz des
an die Leitung angeschlossenen Objektes dem Wellenwiderstand gleicht.

Bei kleinen Fehlanpassungen, wenn $|\varrho|$ klein ist, und die komplexe
Impedanz des an die Leitung angeschlossenen Objektes nicht wesentlich
vom Wellenwiderstand der Leitung abweicht, können Vereinfachungen
eingeführt werden. Es wird:

$$Z_L - Z_0 = \Delta Z; \quad |\Delta Z| \ll Z_0;$$

$$\varrho_L \approx \frac{1}{2} \frac{\Delta Z}{Z_0} \, ; \qquad (4.13)$$

$$SWV = \frac{|V|_{max}}{|V|_{min}} = \frac{|I|_{max}}{|I|_{min}} \approx 1 + 2|\varrho_L| = 1 + \frac{|\Delta Z|}{Z_0} = 1 + F \, . \quad (4.14)$$

$F = |\Delta Z|/Z_0$ wird mit Anpassungsfehler bezeichnet und in Prozent
angegeben. Die Vereinfachungen sind bis $F = 0{,}1$ bzw. $SWV = 1{,}1$
zulässig

Mit den hier abgeleiteten Beziehungen als Grundlage gibt es eine Reihe
von Meßmethoden für die Bestimmung des Reflexionsfaktors oder der
komplexen Impedanz.

1. Bestimmung von Z_L aus $V(L)$ und $I(L)$. (Typische Impedanzmessung)
2.   ,,   ,, ϱ_L ,, der Feldstärkenverteilung längs einer Meßleitung
3.   ,,   ,, ϱ_L ,, den Feldstärkeamplituden an festen Punkten der Leitung
4.   ,,   ,, ϱ_L ,, der Feldstärkenverteilung in der Umgebung des Minimums.

Weiter gibt es einige Methoden, die den Brückenmeßmethoden der
Niederfrequenztechnik ähnlich sind, und einige spezielle Mikrowellen-
Meßmethoden. Zu den letzteren gehören die

Bestimmung von ϱ_L mittels drehbarer Sonden in Hohlleitern, und
    ,,   ,, ϱ_L ,, Richtkoppler.

4.2 Impedanzbestimmung mittels Strom-Spannungsmessung

In dem niederfrequenten Bereich der Mikrowellen, unter 1 GHz, gibt es Meßgeräte, welche im Sinne der Bedeutung des Begriffes Impedanz arbeiten. Der Vergleich von Strom und Spannung ergibt den Wert der Impedanz. Abb. 4.5 zeigt ein Systemschema für ein Gerät dieses Typs.

An der Anschlußstelle für das Meßobjekt ragen aus entgegengesetzten Richtungen zwei Sonden, eine kapazitive und eine induktive, in das Innere einer Koaxialleitung. Bei Anschluß der Koaxialleitung an einen Signalgenerator sind die in den Sonden induzierten Spannungen der Spannung bzw. dem Strom in der Koaxialleitung proportional. Das Amplitudenverhältnis der induzierten Spannungen kann durch gleichzeitige Verschiebung beider Sonden in Richtung vom und zum Innenleiter geändert werden. Die Ablesung des eingestellten Verhältnisses bei gleicher Amplitude der Sondenspannung ist ein Maß für den Absolutwert $|Z_L| = |V_L|/|I_L|$ der angeschlossenen Impedanz. Die Ausgänge der beiden Sonden sind über eine Ringleitung zusammengeschlossen. Diese ist an beiden Enden mit in den Sonden eingebauten Widerständen angepaßt abgeschlossen um reflektierte Wellen zu vermeiden. Die Ringleitung ist geschlitzt und mit einer verschiebbaren Sonde für die Anzeige der Spannungsverteilung versehen. Wenn die von den Sonden ausgehenden Wellen gleiche Amplitude haben, ergeben sich auf der Ringleitung reine stehende Wellen und das mit Hilfe der Sonde gemessene Minimum der Spannungsverteilung erreicht den Wert Null.

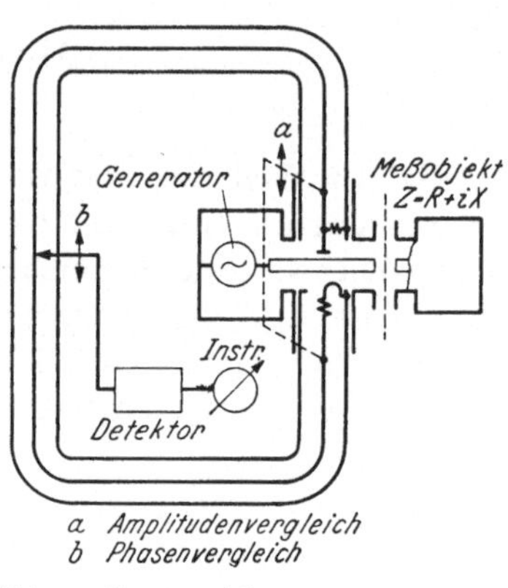

Abb. 4.5. Strom- und Spannungsmessung der Impedanz. (Hewlett-Packard Comp., Palo Alto, Calif., U.S.A.)

Bei der Messung wird die Sonde in das Minimum verschoben (*b*) und das Verhältnis der beiden Sondenspannungen (*a*) geändert, bis reine stehende Wellen erreicht sind. Die Ablesung an dem Schiebemechanismus (*a*) der beiden Sonden ergibt den Absolutwert $|Z_L|$ der Impedanz des Meßobjektes. Die Ablesung der Verschiebung der Lage des Minimums (*b*) aus der Mittellage ist ein Maß für die Phasendifferenz zwischen Strom und Spannung und ergibt den Winkel $\sphericalangle Z_L$ der komplexen Impedanz. Die mittlere Genauigkeit beträgt in der Umgebung von Anpassung im Bereich bis 0,5 GHz etwa $\pm 5\%$.

4.3   Meßmethode mit Hilfe der Meßleitung

Die Anpassungs- und Impedanzmessung mit Hilfe der Meßleitung beruht auf der Tatsache, daß die Feldverteilung in einer Leitung eindeutig durch die Eigenschaften des angeschlossenen Objektes bestimmt ist. Bei der Messung werden aus charakteristischen Werten der Feldverteilung die Daten des angeschlossenen Meßobjektes bestimmt. Diese Daten sind der komplexe Reflexionsfaktor $\varrho = |\varrho|\, e^{i\varphi}$, und für Koaxial- und Lecherleitungen die Impedanz $Z = R + iX$. Der Zusammenhang ist durch die Gleichung

$$\varrho = \frac{\dfrac{Z}{Z_0} - 1}{\dfrac{Z}{Z_0} + 1} \tag{4.15 a}$$

gegeben, welcher mathematisch gesehen einer konformen Abbildung entspricht. Z_0 ist der Wellenwiderstand des Leitungssystemes. Abb. 4.6 a

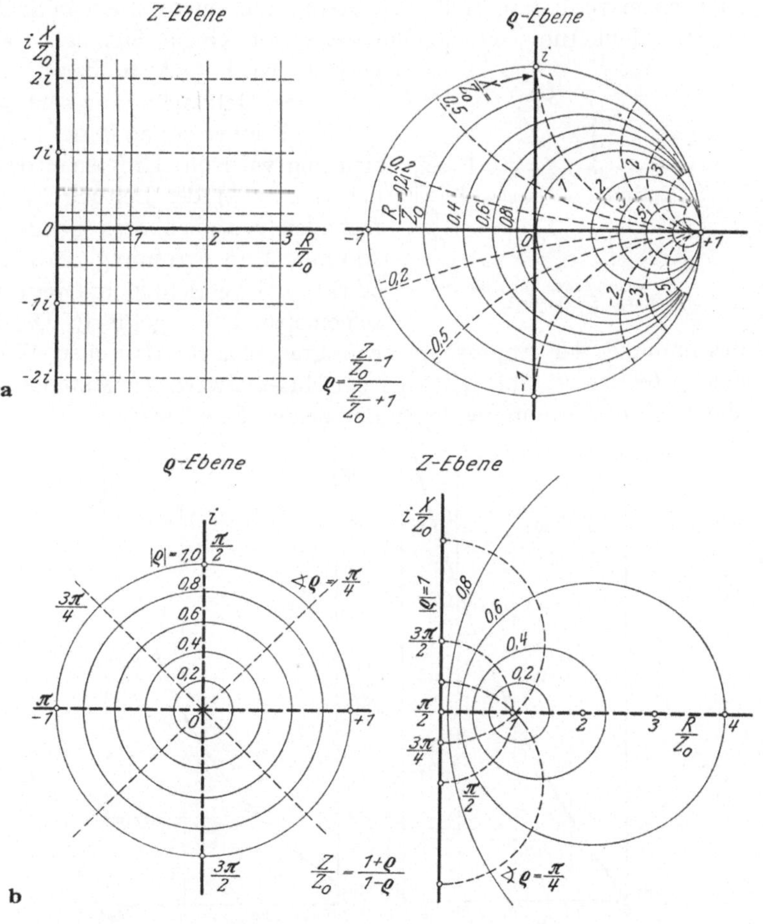

Abb. 4.6 a u. b. Einander entsprechende komplexe Werte des Reflexionsfaktors ϱ und der relativen Impedanz $Z/Z_0 = R/Z_0 + i\,X/Z_0$

zeigt für beide Werte Ausschnitte der komplexen Zahlenebenen und in diesen einander entsprechende Ortskurven. Die rechte Halbebene der Z/Z_0-Ebene ergibt Werte für ϱ, welche innerhalb des Einheitskreises liegen.

Die inverse Transformation, wenn die relative Impedanz Z/Z_0 aus ϱ bestimmt werden soll, ist durch

$$\frac{Z}{Z_0} = \frac{1+\varrho}{1-\varrho} \qquad (4.15\,\text{b})$$

bestimmt. Abb. 4.6 b zeigt die Zahlenebenen und einander entsprechende Ortskurven, wenn ϱ in Polarkoordinaten durch den Absolutwert und den Winkel gegeben ist.

Die prinzipielle Meßschaltung für die Anpassungsmessung ist in Abb. 4.7 schematisch dargestellt. Sie besteht aus einer mit einem Schlitz versehenen Meßleitung, welche einerseits von einem Signalgenerator gespeist wird, und an deren Ausgang das Meßobjekt angeschlossen ist. Die Feldverteilung in der Längsrichtung wird mit Hilfe einer durch den Schlitz in der Leitung hineinragenden verschiebbaren Sonde bestimmt. Ihre Spannung wird verstärkt, gleichgerichtet und dem Anzeigeinstrument zugeführt. Die für

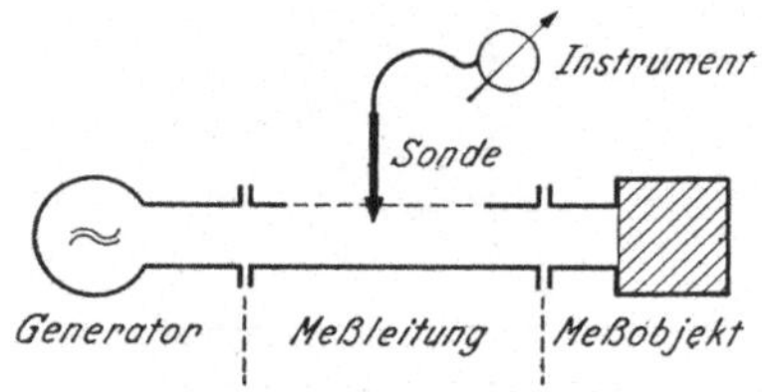

Abb. 4.7. Anpassungsmessung mit Hilfe der Meßleitung. Schematisch

die Bestimmung der Anpassung benötigten charakteristischen Werte der Feldverteilung (s. Abb. 4.4) sind der Maximalwert, der Minimalwert und die Lage des Minimums einer der beiden Feldstärken.

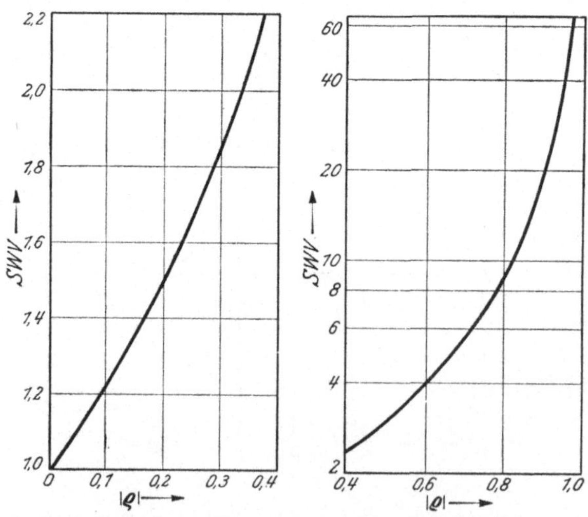

Abb. 4.8. Zusammenhang zwischen $|\varrho|$ und SWV

Der Quotient SWV aus der maximalen Amplitude gebrochen durch den Minimalwert ergibt den Absolutwert des Reflexionsfaktors mit Hilfe der Gleichung

$$|\varrho| = \frac{SWV - 1}{SWV + 1}. \tag{4.16}$$

Abb. 4.8 zeigt Diagramme des Zusammenhanges. Der Winkel des Reflexionsfaktors $\sphericalangle\,\varrho$ ist aus dem Abstand der Minima bei Kurzschluß und bei Anschluß des Meßobjektes an den Ausgang der Meßleitung erhältlich. Es ist: Mit $x_{K\,min}$ für die Lage des Minimums bei Kurzschluß und x_{min} bei Abschluß mit dem Meßobjekt ist

$$\sphericalangle\,\varrho = \varphi = -\pi - 2\,\pi\,\frac{x_{min} - x_{K\,min}}{\lambda_L/2}. \tag{4.17}$$

Die Lage x des Minimums wird in Richtung vom Generator zum Verbraucher gemessen. Gl. (4.17) zeigt, daß eine Verschiebung des Minimums um $\lambda_L/2$ einer Drehung des Phasenwinkels um 360° entspricht.

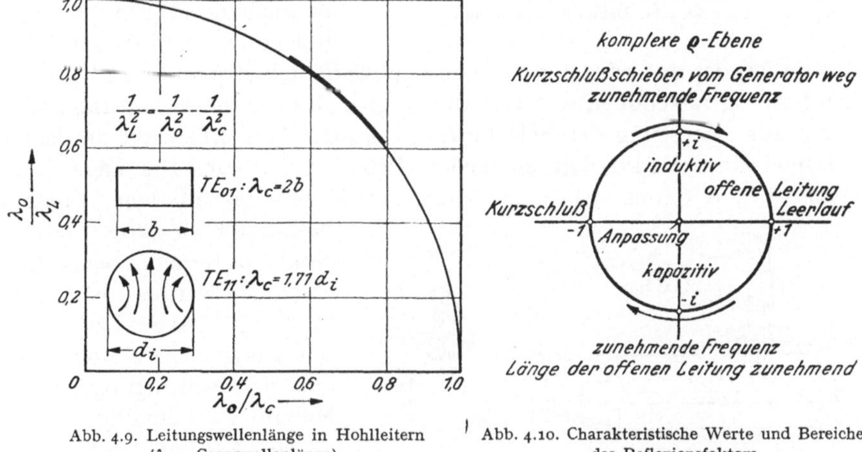

<table>
<tr><td>Abb. 4.9. Leitungswellenlänge in Hohlleitern (λ_c = Grenzwellenlänge)</td><td>Abb. 4.10. Charakteristische Werte und Bereiche des Reflexionsfaktors</td></tr>
</table>

Die Wellenlänge in der Meßleitung λ_L, ist in Koaxialleitungen ohne Dielektrikum $\lambda_0 = c/f$, wenn $c \approx 3 \cdot 10^{10}$ cm/sek und f die Betriebsfrequenz in Hz ist. Sie ist in Hohlleitern von der Querschnittsform, dem erregten Wellentyp und den Querschnittsdimensionen abhängig. In Abb. 4.9 sind Kurven für die Abhängigkeit dargestellt. $\lambda_L/2$ kann durch Messung des Abstandes zweier Minima direkt mit Hilfe der Meßleitung bei Kurzschluß des Ausganges festgestellt werden.

Bei der Bestimmung der Impedanz des Meßobjektes mit koaxialem Anschluß wird zweckmäßig das rechte Diagramm der Abb. 4.6a (SMITH-Diagramm [1]) benutzt. Der Abstand vom Mittelpunkt $|\varrho|$ ist durch das SWV gegeben und die Winkellage durch $(x_{min} - x_{K\,min})/(\lambda_L/2)$. Abb. 4.10 beschreibt die Bereiche und Lagen des Reflexionsfaktors und damit die Impedanz für einige charakteristische Meßobjekte.

Die Meßleitung hat gegenüber anderen Meßgeräten den Vorzug, daß sie gleichzeitig ein Meßnormal für das Leitungssystem, bzw. ein Impedanznormal für Koaxialleitungen ist.

4.3.1 Aufbau der Meßleitung

Eine Meßleitung besteht aus einer längs der Meßstrecke geschlitzten oder offenen Leitung mit einer für das Leitungssystem charakteristischen Querschnittsform und bestimmten genormten Querschnittsdimensionen. Abb. 4.11 zeigt einige charakteristische Leitungsquerschnitte für Koaxialleitungen und Hohlleiter.

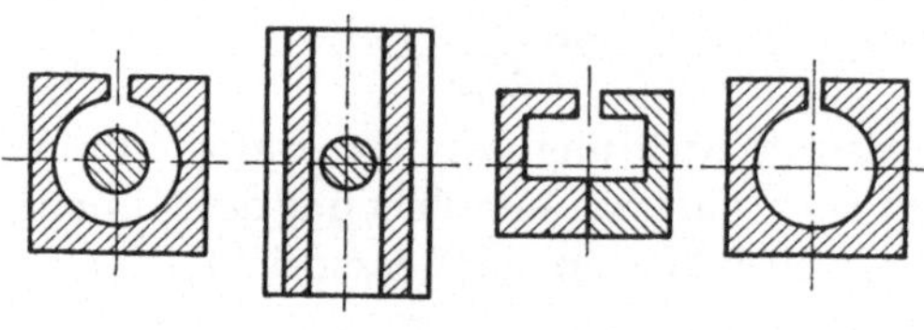

Abb. 4.11. Meßleitungsquerschnitte

Die Leitungen sind robust gebaut, damit die Querschnittsform längs der Leitung konstant und von mechanischen Einflüssen unabhängig ist. Eine Sonde, welche in einem Wagen befestigt ist, der mit höchster mechanischer Genauigkeit parallel zur Achse der Leitung verschoben werden kann, ragt in das Innere der Leitung und dient zur Abtastung der Feldstärkeverteilung. Abb. 4.12 zeigt an dem Beispiel einer Koaxialleitung schematisch den Aufbau. Die Lage des Wagens und damit der Sonde kann mit Hilfe eines an dem Wagen befestigten Zeigers oder Nonius auf einer Längsskala abgelesen werden. Für die Messung kleiner Lageverschiebungen ist die Möglichkeit der Anbringung einer Meßuhr zweckmäßig.

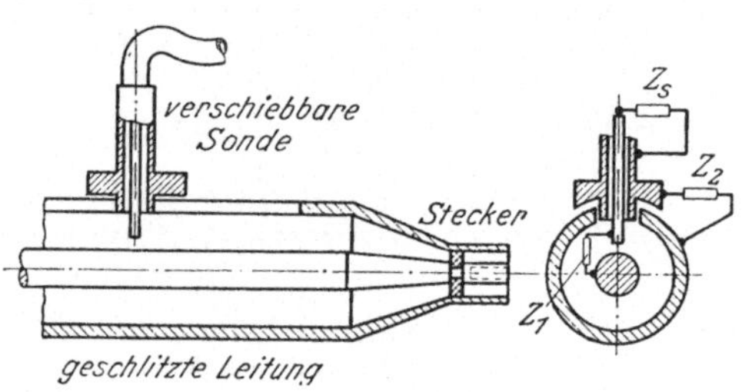

Abb. 4.12. Aufbau einer Meßleitung

Die Leitung hat bei Hohlleitern längs der Meßstrecke den gleichen Querschnitt wie das übrige Leitungssystem. Die Querschnittsform von Koaxialleitungen bzw. deren Dimensionen sind in den meisten Fällen längs der Meßstrecke von denjenigen am Ausgang verschieden. Die dadurch notwendigen Leitungsübergänge und weiter die Stützen zur Halterung des Innenleiters sind häufig Ursachen von Meßfehlern. Den Ausgang der Meßleitung bildet ein Stecker oder eine Kupplung an welche das Meßobjekt angeschlossen wird.

Zur Abtastung der Feldverteilung dient eine Sonde. Die Ausgangsspannung einer kapazitiven Sonde ist der Amplitude der elektrischen Feldstärke proportional. Die in einer induktiven Sonde in Form einer kleinen Drahtschlinge induzierte Spannung entspricht der magnetischen Feldstärke. Sie ist dem Strom in der Leitung proportional. Beide

Sondensysteme sind funktionell äquivalent. Die verschiedenen Sondentypen werden im Zusammenhang mit der Fehleranalyse eingehender behandelt.

Bei Gleichrichtung der Sondenspannung mit Hilfe eines Kristalldetektors ist zu beachten, daß das gleichgerichtete Signal, z. B. der angezeigte Detektorstrom oder das verstärkte NF-Signal, nicht der Feldstärkeamplitude in der Meßleitung proportional ist. Für kleine Amplituden ist der Zusammenhang quadratisch (s. S. 65). Es ist zweckmäßig, das angezeigte Signal mit Hilfe eines veränderlichen Dämpfungsgliedes im Eingang der Meßleitung zu eichen.

Da bei der Messung nur ein Teil der häufig geringen in der Leitung fließenden Energie in die Sonde gelangt, welcher bei der Lage der Sonde im Minimum weiter verringert wird, kann die zu bestimmende Sondenenergie in die Größenordnung der störenden Rauschenergie fallen. In diesen Fällen haben sich Synchrondetektoren als Gleichrichter mit nachfolgender Integration bewährt. Im allgemeinen dürfte die Anwendung von unmodulierter Hochfrequenz-Energie und die Verwendung eines Überlagerungsempfängers den übrigen Anzeigemethoden vorzuziehen sein.

4.3.2 Ersatzschaltbild und Fehleranalyse

Es ist zweckmäßig, die Fehleranalyse (TISCHER, [8]) an einer koaxialen Meßleitung durchzuführen. Einerseits können in konventioneller Darstellungsweise die Ersatzschaltbilder leichter abgeleitet und andererseits alle möglichen Fehlerursachen berücksichtigt werden. Ein wesentlicher Teilfehler, der Diskontinuitätsfehler, fällt bei Hohlleitern fort. Im übrigen sind die physikalischen Bedingungen bei der Messung mit einer Hohlleiter-Meßleitung analog.

Das Ersatzschaltbild der Meßanordnung ist in Abb. 4.13 gezeigt. Ein Signalgenerator mit der inneren Impedanz Z_i und einer Leerlaufspannung V_0 speist eine konzentrische Leitung des Wellenwiderstandes Z_0 mit einer von a bis a' geschlitzten Meßstrecke. An den Ausgang b ist das Meßobjekt angeschlossen. Zwischen Meßstrecke und Meßobjekt liegen Diskontinuitäten, welche von Leitungsübergängen, Stützen zur Halterung des Innenleiters und dem Stecker herrühren. Sie sind in der Ersatzschaltung durch zur Leitung parallel geschaltete Admittanzen ΔY_1, ΔY_2 usw. berücksichtigt.

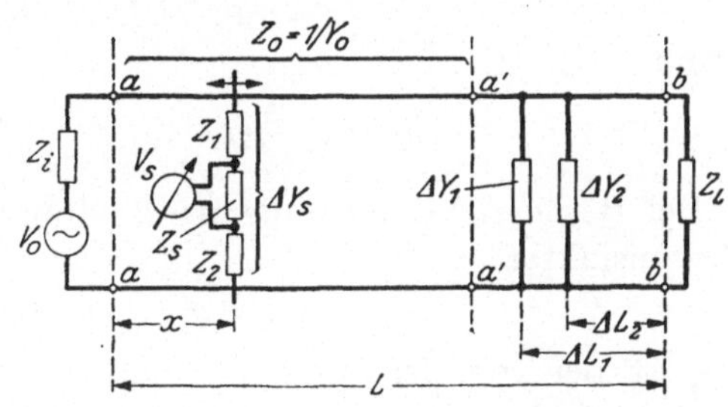

Abb. 4.13. Ersatzschaltbild der Meßleitung

Bei der Impedanzmessung wird die Feldstärkeverteilung mit einer durch den Schlitz in die Leitung hineinragenden verschiebbaren kapazitiven Sonde abgetastet. Das entsprechende Ersatzschaltbild ist ein Spannungsteiler mit den Impedanzen Z_1, Z_s und Z_2 (s. Abb. 4.12), an dessen mittlerer Impedanz Z_s die Sondenspannung V abgenommen wird.

Auf Grund zweier verschiedener Ursachen kann der Meßfehler in zwei Teilfehler zerlegt und getrennt betrachtet werden. Die Kennzeichen der beiden Fehler sind:

1. Die Spannungsverteilung $V(x)$ auf der Meßstrecke entspricht nicht der Impedanz Z_L des Meßobjektes.

2. Die Sondenspannung $V_s(x)$ gibt die Verteilung der Spannung auf der Leitung unrichtig wieder.

Der erstgenannte Fehler wird von den Leitungsdiskontinuitäten ΔY_1, ΔY_2 usw. zwischen Meßobjekt und Meßstrecke, wie z. B. von der Stütze und von der Sondenadmittanz ΔY_s, verursacht. Der zweite Fehler entsteht dadurch, daß das Teilungsverhältnis des Sondenspannungsteilers, bestehend aus Z_1, Z_s und Z_2 abhängig von der Lage der Sonde schwankt.

4.3.3 Fehler infolge der Leitungsdiskontinuitäten

Bei der Berechnung des Fehlers infolge der Leitungsdiskontinuitäten ergeben sich Vereinfachungen, da die in den Übergängen und Stützen vorhandenen Diskontinuitäten relativ klein sind. Als eine Folge können beispielsweise die Reflexionen und Wechselwirkungen zwischen den Diskontinuitäten vernachlässigt werden.

Bei Vorhandensein nur einer Diskontinuität, hervorgerufen durch ΔY_1, ist der fehlerhaft gemessene Reflexionsfaktor angenähert

$$\varrho_L' \approx \varrho_L + \Delta\varrho_1 , \tag{4.18}$$

wenn

$$\Delta\varrho_1 \approx \frac{\Delta Y_1}{2\,Y_0} (1 + \varrho_L\, e^{-2i\beta\,\Delta L_1})^2\, e^{2i\beta\,\Delta L_1} .$$

Bei Berücksichtigung aller Diskontinuitäten ist der gemessene Reflexionsfaktor

$$\varrho_L'' \approx \varrho_L + \Delta\varrho_s + \Sigma\,\Delta\varrho . \tag{4.19}$$

$\Delta\varrho_s$ ist der von der Sondendiskontinuität hervorgerufene Fehleranteil und $\Sigma\,\Delta\varrho$ berücksichtigt die übrigen Leitungsdiskontinuitäten. Die Spannungsverteilung längs der Leitung ist bei Berücksichtigung der Anpassung an den Generator und aller Diskontinuitäten durch

$$V(x) = V_0\frac{Z_0}{Z_i + Z_0}\, e^{-i\beta L}\,\frac{1 + (\varrho_L + \Delta\varrho_s + \Sigma\,\Delta\varrho)\, e^{-2i\beta(L-x)}}{1 - \varrho_a\,(\varrho_L + \Delta\varrho_s + \Sigma\,\Delta\varrho)\, e^{-2i\beta L}} \tag{4.20}$$

gegeben. Die Gleichung gibt einen Überblick über den Einfluß der verschiedenen Diskontinuitäten auf den Quotienten $|V|_{max}/|V|_{min} = SWV$.

Im Nenner kann nur das von der Sondendiskontinuität herrührende $\Delta\varrho_s$ zu einem Fehler beitragen, da dieses allein bei der Verschiebung der

Sonde längs der Leitung zwischen dem Maximum und Minimum seinen Wert ändert. Der Einfluß wird kritisch, wenn $|\varrho_a| \approx 1$ und $\varrho_L e^{-2i\beta L} \approx 1$ oder ≈ -1 ist. Der erste Fall tritt bei loser kapazitiver, der zweite bei loser induktiver Kopplung auf. Zur Vermeidung dieses Fehlerbeitrages muß $\varrho_a = 0$, d. h. die Meßstrecke auf der Generatorseite angepaßt sein. Ein angepaßtes Dämpfungsglied oder Richtdämpfungsglied (Abb. 6.44) erfüllt diesen Zweck. Es verhindert Rückwirkungen auf den Signalgenerator und Entstehen eines entsprechenden Meßfehlers.

Während die $\Sigma \Delta\varrho$ entsprechenden Diskontinuitäten kompensiert werden können, ist $\Delta\varrho_s$ nicht vermeidbar, da die notwendige Entnahme von Leistung mit Hilfe der Sonde für die Feldstärkebestimmung immer mit einer Diskontinuität verbunden ist. Der Absolutwert $|\Delta Y_s|$ hat meist einen Wert in der Größenordnung von $\sim 0{,}1\ Y_0$. Bei Verwendung eines Empfängers ist der Wert kleiner, bei Verwendung von Kristalldetektoren und Bolometern größer. Unter der Annahme, daß die ΔY_1, $\Delta Y_2 \ldots$ kompensiert sind und nur die Sondenadmittanz vorhanden ist, ergibt sich ein fehlerhaftes SWV' das von dem Realteil $\mathrm{Re}(\Delta Y_s)$ der Sondenadmittanz abhängt.

$$SWV' \approx SWV \left[1 - \frac{\mathrm{Re}(\Delta Y_s)}{Y_0} |\varrho_L| \right]. \tag{4.21}$$

Der Fehlerbeitrag ist dem Absolutwert des durch das Meßobjekt hervorgerufenen Reflexionsfaktors $|\varrho_L|$ proportional und wird bei kleinen zu messenden Fehlanpassungen vernachlässigbar klein. Bei Meßobjekten mit großem SWV ist seine Vernachlässigung nicht zulässig. Der auftretende Fehler kann mit Hilfe einer Sekundärsonde genau gemessen und korrigiert werden (s. Abschn. 4.3.8).

Zusammenfassend ergibt sich, daß der Fehlereinfluß der Sondendiskontinuität zum Teil durch generatorseitige Anpassung beseitigt und bei der Messung großer Werte von SWV mit Hilfe einer Sekundärsonde berücksichtigt werden kann.

Die festen Diskontinuitäten zwischen Meßstrecke und Meßobjekt ergeben einen Summenfehler, welcher von der Größe der einzelnen Diskontinuitäten und deren Lagen abhängt. Geeignete Konstruktion der Meßleitung und Vermeidung von Inhomogenitäten oder deren Kompensation am Entstehungsort ermöglichen es, diesen Fehleranteil über ein größeres Frequenzband klein zu halten.

Da die Leitung längs der Meßstrecke gleichzeitig ein Leitungsnormal ist, muß der Wellenwiderstand der Meßleitung mit demjenigen des Original-Übertragungssystems übereinstimmen. Die Dimensionen der Querschnittsform müssen sehr genau eingehalten werden. Mechanische Ungenauigkeiten, Exzentrizität des Innenleiters sind zu vermeiden, und der Einfluß des Schlitzes ist gegebenenfalls zu kompensieren. Abb. 4.14 und 4.15 zeigen die diesbezüglichen Einflüsse. Als Stützen des Innenleiters von Koaxialleitungen werden die in den Abb. 4.16 und 4.17 gezeigten Formen empfohlen (TISCHER [8]). Bei beiden Stützen werden die auftretenden Diskontinuitäten direkt am Entstehungsort kompen-

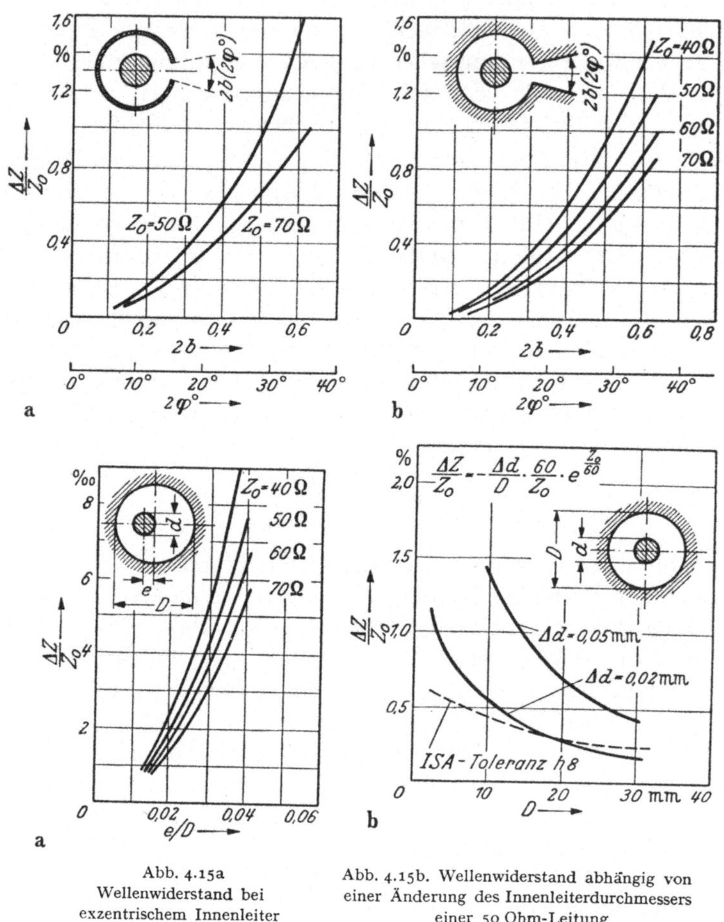

Abb. 4.15a
Wellenwiderstand bei
exzentrischem Innenleiter

Abb. 4.15b. Wellenwiderstand abhängig von
einer Änderung des Innenleiterdurchmessers
einer 50 Ohm-Leitung

siert. Abb. 4.16 zeigt eine Scheibenstütze mit herabgesetztem Durchmesser des Innenleiters. Das Durchmesserverhältnis entspricht demjenigen einer Leitung, welche mit dem Dielektrikum der Stütze gefüllt ist. Die an Ein- und Ausgang der Stütze, wenn diese als kurzes Leitungsstück betrachtet wird, auftretenden Kapazitäten ΔC_1 und ΔC_2 infolge des Durchmessersprun-

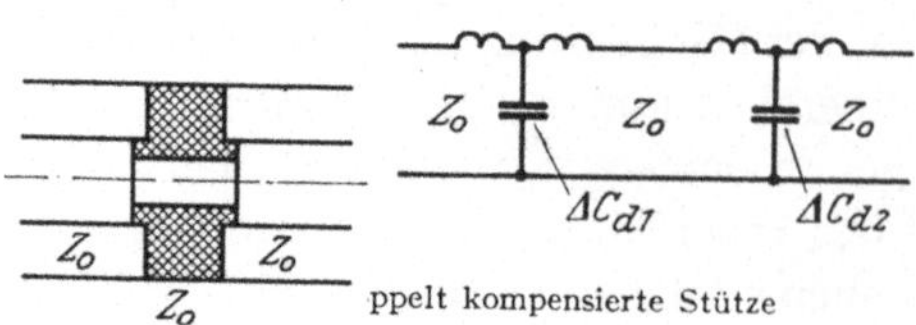

ges des Innenleiters werden am Entstehungsort kompensiert. Die Kompensation wird durch eine Verkleinerung der Scheibendicke gegenüber der Stützenlänge (verkleinerter Durchmesser des Innenleiters) erzielt.

Die in Abb. 4.17 gezeigte Präzisionsstütze besteht aus drei kegelstumpfförmigen Isolierstoffkörpern (Textolite, Trolitul) von denen jeder in einem zylindrischen Hohlraum im Außenleiter befestigt ist. Dadurch wird einerseits die elektrische Feldstärke in den Stützen herabgesetzt, andererseits stellen die zylindrischen Hohlräume eine induktive Kompensation dar. Die Stütze ist durch minimale schwingende Feldenergie charakterisiert. Die Anwendung von Trolitulschaum (Polyfoam) längs eines Teiles der Leitung oder längs der gesamten Länge bietet weitere Möglichkeiten

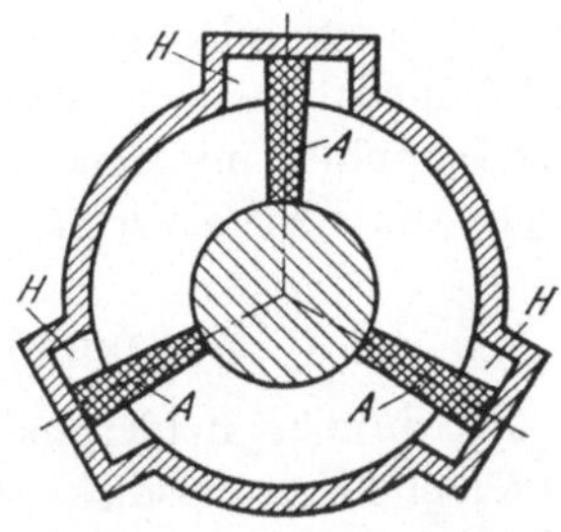

Abb. 4.17. Präzisionsstütze für Koaxialleitungen. *A* Isolierstoff-Stützen, *H* Kompensations-Hohlräume

für die Konstruktion reflexionsfreier Stützen. Konische oder stufenförmige Durchmesser-Übergänge sind möglichst zu vermeiden oder sind zu kompensieren.

4.3.4 Der Sondenspannungsteiler als Fehlerquelle

Die Entstehung des zweiten Fehleranteiles im Sondenspannungsteiler geht aus Abb. 4.12 hervor. Die Querschnittsdarstellung zeigt schematisch einen Schnitt durch die Meßleitung und die Sonde mit den drei Ersatzimpedanzen Z_1, Z_2 und Z_s, welche das in Abb. 4.13 gezeigte Ersatzschaltbild (ΔY_s) ergeben. Ein Meßfehler entsteht, wenn die Impedanzen bei der Verschiebung der Sonde längs der Leitung schwanken oder eine Störspannung über Z_2 von außen in die Leitung eindringt. Schwankungen der Impedanz Z_1 zwischen Sondeninnenleiter und Innenleiter der Meßleitung werden von Ungenauigkeit der Parallelführung des Wagens oder von der Durchbiegung langer Innenleiter verursacht. Bei guter mechanischer Genauigkeit, Anwendung von Stützen und bei Verwendung des zweiten Querschnittes nach Abb. 4.11 kann dieser Fehleranteil auch bei langen Leitungen vernachlässigbar klein gehalten werden.

Wesentliche Fehler werden von den Schwankungen der Impedanz Z_2 zwischen dem Außenleiter der Sonde und der Meßleitung hervorgerufen. Z_2 wird meist als große Kapazität angesehen, ist aber in Wirklichkeit die Impedanz eines Hohlraumes, welcher den Außenraum mit dem Innenraum der Meßleitung und der Sonde verbindet. Nicht nur mechanische Ungenauigkeiten sondern auch elektrische Einflüsse durch Veränderung der Form des Außenraumes bei der Verschiebung der Sonde tragen zu diesem Fehler bei. Der Fehler verschwindet, wenn die Feldstärkeverteilung, mit Hilfe einer rein induktiven Sonde (s. Abschn. 4.3.6) abgetastet wird. Die rein induktive Sonde vermeidet die Kopplung der

Sonde mit dem Außenraum über den Zwischenraum zwischen den Außenleitern der Sonde und Meßleitung. Eine teilweise Verminderung dieses bei kapazitiver Sonde auftretenden Fehlers ist durch die Anwendung eines Ringes aus gepreßtem Eisenpulver möglich. Der Ring umgibt den Außenleiter der Sonde unmittelbar über dem Schlitz der Meßstrecke. Z_2 erhält dadurch eine Wirkkomponente, welche Resonanzerscheinungen und die Kopplung mit dem Außenraum vermindert. Die Abb. 4.18 zeigt die konstruktive Verwirklichung dieses Prinzips.

4.3.5 Messung des maximalen Fehlers einer Meßleitung

Die in der Fehleranalyse eingeführte Trennung der Fehlerquellen, einerseits Leitungsdiskontinuitäten zwischen Meßstrecke und Meßobjekt und andererseits Sondenspannungsteiler, ist auch zweckmäßig für die Bestimmung des Fehlers einer Meßleitung. Es ist durch zwei Messungen möglich, beide Fehleranteile getrennt zu bestimmen. Die Summe ist der maximale Fehler.

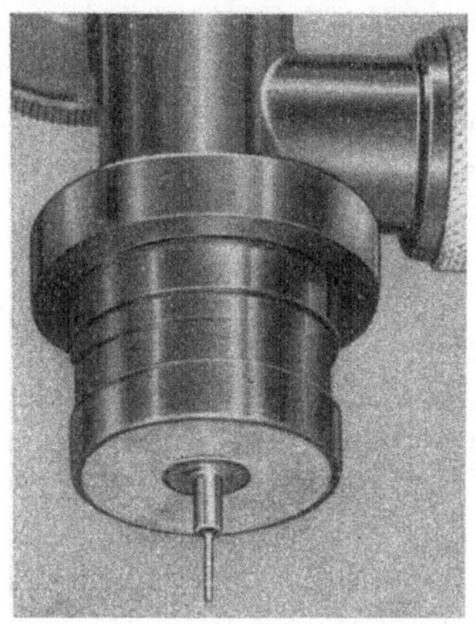

Abb. 4.18. Kapazitive Sonde mit Ring aus gepreßtem Eisenpulver. (Polytechnic Research and Development Co., Inc., Brooklyn, N. Y., U. S. A.)

Die Messung zur Bestimmung des Fehlers infolge der Diskontinuitäten zwischen Meßstrecke und Meßobjekt geschieht so, daß an Stelle des Meßobjektes eine Leitung mit verschiebbarem Kurzschluß angeschlossen wird, deren Wellenwiderstand demjenigen der Meßstrecke und damit der Normalimpedanz Z_0 gleicht. Man mißt den Zusammenhang zwischen der Lage des Kurzschlusses resp. Verschiebung des Kurzschlusses und der Lage des Spannungsminimums auf der Leitung bzw. dessen Verschiebung. Ohne Leitungsdiskontinuitäten oder bei deren vollständiger Kompensation ist der Zusammenhang linear. Bei Vorhandensein von Diskontinuitäten weicht er von dem linearen Verlauf durch eine sinusförmige Abweichung mit einer Periode $\lambda_L/2$ ab, wie es in Abb. 4.19 gezeigt ist. Die Amplitude der überlagerten sinusförmigen Abweichung ist ein Maß für den Fehler, der durch die Leitungsdiskontinuitäten entsteht. Der Fehler kann mit Hilfe dieser Messung sehr genau angegeben werden;

$$\pm F_1 = \frac{|\Delta Z|}{Z_0} = \frac{|\Delta Y|}{Y_0} \approx 2\,\pi\frac{\Delta L}{\lambda_L}. \tag{4.22}$$

Die hier verwendete sogenannte Methode der Minimumverschiebung ist in Abschn. 6.2.1 beschrieben.

In Gl. (4.22) ist $|\Delta Z|/Z_0$ resp. $|\Delta Y|/Y_0$ der durch die Summe der Leitungsdiskontinuitäten hervorgerufene resultierende Anpassungsfehler entsprechend einer scheinbaren resultierenden Diskontinuitäts-admittanz ΔY parallel oder entsprechend einer resultierenden Diskontinuitätsimpedanz ΔZ in Serie zur Leitung.

Bei dieser Messung hat der Sondenspannungsteiler, die zweite Fehlerquelle, keinen Einfluß, da sich die Sonde immer im Spannungsnullpunkt der rein stehenden Wellen befindet.

Die zweite Messung, die den von dem Sondenspannungsteiler hervorgerufenen Fehler ergibt, wird bei Anschluß eines angepaßten Leitungsabschlusses über einen variablen Impedanztransformator an Stelle des Meßobjektes vorgenommen. Der Impedanztransformator wird so eingestellt, daß die restliche unperiodische Spannungsvariation bei Verschiebung der Sonde über die Meßstrecke ein Minimum ist. Die erhaltene Spannungsvariation ΔV rührt dann nur vom Sondenspannungsteiler her. Bei der Messung werden die Diskontinuitäten zwischen Meßstrecke und dem Meßobjekt mit Hilfe des Impedanztransforma-

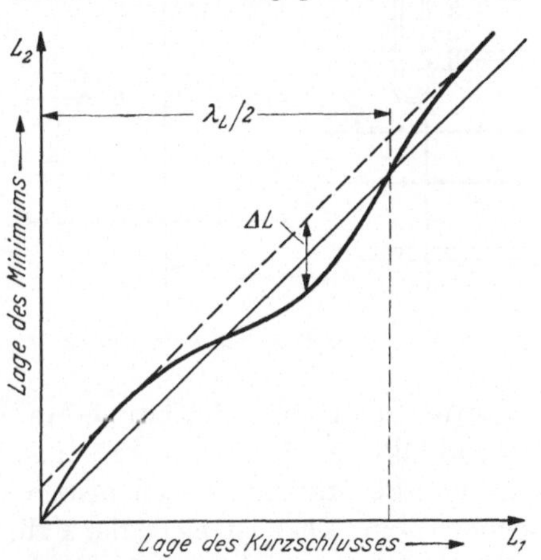

Abb. 4.19. Bestimmung des Diskontinuitätsfehlers

tors kompensiert, so daß die Meßstrecke mit dem Wellenwiderstand abgeschlossen ist. Dies entspricht in Gl. (4.19) $\varrho_L'' = 0$. Auch der Einfluß der Sondendiskontinuität ist Null, da die Meßstrecke angepaßt ist, wie aus Gl. (4.21) für den Fall $\varrho_L = 0$ hervorgeht. Unter diesen Bedingungen ist der Absolutwert der Spannungsamplitude $|V(x)|$ längs der Meßstrecke konstant, und eine Variation der Sondenspannung kann nur vom Sondenspannungsteiler verursacht sein. Der so entstehende maximale mögliche Fehler, der im Sondenspannungsteiler entsteht, beträgt

$$\pm F_2 = \frac{\Delta V}{V}, \tag{4.23}$$

wenn V die mittlere Sondenspannung ist.

Bei der Impedanzmessung mit Hilfe der Meßleitung summieren sich im schlechtesten Falle die beiden Fehler. Der maximale Fehler, der ein Maß für die Güte der Meßleitung ist, hat den Wert:

$$F_{max}^{[\%]} \approx \pm \left[\frac{|\Delta Y|}{Y_0} + \frac{\Delta V}{V} \right] \cdot 100 . \tag{4.24}$$

Das gemessene fehlerhafte stehende Wellenverhältnis SWV hat die Grenzwerte:

$$SWV' \approx SWV \left[1 \pm \left(\frac{|\Delta Y|}{Y_0} + \frac{\Delta V}{V} \right) \right] . \tag{4.25}$$

4.3.6　Die induktive Sonde

Die Verwendung einer induktiven Sonde ermöglicht eine fast vollständige Beseitigung des im Sondenspannungsteiler einer Meßleitung entstehenden Teilfehlers (TISCHER [16]). Die Kopplung der Sonde mit dem Außenraum und über den Raum zwischen den Außenleitern der Meßleitung und Sonde wird dabei vermieden. Abb. 4.20 zeigt eine induktive Sonde in Form einer Drahtschlinge, welche in den Innenraum einer geschlitzten Koaxialleitung hineinragt, und ihr Ersatzschaltbild. Die in der Sonde induzierte Spannung ist der Stromverteilung bzw. Verteilung der magnetischen Feldstärke längs der Leitung proportional.

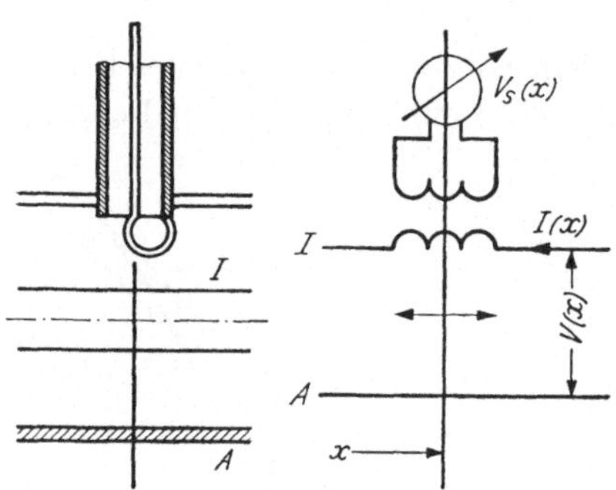

Abb. 4.20. Induktive Sonde mit Ersatzschaltbild

Stattet man eine Meßleitung wahlweise mit einer kapazitiven und einer induktiven Sonde der Abb. 4.20 aus, müßten bei kurzgeschlossener Leitung die Minima in den beiden Fällen um $\lambda_L/4$ gegeneinander verschoben sein. Dies ist nicht der Fall, da die in der Drahtschlinge induzierte Spannung auch einen kapazitiven Anteil hat. Die Sonde wirkt gemischt induktiv-kapazitiv. Das Ersatzschaltbild der Abb. 4.21 zeigt den Weg des kapazitiven Verschiebungsstromes, welcher vom Innenleiter I der Meßleitung über die Sondenersatzkapazität C_s zur Sondenschlinge und von hier über die Sondeninduktivität L_s und die innere Sondenimpedanz R_s zum Außenleiter A der Sonde und der Meß-

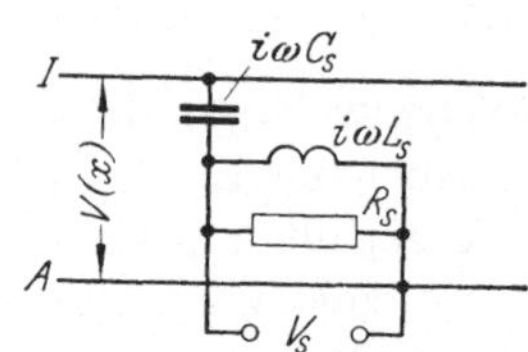

Abb. 4.21. Ersatzschaltbild für den Weg des kapazitiven Sondenstromes

leitung fließt. Unter der Bedingung, daß die Maße der Schlingenfläche der Sonde klein gegenüber der Wellenlänge sind, gilt:

$$R_s > |i\,\omega\,L_s|\,, \quad \left|\frac{1}{i\,\omega\,C_s}\right| > |i\,\omega\,L_s|\,.$$

Für die Sondenspannung erhält man bei Berücksichtigung des induktiven und kapazitiven Anteiles

$$V_s = A\,e^{-i\beta x}\,[1 + \varrho\,e^{-2i\beta(L-x)}\,e^{-2i\psi}](K_2 + i\,K_1)\,, \tag{4.26}$$

wenn

$$\psi = \text{arc tg}\,\frac{K_1}{K_2}\,.$$

K_1 und K_2 sind Konstante, welche die relative Größe des induktiven und kapazitiven Anteiles der Sondenspannung bestimmen. Gl. (4.26) zeigt, daß das Verhältnis beider Anteile keinen Einfluß auf das *SWV* bzw. den Quotienten $|V_s|_{max}/|V_s|_{min}$ hat. Die Messung der Anpassung ist daher prinzipiell von der Art der Sonde, kapazitiv, induktiv oder gemischt unabhängig.

Die Lagen der Minima sind um ΔL_m gegenüber denjenigen bei der kapazitiven Sonde verschoben. Die Verschiebung der Minima ist von dem Verhältnis der Anteile der Sondenspannung abhängig. Es ist

$$\Delta L_m = \lambda_L \frac{\psi}{2\pi} = \frac{\lambda_L}{2\pi} \text{ arc tg } \frac{K_1}{K_2} . \tag{4.27}$$

Da bei der Anpassungsmessung die Lage des Minimums nicht absolut gemessen sondern mit derjenigen bei Ersatz des Meßobjektes durch einen Kurzschluß verglichen wird, ist die Minimumverschiebung um ΔL_m für den Meßvorgang zur Bestimmung der Impedanz oder Anpassung unwesentlich. Die Verschiebung ΔL_m kann entsprechend der Gl. (4.27) zur Bestimmung des Verhältnisses K_1/K_2 benutzt werden.

Die Untersuchung des im Sondenspannungsteiler entstehenden Teilfehlers F_2 zeigt, daß dessen Wert in demselben Maß herabgesetzt wird, wie der kapazitive Anteil der Sondenspannung sinkt. Unter Berücksichtigung der Minimumverschiebung ΔL_m ergibt sich

$$F_2 \text{ (ind.-kap.)} = k\, F_2(kap) \cos^2 \frac{2\pi}{\lambda_L} \Delta L_m . \tag{4.28}$$

Entsprechend Gl. (4.28) ist ΔL_m, das sehr leicht meßbar ist, ein Maß für die Verminderung des Fehlers. Bei rein induktiver Sonde ($\Delta L_m = \lambda_L/4$) fällt der Fehler vollkommen fort.

Eine rein induktive Sonde kann aus derjenigen mit einfacher Schlinge durch Anbringung eines Kompensationsbügels, der teilweise um die Schlinge herumgreift, hergestellt werden, wie es schematisch in Abb. 4.22 dargestellt ist. Der Bügel wirkt teilweise als Abschirmung der Schlinge, teils induziert der vom elektrischen Feld hervorgerufene und über den Bügel fließende kapazitive Strom in der Schlinge eine Kompensationsspannung, welche dem kapazitiven Teil der Sondenspannung entgegenwirkt.

Die Untersuchung dieses Sondentyps wurde an einer in Abb. 4.23 dargestellten idealisierten Anordnung rechnerisch durchgeführt (TISCHER [16]). Die Sonde hat endliche Ausdehnung von $-\Delta x$ bis Δx in der Längsrichtung der Leitung und konstante Breite der Schlingenfläche. Die Sondenspannung $V_s(x)$ wurde bei Einführung von Hilfskoordinaten ξ für den Abstand von der Sondenachse durch Integration über die Sondenlänge berechnet. Die Rechnung ergab, daß bei geeigneter Wahl der Länge des Kompensationsbügels ξ_0 die vollständige Kompensation des kapazitiven Anteils der Sondenspannung möglich ist.

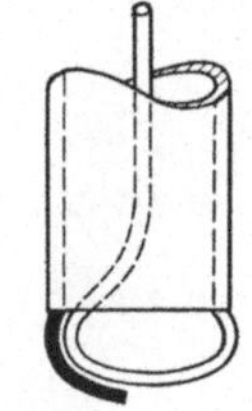

Abb. 4.22. Rein induktive Sonde mit Kompensationsbügel

Die experimentelle Untersuchung einer rein induktiven Sonde im Frequenzbereich 2—4 GHz bestätigte das Resultat der Rechnung. Abb. 4.24 zeigt die Frequenzabhängigkeit von ΔL_m als ein Maß der Kompensation. $\lambda_L/2—2\,\Delta L_m$ wird einfach als Abstand der Minima bei Drehung der Sonde um 180° erhalten, wenn die Leitung mit einem Kurzschluß abgeschlossen ist.

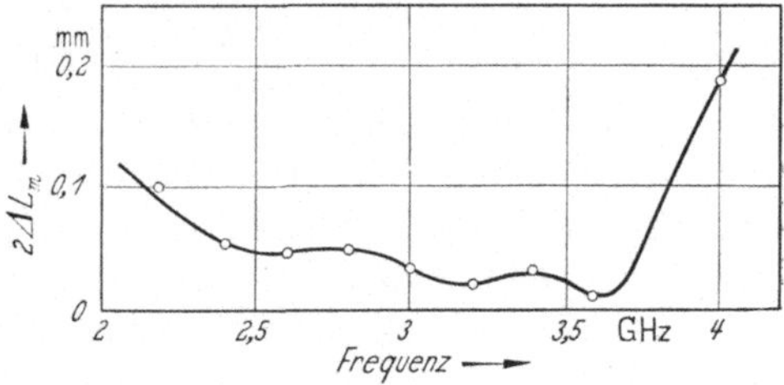

Abb. 4.23. Idealisierte Sonde endlicher Ausdehnung

Abb. 4.24. Frequenzabhängigkeit der Kompensation

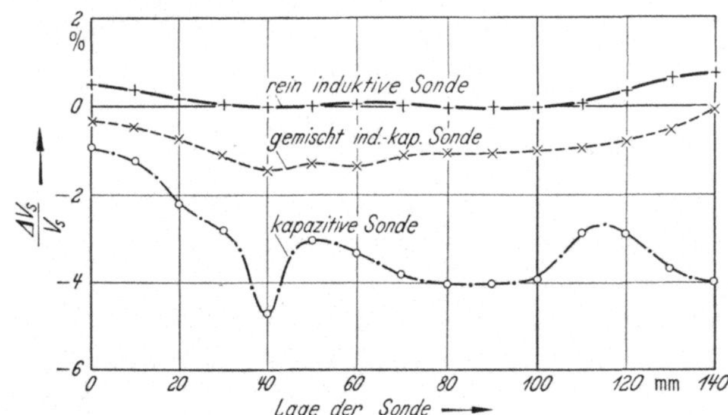

Abb. 4.25 Sondenspannung abhängig von der Lage der Sonde längs der angepaßten Meß strecke

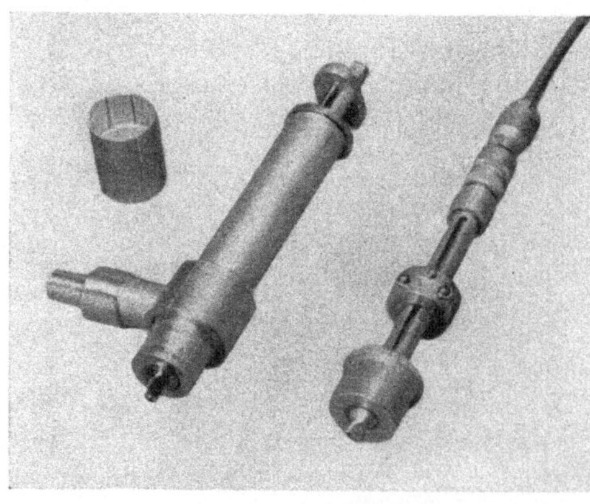

Abb. 4.26. Induktive Universalsonde mit Detektor (1—10 GHz) und Sonde für Empfängeranschluß

Die Überlegenheit der rein induktiven Sonde wird aus den in Abb. 4.25 dargestellten Meßergebnissen ersichtlich. Die Kurven zeigen die Sondenspannungsschwankungen bei Verschiebung der Sonde für die kapazitive, die gemischt induktiv-kapazitive und die rein induktive Sonde bei 10 cm Wellenlänge, wenn die Meßstrecke der Meßleitung reflexionsfrei abgeschlossen ist.

Die Sonde besitzt keine Richtwirkung. Die Messung der Rückwirkung der Sonde auf die Leitung, definiert durch den Reflexionsfaktor $\Delta\varrho_s$, ergab den Wert

$$\Delta\varrho_s = 0{,}018\, e^{2\pi i\, 0{,}43}.$$

Abb. 4.26 zeigt die praktische Ausführung zweier induktiver Sonden, von denen eine eine Kristalldiode als Gleichrichter und einen einstellbaren Anpassungstransformator enthält, während die andere für den Anschluß an einen Empfänger vorgesehen ist.

4.3.7 Genaue Messung kleiner Fehlanpassungen

Die Fehleranalyse der Meßleitung zeigt, daß der im Sondenspannungsteiler hervorgerufene Fehler weitgehendst durch Anwendung einer rein induktiven Sonde vermieden werden kann. Die den Diskontinuitätsfehler verursachenden Diskontinuitäten zwischen Meßstrecke und Meßobjekt können weiter teils vermieden teils kompensiert werden. Die einzige unvermeidliche Diskontinuität ist die Sondendiskontinuität. Sie verursacht bei Fehlanpassung der Meßstrecke am Eingang ($\varrho_a \neq 0$) einen Fehler, der besonders bei der Messung kleiner Fehlanpassung ins Gewicht fällt.

Bei Annahme von Anpassung am Ausgang der Meßstrecke ($\varrho_L = 0$, $\Sigma\,\Delta\varrho = 0$) ist die Sondenspannung entsprechend Gl. (4.20)

$$V(x) = V_0\frac{Z_0}{Z_0 + Z_i}\, e^{-i\beta L}\,\frac{1 + \Delta\varrho_s\, e^{-2i\beta(L-x)}}{1 - \varrho_a\,\Delta\varrho_s\, e^{-2i\beta L}}. \qquad (4.29)$$

Die Einführung der Sondenadmittanz ΔY_s ergibt angenähert

$$V(x) \approx V_0\frac{Z_0}{Z_0 + Z_i}\, e^{-i\beta L}\,\frac{1 + \dfrac{\Delta Y_s}{2\,Y_0}}{1 - \varrho_a\dfrac{\Delta Y_s}{2\,Y_0}\, e^{-2i\beta x}}. \qquad (4.30)$$

Berechnung des maximalen und minimalen Absolutwertes $|V_s|_{max}$ und $|V_s|_{min}$ ergibt das trotz Anpassung am Ausgang gemessene fehlerhafte SWV'

$$SWV' \approx 1 + |\varrho_a|\left|\frac{\Delta Y_s}{Y_0}\right|. \qquad (4.31)$$

Der entsprechende Meßfehler kann nur durch sorgfältige Anpassung zwischen Meßleitung und Generator ($\varrho_a = 0$) vermieden werden. Diese Bedingung dürfte jedoch in den seltensten Fällen erfüllt sein.

Für genaue Messungen wird daher ein spezielles Meßverfahren empfohlen. Die Meßapparatur besteht aus dem Signalgenerator, einem angepaßten Dämpfungsglied, einem Anpassungstransformator und der Meßleitung. Weiter wird ein angepaßter Leitungsabschluß benötigt. Der Meßvorgang besteht aus zwei Arbeitsvorgängen, für welche in

Abb. 4.27 die Meßschaltungen gezeigt sind. Bei der ersten Teilmessung wird entsprechend Abb. 4.27a die Meßleitung vom Ausgang (*S*) aus gespeist. An den Eingang ist über den Anpassungstransformator und das Dämpfungsglied der angepaßte Leitungsabschluß angeschlossen. Mit Hilfe des Anpassungstransformators werden die eingangsseitigen Diskontinuitäten zwischen dem Dämpfungsglied und der Meßstrecke der

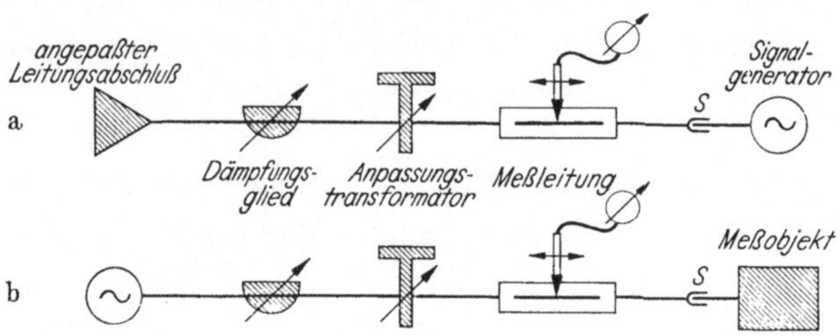

Abb. 4.27 a u. b
Genaue Messung kleiner Fehlanpassungen. a Anpassung des Meßleitungseinganges, b Meßschaltung

Meßleitung kompensiert und die Bedingung $|\varrho_a| = 0$ künstlich hergestellt. Bei der eigentlichen Messung wird an den Eingang des Dämpfungsgliedes der Signalgenerator und an den Ausgang (*S*) der Meßleitung das Meßobjekt angeschlossen (Abb. 4.27b). Diskontinuitäten im Generator und in der Leitung und in Steckern des Generators werden, von der Meßleitung aus gesehen, durch das Dämpfungsglied auf einen vernachlässigbar kleinen Wert herabgesetzt, so daß infolge der Erfüllung der Bedingung $|\varrho_a| = 0$ eine genaue Messung kleiner Fehlanpassungen möglich ist.

4.3.8 Messung großer SWV-Werte

Die Untersuchung des Meßfehlers einer Meßleitung hat gezeigt, daß bei großen SWV-Werten infolge der Entnahme von Wirkleistung für die Bestimmung der Amplitudenverteilung der Feldstärke längs der Leitung ein Meßfehler auftritt. Das gemessene fehlerhafte SWV- hat den Wert

$$SWV' = SWV \left[1 - \frac{\mathrm{Re}(\Delta Y_s)}{Y_0}\,|\varrho_L|\right]. \tag{4.32}$$

$\mathrm{Re}(\Delta Y_s)$ ist der Realteil der Ersatzadmittanz der Sonde. Dieser Wert ist von der Eindringtiefe der Sonde in die Leitung, von der Abstimmung der Sonde, und bei Verwendung eines Kristalldetektors als Gleichrichter von der an den Gleichrichter angeschlossenen Schaltung abhängig. Um ausreichende Meßgenauigkeit zu erzielen, kann die Eindringtiefe der Sonde und damit der Realteil (ΔY_s) nicht beliebig klein gemacht werden. Dessen Grenzwert dürfte etwa in der Größenordnung von 0,1 liegen.

Der Gl. (4.32) entsprechende Fehler kann bei Anwendung einer Sekundärsonde korrigiert werden. Die auf die Meßleitung aufsteckbare Sekundärsonde braucht nur geringe Empfindlichkeit zu haben und braucht nur grob verschiebbar zu sein. Sie wird bei der Messung in der Nähe des generatorseitigen Endes der Meßstrecke im Spannungsmaximum befestigt. Die mit ihrer Hilfe gemessene Maximalspannung ist $|V|_{max\ max}$, wenn die richtige Meßsonde ebenfalls im Spannungsmaximum und $|V|_{max\ min}$, wenn die richtige Meßsonde im Spannungsminimum liegt. Der Quotient

$$\frac{|V|_{max\ max}}{|V|_{max\ min}} = 1 - \frac{\mathrm{Re}[\varDelta Y_s]}{Y_0}$$

ergibt den Korrekturfaktor, da $|\varrho_L|$ für große Werte von SWV angenähert den Wert 1 hat. Das gemessene SWV' gebrochen durch den Korrekturfaktor gibt das korrekte SWV.

Die Messung kann gegebenenfalls mit zwei hintereinander gekoppelten Meßleitungen durchgeführt werden, wobei die Sonde der dem Generator näher liegenden Meßleitung als Sekundärsonde benutzt wird. Eine einmalige Bestimmung des Korrekturfaktors genügt, wenn die Sonde der Meßleitung unabgestimmt ist und konstante Eindringtiefe besitzt.

Eine weitere häufig angewandte Methode für die Messung großer Werte des SWV ($SWV > 10$) oder des Reflexionsfaktors, wenn dessen Absolutwert ungefähr 1 ist, vermeidet obigen Fehler. Die Meßmethode besteht darin, daß der Abstand zweier Punkte in der Umgebung des Minimums der Feldstärkeverteilung bestimmt wird, in denen die Amplitude der Feldstärke den Wert im Minimum um einen bestimmten Betrag übersteigt oder ein Vielfaches desselben beträgt. Die Vermeidung des Fehlers beruht darauf, daß die Rückwirkung der Sondendiskontinuität auf die Feldstärkeverteilung in der Umgebung des Minimums, verglichen mit der Rückwirkung im Maximum vernachlässigbar klein ist. Für $SWV > 100$ ist beispielsweise die Rückwirkung in den Punkten, wo die Feldstärkeamplitude das fünffache des Wertes im Minimum beträgt, kleiner als 1/400 derjenigen im Maximum.

Störspannungen, welche aus der Umgebung der Meßleitung über den Sondenspannungsteiler in das Innere der Meßleitung und in die Sonde gelangen, verursachen bisweilen einen Meßfehler. Da die von der Feldstärkeverteilung herrührende Sondenspannung in der Umgebung des Minimums klein ist, fälschen diese irregulären Störspannungen das Meßergebnis erheblich. Durch die Anwendung einer induktiven Sonde kann dieser Meßfehler vermieden werden, da die Kopplung der Sonde mit dem Außenraum und das Auftreten von Störspannung wegfällt.

Die Amplitude der Sondenspannung hat im Minimum und dessen Umgebung die Werte:

$$|V|_{min}^2 = V_0^2\,(1 + |\varrho|^2 - 2\,|\varrho|)$$

und

$$k^2\,|V|_{min}^2 = V_0^2\,(1 + |\varrho|^2 - 2\,|\varrho|\cos\varDelta\psi)\,, \qquad (4.33)$$

wenn $\Delta\psi = 2\pi\,\Delta x/\lambda_L$ ein Maß für die seitliche Verschiebung aus dem Minimum ist. In Abb. 4.28 sind die Voraussetzungen schematisch dargestellt. Es ist weiter

$$k^2 = 1 + \frac{2\,|\varrho|\,(1 - \cos\Delta\psi)}{(1 - |\varrho|)^2}\,;$$

$\cos\Delta\psi$ kann, da in der Nähe des Minimums $\Delta\psi \ll 1$ ist, durch $1 - \Delta\psi^2/2$ ersetzt werden, so daß

$$k^2 - 1 = |\varrho|\,\Delta\psi^2/(1 - |\varrho|)^2 \qquad (4.34)$$

wird. Aus Gl. (4.34) kann ein Zusammenhang zwischen SWV und Δx abgeleitet werden:

$$1/SWV = \pi\,\frac{\Delta x}{\lambda_L}\,\frac{1}{\sqrt{k^2 - 1}}\,\sqrt{1 - \frac{\pi^2}{k^2 - 1}\left(\frac{\Delta x}{\lambda_L}\right)^2}\,. \qquad (4.35)$$

Angenähert ist

$$1/SWV = \pi\,\frac{\Delta x}{\lambda_L}\,\frac{1}{\sqrt{k^2 - 1}}\,, \qquad (4.36)$$

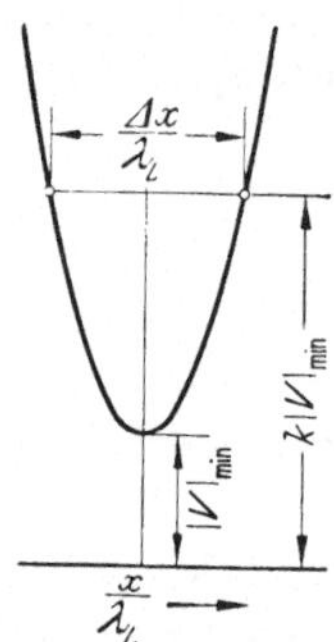

Abb. 4.28. Messung der „Minimum-Breite"

wobei der durch die Annäherung verursachte Fehler in dem für die Meßmethode zweckmäßigen Bereich $SWV > 100$ kleiner als 10^{-4} ist. Bei der kurvenmäßigen Darstellung der Gl. (4.36) ergeben sich für konstante Werte von k Gerade, die im Kurvenblatt der Abb. 4.29 dargestellt sind.

Die Beziehung der Gleichung (4.36) kann mnemotechnisch einfacher aus den geometrischen Zusammenhängen bei der komplexen Darstellung

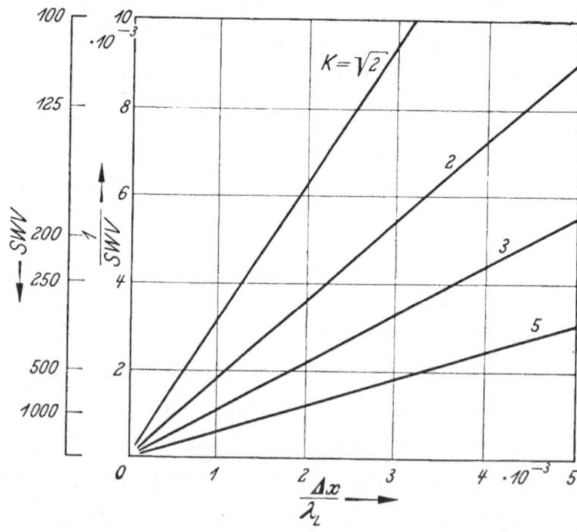

Abb. 4.29. Zusammenhang zwischen SWV und Minimum-Breite

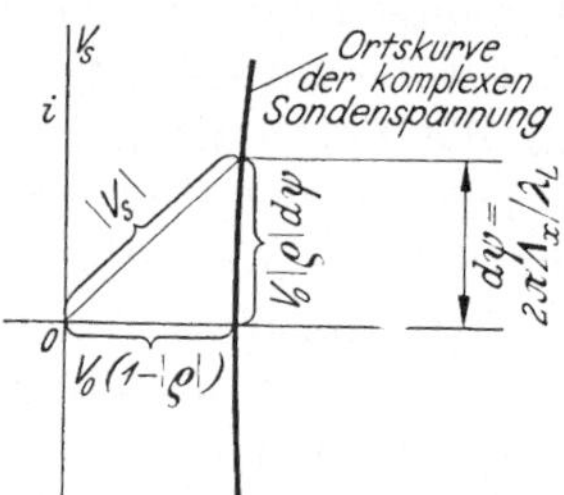

Abb. 4.30. Sondenspannung im Minimum in komplexer Darstellung

der Sondenspannung in der Umgebung des Minimums (s. S. 77) abgeleitet werden. Abb. 4.30 zeigt einen Ausschnitt der komplexen Ebene, in welcher die Sondenspannung dargestellt ist. Die Ortskurve der Sondenspannung, gegeben durch die Beziehung

$$V_s = V_0\,[1 + \varrho_L\,e^{-2i\beta(L-x)}] \qquad (4.37)$$

ist ein Kreisbogen, der angenähert als Gerade betrachtet werden kann.
Aus den geometrischen Beziehungen ergibt sich

$$|V_s|^2 = k^2 V_0^2 (1 - |\varrho_L|)^2 = V_0^2 (1 - |\varrho|)^2 + V_0^2 |\varrho|^2 \Delta\psi^2$$

und daraus ebenfalls die Gl. (4.36).

Die Genauigkeit der Meßmethode ist von den Fehlern abhängig,
welche mit der Bestimmung von k, des Verhältnisses der Sondenspan-
nungsamplituden, und mit der Ablesung von Δx, des Abstandes der
Grenzpunkte, zusammenhängen, wenn man von den Störspannungen,
welche über den Sondenspannungteiler in die Meßleitung gelangen, absieht. Das Amplitudenverhältnis kann zweckmäßig mit dem im Signalgenerator eingebauten geeichten Dämpfungsglied bestimmt werden. Für
die Messung des Abstandes Δx ist die Verwendung einer genauen Meßuhr notwendig.

Wenn die Fehler, mit welchen k und Δx gemessen werden, Δk und
$\Delta\Delta x$ und die gemessenen Werte k_{gem} und Δx_{gem} sind, ist der maximale
Fehler

$$F_{max} = + SWV \left(\frac{\Delta k \cdot k_{gem}}{k_{gem}^2 - 1} + \frac{\Delta\Delta x}{\Delta x_{gem}} \right). \tag{4.38}$$

In dem für das Diagramm der Abb. 4.29 zweckmäßigen Meßbereich
beträgt der Fehler bei Verwendung eines genau geeichten Dämpfungsgliedes im „S" Band ungefähr 2—5%. Aus Gründen der Meßgenauigkeit
ist es zweckmäßig, k möglichst groß zu wählen.

4.3.9 Meßleitung mit reduzierter Leitungswellenlänge

In dem niederfrequenten Bereich der Mikrowellen, unter 500 MHz, sind
die Meßleitungen relativ lang und unhandlich, und ihre Herstellung ist
beschwerlich. Verschiedene Versuche wurden unternommen, die Leitungswellenlänge des Meßleitungsele-
mentes und damit die Größe des Meßgerätes herabzusetzen. Eine Möglichkeit
für die Verkürzung besteht darin, den
Raum zwischen Innen- und Außenleiter
einer mit einem Schlitz versehenen Koaxialleitung längs der Meßstrecke mit
einem Dielektrikum auszufüllen, welches
eine große Dielektrizitätskonstante besitzt. Der Verkürzungsfaktor der Leitungswellenlänge beträgt in diesem Falle
$k = 1/\sqrt{\varepsilon_r}$. Versuche in dieser Richtung
— Abb. 4.31 zeigt den Querschnitt einer
Versuchsleitung mit keramischen Platten
zwischen Innen- und Außenleiter mit

Abb. 4.31. Leitungselement
mit Keramik-Dielektrikum

7*

$\varepsilon_r \approx 25$ — ergaben, daß die Dämpfung der Leitung und die Ungleichmäßigkeit von ε_r unzulässig groß sind.

Eine andere Lösung stellt die Anwendung eines meanderförmigen Innenleiters dar. Der Innenleiter wird aus einem Band mit Rechteckquerschnitt durch Einfräsen von Schlitzen, welche abwechselnd von den beiden Schmalseiten in der Querrichtung ausgehen, hergestellt

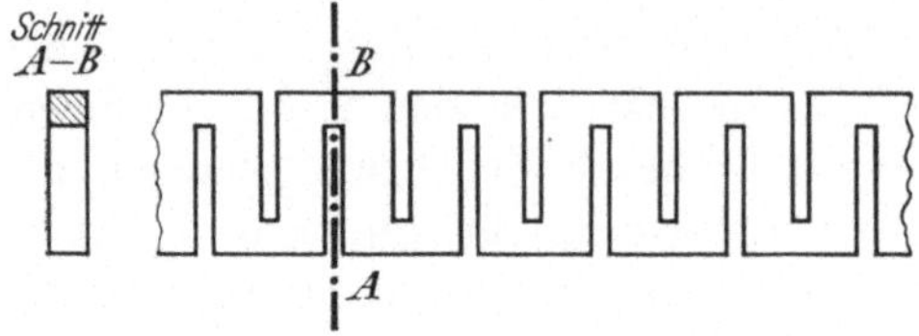

(Abb. 4.32). Ein Leitungselement einer solchen Leitung ist ein Tiefpaßfilter mit teils verteilten, teils konzentrierten Energiespeichern. Der Verkürzungsfaktor einer von H. MEINKE [17] beschriebenen Leitung hat den Wert $k = 1/3$; ein Nachteil dieses Prinzips dürfte die Frequenzabhängigkeit des Wellenwiderstandes und des Verkürzungsfaktors sein.

Ein vom Verfasser eingeschlagener Weg [18] führt zu einer schraubenförmig um einen metallischen Kern aufgewickelten unsymmetrischen Leitung. Die Abtastung der Feldverteilung erfolgt mit Hilfe einer rein induktiven Sonde des in Abschn. 4.3.6 beschriebenen Typs, deren Schlingenfläche senkrecht zur Längsachse des Leitungskerns steht. Durch diese Maßnahme ist eine Trennung der verschiedenen, längs des Leitungselementes fortschreitenden Wellen möglich, wobei nur die Nutzwelle mit herabgesetzter Wellengeschwindigkeit eine Sondenspannung

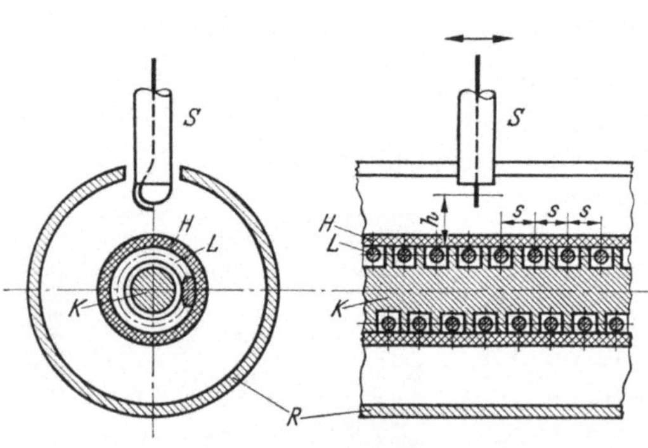

Abb. 4.33. Meßleitung mit schraubenförmigem
Leitungselement. Schematisch

ergibt. Nach diesem Prinzip kann man Verkürzungsfaktoren in der Größenordnung von $k = 1/10$ erreichen.

Abb. 4.33 zeigt schematisch den Quer- und Längsschnitt einer solchen Leitung. Das eigentliche Leitungselement mit herabgesetzter Wellengeschwindigkeit besteht aus einem metallischen Kern K, in dessen schraubenförmiger Nut der Innenleiter der aufgewickelten Koaxialleitung L verläuft. Die Wände der Nut, welche einen rechteckigen Querschnitt hat, bilden den Außenleiter. Der Kern ist von einem Rohr aus hochwertigem Isolierstoff umgeben, um die Leitung L in ihrer Lage in der Mitte der Nut zu halten. Das Leitungselement liegt in der Mitte eines koaxialen Rohres R, in dessen Längsschlitz die rein induktive Sonde verschoben werden kann. Ein Leitungselement dieser Form hat geringe dielektrische Verluste, zeigt geringe Schwankungen des Wellenwiderstandes und hat einen günstigen mechanischen Aufbau. Der Wellenwiderstand der abgewickelten Leitung wurde angenähert als Mittelwert der Wellenwiderstände zweier Grenzquerschnitte mittels konformer Abbildung berechnet. Gleichzeitig konnten die Einflüsse des dielektrischen Rohres und der Krümmung der Leitung berücksichtigt werden. Die Messung des Wellenwiderstandes eines auf Grund dieser Berechnungen konstruierten Leitungselementes bestätigte das Resultat der Rechnung.

Weitere Angaben und Dimensionierungsvorschriften bezüglich des Leitungselementes ergibt die Berechnung der Feldverteilung in der Umgebung desselben. Man kann hierbei von der abgewickelten Leitung und den auf dieser auftretenden *TEM*-Wellen ausgehen. Diese Annahme

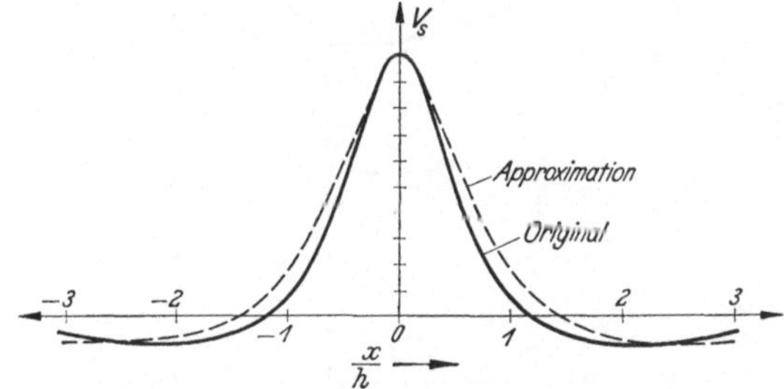

Abb. 4.34. Feldverteilung über einer Windung

ermöglicht die Berechnung der von einer Windung herrührenden Sondenspannung mittels konformer Abbildung. Die Sondenspannung V_s hat abhängig von dem Quotienten aus der seitlichen Verschiebung der Sonde x dividiert durch den Abstand h zwischen Sonde und Leitung, den in Abb. 4.34 gezeigten Verlauf.

Die Feldverteilung längs des schraubenförmigen Leitungselementes, wenn Wellen in nur einer Richtung des Umfanges längs der Leitung fortschreiten, erhält man aus einer Summierung der Wirkungen der nebeneinander liegenden Windungen. Man erhält folgende für die elektrische und magnetische Feldstärke gültige Funktionen:

$$F(x) = F_0 \cdot e^{-i\alpha x}\left[1 + a_1 \cos 2\pi\frac{x}{s} + a_2 \cos 4\pi\frac{x}{s}\cdots\right.$$

$$\left. + i\left(b_1 \sin 2\pi\frac{x}{s} + b_2 \sin 4\pi\frac{x}{s}\cdots\right)\right], \qquad (4.39)$$

wenn

$$a_m = \frac{C_m + C_{-m}}{C_0}; \quad b_m = \frac{C_m - C_{-m}}{C_0}; \quad m = \ldots -2, -1, 0, +1, +2, \ldots$$

und

$$C_m = \frac{\pi}{2}\cdot\frac{h}{s}\left[-3\,H_1^{(1)}(i\,p)\cdot p - i\,H_0^{(1)}(i\,p)\right]; \qquad p = 2\pi\left(m\frac{h}{s} - \frac{h}{\lambda_x}\right)$$

sind. Die Konstanten C_m erhält man als Fouriertransformationen der in Abb. 4.34 gezeigten Amplitudenverteilung der Feldstärke bzw. Sondenspannung in der Umgebung einer Windung.

Die Funktion $F(x)$, welche die Feldstärke und die Sondenspannung darstellt, kann auf zweierlei Art interpretiert werden; entweder man faßt sie in komplexer Darstellung als Summe einer unendlich großen Zahl von in beide Richtungen laufenden Wellen auf, oder als eine einzige Wellenkomponente. Deren Amplitude und Phase schwanken harmonisch mit der Steigung der Schraubenstruktur und Bruchteilen davon als Periodenlängen. Entsprechend der zweiten Darstellungsweise zeigt Abb. 4.35 die Maximalwerte der Amplituden- und Phasenschwankungen

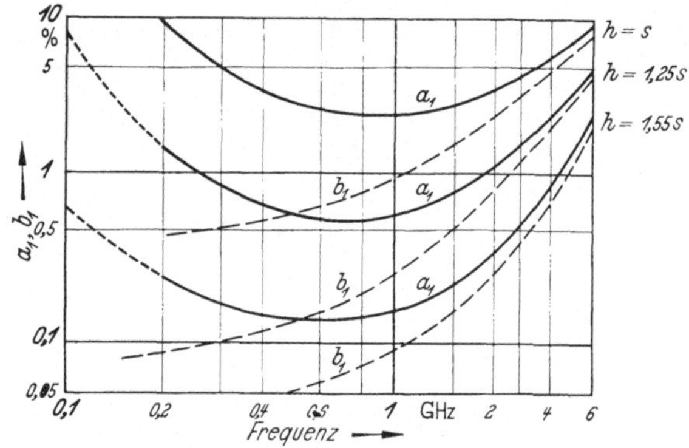

Abb. 4.35. Größe der Amplituden- (a_1) und Phasenschwankungen (b_1) der Wellen mit herabgesetzter Fortpflanzungsgeschwindigkeit

abhängig von der Frequenz für verschiedene Werte von h/s als Parameter. Die Schwankungen der Amplitude zeigen ein ausgeprägtes Minimum. Sie nehmen in Richtung höherer Frequenzen zu, da die Phasendifferenzen der Feldstärken benachbarter Windungen größer werden, so daß deren Phasen im Extremfall ($s = \lambda_x/2$) entgegengesetzt sind. In Richtung niedriger Frequenzen, nehmen sie ebenfalls zu, da infolge der negativen Äste der Feldstärkeverteilung (Abb. 4.34) die Amplitude der Grundwelle im Verhältnis zu den übrigen Wellen abnimmt. Die Phasenschwankungen nehmen erwartungsgemäß mit steigender Frequenz stetig zu.

Die Untersuchung der Feldverteilung ergibt folgendes Bild: Bei nur einer längs der Leitung in der schraubenförmigen Nut entlanglaufenden Welle entsteht eine scheinbare Welle, welche mit reduzierter Wellengeschwindigkeit in Richtung der Schraubenachse läuft. Ihre Amplitude und Phase schwanken infolge der Schraubenstruktur harmonisch mit bestimmten Amplituden. Wenn man von den Schwankungen und der Tatsache absieht, daß die Feldvektoren andere Richtungen haben, entspricht deren Amplitudenverteilung in Längsrichtung derjenigen einer Koaxialleitung mit verkürzter Leitungswellenlänge. Es treten eine hinlaufende und eine dem Reflexionsfaktor des angeschlossenen Objektes proportionale, reflektierte Welle mit reduzierter Wellengeschwindigkeit auf. Die störenden Schwankungen haben bei geeignetem Abstand der Sonde von dem Leitungselement und bei dessen zweckmäßiger Dimensionierung einen Minimalwert.

Neben den Wellen mit reduzierter Fortpflanzungsgeschwindigkeit treten in der Umgebung des Leitungselementes solche mit ungefährer Lichtgeschwindigkeit auf, da der Kern zusammen mit dem geschlitzten Außenrohr ebenfalls eine an den Enden kurz geschlossene Koaxialleitung darstellt. Infolge der Querstellung der Schlingenfläche der Sonde, und

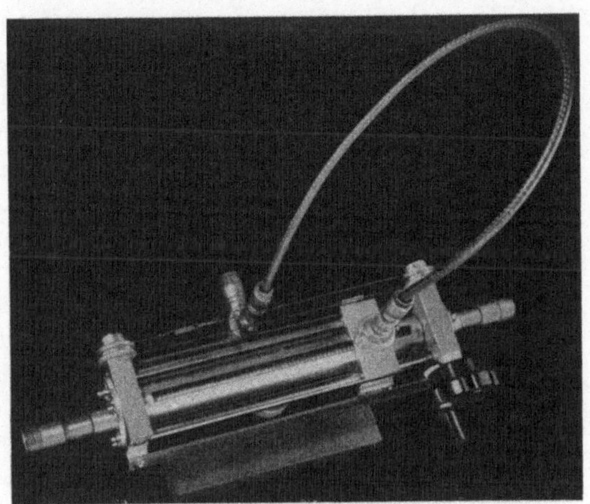

Abb. 4.36. Meßleitung mit schraubenförmigem Leitungselement.
Praktische Ausführung

da elektrische Feldstärken keine Sondenspannung ergeben (rein induktive Sonde), sind die durch diese Wellen hervorgerufenen Störspannungen vernachlässigbar klein.

Abb. 4.36 zeigt die praktische Ausführung einer Meßleitung mit einem Verkürzungsfaktor $k = 1/12{,}5$, deren 20 cm lange Meßstrecke einer effektiven elektrischen Länge von 250 cm entspricht. Die Wellengeschwindigkeit und der Wellenwiderstand sind bis zu 2 GHz von der Frequenz praktisch unabhängig. Die übrigen Daten sind:

Wellenwiderstand 50,7 Ohm, Typ „N"-Stecker,
effektive Länge der Meßstrecke 250 cm,
Verkürzungsfaktor $k = 1/12{,}5$,
Frequenzbereich 100—1000 MHz,
Dämpfung der Leitung $\alpha = 0{,}003 \ \mathrm{Np}/\lambda_x$,
Fehler:
Schwankungen der mittleren Wellengeschwindigkeit 0,5%,
  I. Diskontinuitätsfehler infolge von Leitungsübergängen, Stützen, und
     Steckern $< 5\%$,

II. Fehler, von der Sonde, Störspannungen und inneren Unregelmäßigkeiten herrührend $< 5\%$.

Für den Gesamtfehler ergibt sich:
$$F_{max} < \pm\ 10\% \quad f < 1000\ \text{MHz},$$
$$F_{max} < \pm\ \ 6\% \quad f < \ 500\ \text{MHz}.$$

4.3.10 Meßleitung mit umlaufender Sonde

Da das Meßverfahren der Anpassungs- und Impedanzmessung mit Hilfe der Meßleitung bei Serienmessungen zeitraubend ist, wurden frühzeitig Versuche unternommen, Anpassungs- und Impedanzmeßgeräte mit direkter Sichtanzeige herzustellen. Eine naheliegende Lösung besteht darin, die Meßstrecke einer Meßleitung ringförmig auszuführen und die Feldverteilung längs der Leitung mit Hilfe einer umlaufenden Sonde abzutasten

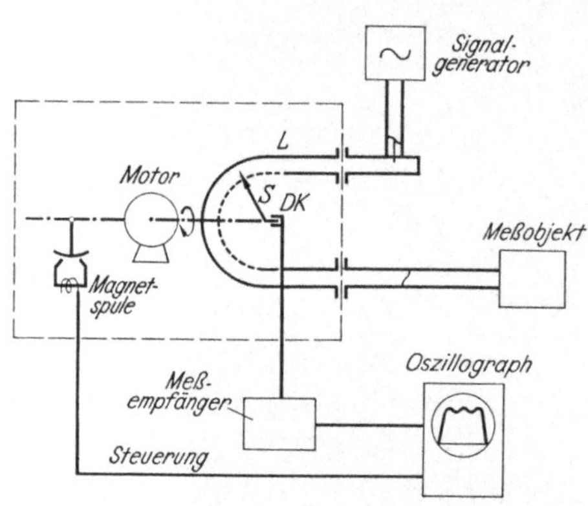

Abb. 4.37. Apparatur für die Anpassungsmessung mittels Meßleitung mit umlaufender Sonde

(TISCHER [16], MEINKE [17]). Die Sonde wird von einem Motor angetrieben und die Feldverteilung auf dem Schirm einer Kathodenstrahlröhre direkt sichtbar gemacht. Da die Leitungswellenlängen auf dem Mikrowellengebiet klein sind, haben Geräte mit z. B. halbkreisförmiger Meßstrecke bis zu Wellenlängen von $\lambda = 30\ \text{cm}$ handliche Größen. In dem niederfrequenten Gebiet der Mikrowellen werden Koaxialleitungen, in dem hochfrequenten Teil Hohlleiter verwendet.

Ein schematisches Bild einer vollständigen Meßeinrichtung für Rechteck-Hohlleiter, entsprechend diesem Prinzip, ist in Abb. 4.37 gezeigt. Der Meßleitung wird von einem Signalgenerator HF-Energie (bei den vom Verfasser entwickelten Geräten dem oberen Ende) zugeführt. Die Leitung L ist längs der Meßstrecke halbkreisförmig gebogen. Die Breitseite, welche dem Mittelpunkt zugewandt ist, hat in der Mitte einen Längsschlitz. Durch den Schlitz ragt eine rein induktive Sonde S in das Innere des Hohlleiters. Die Sonde ist an einem vom Motor bewegten Rotor befestigt. Die Sondenspannung wird über eine Koaxial-Drehkupplung DK einer Koaxialleitung mit Typ „N" Steckern und von da einem Meßempfänger oder Gleichrichter zugeführt. Die gleichgerichtete und gegebenenfalls verstärkte Sondenspannung wirkt als vertikale Ablenkspannung des Kathodenstrahloszillographen, dessen horizontale, zeitlineare Ablenkspannung mit den Umdrehungen des Motors synchronisiert ist. Auf dem der Leitung L gegenüberliegenden Ende der

Motorachse ist für diesen Zweck ein Rotor befestigt, welcher in einer Magnetspule die Synchronisierungsimpulse hervorruft. Die Lage der Minima kann mit Hilfe einer weiteren Magnetspule bestimmt werden, welche längs eines Kreises um die Motorachse drehbar angeordnet und mit einer Skala versehen ist. Die in ihr induzierten Impulse werden zur Dunkelsteuerung oder zusätzlichen Ablenkung des Elektronenstrahles benützt.

Die Abbildungen 4.38a—c zeigen charakteristische Fälle der Anpassung für die auf dem Schirm der Oszillographen erhaltenen Diagramme. Bei vollständiger Anpassung der Meßstrecke ist die Amplitude

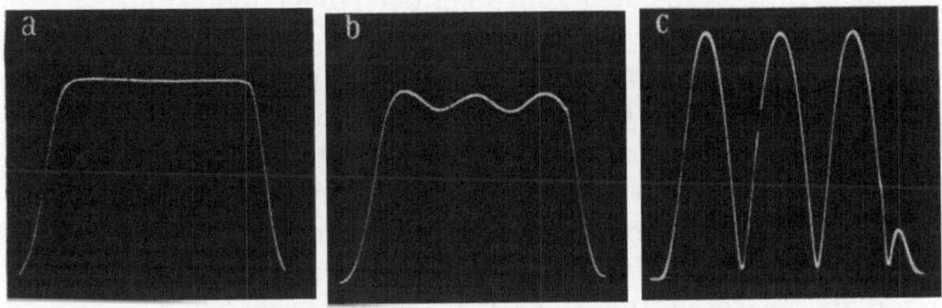

Abb. 4.38 a—c. Oszillogramme der Feldverstärkeverteilung längs der Leitung bei: a Anpassung, b kleiner Reflexion, c totaler Reflexion

der Feldstärke längs der Leitung konstant und die erhaltene Kurve längs der Meßstrecke eben. Bei kleinen Fehlanpassungen sind die Schwankungen der Amplitude längs der Meßstrecke sinusförmig (Abb. 4.38b). Sie werden bei zunehmender Fehlanpassung unsymmetrisch. Bei Totalreflexion (Abb. 4.38c), Kurzschluß, Leerlauf oder Abschluß mit einem Blindwiderstand, geht das Diagramm in halbe Sinuskurven über. Die Kurven der Abb. 4.38 erhält man rechnerisch, wenn man in der Gl. (4.37) für die Sondenspannung die entsprechenden Werte für $|\varrho|$ (= o, o,1 und 1) einführt.

$$|V_s| = V_0 \sqrt{[1 + |\varrho| \cos 2\beta (x_0 + \Delta_x)]^2 + |\varrho|^2 \sin^2 2\beta (x_0 + \Delta_x)} \, .$$

Die an- und absteigenden Teile der Diagramme ergeben sich, wenn die Sonde zu Beginn des Halbkreises in den Hohlleiter eindringt und am Ende austritt.

Der Reflexionsfaktor bzw. die Impedanz oder Admittanz werden direkt mit Hilfe der auf dem Schirm des Oszillographen abgelesenen Meßwerte bestimmt. Die Werte $|V_s|_{max}$ und $|V_s|_{min}$ bzw. deren Verhältnis $SWV = |V_s|_{max}/|V_s|_{min}$ ergeben den Absolutwert des Reflexionsfaktors. Seine Phase ergibt sich aus dem Abstand der Lagen der Minima, wenn das Meßobjekt durch einen Kurzschluß ersetzt wird. Die Bestimmung des Quotienten der Maximal- und Minimalspannung mit Hilfe des in dem Signalgenerator eingebauten Dämpfungsgliedes ist bei genauen Messungen der direkten Ablesung auf dem Schirm des Oszillographen vorzuziehen.

Bei der praktischen Konstruktion eines brauchbaren Instrumentes steht man einer Reihe schwierig zu lösender Probleme gegenüber. Die auf der Kathodenstrahlröhre bei Anpassung erhaltenen Diagramme zeigen im Gegensatz zu den in der Abb. 4.38 dargestellten Kurven bisweilen relativ große Schwankungen, welche von Störspannungen herrühren. Die Fehlerquellen sind die gleichen wie bei der geraden Meßleitung, vermehrt um die Drehkupplung für die Überleitung der Sondenspannung vom Rotor in das feste Leitungssystem.

Der Diskontinuitätsfehler rührt bei der Hohlleiterausführung hauptsächlich von der Verschiedenheit der Leitungseigenschaften der gekrümmten, geschlitzten Leitung und der geraden Leitung, von den Blindenergiespeichern an den Übergangsstellen und von der Leitungskupplung für den Anschluß des Meßobjektes her. Er ist bei kleiner Schlitzbreite, großem Verhältnis von Krümmungsradius der Leitung zur Höhe des Hohlleiters und gut anliegenden Flanschkontakten vernachlässigbar klein. Bei dem Typ mit Koaxialleitung sind die Diskontinuitäten an den Stützen zwischen Innen- und Außenleiter wesentlich größer, sind

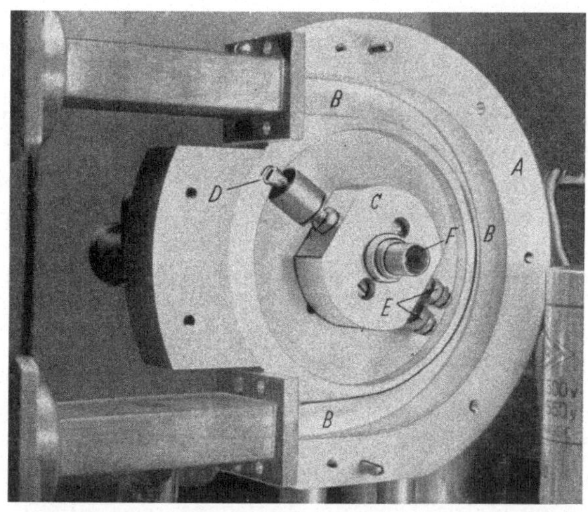

Abb. 4.39. Leitungsteil des Gerätes für Hohlleiter im X-Band.
A Leichtmetallteil mit Hohlleiternut, B Rechteckige Hohlleiternut,
C Rotierender Drehkörper, D Sonde, E Gegengewicht, F Drehkupplung

nicht vernachlässigbar und müssen sorgfältig, zweckmäßig direkt an ihrem Entstehungsort, kompensiert werden. Für ihre Messung und für den Zweck der Kompensation wendet man mit Vorteil die in Abschn. 6.2.1 beschriebene Methode der Minimumverschiebung an.

Der zweite Fehleranteil setzt sich aus dem Sondenfehler und einem von Störspannungen herrührenden Fehler zusammen. Die Störspannungen gelangen häufig über die Drehkupplung in das Leitungssystem. Dieser Fehler kann direkt abgelesen werden, wenn man an dem Meßausgang über einen Anpassungstransformator einen angepaßten Leitungs-

Abb. 4.40. Meßgeräte für X-Band-Hohlleiter und Koaxialleitung im S-Band

abschluß anschließt und mit dem Transformator alle Diskontinuitäten kompensiert. Auf dem Schirm des Oszillographen erhält man unter dieser Bedingung eine Kurve, welche im Idealfall eben ist, der jedoch im allgemeinen kleine, unharmonische Schwankungen überlagert sind, wobei das Verhältnis von $|V|_{max}$ zu $|V|_{min}$ ein Maß für diesen Fehleranteil ist.

Der Hochfrequenzteil eines Gerätes für das X-Band ist in Abb. 4.39 dargestellt. Die Abbildung zeigt den einen (A) zweier aneinanderliegender Leichtmetallteile, in welche je eine Hälfte des Hohlleiters als halbkreisförmige Nut (B) eingefräst ist. In der Mitte rotiert der Drehkörper C, welcher die Sonde D und ein Gegengewicht E trägt. Im Zentrum ist die Koaxial-Drehkupplung F sichtbar. Die induktive Sonde D trägt zur kapazitiven Entkopplung eine $\lambda/4$-Drossel. Abb. 4.40 zeigt zwei vom Verfasser entwickelte Meßleitungen ohne Gehäuse, eine davon für Typ „N"-Koaxialleitungen für das Frequenzgebiet 2—4 GHz und eine mit Hohlleiter für das X-Band. Die Geräte enthalten neben dem eigentlichen Meßleitungsteil Verstärker und Impulsformungsnetze für die Synchronisierungs- und die Lagebestimmungs-Impulse. Auf der Frontplatte ist neben den Schaltern für Netz, Motor, positive und negative Synchronisierungsimpulse und den diesbezüglichen Anschlüssen auch die Skala für die Ablesung der Winkellage der Minima mit Hilfe des Lagebestimmungs-Impulses sichtbar.

Der Meßfehler, dessen Hauptanteil bei den Geräten für Koaxialleitungen von Diskontinuitäten herrührt, liegt für Typ „N"-Leitungen und 7/8"-Leitungen in dem größten Teil des nutzbaren Frequenz-

bereiches (2—4 GHz) unter 5%. Der Fehler der Hohlleitermeßleitung
für das X-Band, der hauptsächlich von Störspannungen herrührt, bleibt
unter 3%.

4.4 Anpassungsmessung mittels fester Sonden

Neben der Möglichkeit, die Anpassung bzw. Impedanz auf Grund
einer Messung der Feldstärkeverteilung längs der Leitung mit Hilfe
einer verschiebbaren Sonde zu bestimmen, haben Meßverfahren mittels
fester Sonden Interesse gefunden. Der Verschiebemechanismus der
Sonde, der häufig Ursache von Fehlern ist, fällt bei diesem Verfahren
weg. Ein weiterer Vorteil ist die direkte Bestimmung der Werte von
ϱ bzw. Z aus Instrumentablesungen. Die Meßmethode hat auch Nachteile,
z. B. ihre Frequenzabhängigkeit, welche die Vorteile z. T. aufheben
dürften. Die Anwendung von rein induktiven Sonden scheint neue Wege
zu eröffnen.

Wenn man nur Verhältnisse von Amplituden der Sondenspannungen
für die Messung benützen will, zeigt es sich, daß mindestens drei Sonden
benötigt werden. Man geht von einer Schaltung entsprechend Abb. 4.41

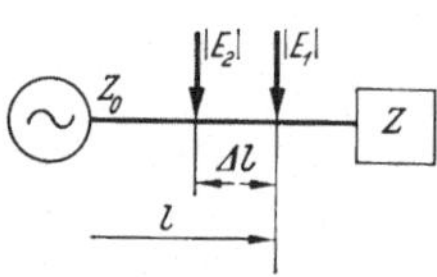

Abb. 4.41. Leitung mit zwei
festen Sonden

aus, bei welcher auf der Verbindungsleitung mit
dem Wellenwiderstand Z_0 zwischen einem Generator und einer Last mit der Impedanz Z zwei
feste, kapazitive Sonden in der Entfernung Δl
voneinander angebracht sind. Deren Spannungen
sind den elektrischen Feldstärken $|E_1|$ und $|E_2|$
proportional und werden von zwei Meßinstru-
menten angezeigt. Das Verhältnis der Anzeigen der Meßinstrumente
$m = |V_{s_1}|/|V_{s_2}|$ ist bei linearer Gleichrichtung gleich dem Quotienten
aus den Feldstärkeamplituden. Unter diesen Bedingungen sind

$$m^2 = \frac{|E_2|^2}{|E_1|^2} = \frac{1 + |\varrho|^2 + 2\,|\varrho|\,\cos\,(\varphi - \psi)}{1 + |\varrho|^2 + 2\,|\varrho|\,\cos\varphi}\,, \tag{4.40}$$

wenn $\psi = 4\,\pi \cdot \Delta l/\lambda_L$ und $\varrho = |\varrho| \cdot e^{i\varphi}$ sind. Aus Gl. (4.40) folgt

$$|\varrho|^2 + 2\,|\varrho|\left[\cos\varphi + \frac{(1 - \cos\psi)\,\cos\varphi - \sin\varphi\,\sin\psi}{m^2 - 1}\right] + 1 = 0\,. \tag{4.41}$$

Die Ortskurven der komplexen ϱ-Werte für konstantes Amplitudenverhältnis m sind, wie leicht nachzuweisen ist, Kreise. Ihre Mittelpunkte
liegen auf einer Geraden, welche die ϱ-Werte für $m = 0$ und $m = \infty$
verbindet. Bei der Bestimmung der Ortskurven kann man von den
Punkten mit $|\varrho| = 1$ ausgehen, wobei sich für die zugehörigen Winkel
der Reflexionsfaktoren φ_1 und φ_2

$$\cos\varphi_{1,\,2} = \frac{-a\,b \pm c\,\sqrt{b^2 - a^2 + c^2}}{b^2 + c^2} \tag{4.42}$$

mit

$$a = m^2 - 1;\quad b = m^2 - \cos\psi \quad \text{und} \quad c = \sin\psi$$

ergibt.

Abb. 4.42 zeigt die Ortskurven für konstante Werte von m für den Abstand der Sonden $\Delta l = \lambda_L/8$, wenn λ_L die Leitungs- bzw. Hohlleiter-Wellenlänge ist.

Gl. (4.40) und die Ortskurven der Abb. 4.42 zeigen, daß das Amplitudenverhältnis m der Spannungen zweier Sonden für die Bestimmung von $|\varrho|$ und φ nicht genügt. Es werden zwei Gleichungen der Form der Gl. (4.40) bzw. zwei Feldstärkeverhältnisse benötigt, welche mit mindestens drei Sonden erhalten werden können.

Eine mögliche Anordnung stellen drei Sonden mit dem Abstand von je $\lambda_L/8$ dar, wie es in Abb. 4.43 schematisch gezeigt ist. Die Feldstärke-verhältnisse sind $m_1 = |E_2|/|E_1|$ und $m_2 = |E_3|/|E_2|$. Sie bestimmen den Reflexionsfaktor für $x = l$ bzw. an der Stelle der Sonde, welche $|E_1|$ ergibt. Abb. 4.44 zeigt die Ortskurven für konstante Werte von m eingetragen in das komplexe ϱ-Diagramm. Mit den abgelesenen Werten für m_1 und m_2 kann man daher im Diagramm Absolutwert und Winkel des entsprechenden Reflexionsfak-tors direkt ablesen. Wenn weiter im ϱ-Diagramm oder auf einem Deck-blatt die Ortskurven für konstante

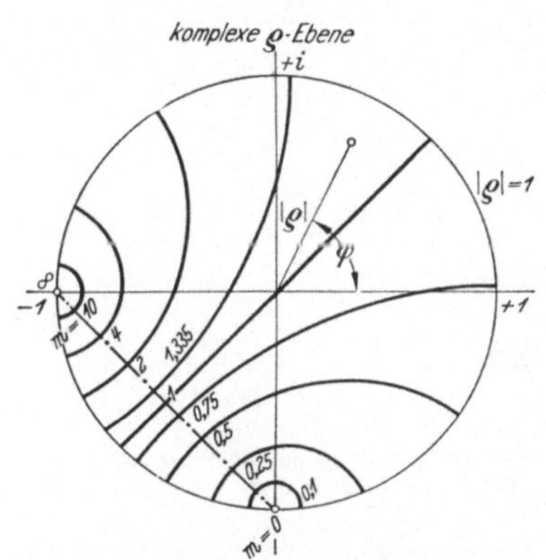

Abb. 4.42. Ortskurven des komplexen Reflexions-faktors für konstante Feldstärkeverhältnisse $m = |E_2|/|E_1|$ für $\Delta l = \lambda_L/8$

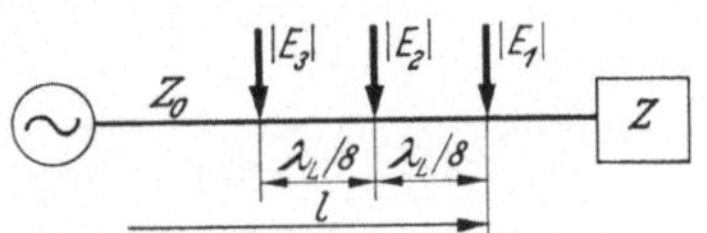

Abb. 4.43. Anpassungsmessung mit 3 kapazitiven Sonden

Werte von R/Z_0 und $i\,X/Z_0$ eingetragen sind (SMITH-Diagramm, s. S. 81), können ebenfalls diese Werte abgelesen werden. Ihre Summe stellt $(Z/Z_0 = R/Z_0 + i\,X/Z_0)$ die auf den Wellenwiderstand der Leitung redu-zierte Impedanz Z/Z_0 dar.

Für kleine Anpassungsfehler stehen die beiden Ortskurven-Scharen senk-recht aufeinander und ergeben gute Ablesungsmöglichkeiten. Bei großem Anpassungsfehler ist dies nicht der Fall, und die Anzeige wird ungenau.

Ein Nachteil der beschriebenen Meßeinrichtung ist ihre Frequenz-abhängigkeit, da die Kurvenscharen der Abb. 4.44 nur für eine Fre-quenz gültig sind. Wenn man daher für verschiedene Frequenzen das gleiche Diagramm benützen will, muß man zwei der Sonden verschiebbar anordnen, um jeweils den Abstand $\lambda_L/8$ einstellen zu können. Die Ver-schiebung der beiden Sonden kann zwar durch eine mechanische Scheren-anordnung gekoppelt und vereinfacht werden, doch ist der eigentliche Vorteil der festen Lage der Sonden bei dieser Anordnung hinfällig.

Dasselbe betrifft Anordnungen mit zwei Paaren von Sonden, deren Abstand $\lambda_L/4$ ist. Die beiden Paare sind um $\lambda_L/8$ gegeneinander verschoben, um bessere Ablesegenauigkeit zu erzielen.

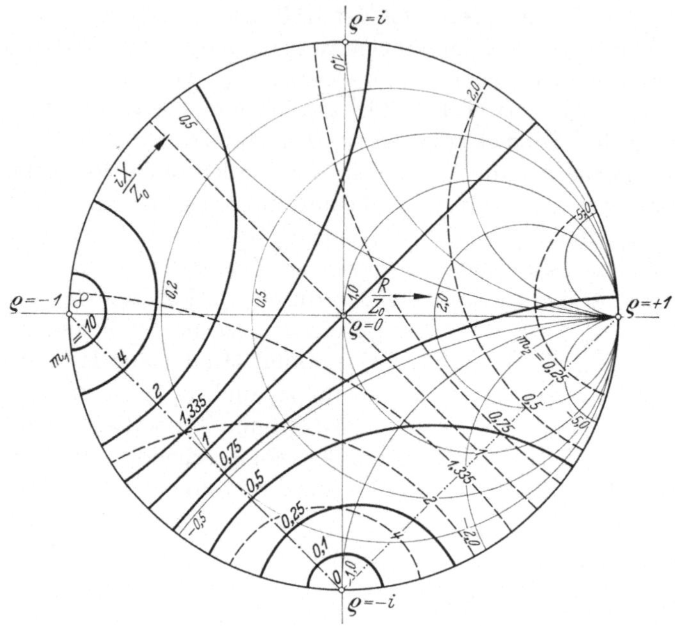

Abb. 4.44. Ortskurven für konstante Feldstärkeverhältnisse $m_1 = |E_2|/|E_1|$ und $m_2 = |E_3|/|E_2|$ für drei Sonden in $\lambda_L/8$ Abstand, eingetragen im ϱ-Z/Z_0-Diagramm. $(Z/Z_0 = R/Z_0 + i\,X/Z_0)$

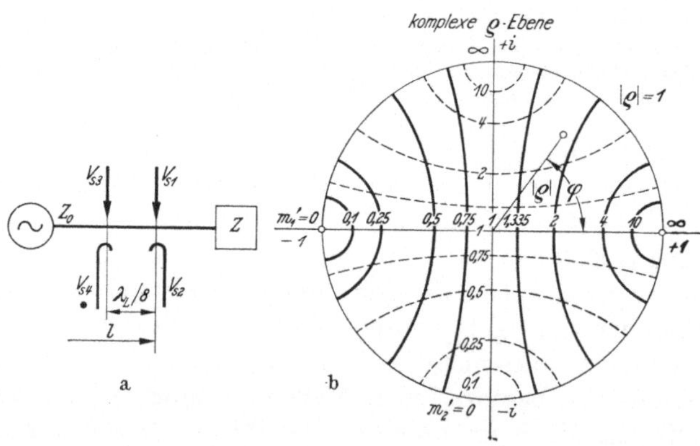

Abb. 4.45 a u. b. Leitung mit kapazitiv-induktiven Sondenpaaren. a Schema, b Ortskurven des komplexen Reflexionsfaktors für konstante Amplitudenverhältnisse der Sondenpaare

Eine neue Lösung, welche die angeführten Nachteile vermeidet, bietet die Anwendung rein induktiver Sonden (s. Abschn. 4.3.6). Abb. 4.45a zeigt das Schema einer Anordnung mit zwei Sondenpaaren, bestehend aus je einer kapazitiven und einer induktiven Sonde.

Wenn man eines der Sondenpaare betrachtet, erhält man die folgenden Beziehungen für den Zusammenhang zwischen den Sondenspannungen bzw. den diesbezüglichen Anzeigewerten und dem Reflexionsfaktor:

$$|V_{s\,kap}|^2 = |V_1|^2 \left(1 + |\varrho|^2 + 2\,|\varrho|\cos\varphi\right),$$

$$|V_{s\,ind}|^2 = |V_2|^2 \left(1 + |\varrho|^2 - 2\,|\varrho|\cos\varphi\right), \tag{4.43}$$

$$m^2 = \frac{|V_{s\,kap}|^2}{|V_{s\,ind}|^2},$$

$$m'^2 = m^2\,[k(f)]^2 = \frac{1 + |\varrho|^2 + 2\,|\varrho|\cos\varphi}{1 + |\varrho|^2 - 2\,|\varrho|\cos\varphi},$$

$$|\varrho|^2 - 2\,|\varrho|\cos\varphi\,\frac{m'^2 + 1}{m'^2 - 1} + 1 = 0. \tag{4.44}$$

Ein Vergleich von Gl. (4.44) und (4.41) zeigt folgendes: Ein Sondenpaar bestehend aus einer kapazitiven und einer induktiven Sonde an derselben Stelle der Leitung entspricht zwei kapazitiven Sonden mit dem Abstand $\lambda_L/4$. Beide Sondenpaare ergeben das gleiche Diagramm. $|V_1|$ und $|V_2|$ sind die Spannungsamplituden am Ausgang der kapazitiven und induktiven Sonde für rein fortschreitende Wellen. Ihre Frequenzabhängigkeit ist unterschiedlich. Das Verhältnis der gemessenen Sondenspannungen m muß daher mit einem frequenzabhängigen Faktor $k(f) = |V_2|/|V_1|$ multipliziert werden, um m' zu erhalten, auf Grund dessen, entsprechend der Gl. (4.44) die Ortskurven berechnet und im ϱ-Diagramm eingetragen sind. Für konstante Werte von m' erhält man die in Abb. 4.45 b stark ausgezogenen Kurven als Ortskurven des Reflexionsfaktors in der Querschnittsebene der Leitung, wo die Sonden angebracht sind.

Eine Anordnung für die Anpassungsmessung muß zwei Sondenpaare enthalten. Das zweite Paar wird im Abstand $\lambda_L/8$ angenommen, da unter dieser Bedingung die Ortskurven für kleine Werte von $|\varrho|$ senkrecht zueinander verlaufen. Ausgerechnet und in Abb. 4.45 b eingezeichnet, ergeben sich die strichlierten Kurven für konstante von unten nach oben zunehmende Werte von m'_2. Die Wirkungsweise dieser Anordnung ist die gleiche, wie bei dem oben angeführten Gerät mit vier kapazitiven Sonden, mit dem Unterschied, daß hier die Kurvenscharen für jedes Sondenpaar von der Frequenz unabhängig sind. Man kann daher die Kurven für das erste Paar direkt in das ϱ-Diagramm eintragen. Die zweite Kurvenschar wird auf einer durchsichtigen Scheibe aufgetragen, welche über dem ϱ-Diagramm um den Mittelpunkt drehbar befestigt ist. Sie wird dem elektrischen Abstand der Sondenpaare entsprechend eingestellt. $\lambda_L/8$ entspricht z. B. einer Verdrehung um $90°$. Bei einer Frequenzänderung ändert sich der elektrische Abstand, wobei die Scheibe mit der zweiten Kurvenschar bei einer Änderung Δf um einen Winkel $\Delta\alpha = (\pi/2)\,(\Delta f/f)$ gedreht wird (Koaxialleitung).

Eine andere Möglichkeit, die allerdings dem Prinzip der „festen" Sonden widerspräche, bestünde darin, das zweite Sondenpaar verschiebbar anzuordnen und jeweils auf den Abstand $\lambda_L/8$ einzustellen.

Die Anordnung mit gemischt kapazitiven und induktiven Sondenpaaren hat den Vorteil, daß die Kurvenscharen der Paare von der Frequenz unabhängig sind. Das Leitungsstück zwischen den Sonden hat die relativ geringe Länge $\lambda_L/8$. Die Anordnung beansprucht daher geringen Platz und ist besonders für den niederfrequenten Bereich der Mikrowellen zweckmäßig.

4.5 Drehbare Hohlleitersonde

Die Untersuchung der Feldverteilung für hin- und rücklaufende Wellen in Hohlleitern mit TE-Wellen zeigt, daß eine um ihre Achse

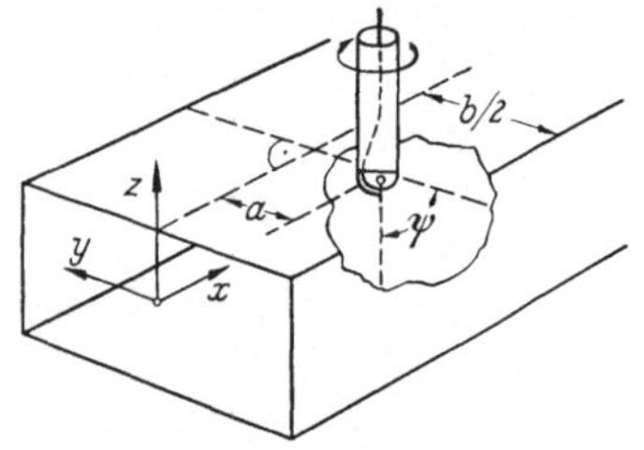

drehbare rein induktive Sonde, welche in das Innere des Hohlleiters hineinragt, bei geeigneter Lage die Anpassungsmessung ermöglicht (TISCHER [42]).

In einem rechteckigen Hohlleiter für TE_{01}-Wellen ist mit den in Abb. 4.46 angegebenen Bezeichnungen die Verteilung des magnetischen Feldes für hin- und rücklaufende Wellen

Abb. 4.46. Rechteckhohlleiter mit drehbarer induktiver Sonde

$$H_x = H_0\, i\, \frac{\lambda_0}{\lambda_c} \sin \frac{\pi}{b}\, y\, [1 + \varrho_L\, e^{-2i\beta(L-x)}]\, e^{-i\beta x},$$

$$H_y = H_0 \sqrt{1 - \left(\frac{\lambda_0}{\lambda_c}\right)^2}\, \cos \frac{\pi}{b}\, y\, [1 - \varrho_L\, e^{-2i\beta(L-x)}]\, e^{-i\beta x}. \qquad (4.45)$$

Hierin ist λ_0 die Wellenlänge im freien Raum und λ_c die Grenzwellenlänge des Hohlleiters. Die in der Sonde induzierte Spannung ist proportional der Komponente der magnetischen Feldstärke normal zur Schlingenfläche;

$$H_n = H_y \cos \psi - H_x \sin \psi. \qquad (4.46)$$

Der Winkel ψ (Abb. 4.46) liegt zwischen der Normalen zur Schlingenfläche und der y-Richtung. Für die Sondenspannung ergibt sich im Falle einer bestimmten Lage der Sonde

$$V_s = V_0\, [1 - \varrho_L\, e^{-2i\psi}\, e^{-2i\beta(L-x)}]\, e^{+i\psi}\, e^{-i\beta x}. \qquad (4.47)$$

Gl. (4.47) zeigt, daß eine Drehung um den Winkel ψ einer Verschiebung um Δx entspricht. Es ist

$$\Delta x = - \lambda_L \frac{\psi}{2\pi}. \qquad (4.48)$$

Die Eigenschaften eines Leitungsstückes mit drehbarer Sonde sind die gleichen wie diejenigen einer Meßleitung. Eine Bedingung für die Gültigkeit der Gl. (4.48) ist

$$\frac{a}{b} = \frac{1}{\pi} \operatorname{arc\,tg}\left[\sqrt{1 - \left(\frac{\lambda_0}{\lambda_c}\right)^2} \Big/ \frac{\lambda_0}{\lambda_c}\right], \qquad (4.49)$$

wenn a (Abb. 4.46) der Abstand der Sonde von der Mittelebene des Hohlleiters ist. Die Bedingung der Gl. (4.49) kann durch seitliche Verschiebung der Sonde abhängig von der Frequenz erfüllt werden. Abb. 4.47 zeigt den Zusammenhang graphisch.

Bei Drehung der Sonde hat die Amplitude der Sondenspannung den gleichen Verlauf wie bei einer Verschiebung in der Längsrichtung und ist daher der Feldstärkeverteilung in der Längsrichtung proportional. Wie bei der geschlitzten Meßleitung ist der Quotient aus maximaler zu minimaler Sondenspannung ein Maß für den Absolutwert des Reflexionsfaktors $|\varrho|$. Es ist

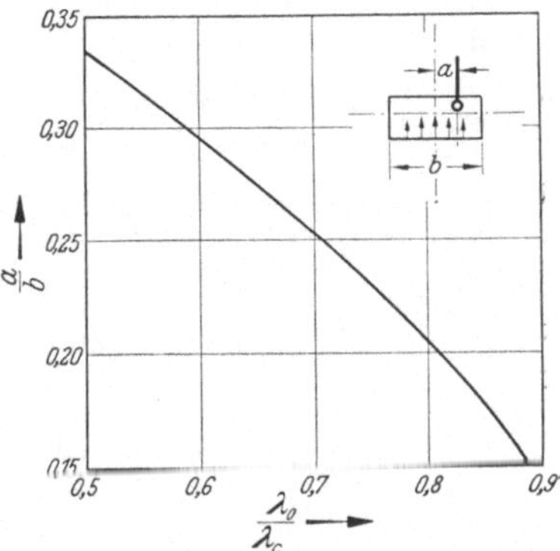

Abb. 4.47. Seitliche Lage der Sonde abhängig von der Wellenlänge

$$|\varrho| = \frac{|V_s|_{max}/|V_s|_{min} - 1}{|V_s|_{max}/|V_s|_{min} + 1}.$$

Beide Werte sind von der Lage der Sonde in der Längsrichtung der Leitung unabhängig. Der Winkel φ des Reflexionsfaktors $(\varrho = |\varrho|\, e^{i\,\varphi})$ hat in der Querschnittsebene, in welcher die Sonde liegt, den Wert

$$\varphi = 2\,\psi_m\,, \qquad (4.50)$$

wenn ψ_m der Einstellwinkel der Sonde im Minimum der Sondenspannung ist. Gl. (4.50) zeigt als einen Vorzug der Messung mittels drehbarer Sonde, daß die Phase des Reflexionsfaktors direkt aus der Winkeleinstellung bestimmt und abgelesen werden kann, während φ bei der Meßleitung auf Grund einer Vergleichsmessung bei Ersatz des Meßobjektes durch einen Kurzschluß bestimmt werden muß.

Abb. 4.48 zeigt die praktische Ausführung eines Anpassungs-

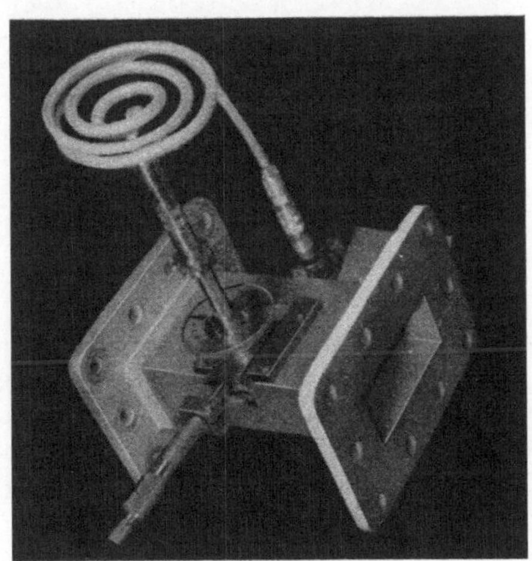

Abb. 4.48
Anpassungsmesser mit drehbarer induktiver Sonde

messers mit drehbarer Sonde für das S-Band, bei welchem die Sonde seitlich verschiebbar und mit einer Mikrometerschraube einstellbar ist. Abb. 4.49 zeigt die relative Sondenspannung $|V_s|/|V_{s_0}|$ als Funktion des Drehwinkels bei Anpassung. Das Meßgerät hat sehr hohe Genauigkeit, da der im Sondenspannungsteiler verursachte Fehler, welcher durch mechanische Ungenauigkeiten der Wagenführung und des Schlitzes und durch elektrische Einflüsse hervorgerufen wird, wegfällt.

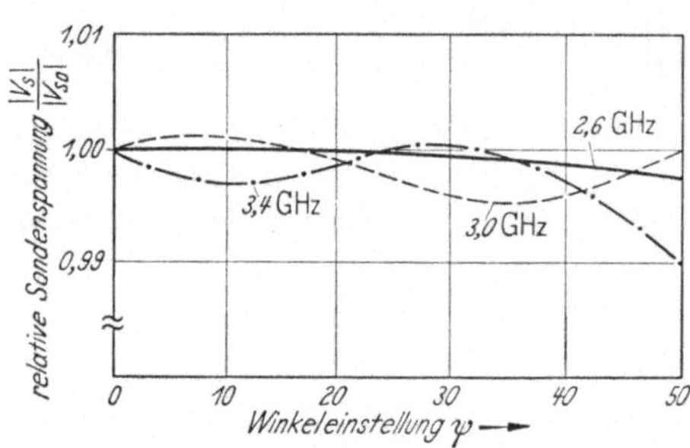

Abb. 4.49. Gemessene Sondenspannung bei Anpassung abhängig von der Winkeleinstellung der Sonde (50 entspricht 90°)

Die ungenaue Einstellung der seitlichen Lage der Sonde und Nichterfüllung der Bedingung der Gl. (4.49) ergibt einen Meßfehler. Mit einer Fehleinstellung Δa ist dessen Wert

$$\Delta\varrho = \frac{\pi}{2\,k_1}\,\frac{\Delta a}{b}\,(1 - \varrho^2)\Big/\left[1 - \frac{\pi}{2\,k_1}\,\frac{\Delta a}{b}\,(1 - \varrho)\right], \qquad (4.51)$$

wenn

$$k_1 = \frac{\lambda_0}{\lambda_c}\sin\frac{\pi}{b}\,(a + \Delta a)$$

eingeführt wird.

In der Nähe von Anpassung ($\varrho \approx 0$) kann Gl. (4.51) vereinfacht werden. Es ergibt sich angenähert

$$\Delta\varrho_0 \approx \frac{\pi}{2\,k_1}\,\frac{\Delta a}{b}. \qquad (4.52)$$

Das entsprechende fehlerhafte SWV' hat den Wert

$$SWV' = SWV\left(1 + \pi\,\frac{\Delta a}{b}\,\frac{\left(\frac{\lambda_c}{\lambda_0}\right)^2}{\sqrt{\left(\frac{\lambda_c}{\lambda_0}\right)^2 - 1}}\right). \qquad (4.53)$$

Da die seitliche Einstellung der Sonde und a von der Frequenz abhängen, erhält man einen gleichartigen Fehler bei einer fehlerhaften Frequenzeinstellung oder Frequenzeichung des Signalgenerators. Den Fehler berechnet man aus der Frequenzabhängigkeit von a durch Differentiation der Gl. (4.49). Die Rechnung ergibt

$$\frac{\Delta a}{b} = \frac{1}{\pi}\,\frac{\Delta f}{f}\,\frac{1}{\sqrt{\left(\frac{\lambda_c}{\lambda_0}\right)^2 - 1}}, \qquad (4.54)$$

wenn die Frequenz um Δf von dem Sollwert abweicht, für welchen die seitliche Lage der Sonde korrekt ist. Der entsprechende Fehler in der Nähe von Anpassung ist

$$\Delta \varrho_0 \approx \frac{1}{2} \frac{\dfrac{\Delta f}{f}}{1 - \left(\dfrac{\lambda_0}{\lambda_c}\right)^2}. \qquad (4.55)$$

Ein weiterer Fehleranteil rührt von ungenügender Kompensation der induktiven Sonde und deren Unsymmetrie her.

Einführung numerischer Werte für ein S-Band Instrument ergibt einen Summenfehler $\pm \Delta \varrho_0 \approx 0{,}006$. Die Genauigkeit der Anpassungsmessung ist daher relativ hoch.

Eine drehbare induktive Sonde ermöglicht ebenfalls die Anpassungsmessung in kreisrunden Hohlleitern entsprechend demselben Prinzip. Die mathematische Darstellung der Feldkomponenten ergibt mit den in der Abb. 4.50 angegebenen Beziehungen für TE_{11}-Wellen

$$H_x = i\, H_0 \left(\frac{2\,\pi}{\lambda_c}\right)^2 J_1\left(\sigma\, \frac{r}{a}\right) \sin \vartheta \left[1 + \varrho_L\, e^{-2i\beta(L-x)}\right] e^{-i\beta x},$$

$$H_\vartheta = - H_0\, \frac{\beta}{r}\, J_1\left(\sigma\, \frac{r}{a}\right) \cos \vartheta \left[1 - \varrho_L\, e^{-2i\beta(L-x)}\right] e^{-i\beta x}. \qquad (4.56)$$

Hierin ist σ eine sich aus den Randbedingungen ergebende Konstante, ϑ der Winkel, welcher die Lage in Richtung des Umfanges definiert und J_1 die BESSELsche Funktion erster Ordnung.

In einer rein induktiven Sonde, welche durch die Hohlleiterwand in das Innere hineinragt (Abb. 4.50) und deren Schlingenfläche senkrecht zur Wand steht, wird von den Komponenten der magnetischen Feldstärke H_x und H_ϑ eine Sondenspannung

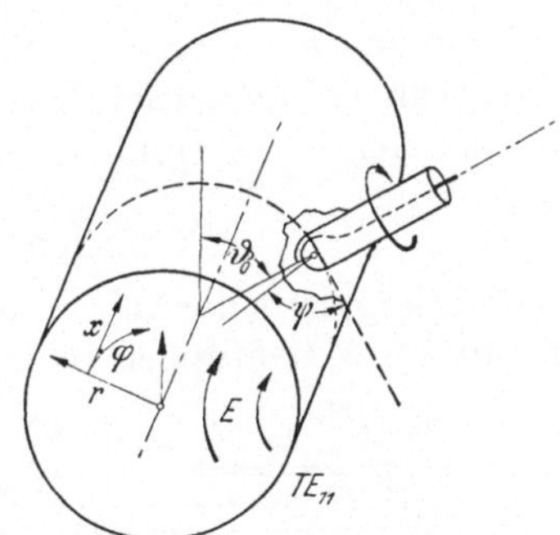

Abb. 4.50. Rein induktive Sonde im kreisrunden Hohlleiter

$$V_s = V_0 \left[1 - \varrho_L\, e^{-2i\beta(L-x)}\, e^{-2i\psi}\right] e^{i(\psi - \beta x)} \qquad (4.57)$$

induziert, wenn ψ der Winkel zwischen der Normalen auf die Schlingenfläche der Sonde und der Tangente an den Umfang des Hohlleiters ist.

Gl. (4.57) ist gültig, wenn der Winkel ϑ, welcher die Lage der Sonde auf dem Umfang bestimmt, die Bedingung

$$\vartheta_0 = \operatorname{arc\,tg}\left[\sqrt{1 - \left(\frac{\lambda_0}{\lambda_c}\right)^2} \Big/ 1{,}84\, \frac{\lambda_0}{\lambda_c}\right] \qquad (4.58)$$

erfüllt. Abb. 4.51 zeigt die Beziehung der Gl. (4.58) in Diagrammform. Entsprechend Gl. (4.57) ist die Abhängigkeit der Sondenspannung von dem Drehwinkel der Sonde die gleiche wie die Abhängigkeit von der Verschiebung längs einer geschlitzten Leitung, so daß die Anordnung für die Anpassungsmessung anwendbar ist. Nach Einstellung der Lage der Sonde längs des Umfanges, um die Bedingung der Gl. (4.58) zu erfüllen, wird die Sonde gedreht und die Maximal- und Minimalamplitude der Sondenspannung und die Lage des Minimums bestimmt. Der Quotient der Amplituden ergibt SWV und den Absolutwert des Reflexionsfaktors $|\varrho|$ und der eingestellte Drehwinkel der Sonde dessen Winkel φ.

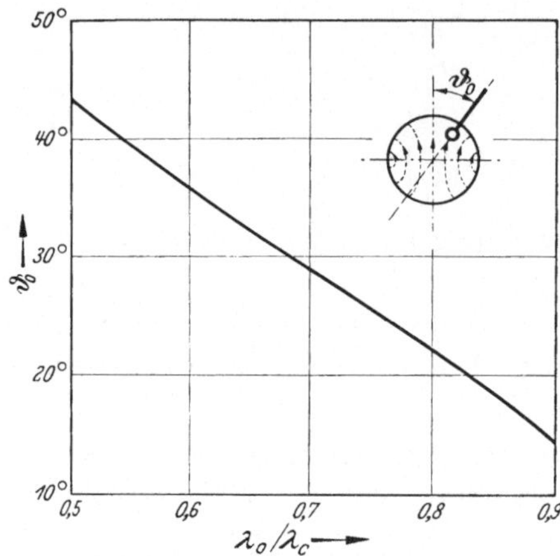

Abb. 4.51. Lage der Sonde am Umfang

Die seitliche Einstellung der Sonde längs des Umfanges des Hohlleiters hat als Bezugsgröße die Symmetrieebene der Feldverteilung im Hohlleiter. Die Symmetrieebene hängt von der Art und dem Ort der Energieeinkopplung ab. Zur Herstellung der Einstellmöglichkeit ist es zweckmäßig ein Leitungsstück, welches die drehbare Sonde enthält, drehbar um die Achse des Hohlleiters anzuordnen.

4.6 Richtkoppler

Richtkoppler sind Anordnungen zur Bestimmung der Amplituden der in Mikrowellenleitungen in beide Richtungen fortschreitenden Wellen. Sie bestehen aus auf spezielle Art zusammengekoppelten Leitungen oder haben die Form von Sonden mit Richtwirkung.

Für einen Leitungsrichtkoppler zeigt Abb. 4.52 ein einfaches Beispiel. Zwei Koaxialleitungen L_1 und L_2 sind an den Stellen A und B im Abstand $\lambda/4$ kapazitiv oder induktiv gekoppelt. In der Hauptleitung laufen Wellen in beide Richtungen. Die in ihnen transportierten Leistun-

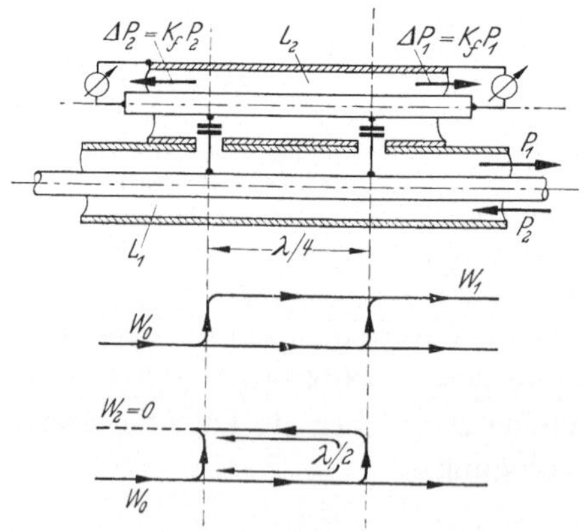

Abb. 4.52. $\lambda/4$-Leitungsrichtkoppler mit Wellenschemen

gen sind P_1 und P_2. Durch die Kopplungselemente, z. B. Löcher oder Schlitze (KADEN [40]), werden bestimmte Beträge der Leistung aus der Hauptleitung ausgekoppelt, welche von der Koppelstelle in der Nebenleitung in beide Richtungen fließen.

Wenn in der Hauptleitung nur Wellen (in symbolischer Darstellung W_0) in der Vorwärts-Richtung fortschreiten, addieren sich die in die Nebenleitung eingekoppelten Wellenbeiträge gleichphasig in der Vorwärts-Richtung, wie aus dem in Abb. 4.52 (Mitte) dargestellten Wellenschema hervorgeht, und ergeben W_1. Die mit einem am Ende der Nebenleitung angepaßt angeschlossenen Leistungsmesser festgestellte Leistung beträgt $|K_f|^2 P_1$, wenn K_f der auf die Feldstärkeamplituden bezogene Kopplungsfaktor des Richtkopplers ist. In entgegengesetzter Richtung heben sich die in der Nebenleitung von den Koppelstellen fortschreitenden Wellen auf, da sie einen $\lambda/2$ entsprechenden Laufzeitunterschied haben (siehe Wellenschema in Abb. 4.52 unten).

Die in der Nebenleitung in beide Richtungen fortschreitenden Wellen sind daher den Amplituden der in der Hauptleitung in beide Richtungen laufenden Wellen proportional. Eine Voraussetzung ist, daß die Nebenleitung an den Enden reflexionsfrei abgeschlossen ist. Die an zwei Leistungsmessern, welche an die Nebenleitung angepaßt angeschlossen sind, abgelesenen Meßwerte sind den Leistungen P_1 und P_2 proportional, welche in der Hauptleitung in den vor- und rücklaufenden Wellen transportiert werden. Der Quotient der angezeigten Leistungen ist ein Maß für den Reflexionsfaktor in der Hauptleitung.

Es ist

$$\frac{\Delta P_2}{\Delta P_1} = \frac{K_f\, P_2}{K_f\, P_1} = \frac{P_2}{P_1} = |\varrho|^2 .$$

Die in der Abbildung dargestellte Anordnung kann daher zur Feststellung der Anpassungsverhältnisse in der Hauptleitung bzw. zur Feststellung der Welligkeit (SWV) benützt werden. Die mit derartigen Richtkopplern festgestellten Daten sind $|\varrho|$ und SWV. Es sind

$$|\varrho| = \sqrt{\frac{\Delta P_2}{\Delta P_1}} \quad \text{und} \quad SWV = \frac{\sqrt{\Delta P_1} + \sqrt{\Delta P_2}}{\sqrt{\Delta P_1} - \sqrt{\Delta P_2}} .$$

Neben dem hier gezeigten Prinzip gibt es eine Reihe von grundsätzlichen Möglichkeiten für die Wirkungsweise und den Aufbau von Richtkopplern. Die Kopplung der Leitung kann kontinuierlich über eine Strecke verteilt oder auf einzelne Stellen konzentriert sein. Die der Hauptleitung entkoppelte Energie kann dem elektrischen oder magnetischen Feld entzogen werden. Kopplung über die Längs- oder Querkomponenten einer der beiden Feldstärken oder gemischte Kopplungen sind möglich.

Neben der Anwendungsmöglichkeit als Leistungsflußmesser und Reflexionsmesser können Richtkoppler als Dämpfungsglieder und

Leistungsteiler in der Meßtechnik und als Anordnungen für den Duplex-betrieb von Antennen benutzt werden.

4.6.1 Theorie der Richtkoppler

Um einen Überblick über die Wirkungsweise und die Eigenschaften verschiedener Richtkopplertypen zu geben, wird unter vereinfachenden Annahmen eine allgemeine Theorie abgeleitet. Die vereinfachten Annahmen vernachlässigen Rückwirkungen der Koppelstellen aufeinander und setzen voraus, daß alle Leitungen angepaßt abgeschlossen und die Kopplungen klein und rein induktiv oder rein kapazitiv sind.

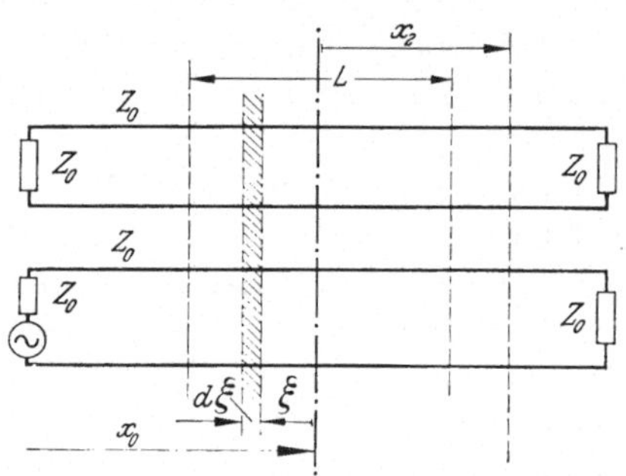

Abb. 4.53. Längs der Strecke L gekoppelte Leitungen als Richtkoppler

Die untersuchte Anordnung besteht aus zwei längs der Strecke L in irgend einer Form gekoppelten Leitungen, wie es in Abb. 4.53 schematisch dargestellt ist. Längs der unteren von einem Generator gespeisten Hauptleitung laufen Wellen

$$W = W_0\, e^{-i\beta x} \qquad (4.59)$$

in positiver Richtung von x. Innerhalb der Strecke L ist die Lage durch ξ den Abstand von der Symmetrieebene der Kopplungsanordnung, bestimmt. Der Kopplungsfaktor $k(\xi)$ je Längeneinheit gibt die Größe der von der Koppelstelle in beide Richtungen laufenden Wellen an. Wenn die Lage auf der oberen Nebenleitung mit x_2 (Abstand von der Symmetrieebene) und die Lage des Richtkopplers mit x_0 bezeichnet sind, ergibt sich für die in beide Richtungen auf der Nebenleitung laufenden Wellen

$$W_1 \text{ (in Richtung von } W\text{)} = W_0\, e^{-i\beta(x_0 + x_2)} \int_{-L/2}^{+L/2} k(\xi)\, d\xi \qquad (4.60)$$

und

$$W_2 \text{ (Richtung entgegen } W\text{)} = W_0\, e^{-i\beta(x_0 - x_2)} \int_{-L/2}^{+L/2} k(\xi)\, e^{-2i\beta\xi}\, d\xi \,. \qquad (4.61)$$

Die interessierenden Daten eines Richtkopplers sind der Kopplungsfaktor bzw. die Kopplungsdämpfung und der Richtfaktor bzw. die Richtdämpfung. Der Kopplungsfaktor gibt die Größe der in der Nebenleitung in die bevorzugte Richtung laufenden Wellen relativ zu derjenigen der Hauptwellen an. Der Richtfaktor ist das Amplitudenverhältnis der in der Nebenleitung in beide Richtungen laufenden Wellen, wenn in der Hauptleitung Wellen in nur einer Richtung fortschreiten. Es ist:

$$\text{Kopplungsfaktor:} \qquad K_f = |W_1|/W_0 ,$$

$$\text{Kopplungsdämpfung:} \quad a_k^{[db]} = 20 \log K_f ; \qquad (4.62)$$

$$\text{Richtfaktor:} \qquad K_r = |W_2|/|W_1| .$$

$$\text{Richtdämpfung:} \qquad a_r^{[db]} = 20 \log K_r . \qquad (4.63)$$

Es ist weiter

$$K_f = \left| \int_{-L/2}^{+L/2} k(\xi) \cdot d\xi \right| \qquad (4.64)$$

und

$$K_r = \frac{1}{K_f} \left| \int_{-L/2}^{+L/2} k(\xi) \, e^{-2 i \beta \xi} \, d\xi \right| . \qquad (4.65)$$

Gl. (4.64) zeigt, daß die Gesamtkopplung in der bevorzugten Richtung von der Längsverteilung der Teilkopplungen unabhängig ist. Bei einem Vielelement-Koppler ist z. B. bei schwacher Kopplung je Element die Gesamtkopplung der Zahl der Elemente proportional. Die Richtwirkung dagegen hängt wesentlich von der Längsverteilung der Teil-

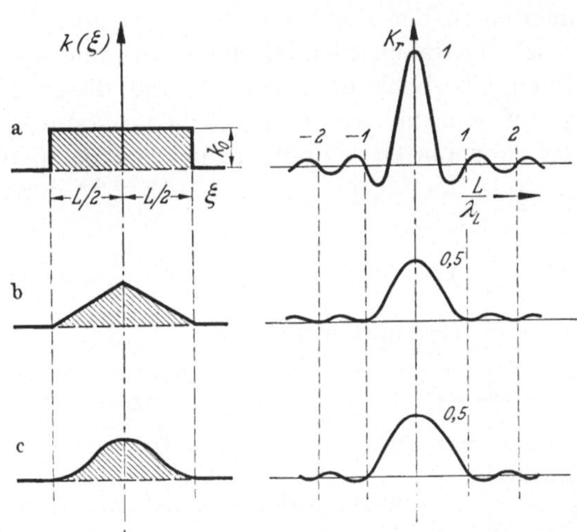

Abb. 4.54 a—c. Richtfaktoren für verschiedene Verteilungen $k(\xi)$ der Kopplung.

a Konstante Teilkopplung: $k(\xi) = k_0$; $K_{r_1} = \dfrac{\sin 2\pi \dfrac{L}{\lambda_L}}{2\pi \dfrac{L}{\lambda_L}}$;

b Dreiecks-Verteilung: $k(\xi) = (1 - 2\xi/L)k_0$; $K_{r_2} = (K_{r_1})^2$;

c cos²-Verteilung $k(\xi) = (1 + \cos 2\pi \xi/L) k_0/2$; $K_{r_3} = \dfrac{K_{r_1}}{1 - \left(\dfrac{2L}{\lambda_L}\right)^2}$

kopplungen ab. Das Auftreten der Wellenlänge im Exponenten des Integranden der Gl. (4.65) ergibt eine Frequenzabhängigkeit, welche von der Verteilungsfunktion $k(\xi)$ abhängt. Eine zusätzliche Frequenzabhängigkeit des Richt- und Kopplungsfaktors wird durch die Frequenzabhängigkeit der Teilkopplungen $k(\xi)$ eingeführt. Wenn man von der Frequenzabhängigkeit der Teilkopplungen absieht, ist der Zusammenhang zwischen dem komplexen Richtfaktor und der Verteilungsfunktion der Kopplung durch eine Fouriertransformation gegeben.

In Abb. 4.54 sind für einige charakteristische Beispiele der Längsverteilung der Teilkopplungen die Richtfaktoren als Funktion der absoluten Größe L/λ_L dargestellt, wobei L die Länge des Koppelschlitzes und λ_L die Wellenlänge in der Leitung sind. Ähnliche Zusammenhänge werden in der Filtertheorie, Antennentheorie und für den Reflexionsfaktor am Eingang inhomogener Leitungen erhalten. Die Resultate zeigen, daß die Länge des Koppelschlitzes größer als λ_L sein soll und die Kopplung möglichst allmählich verlaufen soll.

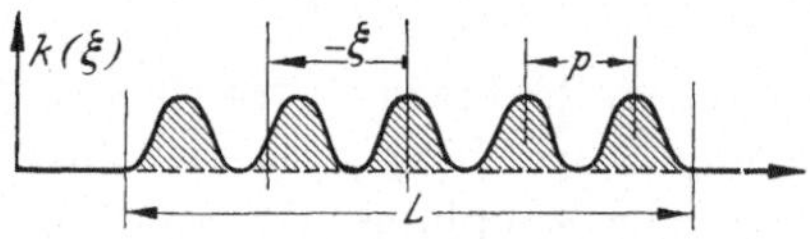

Abb. 4.55. Periodische Kopplungsfunktion

Häufig wird an Stelle kontinuierlicher Kopplung eine Folge von Kopplungselementen in der Form von Schlitzen oder Löchern in den Wandungen zwischen parallellaufenden Hohlleitern und Koaxialleitungen verwendet. Einen Überblick über den Einfluß dieser Konzentration der Kopplung auf einzelne Kopplungselemente kann man erhalten, wenn man der konstanten Kopplungsfunktion k_0 (Abb. 4.54) eine periodische Funktion überlagert, wie es in Abb. 4.55 dargestellt ist. Es wird

$$k(\xi) = \frac{1}{2}\left(1 + \cos \pi\, n\, \frac{2\,\xi}{L}\right) k_0\,, \qquad -\frac{L}{2} < \xi < \frac{L}{2} \tag{4.66}$$

und weiter

$$K_r = \frac{\sin 2\,\pi\, n\, \dfrac{p}{\lambda_L}}{2\,\pi\, n\, \dfrac{p}{\lambda_L}} \cdot \frac{1}{1 - \left(\dfrac{2\,p}{\lambda_L}\right)^2}\,, \tag{4.67}$$

wenn p der Abstand und n die Anzahl der Kopplungselemente sind. Gl. (4.67) zeigt, daß durch die Periodizität eine obere Grenzfrequenz eingeführt wird, welche durch

$$\lambda_{L\,gr} = 2\,p$$

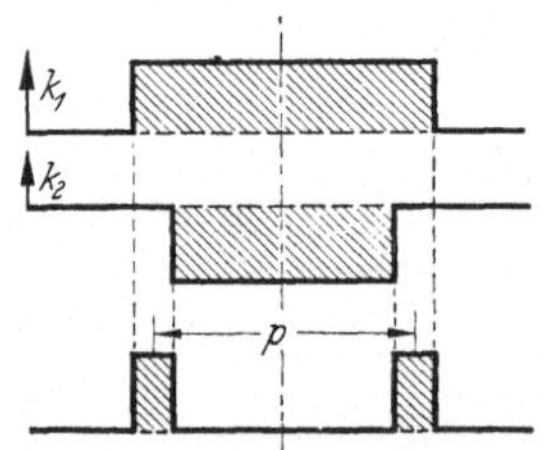

Abb. 4.56. Ableitung des Richtfaktors eines Zweielement-Richtkopplers

gegeben ist. Je nach der Zahl der Kopplungselemente n treten $n-1$ Nullstellen des Richtfaktors innerhalb des Übertragungsbereiches auf.

Auf eine andere Art kann die Frequenzabhängigkeit des Richtfaktors berechnet werden, wenn konstante Kopplungsfunktionen überlagert werden, wie es in Abb. 4.56 für den Fall eines Zweielement-Richt-kopplers schematisch angedeutet ist. Für den Richtfaktor ergibt sich

$$K_r = \cos 2\,\pi\,\frac{p}{\lambda_L}\,. \tag{4.68}$$

Gl. (4.68) bestätigt die einleitend anschauungsmäßig festgestellte Tat-sache, daß zwei Koppelelemente im Abstand $\lambda_L/4$ ideale Richtwirkung ergeben.

Zur Verbesserung der Frequenzabhängigkeit können die Kopplungs-faktoren der Kopplungselemente abgestuft werden. Kopplungslöcher ver-schiedener Größe ermöglichen die Abstufung. Die Teilkopplungen sind entsprechend nebenstehendem Schema abgestuft. Die Werte entsprechen den Binominal-Koeffizienten. Die Richtwirkung ist

$$K_r = \cos^{(n-1)} 2\,\pi\,\frac{p}{\lambda_L}\,, \tag{4.69}$$

wenn n die Zahl der Elemente ist. Die Berechnung von Richtkopplern, für welche der Richtfaktor innerhalb des Übertragungsbereiches eine bestimmte Größe nicht über-schreitet, führt auf TSCHEBYSCHEFFsche Polynome.

$$
\begin{array}{r}
11 \\
+\quad 11 \\
\hline
121 \\
+\quad 121 \\
\hline
1331 \\
+\quad 1331 \\
\hline
14641 \\
\vdots
\end{array}
$$

4.6.2 Gemischte Teilkopplung

Neben rein kapazitiver und rein induktiver Kopplung ist eine gemischte Kopplung zwischen Haupt- und Nebenleitung eines Richtkopplers möglich. Bei dieser Kopplung laufen in der Nebenleitung kombinierte Wellen in beide Richtungen. Die Beiträge zu diesen Wellen sind den-jenigen Feldstärken in der Hauptleitung proportional, mit welchen die Kopplungselemente gekoppelt sind. Bei gemischt kapazitiv-induktiver Kopplung ist ein Teil der von der Koppelstelle in beide Richtungen laufenden Wellen der elek-trischen und ein Teil der magnetischen Feldstärke proportional. Die beiden Anteile sind an der Koppelstelle

$$W_{el\,1,2} = W_{01}\,(1 + \varrho_{x_0})\,e^{-i\,\beta\,x_0}$$

und

$$W_{magn\,1,2} = W_{02}(1 - \varrho_{x_0})\,e^{-i\,\beta\,x_0}\,. \tag{4.70}$$

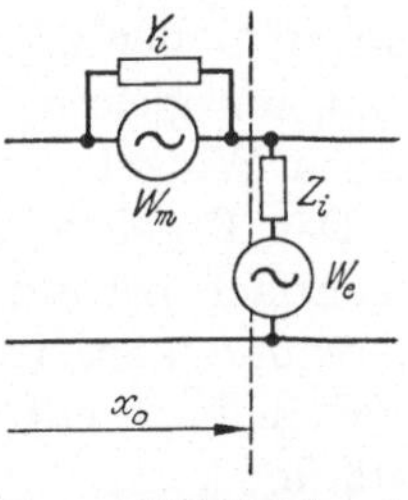

Abb. 4.57. Richtkoppler mit gemischt kapazitiv-induk-tiver Kopplung

Die entsprechend dem Ersatzschaltbild der Abb. 4.57 mit dem elektrischen Transversalfeld verkoppelten in beiden Richtungen laufenden Wellen haben gleiche Polarität. Die mit dem magnetischen Feld ver-koppelten Wellen haben im Gegensatz dazu entgegengesetzte Polarität, da die Energiequelle in Serie zur Sekundärleitung geschaltet ist;

$$\overrightarrow{W_1} = [(W_{01} + W_{02}) + \varrho_{x_0}\,(W_{01} - W_{02})]\,e^{-i\beta x_0};$$

$$\overleftarrow{W_2} = [(W_{01} - W_{02}) + \varrho_{x_0}\,(W_{02} + W_{02})]\,e^{-i\beta x_0}. \tag{4.71}$$

Das Gleichungspaar (4.71) zeigt, daß bei geeigneter Wahl der Größen der elektrischen und magnetischen Teilkopplungen, wenn $W_{01} = W_{02}$ ist,

$$\overrightarrow{W_1} = 2\,W_{01}\,e^{-i\beta x_0} \tag{4.72}$$

und

$$\overleftarrow{W_2} = 2\,\varrho_{x_0}\,W_{01}\,e^{-i\beta x_0} \tag{4.73}$$

sind. Die Anordnung hat Richtwirkung und die in der Nebenleitung laufenden Wellen sind den in der Hauptleitung in die gleichen Richtungen laufenden Wellen proportional.

Ein ähnlicher Effekt wie bei gemischt kapazitiv-induktiver Kopplung kann bei Kopplung über die Längs- und Querkomponente der gleichen Feldstärke in Hohlleitern erzielt werden. Die Bandbreite von Richtkopplern mit gemischter Kopplung ist durch die verschiedene Frequenzabhängigkeit der beiden Kopplungsarten begrenzt. Bei Kombination zu Vielelement-Kopplern ist darauf zu achten, daß die gemischten Teilkopplungen und deren Kombination Richtwirkung in die gleiche Richtung ergeben.

Gemischte kapazitiv-induktive Kopplung kann durch ein Kreisloch in der gemeinsamen Wand von Koaxialleitungen und Hohlleitern hergestellt werden. Eine Änderung der relativen Größe beider Kopplungen zueinander kann z. B. durch eine Änderung des Winkels der gekreuzt verlaufenden Leitungen erzielt werden, da nur die induktive Kopplung vom Winkel abhängt. Bei aufeinander senkrecht stehenden Leitungen ist die induktive bzw. magnetische Kopplung Null, während die kapazitive Kopplung unverändert ist. Die Rechnung zeigt, daß bei Lochkopplung und parallelen Leitungen der induktive Kopplungsfaktor ungefähr den doppelten Wert gegenüber kapazitiver Kopplung hat, so daß, um gleiche Werte und Richtwirkung zu erzielen, beide Leitungen einen Winkel von ca. 60° einschließen müssen.

Das Problem der Leitungskopplung durch Löcher und Schlitze ist mehrfach behandelt worden (BETHE [21], KADEN [40]). Für die induktive und kapazitive Kopplung zwischen Koaxialleitungen erhält man für ein Loch mit dem Durchmesser D bei Vernachlässigung der Wandstärke:

induktiv: $K_m \approx 5\,d^3/\lambda_L\,R_a^2 Z_0$,
(magnetisch)

kapazitiv: $K_e \approx 2{,}5\,d^3/\lambda_L\,R_a^2 Z_0$,
(elektrisch)

wenn R_a der Innendurchmesser des Außenleiters, Z_0 der Wellenwiderstand sind, und $K_{e,m}$ den relativen Amplitudenwerten der von der Koppelstelle in jede der beiden Richtungen laufenden Wellen entspricht.

Wenn zwei rechteckige Hohlleiter durch ein Loch in der Mitte der gemeinsamen Breitseite gekoppelt sind, erhält man angenähert

$$K_m \approx \frac{\pi\, d^3}{3\,\lambda_L\, a\, b}\, e^{-\frac{2\,\pi\, t}{\lambda_0}\sqrt{\left(\frac{\lambda_0}{1{,}71\, d}\right)^2 - 1}}\;;$$

$$K_e \approx \frac{\pi\, d^3}{6\,\lambda_L\, a\, b}\left(\frac{\lambda_L}{\lambda_0}\right)^2 e^{-\frac{2\,\pi\, t}{\lambda_0}\sqrt{\left(\frac{\lambda_0}{1{,}31\, d}\right)^2 - 1}}\,.$$

a und b sind die Innendimensionen und t die Wandstärke des Hohlleiters.

Für ein Kopplungselement in der Form eines Loches in der Schmalseite zweier anliegender Hohlleiter ist der Kopplungsfaktor

$$K_m \approx \frac{\pi\, d^3\, \lambda_L}{16\, a^3\, b}\, e^{-\frac{2\,\pi\, t}{\lambda_0}\sqrt{\left(\frac{\lambda_0}{1{,}71\, d}\right)^2 - 1}}\,.$$

4.6.3 Richtkoppler-Meßmethoden und ihre Genauigkeit

Die Messung des Leistungsflusses in die Vorwärts-Richtung stellt keine besonderen Anforderungen an die Genauigkeit der Richtkoppler. Mit Hilfe von Eichkurven kann die Frequenzabhängigkeit der Kopplungsfaktoren bzw. der Kopplungsdämpfungen berücksichtigt werden.

Bei der Messung des Reflexionsfaktors mittels Richtkoppler, welche auf dem Vergleich der Größen der in beiden Richtungen laufenden Wellen beruht, treten Schwierigkeiten auf. Neben dem Fehler infolge ungenügender Richtwirkung ergibt Fehlanpassung der Nebenleitung einen weiteren Fehlerbeitrag. Abb. 4.58 zeigt die Fehlereinflüsse an dem Beispiel eines $\lambda_L/4$-Richtkopplers für die Messung der reflektierten Leistung. Zur Vermeidung bzw. Verminderung des Fehlers infolge Fehlanpassung in der Nebenleitung sind die Richtkoppler allgemein einseitig ausgeführt und die Nebenleitungen einseitig angepaßt abgeschlossen.

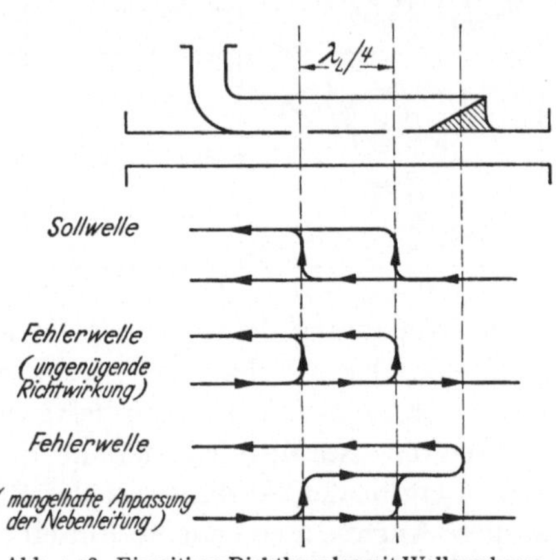

Abb. 4.58. Einseitiger Richtkoppler mit Wellenschema der Nutz- und Fehlerwellen

Für die Bestimmung des Reflexionsfaktors werden zweckmäßig zwei Richtkoppler hintereinander geschaltet, von denen jeder die Messung der

Welle in eine der beiden Richtungen ermöglicht. Für Laboratoriumsmessungen werden Richtfaktoren in der Größenordnung $k_r = 0{,}01$, $\alpha_r = 40$ db benötigt. Sie werden mit Vielelement-Hohlleiterkopplern erzielt, bei welchen die Kopplungselemente aus seitlichen Längsschlitzen und Querschlitzen in der gemeinsamen Breitseite des Hohlleiters bestehen. Von den in Paaren angeordneten Kopplungselementen besitzt jedes Paar Richtwirkung. (Ausführungsform 5.)

Tab. 4.2 zeigt eine Zusammenstellung üblicher Richtkoppler [22, 24, 25, 26] in Hohlleiterausführung und ihre ungefähren Daten. Das Prinzip der Ausführungsformen 1—3 ist ebenfalls für Koaxialleitungen anwendbar.

Tabelle 4.2. *Verschiedene Richtkopplertypen und ihre ungefähren Daten.*
$\Delta F =$ Bandbreite, $\alpha_k =$ Kopplungsdämpfung, $\alpha_r =$ Richtdämpfung

1 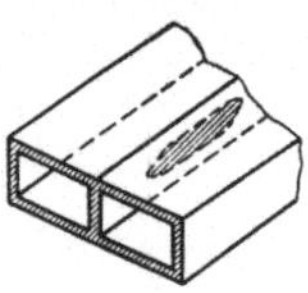	ΔF mittel $\alpha_K = {\sim}6$ db $\alpha_r = {\sim}15$ db	4 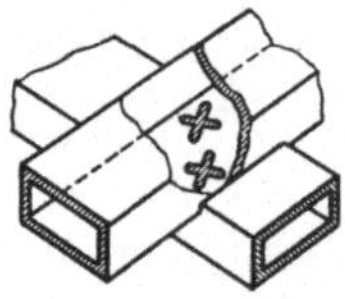	ΔF mittel $\alpha_K = 15...50$ db $\alpha_r = {\sim}15$ db
2 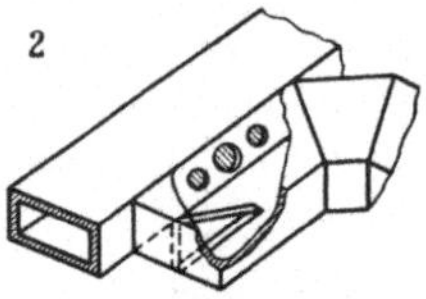	ΔF klein $\alpha_K = 15...30$ db $\alpha_r = {\sim}20$ db	5 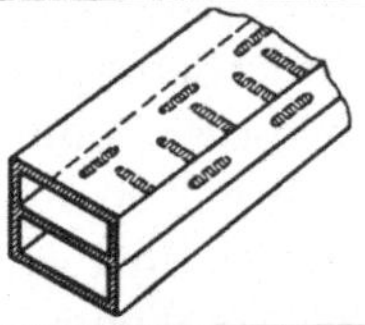	ΔF groß $\alpha_K = 6...20$ db $\alpha_r = {\sim}40$ db
3 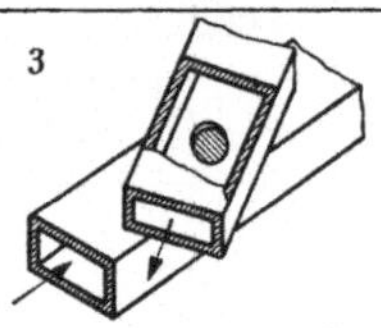	ΔF mittel $\alpha_K = 20...50$ db $\alpha_r = {\sim}15$ db	6 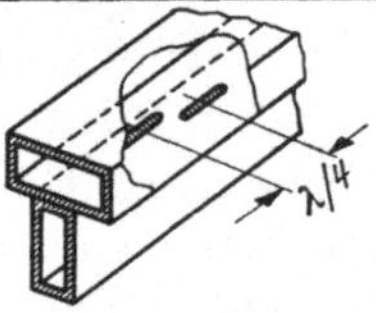	ΔF klein $\alpha_K = 20...30$ db $\alpha_r = {\sim}20$ db

Die Anpassung bzw. der Reflexionsfaktor kann mit Hilfe zweier hintereinander geschalteter einseitiger Richtkoppler und mit Hilfe zweier Anzeigevorrichtungen festgestellt werden. Das Verhältnis der angezeigten Amplituden der in die Nebenleitungen ausgekoppelten Wellen ergibt den Absolutwert des Reflexionsfaktors. Für viele Zwecke ist diese Angabe ausreichend. Für eine vollständige Angabe ist jedoch die zusätzliche Kenntnis des Winkels des Reflexionsfaktors notwendig. Für dessen Bestimmung müssen die Phasen der Wellen in den Nebenleitungen verglichen werden.

Abb. 4.59 zeigt das Schema eines Meßplatzes für die Bestimmung der Größe und des Winkels des Reflexionsfaktors. Der Meßplatz besteht aus der Hauptleitung an welcher zwei einseitige entgegengesetzt gerichtete Richtkoppler angebracht sind. Die an den Ausgängen der Nebenleitungen erhaltenen Wellen sind den in der Hauptleitung in beide Richtungen fortschreitenden Wellen proportional. An die Nebenleitung für die Vorwärtsrichtung ist ein variables Dämpfungsglied und ein variabler Phasenschieber an- geschlossen. Der Ausgang mündet über eine Brücken- verzweigung in die zweite Nebenleitung, welche einen Teil der reflektierten Wellen auskoppelt. Die Energie des Differenzarmes der Brücken- verzweigung wird verstärkt, gleichgerichtet und einem An- zeigeinstrument als Nullan- zeiger zugeführt.

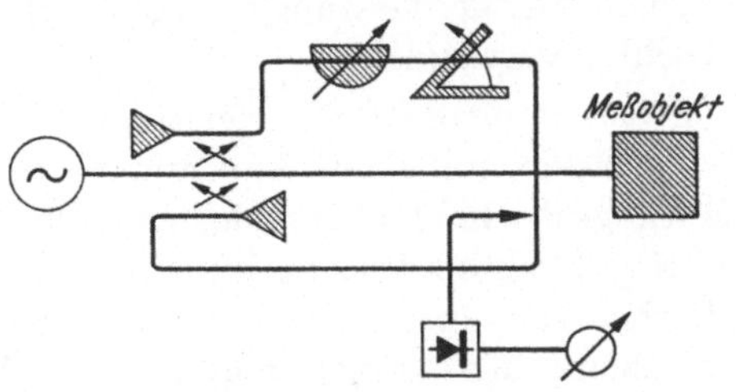

Abb. 4.59. Meßplatz für Anpassungsmessung mittels zweier Richtkoppler

Die Längen der Nebenleitungen zwischen den Richtkopplern und dem gemeinsamen T-Glied sind so abgestimmt, daß sie gleichen elektrischen Längen entsprechen. Wenn in der Haupt- leitung gleichgroße Wellen in beide Richtungen fortschreiten, welche an dem Ort des Richtkopplers gleiche Phase haben, zeigt das Anzeige- instrument Null. Dieser Meßwert entspricht Kurzschluß und einem komplexen Reflexionsfaktor — 1. Bei verschiedener Größe und Phase der Wellen wird mit Hilfe des Dämpfungsgliedes und Phasenschiebers die Größe der Wellen in der Vorwärtsrichtung herabgesetzt und die Phase verschoben bis das Anzeigeinstrument Null zeigt. Die Ablesungen des Dämpfungsgliedes und des Phasenschiebers geben die Größe und den Winkel des Reflexionsfaktors an. Es ist

$$|\varrho| = e^{-a[\mathrm{Np}]} = 10^{-\frac{a[\mathrm{db}]}{20}}$$

und

$$\varphi = \psi \, ,$$

wenn $\varrho = |\varrho|\, e^{-i\varphi}$, a die abgelesene Dämpfung und ψ die durch den Phasenschieber hervorgerufene Verschiebung sind.

An Stelle des Amplitudenvergleiches der reflektierten Wellen mit den in der Vorwärtsrichtung fortschreitenden Wellen kann ein Vergleich mit den von einem Kurzschluß reflektierten Wellen treten. In diesem Falle besteht die Meßanordnung aus zwei von einem T-Glied gespeisten Leitungen oder Hohlleitern, von denen eine mit dem Kurzschluß und die andere mit dem Meßobjekt abgeschlossen sind. Zwei Richtkoppler liefern die den reflektierten Wellen proportionalen Vergleichs-Feld- stärken. Der Vergleich der Amplitude und Phase erfolgt mit Hilfe einer Brückenverzweigung in der in Abb. 4.59 dargestellten Schaltung oder (Impedanzmesser der Fa. Rohde & Schwarz, München) nach Über- lagerung in eine konstante Zwischenfrequenz in einer LC-Laufzeitkette.

Die Messung des Richtfaktors oder der Richtdämpfung eines einseitigen Richtkopplers erfolgt durch einen Vergleich der Leistungsablesungen, wenn Ein- und Ausgang des Richtkopplers vertauscht werden. Bei der Messung wird als Verbraucher ein angepaßter Leitungsabschluß verwendet.

Zweckmäßiger ist eine Relativmessung in folgender Form. Der Richtkoppler wird mit einem Anpassungstransformator und einem angepaßten Leitungsabschluß abgeschlossen. Die Einstellung des Transformators wird verstellt bis das Anzeigeinstrument in der Nebenleitung Null anzeigt. Hierbei ruft die an den Richtkoppler angeschlossene Kombination, bestehend aus Transformator und Abschluß, eine reflektierte Welle hervor, welche die fehlerhafte Welle in der Nebenleitung aufhebt. Die Größe der reflektierten Welle kann nach Trennung der Kombination vom Richtkoppler bei Anschluß an eine genaue Meßleitung mit deren Hilfe gemessen werden. Der Absolutwert des gemessenen Reflexionsfaktors ergibt direkt den Richtfaktor als ein Maß für den Fehler des Richtkopplers.

4.7 Anpassungskomparatoren

Die Anpassungskomparatoren entsprechen den Meßbrücken und Differentialtransformatoren der Niederfrequenztechnik. Die Meßmethoden beruhen, ähnlich wie bei den Meßbrücken, auf einem Vergleich der elektrischen Eigenschaften der angeschlossenen Meßobjekte mit denjenigen bekannter Schaltungselemente. Die Komparatoren bestehen aus T-förmigen Leitungsverzweigungen mit eingebauten Vergleichseinrichtungen. Bei konstanter elektrischer Feldstärke an der Verzweigungsstelle wird die Differenz der magnetischen Feldstärken in den Vergleichsleitungen oder bei konstanten entgegengesetzten magnetischen Feldstärken die Differenz der elektrischen Feldstärken gemessen.

In Abb. 4.60 sind zwei typische Komparatoren für Koaxialleitungen und Hohlleiter sowie die zugehörige Meßschaltung gezeigt. Über Arm 3 oder 4 wird der Vergleichsanordnung Hochfrequenzleistung zugeführt. Die zu vergleichenden Bauelemente werden an die Leitungsenden 1 und 2 angeschlossen. Wenn die von ihnen hervorgerufenen reflektierten Wellen gleiche Größe und Phase haben, ist die dem restlichen Leitungsarm 4 oder 3 entnehmbare Leistung Null. Die in den Klammern angegebenen Bezeichnungen V, I und E, H geben an, daß bei ungleichem Abschluß der Arme 1 und 2 die entnommene Leistung dem Quadrat der Spannungs- oder Stromdifferenz bzw. der Differenz der elektrischen oder magnetischen Feldstärken proportional ist.

Die Anpassungskomparatoren bieten folgende Anwendungsmöglichkeiten:

1. Abgleich von Bauteilen, um durch Vergleich mit einem Standard-Bauteil einen gewünschten Reflexionsfaktor bzw. eine gewünschte Impedanz einstellen zu können.

2. Anpassungs-Abgleich von Bauteilen, wobei als Vergleichselement ein angepaßter Leitungsabschluß verwendet wird.

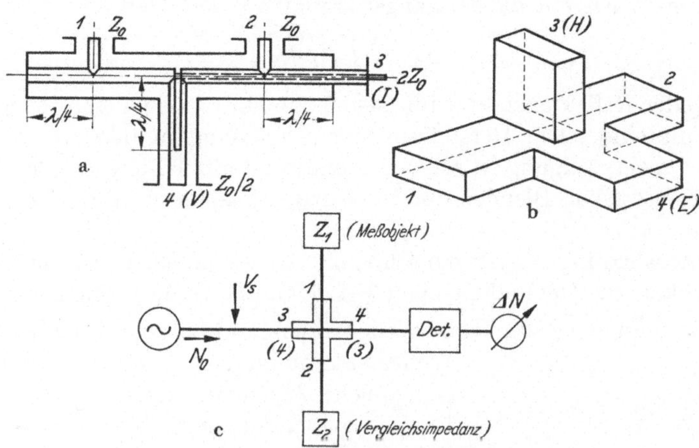

Abb. 4.60 a—c. Anpassungskomparatoren und ihre Meßschaltung.
a Koaxiale T-Leitung, b Hohlleiter-Verzweigung (Magic Tee), c Meßschaltung

3. Messung der Fehlanpassung bei Vergleich mit einem angepaßten Leitungsabschluß. Die vom Meßobjekt reflektierte Welle wird mit Hilfe eines geeichten Anpassungstransformators, welcher zwischen Vergleichsanordnung und Meßobjekt geschaltet ist, kompensiert. Aus der Ablesung der eingestellten Werte des Anpassungstransformators wird die Fehlanpassung bestimmt.

4. Direkte Sichtanzeige der Fehlanpassung als Funktion der Frequenz bei konstanter frequenzgewobbelter Eingangsleistung bei Vergleich mit einem angepaßten Leitungsabschluß. Die Ausgangsleistung wird auf dem Schirm eines Oszillographen als Funktion der Frequenz des Wobbelgenerators dargestellt.

Für die unter 3 angeführte Methode der Messung der Fehlanpassung oder Impedanz eines Meßobjektes ist in Abb. 4.61 das Ersatzschaltbild gezeigt.

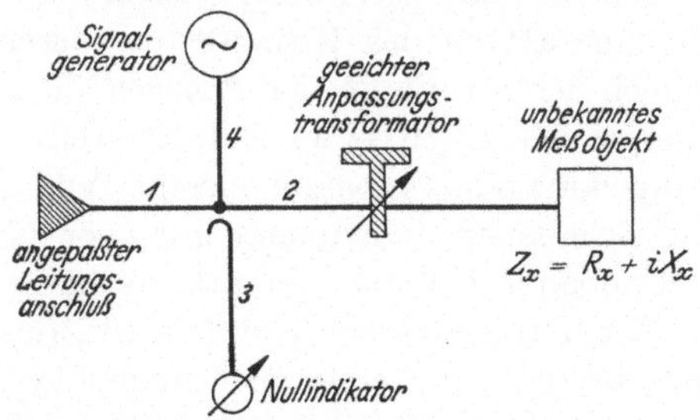

Abb. 4.61. Komparatorschaltung für die Anpassungsmessung

Die in Abschn. 6.5.3 beschriebenen Anpassungs- bzw. Impedanztransformatoren können in dieser Schaltung verwendet werden. Bei der Messung wird der Transformator solange verstellt bis der Nullindikator des Komparators Anpassung anzeigt. Nach Ablesung der eingestellten Werte kann das SWV, $\varrho = |\varrho|\, e^{i\varphi}$ oder $Z_x = R_x + i\,X_x$ den Eichkurven des Transformators entnommen werden.

Kleine Fehlanpassungen können, wie unter 4 angedeutet wurde, direkt mit einer Verzweigungsleitung gemessen werden. Wenn die zugeführte Leistung P_0 ist, hat die Ausgangsleistung ΔP den Wert

$$\Delta P = P_0\, |\varrho|^2/4\,,$$

wenn ϱ der Reflexionsfaktor für das Meßobjekt ist und alle übrigen Arme angepaßt sind. Die Herstellung der Anpassung in den Armen einer Hohlleiterverzweigung ist schwierig und muß mit Hilfe spezieller Transformationsstücke, Blenden und kapazitiver Diskontinuitäten hergestellt werden.

Die Anwendung einer Ringleitung mit Abzweigungen bietet eine weitere Möglichkeit zur Herstellung einer Vergleichsanordnung. Die Ringleitung hat eine Länge $3\,\lambda/2$ und ihr Wellenwiderstand beträgt $Z_0/\sqrt{2}$. Z_0 ist der Wellenwiderstand der 4 Abzweigungsleitungen, welche $\lambda/4$ voneinander entfernt in die Ringleitung einmünden. Abb. 4.62 zeigt als Beispiel die koaxiale Ausführung. Die Methode ist auch auf Hohlleiter anwendbar. Die Abzweigleitungen 1 und 2 sind die Vergleichsarme und 3 und 4 Eingangs- und Nullabgleichsarm. Gegenüber der T-förmigen Verzweigungsleitung hat die Ringförmige Vergleichsanordnung den Nachteil erhöhter Frequenzabhängigkeit.

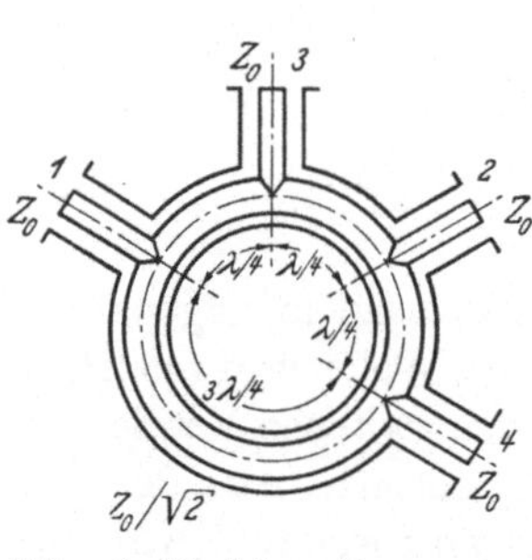

Abb. 4.62. Ringleitung-Komparator

4.7.1 Einstellbare Anpassungskomparatoren

Neben den Verzweigungsleitungen mit Nullabgleich gibt es einige Komparatoren des Koaxialtyps, deren Wirkungsweise auf einem Vergleich der Ströme in den Abzweigleitungen beruht. Aus den erhaltenen Vergleichswerten bzw. den Einstellwerten spezieller Sonden wird die Impedanz oder Anpassung festgestellt. Neben einem von WOODWARD [28] beschriebenen Instrument hat vor allem ein von THURSTON [32] beschriebener Komparator praktische Anwendung gefunden.

Der THURSTONsche Komparator, dessen Schema in Abb. 4.63 gezeigt ist, besteht aus einer T-förmigen koaxialen Leitungsverzweigung mit einer weiteren Zuleitung senkrecht zur T-Ebene. Über die zusätzliche Leitung wird von einem Generator Mikrowellenenergie zugeführt. An den beiden gegenüberliegenden Leitungen ist einerseits ein angepaßter Leitungsabschluß als Vergleichs-Wirkleitwert G_v, andererseits das Meßobjekt mit der unbekannten Admittanz $Y_x = G_x + i\,B_x$ angeschlossen.

Die senkrecht zu den Vergleichsarmen stehende Verzweigungsleitung ist mit einem Kurzschlußschieber abgeschlossen, so daß dieser Arm einer einstellbaren Vergleichssuszeptanz iB_v entspricht. Die Außenleiter der drei Verzweigungsleitungen sind mit Querschlitzen versehen, vor welchen drei Schlingen drehbar ange-ordnet sind. Die Summe der in den Schlingen induzierten Spannungen V_{s_1}, V_{s_2} und V_{s_3} wird über einen Kabelstecker dem Detektor und dem Null-instrument zugeführt. Die Sondenspannungen sind dem cos des Winkels zwischen Schlingenfläche und Leitungs-

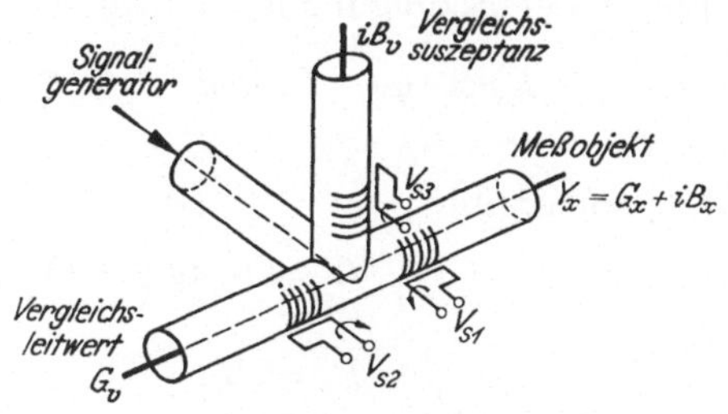

Abb. 4.63. Komparator nach Thurston

ebene und dem Strom, der in der Leitung fließt, proportional. Wenn $B_v = G_v$, bzw. der Leitungskurzschluß im Abstand $\lambda/8$ von der Ver-zweigungsstelle liegt, ergibt sich bei bestimmten Einstellungen für die Summe der Sondenspannungen Null. Unter dieser Bedingung ist

$$V_{s_1} + V_{s_2} + V_{s_3} = 0 = V_0 \left[G_v \cos\varphi_2 + i B_v \cos\varphi_3 - (G_x + i B_x) \cos\varphi_1 \right]. \tag{4.74}$$

Der Wirk- und Blindanteil der Admittanz des Meßobjektes kann daher aus den Drehwinkeln φ_1, φ_2, φ_3 bei Nullanzeige des Instrumentes erhalten werden:

$$G_x = G_v \frac{\cos\varphi_2}{\cos\varphi_1}, \qquad B_x = B_v \frac{\cos\varphi_3}{\cos\varphi_1}. \tag{4.75}$$

Die Winkeleinstellungen der Sonden S_2 und S_3 können direkt in mS (mmhos) und die Einstellung von S_1 in Werten eines multiplikativen Faktors geeicht sein.

Eine drehbare rein induktive Sonde (Tischer [16]) ermöglicht den Aufbau einer vereinfachten Kompa-ratorschaltung. Der Meßvorgang ist ebenfalls vereinfacht, da nur zwei Einstellungen gleichzeitig betätigt werden müssen. Abb. 4.64 zeigt das Schema. Die Verzweigungsleitung ist T-förmig und wird im Verzweigungs-punkt über eine weitere Abzweig-

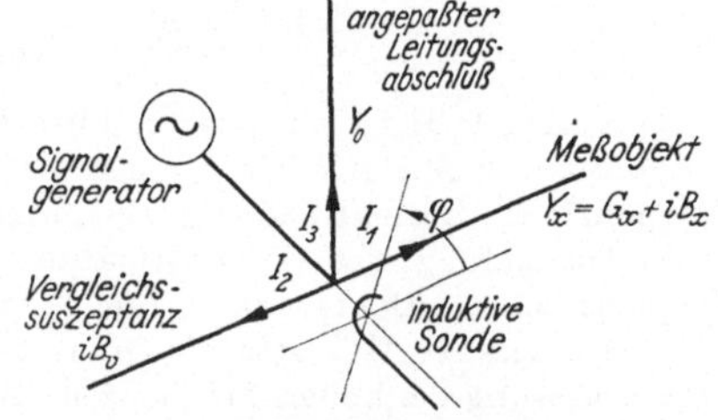

Abb. 4.64. Anpassungskomparator mit kompen-sierter induktiver Sonde

leitung gespeist. Die Ströme in den Verzweigungsleitungen werden mit einer drehbaren induktiven Sonde S verglichen. Die Schlingenfläche der Sonde steht senkrecht auf der Achsen-Ebene der T-Leitungen. An die beiden gegenüberliegenden Arme wird einerseits das Meßobjekt, anderer-seits eine Leitung mit verschiebbarem Kurzschluß angeschlossen, welche eine Vergleichsuszeptanz $i B_v$ darstellt. Die Leitung 3 ist mit einem angepaßten Leitungsabschluß abgeschlossen. $(G_v = Y_0)$.

Bei der Messung wird die Dreheinstellung der Sonde und die Lage des Kurzschlußschiebers geändert, bis die Sondenspannung den Wert o hat. Unter dieser Bedingung ist

$$V_s = (I_1 - I_2)\cos\varphi - I_3\sin\varphi = [G_x + i(B_x - B_v)]\cos\varphi - G_v\sin\varphi = \mathrm{o}\,.$$
$$(4.76)$$

Gl. (4.76) ergibt

$$G_x = G_v\,\mathrm{tg}\,\varphi = Y_0\,\mathrm{tg}\,\varphi \tag{4.77}$$

und

$$B_x = B_v. \tag{4.78}$$

G_x erhält man aus der Winkelablesung φ. B_x ergibt sich aus dem Abstand L des Kurzschlußschiebers von der Verzweigungsstelle, wobei

$$B_v = Y_0\,\mathrm{ctg}\,\frac{2\,\pi}{\lambda}\,L \tag{4.79}$$

ist, wenn Y_0 der Wellenleitwert $(1/Z_0)$ ist.

Die Genauigkeit der Komparatoren bei der Anpassungs- und Impedanzmessung wird durch Unsymmetrien der Verzweigungsleitungen, Fehler in der Anzeigevorrichtung und Fehler der Referenzadmittanzen bzw. Suszeptanzen eingeschränkt. In Folge der großen Zahl der Fehlerquellen liegt der Gesamtfehler in der Größenordnung von etwa $\pm$ 10% in der Umgebung von Anpassung. Bei reinen Vergleichskomparatoren und einfachen Vergleichsmessungen fallen die beiden letzten Fehleranteile fort, und die Genauigkeit ist größer. Zweckmäßig ist die Anwendung der Komparatoren für die Produktionsprüfung und den Impedanzabgleich bei der Fabrikation von Mikrowellen-Bauteilen.

Literatur

[1] SMITH, P. H.: Transmission line calculator. Electronics, Jan. 1939, 29—31.

[2] WEISSFLOCH, A.: Ein Transformationssatz über verlustlose Vierpole. Hochfrequenztech. u. Elektroakust., Sept. 1942, 67—74.

— Anwendung des Transformationssatzes über verlustlose Vierpole. Hochfrequenztech. u. Elektroakust., Jan. 1943, 19—21.

[3] MEINKE, H. H.: Über die Grenzen der absoluten Meßgenauigkeit für Widerstandsmessung bei hohen Frequenzen. Arch. elekt. Übertragung, Sept./Okt. 1947, 101—107.

[4] SECKER, B.: Accuracy of impedance measurements. Elect. Commun., March 1948, 74—83.

[5] MARCUVITZ, N.: On the representation and measurement of waveguide discontinuities. Proc. Inst. Radio Engrs, June 1948, 728—735.

[6] WESTCOTT, C. H.: Standing waves and impedance circle diagrams. Wireless Engr, July 1949, 230—234.

[7] SMITH, P. H.: Charts for coaxial line probe measurements. Proc. nat. Electronics Conf., Chicago, IIV, 1951, 191—203.

[8] TISCHER, F.J.: Die Genauigkeit der Impedanzmessung. Kungl. Tekn. Högsk. Handl., Stockholm, Nr. 36, 1950.

[9] KEMPF, R.A.: Coaxial impedance standards. Bell Syst. techn. J., July 1951, 689—705.

Meßleitung

[10] WHOLEY, W. B., and W. N. ELDRED: A new type of slotted-line section. Proc. Inst. Radio Engrs, Febr. 1950, 244—248.

[11] OLIVER, M. H.: Discontinuities in concentric-line impedance-measuring apparatus. J. Instn elect. Engrs, (III), Jan. 1950, 29—38.

[12] WINZEMER, A.M.: Methods of obtaining SWR on transmission lines independently of the detector characteristics. Proc. Inst. Radio Engrs, March 1950, 275—279.

[13] MEDHURST, R. G., and S. D. POOL: Correction factors for slotted measuring lines at very high frequencies. Proc. Instn elect. Engrs, (III), July 1950, 223—230.

[14] RYAN, W. E.: Evaluation of coaxial-slotted-line impedance measurements. Proc. Instn Radio Engrs, Febr. 1951, 162—168.

[15] MACEK, O.: Hohlkabel-Meßleitung für Zentimeterwellen. Fernmeldetech. Z., Okt. 1951, 436—437.

[16] TISCHER, F. J.: Induktive Sonde für Meßleitungen und Nahfeldprüfer bei Mikrowellen. Kungl. Tekn. Högsk. Handl., Stockholm, Nr. 45, 1951.

— Meßleitung mit umlaufender Sonde. Kungl. Tekn. Högsk., Stockholm, Bericht A 47, Jan. 1949.

[17] MEINKE, H. H.: Eine Meßleitung mit Sichtanzeige. Fernmeldetech. Z., Aug. 1949, 233—252.

— Ringförmige Meßleitungen mit Sichtanzeige für Frequenzen um 10^8—$3 \cdot 10^{10}$ Hz. Elektrotech. Z., Sept. 1952, 583—584.

[18] TISCHER, F. J.: Schraubenförmige Meßleitung für Mikrowellen. Z. angew. Phys., Sept. 1952, 345—350.

[19] LE BOT, J., and S. LE MONTAGNER: Design and construction of an accurate SW-meter for the 9.5-kMc/s band. J. Phys. Radium, May 1953, 299—303.

Reflektometer und Richtkoppler

[20] BUSCHBECK, W.: Hf-Wattmeter und Fehlanpassungsmesser mit direkter Anzeige. Hochfrequenztech. u. Elektroakust., April 1943, 93—100.

[21] BETHE, H. A.: Theory of diffraction by small holes. Phys. Rev., Second Series, Oct. 1944, 163—182.

[22] MUMFORD, W. W.: Directional couplers. Proc. Inst. Radio Engrs, Febr. 1947, 160—165.

[23] RIBLET, H. J.: A mathematical theory of directional couplers. Proc. Inst. Radio Engrs, Nov. 1947, 1307—1313.

[24] RIBLET, H. J., and T. S. SAAD: A new type of waveguide directional coupler. Proc. Inst. Radio Engrs, Jan. 1948, 61—64.

[25] RIBLET, H. J.: The short-slott hybrid junction. Proc. Inst. Radio Engrs, Febr. 1952, 180—184.

[26] MUMFORD, W. W., with S. E. MILLER: Multi-element directional couplers. Proc. Inst. Radio Engrs, Sept. 1952, 1071—1078.

[27] SCHWARZ, R. F.: Bibliography on directional couplers. Inst. Radio Engrs, Transactions MTT-3, April 1955, 42—43.

Brückenanordnungen usw.

[28] WOODWARD, O. M., jr.: Comparator for coacial line adjustments. Electronics, Apr. 1947, 116—120.

[29] TYRRELL, W. A.: Waveguide hybrids. Bell Lab. Rec., Jan. 1948, 24—29.

[*30*] Saxon, G., and C. W. Miller: Magic-tee waveguide junction. Wireless Engr, May 1948, 138—147.

[*31*] Chodorow, M., E. L. Ginzton and F. Kane: A microwave impedance bridge. Proc. Inst. Radio Engrs, June 1949, 634—639.

[*32*] Thurston, W. R.: A direct-reading impedance-measuring instrument for the U. H. F. range. Gen. Radio Exp., May 1950, 1—7.

[*33*] King, D. D.: Two simple bridges for very-high-frequency use. Proc. Inst. Radio Engrs, Jan. 1950, 37—39.

[*34*] Egger, A., u. H. H. Meinke: Widerstandsmessung bei hohen Frequenzen mittels verlustloser Vierpole. Funk und Ton, Mai 1950, 233—238.

[*35*] Ellenwood, R. C., and E. H. Hurlburt: The determination of impedance with a double-slug transformer. Proc. Inst. Radio Engrs, Dec. 1952, 1690—1693.

[*36*] Duffin, W. J.: Three-probe method of microwave impedance measurement. Wireless Engr, Dec. 1952, 317—320.

[*37*] Bloch, A., F. J. Fisher and G. J. Hunt: New equipment for impedance matching and measurement at very high frequencies. Proc. Inst. elect. Engrs, March 1953, 93—99.

[*38*] Grace, A. C., and J. A. Lane: A direct-reading standing-wave indicator. J. sci. Instrum., May 1953, 168—169.

[*39*] Lamberts, K.: Impedanz-Meßbrücken. Arch. tech. Messen, Okt. 1951, Nr. 189, T 108—109.

[*40*] Kaden, H.: Loch- und Schlitzkopplungen zwischen koaxialen Leitungssystemen. Z. angew. Phys., Febr. 1951, 44—52.

[*41*] Cohn, S. B.: Impedance measurement by means of a broadband circular-polarization coupler. Proc. Inst. Radio Engrs, Oct. 1954, 1554—1558.

[*42*] Tischer, F. J.: Rotatable inductive probe in waveguides. Proc. Inst. Radio Engrs, Aug. 1955, 974—980.

[*43*] Tischer, F. J.: Helix-Leitungselement. Schwedisches Patent No. 147.034, Kungl. Patent- och Registreringsverket, Stockholm, 1955.

5 Abschlußelemente

Abschlußelemente sind Bauteile, welche eine Mikrowellenleitung hochfrequenzmäßig abschließen. Sie entsprechen den Zweipolen der Niederfrequenztechnik. Die niederfrequenten Zweipole sind, als Filterelemente betrachtet, eindeutig durch die komplexe Impedanz zwischen den beiden Klemmen bestimmt. Auf dem Mikrowellengebiet ist eine Definition der Eigenschaften der Abschlußelemente nur im Zusammenhang mit dem Leitungs- bzw. Hohlleitersystem möglich, an welches das Abschlußelement angeschlossen werden soll. Die zweckmäßigste Angabe ist der komplexe Reflexionskoeffizient ϱ. Er ist ein Maß für die Rückwirkung auf das speisende Leitungssystem und definiert die Amplitude und Phase der von dem Abschlußelement hervorgerufenen reflektierten Wellen. Wenn die von einem angepaßten Generator gelieferte Leistung bekannt ist, kann mit Hilfe von ϱ die im Abschlußelement verbrauchte Wirkleistung und die schwingende Blindleistung angegeben werden. Damit sind die Eigenschaften für eine bestimmte Frequenz definiert. Gegebenenfalls ist eine weitere Angabe betreffend der Wellenform not-

wendig, da die Eigenschaften des Elementes für verschiedene im gleichen Hohlleitersystem erregte Wellenformen unterschiedlich sind. In dem niederfrequenten Bereich der Mikrowellen ist die Angabe der Impedanz Z, bzw. des Verhältnisses Z/Z_0 bei koaxialen Abschlußelementen üblich. Z_0 ist der Wellenwiderstand des Leitungssystems an welches Z angeschlossen ist.

In die Gruppe der Abschlußelemente fallen Bauteile mit eingebauten Kristalldetektoren, Bolometern und Thermistoren, welche als Meßköpfe für die Leistungsmessung bereits in dem diesbezüglichen Abschnitt beschrieben wurden. Sie sind über einen möglichst großen Frequenzbereich gut angepaßt, damit der Meßfehler der Leistungsmessung möglichst klein ist. Weitere in der Meßtechnik häufig benötigte Abschlußelemente sind angepaßte Leitungsabschlüsse. In Leitungen bzw. Hohlleitern, welche mit diesen Elementen abgeschlossen sind, treten im Idealfall keine oder nur geringe reflektierte Wellen auf. Angepaßte Leitungsabschlüsse für Koaxialsysteme können als Impedanznormale bezeichnet werden. Für jeden der vielen Leitungs- und Hohlleitertypen werden spezielle Leitungsabschlüsse benötigt. Sie bestehen aus speziell geformten Verlustwiderständen oder aus mit JOULEschen bzw. dielektrischen Verlusten behafteten Leitungen.

Eine gegensätzliche Wirkungsweise haben die veränderlichen Kurzschlußleitungen. In diesen Abschlußelementen werden die einfallenden Wellen total reflektiert, wobei die Phase der reflektierten Wellen relativ zu derjenigen der einfallenden Wellen beliebig einstellbar ist. Sie bestehen in den meisten Fällen aus Leitungsstücken mit verschiebbaren Kurzschlußkolben. Das Hauptanwendungsgebiet ist die Minimumverschiebungsmethode für die Bestimmung der Übertragungseigenschaften verlustloser Vierpole.

Für die meßtechnische Bestimmung der Eigenschaften von Mikrowellenröhren werden Abschlußelemente benötigt, deren Reflexionswirkung, d. h. die Größe und Phase der reflektierten Wellen, beliebig einstellbar ist. In der niederfrequenten Terminologie ausgedrückt, stellen sie einstellbare komplexe Abschlußimpedanzen dar. Sie können aus angepaßten Leitungsabschlüssen und vorgeschalteten einstellbaren Anpassungstransformatoren zusammengestellt werden oder sind besondere für diesen Zweck hergestellte Geräte.

5.1 Angepaßte Leitungsabschlüsse

Angepaßte Leitungsabschlüsse dienen zum reflexionsfreien Abschluß von Leitungen und Hohlleitern. Im Idealfall wird die gesamte Leistung der fortschreitenden Wellen im Leitungsabschluß verbraucht. Das Verhältnis der stehenden Wellen ist $SWV = 1$, und der Reflexionsfaktor hat den Wert $\varrho = 0$. Leitungsabschlüsse werden in der Meßtechnik hauptsächlich als Anpassungs- und Impedanznormale und als Absorber zum Ersatz anderer Verbraucher, z. B. einer Antenne, verwendet.

Die in der Meßtechnik benötigten Geräte müssen möglichst genau angepaßt sein. Im allgemeinen ist ein $SWV_{max} < 1{,}05$ anzustreben. Die Leitungsabschlüsse sind meistens nicht einstellbar. Erhöhte Anpassungsgenauigkeit ist mit Leitungsabschlüssen erzielbar, deren Anpassung mit Hilfe einer Eichtabelle abhängig von der Frequenz eingestellt werden kann. Die Leitungsabschlüsse der Meßtechnik sind im allgemeinen für geringen Leistungsverbrauch dimensioniert. Anwendungsgebiete sind die Prüfung und Bestimmung des Meßfehlers von Meßleitungen, Messungen der Reflexionseigenschaften angepaßter Filter und die Anpassungs- und Impedanzmessung mittels Anpassungskomparatoren. Bei dieser letzteren Meßmethode wird der Leitungsabschluß an einen der Vergleichsarme einer Brückenverzweigung angeschlossen, und das Meßobjekt mit ihm verglichen (s. S. 127). Ein weiteres wichtiges Anwendungsgebiet sind die Richtkoppler, deren Sekundärleitungen an einem Ende reflexionsfrei abgeschlossen sein müssen.

Als Absorber müssen die Leitungsabschlüsse für die Vernichtung großer Dauerleistungen und hoher Spitzenleistungen bemessen sein. Die Anpassungsgenauigkeit hat in diesen Fällen geringere Bedeutung und Anpassungsfehler in der Größenordnung von $SWV = 1{,}1$ sind zulässig.

Ein besonderes Problem ist die Vielfalt der Leitungen und Hohlleiter, da für jeden Typ spezielle Leitungsabschlüsse benötigt werden. Mit Hilfe von Übergangsstücken und Anpassungstransformatoren kann gegebenenfalls der Anwendungsbereich eines bestimmten Typs für weitere Leitungsarten erweitert werden. Die Frequenzabhängigkeit der Anpassung ist ein weiteres Problem.

Es gibt eine Reihe grundsätzlicher Methoden für die Herstellung der angepaßten Leitungsabschlüsse. Für Koaxialabschlüsse werden kurze zylindrische Schichtwiderstände, verlustbehaftete Kabel, konische Widerstandsleitungen und Exponentialleitungen benutzt. Die Hohlleiterabschlüsse bestehen häufig aus Hohlleiterstücken mit keil- oder pyramidenförmigen Einlagen aus dielektrischem Verlustmaterial oder mit Wänden aus Material mit hohen Stromverlusten. Behelfsmäßig können angepaßte Dämpfungsglieder als Leitungsabschlüsse verwendet werden. Ein Dämpfungsglied, dessen Dämpfung 23 db beträgt, hat bei kurzgeschlossenem Ausgang ein eingangsseitiges Verhältnis der stehenden Wellen $SWV = 1{,}01$. In diesem Falle dürfte der interne Anpassungsfehler des Dämpfungsgliedes einen größeren Wert haben als derjenige, welcher von den am Ausgang reflektierten Wellen herrührt.

5.1.1 Leitungsabschlüsse für Koaxialleitungen

Verlustbehaftete Kabel genügender Länge, welche am Ende kurzgeschlossen sind, stellen eine einfache Form koaxialer Leitungsabschlüsse dar. Wenn die Stromverluste und die dielektrischen Verluste je Längeneinheit den gleichen Wert haben, ist der Wellenwiderstand rein ohmisch, und reflexionsfreier Übergang von der Eingangsleitung zur Verlustleitung ist möglich. Absorber dieses Typs für Verlustleistungen bis zu einigen hundert Watt bestehen aus einer in einem Gehäuse untergebrachten Kabelrolle mit dem aufgewickelten Verlustkabel.

In dem niederfrequenten Bereich der Mikrowellen werden für Meßzwecke häufig Leitungsabschlüsse angewendet, welche aus einem am Ende kurzgeschlossenen koaxialen Leitungsstück bestehen. Der Innenleiter wird von einem zylindrischen Schichtwiderstand gebildet. Die Untersuchung der Eingangsimpedanz dieser kurzgeschlossenen Widerstandsleitung ergibt deren Daten für die Verwendung als Abschlußelement. Der Widerstandswert stimmt mit dem Wellenwiderstand der abgeschlossenen Leitung überein. Die Eingangsimpedanz ist

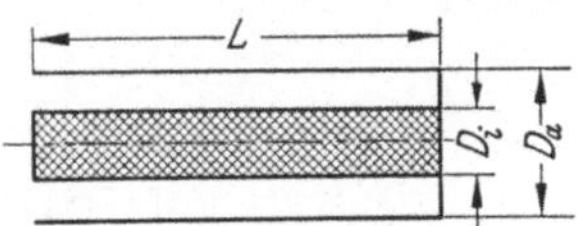

Abb. 5.1. Koaxialleitung mit zylindrischem Schichtwiderstand als Innenleiter

$$Z_{in} = Z_1 \frac{1 - e^{-2\gamma L}}{1 + e^{-2\gamma L}}, \tag{5.1}$$

wenn Z_1 der Wellenwiderstand der Widerstandsleitung und γ deren Feld-Ausbreitungskonstante sind. Mit den Bezeichnungen entsprechend Abb. 5.1 ist

$$Z_1 = Z_s \sqrt{1 - i\,y}, \tag{5.2}$$

$$\gamma L = i \frac{R}{y Z_s} \sqrt{1 - i\,y}, \tag{5.3}$$

$$Z_s = \sqrt{\frac{l}{c}} = 60 \ln \frac{D_a}{D_i} \tag{5.4}$$

und

$$y = \frac{1}{2\pi} \frac{\lambda_0}{L} \frac{R}{Z_s}. \tag{5.5}$$

Damit wird angenähert

$$\frac{Z_{in}}{R} \approx 1 + \frac{2}{3} \frac{1}{y^2} \left(\frac{R}{Z_s}\right)^2 + i \frac{1}{y} \left[1 - \frac{1}{3} \left(\frac{R}{Z_s}\right)^2\right]. \tag{5.6}$$

Gl. (5.6) zeigt, daß die Abweichung der Eingangsimpedanz von R für $Z_s = R/\sqrt{3}$ ein Minimum ist. Unter dieser Bedingung wird das dritte Glied der Gl. (5.6) Null, und $\Delta Z = Z_{in} - R$ nimmt quadratisch mit der Frequenz zu. In einem Bereich niedriger Frequenzen ist die Leitung, wenn $R = Z_0$ ist, angepaßt abgeschlossen. Das Verhältnis der stehenden Wellen SWV hat den Wert

$$SWV \approx 1 + \frac{1}{y^2} \sqrt{\frac{4}{9} \left(\frac{R}{Z_s}\right)^4 + y^2 \left[1 - \frac{1}{3} \left(\frac{R}{Z_s}\right)^2\right]^2}. \tag{5.7}$$

In Abb. 5.2 ist SWV als Funktion von y bzw. L/λ_0 für verschiedene Werte von R/Z_s als Parameter dargestellt. Gl. (5.7) und die Kurven zeigen, daß für $Z_s = R/\sqrt{3}$ die Fehlanpassung kleiner als 10% und SWV kleiner als 1,1 sind, wenn L kleiner als $\lambda_0/10$ ist. Eine

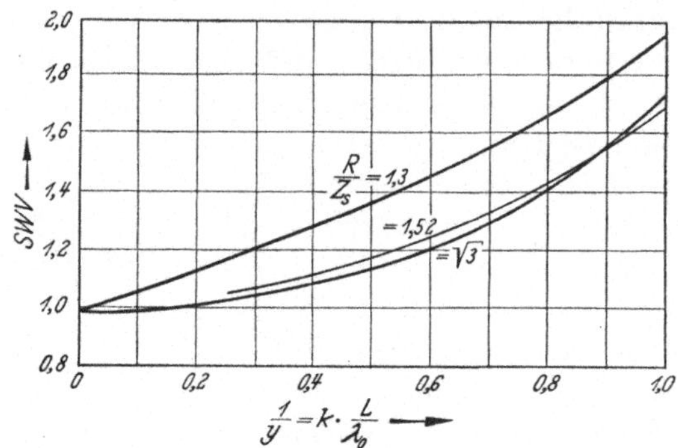

Abb. 5.2. Verhältnis der stehenden Wellen der Widerstandsleitung abhängig von dem Verhältnis L/λ_0 für verschiedene Durchmesserverhältnisse

weitere Verkürzung der Widerstände wäre zweckmäßig, wenn nicht durch den kapazitiven Verschiebungsstrom im Träger des Schichtwiderstandes ein zusätzlicher Anpassungsfehler hervorgerufen würde, welcher mit abnehmender Widerstandslänge zunimmt. Ein weiterer Nachteil ist die Herabsetzung der Belastbarkeit des Widerstandes bei

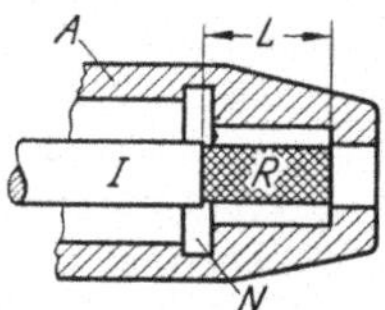

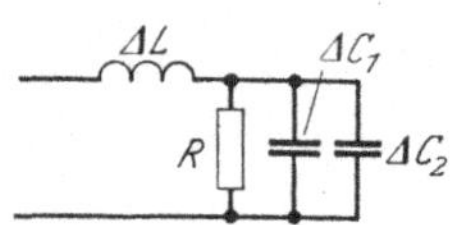

Abb. 5.3. Angepaßter, kompensierter Koaxialleitungsabschluß. R Schichtwiderstand, N induktive Kompensation mit $\triangle L$, A Außenleiter, I Innenleiter

Abb. 5.4
Ersatzschaltbild der Kompensation

einer Verkürzung. Leitungsabschlüsse dieses Typs für maximale Belastbarkeit mit ungefähr 1/4 Watt können bis etwa 3,5 GHz angewendet werden, wobei ein Anpassungsfehler $SWV_{max} = 1,1$ erhalten wird. Abb. 5.3 u. 5.4 zeigen schematisch einen kompensierten Leitungsabschluß dieses Typs und sein Ersatzschaltbild. Die mit dem Verschiebungsstrom im Widerstandsträger zusammenhängende Ersatzkapazität ΔC_1 und die Diskontinuitätskapazität ΔC_2 infolge des Durchmessersprunges des Außenleiters sind durch eine im Außenleiter eingedrehte Nut kompensiert. Die Nut entspricht einer Serieninduktivität.

Eine weitere Möglichkeit für die Herstellung eines koaxialen Leitungsabschlusses besteht in der Anwendung eines langen zylindrischen

Widerstandes als Innenleiter einer am Ende kurzgeschlossenen Kegelleitung, wie es in Abb. 5.5 dargestellt ist. Die Wirkungsweise beruht darauf, daß bei genügender Länge des Widerstandes der Längswiderstand je Längeneinheit und die Wellenwiderstandsänderung klein sind. In der Folge wird nur ein vernachlässigbar kleiner Teil der fortschreitenden Wellen reflektiert.

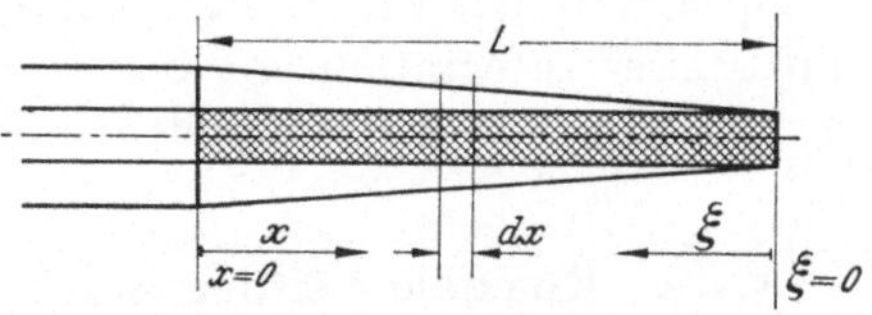

Abb. 5.5. Kegelleitung mit zylindrischem Schichtwiderstand als Innenleiter

Wenn man ein Leitungselement der Länge dx herausgreift und untersucht, wie sich der Reflexionsfaktor längs des Elementes ändert, kann man feststellen, daß sich seine Änderung aus drei Teilen zusammensetzt. Ein Teil rührt von der normalen Wellenfortpflanzung längs des Leitungselementes her. Dieser Anteil ergibt sich aus der Beziehung

$$\varrho\,(x + dx) = \varrho(x)\,e^{+\,2\gamma\,dx}, \tag{5.8}$$

wenn γ die Feld-Ausbreitungskonstante und $\varrho(x)$ der komplexe Reflexionsfaktor sind. Man erhält aus Gl. (5.8)

$$\frac{d\varrho}{dx} = +\,2\,\gamma\,\varrho(x)\,. \tag{5.9}$$

Zu der Änderung von ϱ trägt weiter der Längswiderstand bei. Es ist:

$$\varrho(x) - d\varrho(x) = \frac{Z(x) + r\,dx - Z_s(x)}{Z(x) + r\,dx + Z_s(x)} \approx \varrho(x) + \frac{1}{2}\,\frac{r \cdot dx}{Z_s(x)}\,[1 - \varrho(x)]^2\,, \tag{5.10}$$

und weiter

$$\frac{d\varrho(x)}{dx} = -\,\frac{1}{2}\,\frac{r}{Z_s(x)}\,[1 - \varrho(x)]^2\,, \tag{5.11}$$

wenn r der Längswiderstand je Längeneinheit und $Z_s(x)$ der Wellenwiderstand des Leitungselementes im Abstand x für $r = 0$ sind.

Die Änderung des Wellenwiderstandes der konischen Leitung $\dfrac{dZ_s}{dx}$ ist die dritte Ursache für eine Änderung des Reflexionsfaktors längs des Leitungselementes. Die Änderung erhält man aus der Beziehung

$$\frac{d\varrho(x)}{dx} = \frac{d}{dx}\left[\frac{Z - Z_s(x)}{Z + Z_s(x)}\right] \tag{5.12}$$

ihre Größe ist

$$\frac{d\varrho(x)}{dx} = -\,\frac{1}{2}\,\frac{dZ_s(x)}{dx}\,\frac{1}{Z_s(x)}\,[1 - \varrho^2(x)]\,. \tag{5.13}$$

Unter Berücksichtigung dieser Einflüsse erhält man für $\varrho(x)$ die Differenzialgleichung

$$\frac{d\varrho(x)}{dx} = +\,2\,\gamma\,\varrho(x) - \frac{1}{2}\,\frac{r}{Z_s(x)}\,[1 - \varrho(x)]^2 - \frac{1}{2}\,\frac{dZ_s(x)}{dx}\,\frac{1}{Z_s(x)}\,[1 - \varrho^2(x)]\,. \tag{5.14}$$

Gl. (5.14) zeigt, daß für kleine Werte von $\varrho(x)$, $\dfrac{r}{Z_s(x)}$ und $\dfrac{dZ_s(x)}{dx}$ auch die Änderungen $\dfrac{d\varrho(x)}{dx}$ sehr klein sind, so daß das oben angeführte Prinzip anwendbar ist. Bei Anwendung eines Näherungsverfahrens mit schrittweiser Integration von beiden Enden kann man den ungefähren eingangsseitigen Reflexionskoeffizienten $\varDelta\varrho_0$ berechnen.

5.1.2 Koaxiale Leitungsabschlüsse mit idealer Anpassung

Die bisher beschriebenen Leitungsabschlüsse sind in einem beschränkten Frequenzbereich angepaßt. Sie sind Näherungslösungen und erwecken die Frage, welche Daten eine ideale Verlustleitung haben muß, in welcher die hineinlaufenden Wellen reflexionsfrei absorbiert werden. Die Untersuchung dieser Frage setzt eine inhomogene und mit Verlusten behaftete Koaxialleitung voraus. Der Serienwiderstand und die Ableitung je Längeneinheit sind $r(x)$ und $g(x)$, und die Selbstinduktion und Kapazität sind $l(x)$ und $c(x)$. Diese Werte sind ebenso wie die Spannung $V(x)$ und Strom $I(x)$ abhängig von der Lage auf der Leitung x. In komplexer Darstellung erhält man für diese Größen in einem kleinen Bereich der Leitung entsprechend der Abb. 5.6

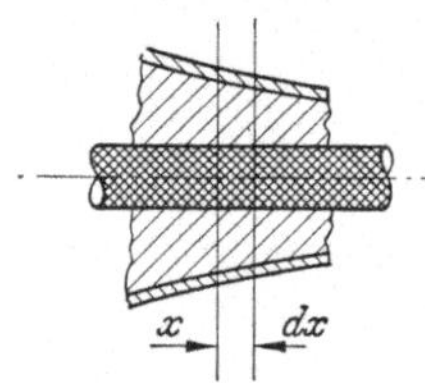

Abb. 5.6. Zur Berechnung der Daten einer inhomogenen Widerstandsleitung ohne stehende Wellen

$$-\frac{dV(x)}{dx} = [r(x) + i\,\omega\,l(x)]\,I(x)\,, \qquad (5.15)$$

$$-\frac{dI(x)}{dx} = [g(x) + i\,\omega\,c(x)]\,V(x)\,. \qquad (5.16)$$

Die weitere Berechnung beruht auf der Annahme, daß im Abschlußelement rein fortschreitende Wellen auftreten. Dies ist der Fall, wenn die Energieinhalte des elektrischen und magnetischen Feldes je Längeneinheit längs der Leitung gleich sind (TISCHER [6]);

$$\frac{|V(x)|^2\,c(x)}{4} = \frac{|I(x)|^2\,l(x)}{4}\,. \qquad (5.17)$$

Gl. (5.17) ergibt einen Zusammenhang zwischen der Strom- und Spannungsamplitude. Eine weitere Bedingung ist das Fehlen schwingender Blindenergie. Daher besteht Phasengleichheit zwischen $V(x)$ und $I(x)$, so daß

$$V(x) = I(x)\sqrt{\frac{l(x)}{c(x)}} = I(x)\,Z_s(x) \qquad (5.18)$$

erhalten wird. Gl. (5.18) ergibt differenziert

$$\frac{dV(x)}{dx} = \frac{dI(x)}{dx}\,Z_s(x) + I(x)\,\frac{dZ_s(x)}{dx}\,. \qquad (5.19)$$

Gl. (5.15) und (5.16) in Gl. (5.19) eingeführt, ergibt nach Trennung in Real- und Imaginärteile

$$\frac{dZ_s(x)}{dx} = - r(x) + g(x)\, Z_s^2(x)\,. \tag{5.20}$$

Mit dieser Bedingung für die reflexionsfreie Verlustleitung kann, wenn der Verlauf der Widerstandseigenschaften der Leitung gegeben ist, das Durchmesserverhältnis berechnet werden.

Wenn man den Wellenwiderstand $Z_s(x)$ durch den Wellenleitwert $Y_s(x)$ der verlustfreien Leitung ersetzt, erhält man an Stelle der Gl. (5.20)

$$\frac{dY_s(x)}{dx} = - g(x) + r(x)\, Y_s^2(x)\,.$$

Für den Fall der homogenen Leitung $\frac{dZ_s(x)}{dx} = 0$, erhält man die aus der Leitungstheorie bekannte Bedingung

$$\frac{r(x)}{\omega\, l(x)} = \frac{g(x)}{\omega\, c(x)}\,. \tag{5.21}$$

Die Strom- und Ableitungsverluste (dielektrische Verluste) haben den gleichen Betrag. In diesem Falle ist der Wellenwiderstand reell und die homogene Verlustleitung ergibt einen reflexionsfreien Leitungsabschluß der Zuleitung.

Als nächster Schritt werden die Daten einer reflexionsfreien gegebenenfalls inhomogenen Leitung bei Anwendung eines zylindrischen Schichtwiderstandes, dessen Schichtdicke kleiner als die Eindringtiefe ist, gesucht. Der Verlustleitwert ist $g(x) = 0$. Aus Gl. (5.20) ergibt sich

$$\frac{dZ_s(x)}{dx} = - r(x) = - \frac{R}{L}\,.$$

Nach Integration erhält man

$$Z_s(x) = Z_0 - \frac{R}{L}\, x\,, \tag{5.22}$$

wenn Z_0 der Wellenwiderstand der Eingangsleitung ist, welcher mit $Z_s(0)$ übereinstimmt. Nach Einführung des Durchmesserverhältnisses und $R = Z_0$ ist

$$Z_s(x) = 60 \ln\frac{D_a(x)}{D_i} \tag{5.23}$$

und

$$D_a(x) = D_{a_0}\, e^{-\frac{Z_0}{60} \cdot \frac{x}{L}}\,. \tag{5.24}$$

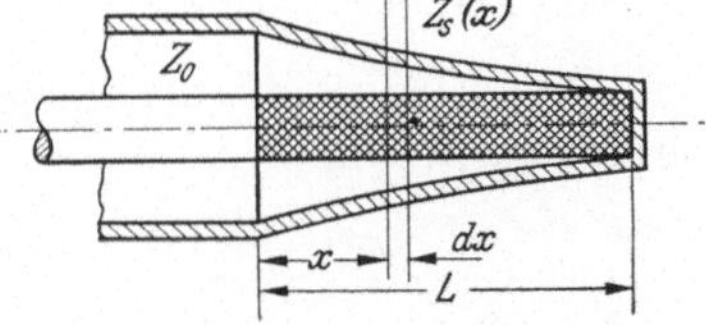

Abb. 5.7. Reflexionsfreie Widerstandsleitung

Wie aus Gl. (5.24) hervorgeht, muß das Durchmesserverhältnis zur Vermeidung von Reflexionen längs der Verlustleitung exponentiell abnehmen. Die Eingangsimpedanz ist unter dieser Bedingung reell, so daß die Verlustleitung reflexionsfrei an eine Koaxialleitung angeschlossen werden kann (Abb. 5.7).

Unter Anwendung dieser Beziehungen wurde vom Verfasser ein Leitungsabschluß konstruiert, welcher aus einem auf einem Glasrohr aufgebrannten Schichtwiderstand in einer exponentialen Koaxialleitung besteht. Ein Längsschnitt ist in Abb. 5.8 gezeigt. Die im Zusammenhang mit der Stütze des Innenleiters und mit den Durchmessersprüngen

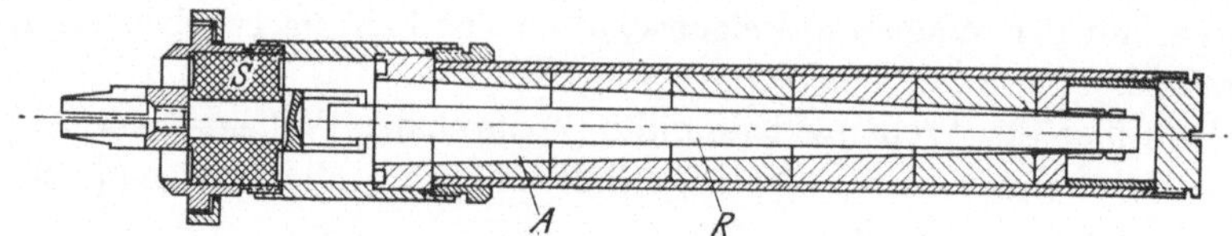

Abb. 5.8. Schnittzeichnung eines angepaßten Leitungsabschlusses für den Frequenzbereich 1—4 GHz. R Schichtwiderstand, A Innenfläche des Außenleiters, S Stütze des Innenleiters

von Innen- und Außenleiter auftretenden Diskontinuitäten, welche die Herstellung guter koaxialer Anpassungsnormale sehr erschweren, sind sorgfältig kompensiert. Die Summe der restlichen Fehlerbeiträge, welche den Fehler infolge der Unregelmäßigkeiten der Schicht einschließt, liegt im Frequenzbereich 1—4 GHz unter 5% entsprechend $SWV_{max} = 1{,}05$. Abb. 5.9 zeigt das Ergebnis einer Impedanzmessung in einem Ausschnitt des komplexen ϱ-Diagramms (s. Abb. 4.6a). Der schraffierte Bereich berücksichtigt den Meßfehler der Meßleitung ($\pm 0{,}5\%$).

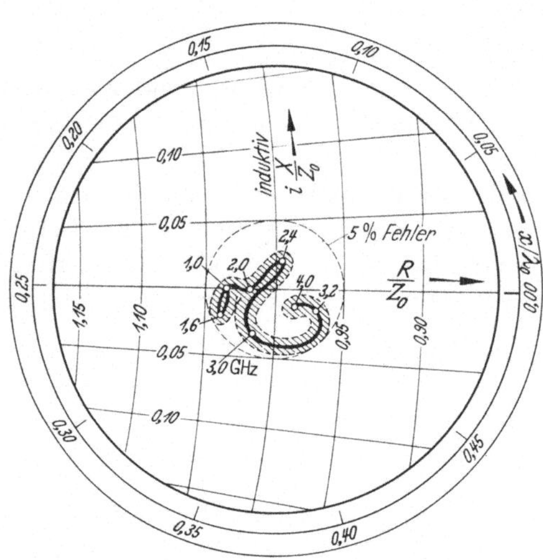

Abb. 5.9. Eingangsimpedanz des Leitungsabschlusses der Abb. 5.8

Eine weitere Lösung des Anpassungsproblems erhält man, wenn man von einem kegelförmigen Widerstand als Innenleiter ausgeht, wie es in Abb. 5.10 schematisch dargestellt ist. Der Innendurchmesser ist eine Funktion von x;

$$D_i(x) = D_{i_0} + \frac{D_a - D_{i_0}}{L}\, x\,, \qquad (5.25)$$

und die Abhängigkeit des Widerstandes $r(x)$ ist durch

$$r(x) = \frac{\varrho_F}{\pi\,\cos\psi}\; \frac{1}{D_{i_0} + \dfrac{D_a - D_{i_0}}{L}\, x} \qquad (5.26)$$

gegeben, wenn D_a und D_{i_0} die Enddurchmesser des kegelstumpf-förmigen Widerstandes sind. ϱ_F ist der Flächenwiderstand und ψ die

Kegelneigung. Wenn man den Gesamtwiderstand berechnet und dem Wellenwiderstand der Eingangsleitung gleich setzt, erhält man

$$R = \int\limits_0^L r(x)\, dx = 60 \ln \frac{D_a}{D_{i_0}} = Z_s(0)\,, \qquad (5.27)$$

mit

$$\frac{\varrho_F}{\pi \cos \psi}\; \frac{L}{D_a - D_{i_0}} = 60\,. \quad (5.28)$$

Entsprechend Gl. (5.20) ist

$$\frac{dZ_s(x)}{dx} = -\, r(x)\,.$$

Einführung von Gl. (5.26) ergibt nach Integration

$$Z_s(x) = 60 \ln \frac{D_a}{D_i(x)}\,. \quad (5.29)$$

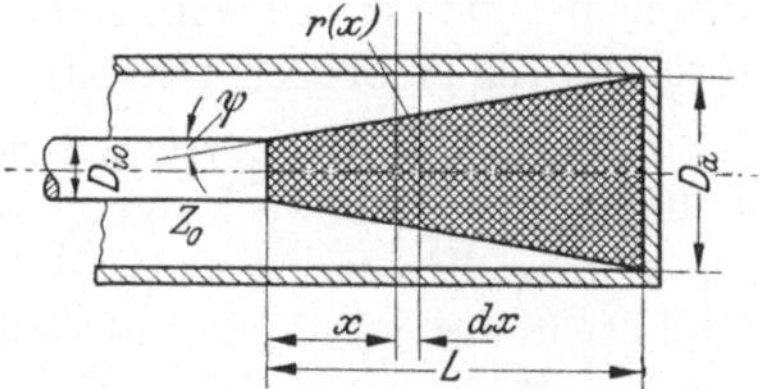

Abb. 5.10. Reflexionsfreier Leitungsabschluß
mit Kegelleitung

Gl. (5.29) sagt aus, daß der Außendurchmesser über die gesamte Länge einen konstanten Wert hat. Die in Abb. 5.10 dargestellte Leitung mit kegelförmigem Widerstand, dessen Wert mit dem Wellenwiderstand der abgeschlossenen Leitung übereinstimmt, ist daher reflexionsfrei und hat eine reelle Eingangsimpedanz. Sie kann als Leitungsabschluß verwendet werden. Der Flächenwiderstand des Widerstandes muß einen konstanten Wert

$$\varrho_F' = 377 \sin \psi$$

haben.

Wenn der Kegel fortlaufend verkürzt wird, geht er schließlich mit $\psi = 90°$ in ein scheibenförmiges Widerstandselement über. Um An-

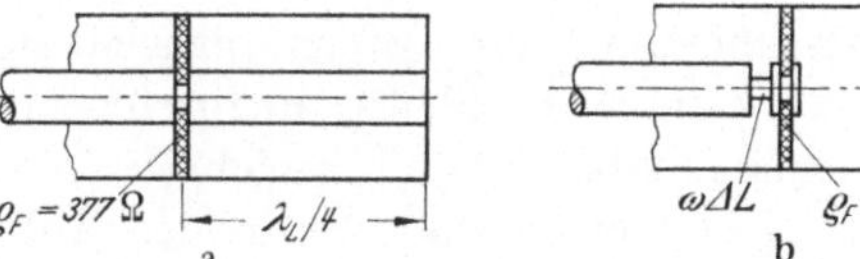

Abb. 5.11 a u. b. Angepaßte Leitungsabschlüsse mit ebenen Schichtwiderständen.
(Flächenwiderstand je 1 cm² $\varrho_F = 377$ Ohm)

passung zu erzielen und damit der Gesamtwiderstand mit Z_0 übereinstimmt, muß ϱ_F' den Wert 377 Ω haben. Dieser Wert stimmt gleichzeitig mit der elektromagnetischen Feldkonstanten $Z = \sqrt{\mu_0/\varepsilon_0}$ überein, welche vielfach mit „Wellenwiderstand des freien Raumes" bezeichnet wird. Die Untersuchung eines Leitungsabschlusses mit ebener Widerstandsfolie, deren Schichtdicke kleiner als die Eindringtiefe sein muß, zeigt, daß das elektrische Streufeld hinter der Folie einen Anpassungsfehler ergibt. Die Beseitigung bzw. Kompensation der damit zusammenhängenden Streukapazität kann für eine bestimmte Frequenz durch Fortsetzung der Leitung hinter der Folie und Kurzschluß im Abstand $\lambda_L/4$ erzielt werden, wie es in Abb. 5.11a schematisch dargestellt ist. Eine weitere Kompensationsmöglichkeit, welche Tiefpaßcharakter hat, besteht in der Einführung einer Serieninduktivität unmittelbar vor der Widerstandsfolie entsprechend der Abb. 5.11b. Mit dieser Kompensationsmethode erhält man Leitungsabschlüsse, deren Anpassungsfehler unterhalb einer oberen Grenzfrequenz in zulässigen Grenzen liegt.

Ein Vergleich der verschiedenen Typen von koaxialen Leitungsabschlüssen für Meßzwecke zeigt, daß in dem niederfrequenten Bereich der Mikrowellen bis etwa 1 GHz die Verwendung kurzer zylindrischer Schichtwiderstände in zylindrischen Leitungsstücken und von scheibenförmigen Widerstandselementen mit der in Abb. 5.11b gezeigten Kapazitätskompensation zweckmäßig ist. Die Belastbarkeit liegt in der Größenordnung von 1/2 Watt. In dem Bereich von 1—10 GHz dürften zylindrische Schichtwiderstände in einer Leitung mit exponentiell abnehmendem Durchmesser des Außenleiters eine günstige Kompromißlösung ergeben.

Hochleistungsabschlüsse werden zweckmäßig entsprechend den im Zusammenhang mit Hohlleiterabschlüssen besprochenen Methoden hergestellt. Sie bestehen aus Leitungen mit kegelförmigen Einlagen aus Verlustmaterial zwischen Innen- und Außenleiter eines am Ende kurzgeschlossenen Leitungsstückes. Höhere Belastbarkeit wird in Leitungsabschlüssen, deren Außenleiter aus einem Material mit hohen Stromverlusten besteht, erzielt. Der Aufbau des Außenleiters ist ähnlich demjenigen des in Abb. 5.14 gezeigten Hohlleiterabschlusses.

5.1.3 Einstellbare koaxiale Anpassungsnormale

Für Präzisionsmessungen ist die Anpassungsgenauigkeit der bisher beschriebenen fixen Leitungsabschlüsse unzureichend. Erhöhte Genauigkeit kann mit einstellbaren und geeichten Leitungsabschlüssen erzielt werden. Beispiele hierfür sind die in der Abb. 5.12 gezeigten, vom Verfasser entwickelten Anpassungs- und Impedanznormale für den Frequenzbereich 1—6 GHz für Typ „N" und 7/8″-Koaxialleitungen. Sie bestehen aus kompensierten Leitungsabschlüssen mit scheibenförmigen Widerständen der Abb. 5.11b, welche mit eichbaren Anpassungstransformatoren des in Abschn. 6.5.3 beschriebenen und in Abb. 6.18 gezeigten Typs zusammengebaut sind.

Das mit einem modifizierten Typ „N"-Stecker versehene Normal hat einen Fehler $|\Delta Z|/Z_0 = \pm\,2{,}0\%$. Der Fehler des 7/8″-Anpassungsnormals beträgt $\pm 1{,}0\%$. Diese Werte der Genauigkeit gelten für verbesserte Ausführungen mit Mikrometerköpfen für die Vertikaleinstellung der Transformatoren.

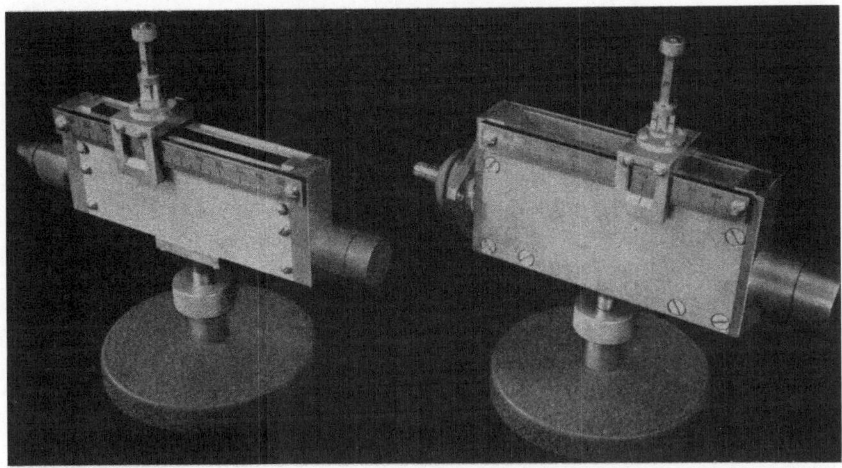

Abb. 5.12. Abstimmbare und eichbare Anpassungs- und Impedanznormale für den Frequenzbereich 1—6 GHz für Typ „N"- und 7/8''-Leitungen

5.1.4 Angepaßte Hohlleiterabschlüsse

Die Herstellung gut angepaßter Hohlleiterabschlüsse bereitet im allgemeinen geringere Schwierigkeiten als der Abschluß von Koaxialleitungen, da die Diskontinuitäten wegfallen, welche im Zusammenhang mit den Stützen des Innenleiters, Übergängen und Steckern auftreten. Weiter haben die in Hohlleitern transportierten Wellen kleine Wellenlänge, so daß allmählich verlaufende Verlustleitungen relativ kurz sind. Die Wirkungsweise der üblichen Leitungsabschlüsse beruht darauf, daß die Reflexionen in Verlustleitungen klein sind, wenn deren Leitungskonstante längs der Leitung allmählich ihren Wert ändern. Die Wirkungsweise ist ähnlich wie bei der konischen Verlustleitung der Abb. 5.5. Kurven für den eingangsseitigen Reflexionsfaktor zeigen periodische Schwankungen von $|\varrho|$ abhängig von dem Verhältnis λ_L/L. Bei Leitungsabschlüssen der Länge $2\lambda_L$ kann man mit etwa $SWV = 1{,}05$, der Länge $L > 5\lambda_L$ mit etwa 1,02 rechnen, wenn sie für $\pm 10\%$ Bandbreite bemessen sind.

Hohlleiterabschlüsse für niedrige Leistungen bestehen häufig aus keilförmigen Einlagen aus Holz. Einfache Keile, doppelte Keile, ausgehend von einer oder beiden Breitseiten oder Schmalseiten der Hohlleiter werden angewendet, und der Fantasie des Konstrukteurs steht ein weites Feld offen. Gegebenenfalls ist es zweckmäßig, das Holz mit einem Lack zu imprägnieren, um zu vermeiden, daß sich die Daten der Abschlüsse mit der Luftfeuchtigkeit ändern. An Stelle von Holz können andere Materialtypen mit hohen dielektrischen Verlusten oder mäßigen Leitungsverlusten, z. B. mit Graphit präparierte Gummisorten, verwendet werden.

In Abb. 5.13 ist als Beispiel für ein weiteres Konstruktionsprinzip ein Leitungsabschluß mit ebener Widerstandsschicht gezeigt. Die Schicht liegt parallel zur Richtung des elektrischen Feldes und parallel zur Längsrichtung des Hohlleiters, nimmt stetig an Breite zu und verbindet im Endteil die beiden Breitseiten des Hohlleiters. Widerstandsschichten können in der Mittelebene im Maximum der Querverteilung des elektrischen Feldes oder etwas seitlich angebracht sein. Gegebenenfalls können mehrere in der Längsrichtung um $\lambda_L/4$ verschobene Widerstandsschichten nebeneinander verwendet werden. Um eine einfache Prüfung der Güte der Hohlleiterabschlüsse zu ermöglichen, sind die Einlagen häufig in der Längsrichtung im Hohlleiter verschiebbar angeordnet. Die Spannung, welche am Eingang des Leitungsabschlusses in einer festen Sonde induziert wird, ändert bei Verschiebung der Widerstandseinlage ihre Amplitude. Die Amplitudenänderung ist ein

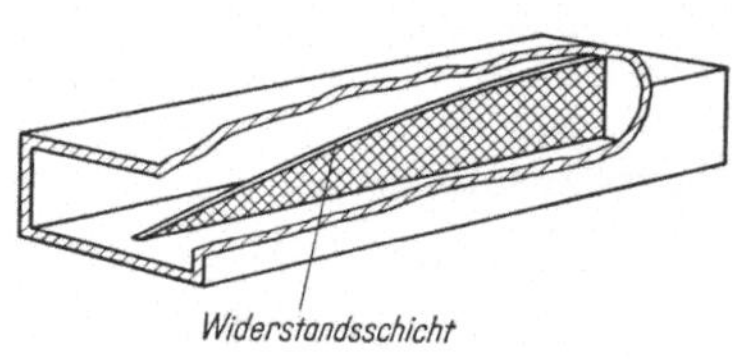

Abb. 5.13. Hohlleiterabschluß mit keilförmiger ebener Widerstandsschicht

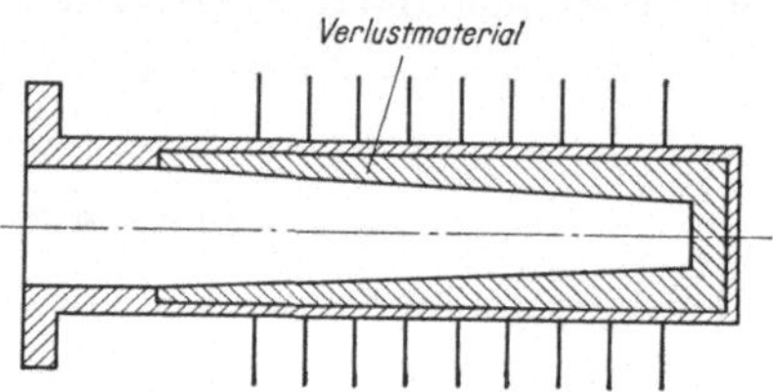

Abb. 5.14. Hochleistungsabsorber. Hohlleiterwände bestehend aus Widerstandsmaterial

Maß für den Anpassungsfehler gegeben durch $SWV = |V|_{max}/|V|_{min}$. Wichtig ist, daß die Gesamtdämpfung der Wellen infolge der Widerstandseinlage so groß ist, daß die reflektierten Wellen vernachlässigbar klein sind.

In der Literatur ist ein Präzisions-Leitungsabschluß mit einstellbarem Transformationselement (GRANTHAM [5]) beschrieben, welches gemeinsam mit der Einlage aus Verlustmaterial verschoben werden kann. Mit dem Transformationselement kann absolute Reflexionsfreiheit hergestellt werden, welche mit einer festen Sonde bei Verschiebung der Anordnung längs der Leitung genauestens geprüft werden kann.

Die Wirkungsweise der Hochleistungsabsorber beruht häufig ebenfalls auf dem Prinzip der Widerstandsleitung mit in der Längsrichtung allmählich variierenden Leitungskonstanten. Die zweckmäßigsten Anordnungen bestehen aus Leitungsstücken, deren Wände mit Material mit hohen Stromverlusten ausgekleidet sind, wie es in Abb. 5.14 schematisch dargestellt ist. (MONTGOMERY, Technique of Microwave Measurements, McGraw-Hill, New York, 1941, U. S. A.). Die Auskleidung kann z. B. aus einer Mischung von Zement und Graphit hergestellt werden. Der bei diesem Typ auftretende, gleichzeitige Entzug der Verlustleistung aus dem magnetischen Quer- und Längsfeld entspricht dem gleichzeitigen Entzug der Leistung aus dem elektrischen und magnetischen Querfeld.

Auf diese Art werden geringe Reflexionen auch bei konstanter Querschnittsstruktur erhalten. Zur gleichmäßigen Verteilung der vernichteten Leistung in der Längsrichtung ist eine Verjüngung des freien Hohlleiterquerschnittes vorgesehen. Die Hohlleiterabschlüsse sind in den meisten Fällen das Resultat experimenteller Entwicklungsarbeit.

5.2 Abschlußelemente mit verschiebbarem Kurzschluß

Weitere häufig angewendete Abschlußelemente sind die Leitungsabschlüsse mit verschiebbarem Kurzschluß. Sie werden z. B. zum Abschluß der Serien- und Shuntarme von Hohlleiter-Brückenverzweigungen der Abb. 4.60b angewendet. Diese Anordnungen haben die Wirkungsweise von Anpassungstransformatoren. Sie sind besonders für höchste Frequenzen geeignet.

Abschlußelemente mit veränderlichem Kurzschluß entsprechen den veränderlichen Reaktanzen der niederfrequenten Filtertheorie. Ihre Eigenschaften sind durch $|\varrho| = 1$ gekennzeichnet.

Ein weiteres wichtiges Anwendungsgebiet der veränderlichen Kurzschlußleitungen ist die Minimum-Verschiebungsmethode zur Bestimmung der Daten von Durchgangselementen, welche in Abschn. 6.2.1 näher beschrieben ist. Mit dieser Meßmethode kann unter anderem die reflektierende Wirkung von Leitungsdiskontinuitäten, z. B. Stützen, Durchmessersprüngen, Kniestücken und Übergangsstücken genauestens festgestellt und in der Folge kompensiert werden. Die für diesen Zweck verwendeten Kurzschlußleitungen müssen bezüglich ihrer Querschnittsdimensionen sehr genau gearbeitet sein, da sie praktisch als Leitungs- und Impedanznormale wirken. Sie müssen weiter geringe Verluste haben, eine genaue Definition und Reproduktion der Lage der Kurzschlußebene ermöglichen und mit einer genauen Ablesevorrichtung für die Längseinstellung des Kurzschlusses versehen sein. Die Kurzschlußschieber können mit Gleitkontakten galvanisch oder kontaktlos kapazitiv unter Einschluß einer Drosselkopplung den Kurzschluß herstellen. Bei Gleitkontakten ist große Sorgfalt auf die Herstellung und Zuverlässigkeit der Kontakte zu legen. Es werden stark versilberte oder aus Silber bestehende Gleitkontakte auf mit Rhodium belegten Gleitbahnen empfohlen. Bei kapazitiven und verdrosselten Kurzschlußschiebern ist es wichtig, daß Kopplung zwischen den vor und hinter dem Schieber liegenden Räumen vermieden wird. Die Rückwirkung kann durch Dämpfung der Wellen mit Verlustmaterial in dem hinter dem Schieber liegenden Hohlleiter weiter herabgesetzt werden. Eine Kontrolle der Kurzschlußleitungen vor ihrer Verwendung für Präzisionsmessungen ist im allgemeinen notwendig.

In den Abb. 5.15 und 5.17 sind einige typische Konstruktionen von Kurzschlußschiebern schematisch dargestellt. Abb. 5.15 zeigt ein Ausführungsbeispiel mit Federkontakten aus Berylliumbronze der Länge $\lambda_0/4$ für 7/8''-Koaxialleitungen. Die in der Längsrichtung geschlitzten Federkontakte sind stark versilbert und sind für einen optimalen Kontaktdruck bemessen. Die praktische Ausführung einer im Laboratorium des Verfassers hergestellten Präzisions-Kurzschlußleitung dieses Typs, deren Impedanz mit einer Genauigkeit von $\pm 0,1\%$ mit dem Sollwert 46,4 übereinstimmt, ist in Abb. 5.16 dargestellt.

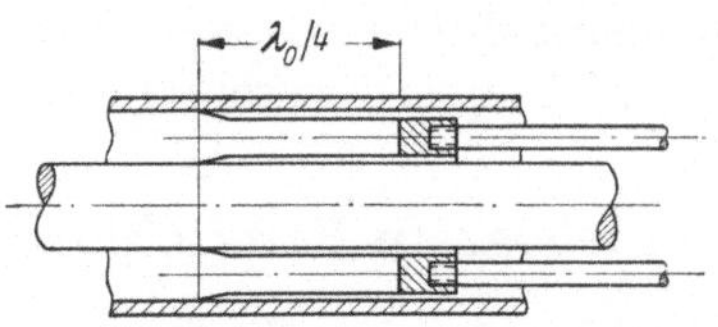

Abb. 5.15. Kurzschlußschieber mit gleitenden Federkontakten für Koaxialleitung

Die Leitung ermöglicht die Messung von Impedanzfehlern in der Größenordnung von 0,2%. Der gleiche Verschiebungsmechanismus wurde

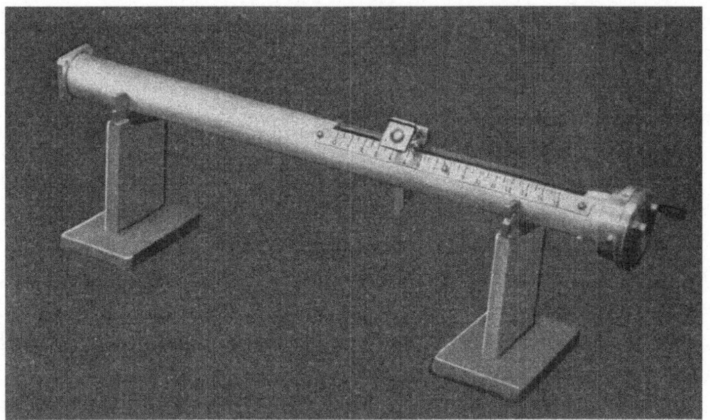

Abb. 5.16. Koaxiale Präzisions-Kurzschlußleitung

in einer Typ „N"-Kurzschlußleitung verwendet, deren Kurzschlußschieber, aus zwei Teilen bestehend, aus Vollmaterial gedreht wurde. Die Meßgenauigkeit liegt in der Größenordnung von 0,3%.

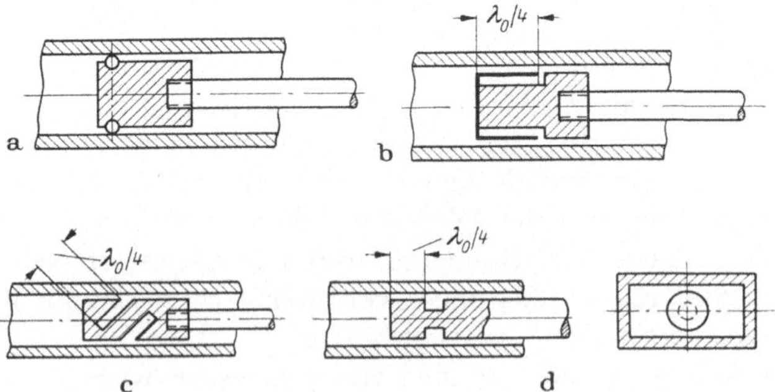

Abb. 5.17 a—d. Verschiedene Ausführungsformen von Kurzschluß-Kolben für Hohlleiter

Die Herstellung von Kurzschlußleitungen für Rechteck-Hohlleiter bereitet beträchtliche Schwierigkeiten. Zum Teil können sie durch Anwendung einer Serie von Kurzschlußleitungen verschiedener Länge mit festen Kurzschlüssen umgangen werden. Abb. 5.17a zeigt die Ausführungsform eines Schiebers, in welchem in unmittelbarer Nähe der Kurzschlußebene eine Nut eingearbeitet ist, in welcher eine Spiralfeder liegt, welche die gleitenden Kontakte herstellt. Als weitere Beispiele sind kontaktlose Schieber mit Drossel-Kurzschlußkopplung mit $\lambda_0/4$ Schlitzen im Abstand $\lambda_0/4$ von der Kurzschlußebene gezeigt. Bei sehr hohen Frequenzen hat sich die in Abb. 5.17d gezeigte zylindersymmetrische Form des Kurzschlußschiebers bewährt, da dieser mit Hilfe eines Mikrometerkopfes eingestellt, und die Einstellung genauestens abgelesen werden kann.

Literatur

[1] CROSBY, D. R., and C. H. PENNYPAKER: Radio-freqency resistors as uniform transmission lines. Proc. Inst. Radio Engrs, Febr. 1946, 62—66.

[2] RICHARDS, P. I.: Resistor transmission-line circuit. Proc. Inst. Radio Engrs, Febr. 1948, 217—240.

[3] CARLIN, H. J.: Broadband dissipative matching structures for microwaves. Proc. Inst. Radio Engrs, June 1948, 644—650.

[4] CLEMENS, G. J.: A tapered line termination at microwaves. Quart. appl. Math., Jan. 1950, 425—432.

[5] GRANTHAM, R. E.: A reflexionsless waveguide termination. Rev. sci. Instrum., Nov. 1951, 828—834.

[6] TISCHER, F. J.: Zur Fortleitungs- und Anpassungstheorie homogen geführter Wellen. Arch. elkt. Übertragung, Jan. und Febr. 1954, 8—14; 75—84.

[7] TISCHER, F. J.: Leitungssektion mit rein fortschreitenden Wellen. Schwedisches Patent No. 156.243, Kungl. Patent och Registreringsverket, Stockholm, 19. Juli 1956.

6 Durchgangselemente

Die Durchgangselemente entsprechen den Vierpolen der niederfrequenten Technik. Unter diesen Sammelbegriff fallen auf dem Mikrowellengebiet nicht nur die Bauteile mit charakteristischen Filtereigenschaften, wie Tief-, Hoch- und Bandpässe, sondern auch zahlreiche weitere Bauteile und Bauelemente, welche zwischen Leitungen und im Zuge einer Leitung eingeschaltet sind. Die letzteren besitzen häufig unerwünschte Filtereigenschaften, verursachen Fehlanpassung und tragen zu einer Verschlechterung des Wirkungsgrades der Übertragungsanlagen bei. Stützen, Kniestücke, Übergangsstücke, Schalter und andere Elemente fallen in diese Gruppe von Durchgangselementen. Allgemein definiert sind Durchgangselemente abgeschirmte Hohlräume beliebiger Form und beliebigen Inhalts, welche mit mindestens zwei Anschlußleitungen versehen sind, wie es in Abb. 6.1 schematisch angedeutet ist. Als Ein- und Ausgang gelten gewählte Querschnittebenen E und A der Eingangs- und Ausgangsleitung.

Bezüglich der Eigenschaften von passiven Durchgangselementen interessieren hautpsächlich die Wechselwirkungen zwischen diesen und den angeschlossenen Leitungen und die Folgen der Zwischenschaltung in einem Leitungssystem. Bei der Definition der Eigenschaften kann man von der niederfrequenten Betrachtungsweise und der Vierpoltheorie ausgehen und das Impedanzkonzept anwenden. Diese Betrachtungsweise, welche auf der Angabe der Größe und Phase der Ströme und Spannungen bzw. zweier verschiedener Feldgrößen in der Eingangs- und Ausgangsebene beruht, hat auf dem Mikrowellengebiet einige Nachteile. Die wellenmäßige Darstellung und Anwendung des Reflexions- und Übertragungsfaktors vermeidet diese Nachteile. Diese für das Mikrowellengebiet typische Darstellungsweise beruht auf der Angabe der Größe und Phase der reflektierten und fortschreitenden Wellen der gleichen Feldgrößen. Im vorliegendem Abschnitt wird die wellenmäßige Darstellung verwendet, da sie gleichzeitig die Meßvorgänge anschaulich interpretiert.

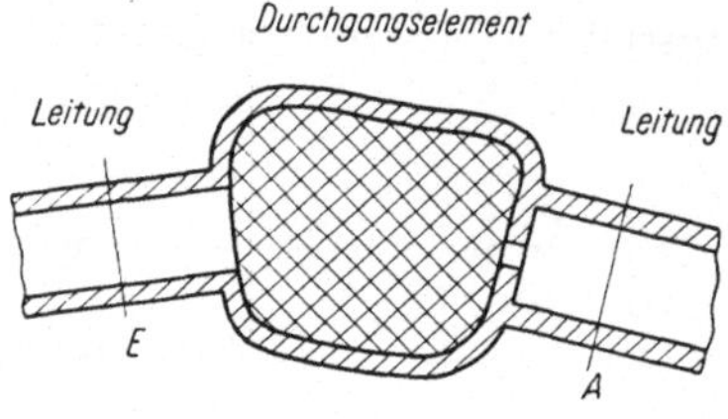

Abb. 6.1. Durchgangselement, entsprechend dem Vierpol der niederfrequenten Technik

Die auf dem Mikrowellengebiet am häufigsten als Meßobjekte vorkommenden Durchgangselemente sind Leitungsstücke mit Diskontinuitäten verschiedener Art. Scheibenstützen, Durchmessersprünge, Stecker, konische Übergänge in Koaxialleitungen sind typische Beispiele für Durchgangselemente mit gegebenenfalls unerwünschten Übertragungseigenschaften. In Hohlleitersystemen haben Drosselkopplungen, Kniestücke, Schalter, Blenden, Schlitze und Fenster für vakuumdichten Abschluß ähnliche Eigenschaften. Eine besondere Gruppe stellen die Filter dar, welche meistens aus einem oder mehreren zwischen Leitungen eingeschalteten Hohlraumresonatoren bestehen. Die Filterwirkung beruht im Sperrbereich auf der Wirkung der Resonatoren als Blindenergiespeicher und reaktive Spannungsteiler, wobei der größte Teil der Energie am Eingang reflektiert wird. In den Meßschaltungen werden weiter eine Reihe spezieller Durchgangselemente verwendet, welche charakteristische Eigenschaften besitzen. Phasenschieber und Leitungsverlängerer, Anpassungs- und Impedanztransformatoren und Dämpfungsglieder sind Beispiele für diese Gruppe. T-förmige Leitungsverzweigungen, Brückenverzweigungen und Richtkoppler sind weitere Durchgangselemente mit mehreren Anschlußleitungen. Sie werden zum Teil im Zusammenhang mit ihren meßtechnischen Verwendungszwecken behandelt. Eine besondere Gruppe stellen Durchgangselemente mit Ferriten dar, welche richtungsbedingte Eigenschaften haben.

6.1 Charakteristische Meßgrößen und ihre Beziehungen

Bei der Übertragung unmodulierter Leistung ist meist der Wirkungsgrad einer Anlage die für den Betrieb maßgebliche Größe. Er hängt wesentlich von den Anpassungen und den Übertragungseigenschaften der Durchgangselemente ab. Die diesbezüglichen Meßgrößen sind der Reflexionsfaktor (Kurzschluß: $\varrho = -1$) als Maß für die Anpassung und der Übertragungsfaktor τ. Dieser gibt ähnlich wie ϱ für die reflektierten Wellen, die relative Größe und Phase der durchlaufenden Wellen an. Unter der Voraussetzung beiderseitiger Anpassung ist mit $\tau = |\tau|\, e^{i\,\psi}$ der Leistungswirkungsgrad $\eta = |\tau|^2$.

Bei der Übertragung modulierter Leistung werden weiter geringe Verzerrungen der Signalform und gegebenenfalls bestimmte Siebeigenschaften der Anlage gefordert. Die Meßgrößen zur Bestimmung der für diese Übertragungsform maßgeblichen Eigenschaften sind $|\tau|$ und ψ, dargestellt als Funktionen der Frequenz.

Ausgehend von der schematischen Darstellung der Abb. 6.2 können einige allgemeine Beziehungen der Meßgrößen abgeleitet werden. Die Abbildung zeigt ein Wellenschema für die Wechselwirkung zwischen Leitungen gleicher Form und einem bezüglich der inneren Eigenschaften unbekannten dazwischen geschalteten Durchgangselement. Sie zeigt die Anwendung der Größen ϱ und τ im Zusammenhang mit den in das Element hineinlaufenden und reflektierten Wellen,

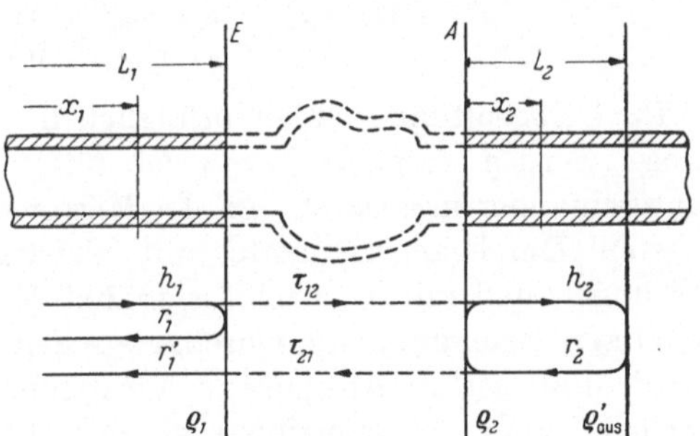

Abb. 6.2. Wechselwirkung zwischen Durchgangselement und den angeschlossenen Leitungen (Wellenschema)

für welche die schematischen Bezeichnungen h_1 bzw. r_1 und r_1' gewählt werden. Der Anteil r_1' rührt von den in der Ausgangsleitung im Abstand L_2 entsprechend einem Reflexionsfaktor ϱ_{aus}' reflektierten Wellen r_2 her. Bei Nichtbeachtung der absoluten Amplituden und der Querschnittsverteilungen erhält man symbolisch

$$h_1 + r_1 + r_1' \supset e^{i\,\beta\,x_1}\left[1 + \varrho_1\, e^{-2\,i\,\beta\,(L_1 - x_1)} + \frac{\tau_{12}\,\tau_{21}}{1 - \varrho_2\,\varrho_{aus}}\,\varrho_{aus}\, e^{-2\,i\,\beta\,(L_1 - x_1)}\right]$$

und

$$h_2 + r_2 \supset \frac{e^{-i\,\beta\,(L_1 + x_2)}\,\tau_{12}}{1 - \varrho_2\,\varrho_{aus}}\,(1 + \varrho_{aus}\, e^{2\,i\,\beta\,x_2})\,,$$

wenn $\varrho_{aus} = \varrho_{aus}'\, e^{-2\,i\,\beta\,x_2}$ der auf den Ausgang bezogene Reflexionsfaktor ist. Die Einführung eines resultierenden Reflexionsfaktors, welcher r_1 und r_1' berücksichtigt, ergibt die für Durchgangselemente grundlegende Beziehung

$$\varrho_{ein} = \varrho_1 + \frac{\tau_{12}\,\tau_{21}}{1 - \varrho_2\,\varrho_{aus}}\,\varrho_{aus}\,. \tag{6.1}$$

Mit den Größen ϱ_n und τ_{nm} für die Bedingungen an Ein- und Ausgang können weitere über den inneren Aufbau der Durchgangselemente aufschlußreiche Beziehungen berechnet werden. Die Bedingungen an Ein- und Ausgang können ebenfalls entsprechend der niederfrequenten, in der Vierpoltheorie gebrauchten Darstellungsweise mit Hilfe von Spannungen, Strömen und Impedanzen bzw. Admittanzen dargestellt werden. Für Hohlleiter können diese Größen gegebenenfalls durch die Transversalkomponenten der Feldstärken in der Ein- und Ausgangsebene ersetzt werden. Den Übergang zu dieser Darstellungsweise bilden folgende Gleichungen:

$$V_{ein} = V_0\,(1 + \varrho_{ein})\,, \tag{6.2}$$

$$I_{ein} = \frac{V_0}{Z_0}\,(1 - \varrho_{ein})\,, \tag{6.3}$$

$$\frac{Z_{ein}}{Z_0} = \frac{1 + \varrho_{ein}}{1 - \varrho_{ein}} = \frac{Y_0}{Y_{ein}}\,. \tag{6.4}$$

In Beibehaltung der ursprünglichen wellenmäßigen Betrachtungsweise werden ausgehend von Gl. (6.1) Beziehungen der Meßgrößen untereinander abgeleitet. In der Mikrowellentechnik kommen am häufigsten Durchgangselemente mit gleichartigen Ein- und Ausgangsleitungen und mit vernachlässigbaren Verlusten vor. Da unter dieser letzteren Bedingung im Durchgangselement keine Leistung verbraucht wird, muß der am Ausgang zur Verfügung stehende Betrag der Leistung welcher zu $|\tau_{12}|^2$ proportional ist, der Differenz der eingangsseitig einfallenden und der reflektierten Leistung gleich sein. Es ist daher

$$|\tau_{12}|^2 = 1 - |\varrho_1|^2\,. \tag{6.5}$$

Für die Leistungsübertragung in entgegengesetzter Richtung erhält man

$$|\tau_{21}|^2 = 1 - |\varrho_2|^2\,.$$

Eine weitere Beziehung ergibt sich auf Grund folgender Überlegung. Man schließt das Durchgangselement entsprechend einem Reflektionsfaktor ϱ_P ab. Der Wert von ϱ_P ist so gewählt, daß die beiden eingangsseitig auftretenden reflektierten Wellen einander aufheben. Unter dieser Bedingung treten in der Eingangsleitung nur fortschreitende Wellen auf, $\varrho_{ein} = 0$ und

$$0 = \varrho_1 + \frac{\tau_{12}\,\tau_{21}}{1 + \varrho_2\,\varrho_P}\,\varrho_P\,. \tag{6.6}$$

Die amplitudenmäßig gleiche Feldstärkeverteilung erhält man bei Vertauschung von Ein- und Ausgang, wenn der ursprüngliche Eingang angepaßt abgeschlossen ist. Der einzige Unterschied zwischen den beiden Zuständen ist die entgegengesetzte Richtung der einander entsprechenden Wellen. In der nachfolgenden Eingangsleitung treten hin- und rücklaufende Wellen auf. Die rücklaufenden Wellen sind durch ϱ_2 bestimmt. Da die reflektierten Wellen beider Zustände einander entsprechen, ist $\varrho_P^* = \varrho_2$. Bei Einführung in Gl. (6.6) erhält man

$$\varrho_1 \varrho_2 - \tau_{12}\,\tau_{21} = \frac{\varrho_1}{\varrho_2^*}\,. \qquad (6.7\,\text{a})$$

Das gleiche Verfahren ergibt bei Vertauschung von Ein- und Ausgang

$$\varrho_1 \varrho_2 - \tau_{12}\,\tau_{21} = \frac{\varrho_2}{\varrho_1^*}\,. \qquad (6.7\,\text{b})$$

Da die rechten Seiten der Gleichungen (6.7a) und (6.7b) gleich sein müssen, gilt die Beziehung

$$|\varrho_1|^2 = |\varrho_2|^2\,. \qquad (6.8)$$

Wenn die Winkel der Reflexionsfaktoren $\varrho_1 = |\varrho_1|\,e^{i\,\varphi_1}$ und $\varrho_2 = |\varrho_2|\,e^{i\,\varphi_2}$ und die Winkel ψ_1 und ψ_2 der Übertragungsfaktoren eingeführt werden, ergibt sich

$$\psi_1 + \psi_2 = 2\,\psi = \varphi_1 + \varphi_2 \pm \pi\,. \qquad (6.9)$$

Die abgeleiteten Beziehungen zeigen, daß für verlustlose Durchgangselemente die Absolutwerte der ein- und ausgangsseitigen Reflexionsfaktoren $|\varrho_1|$ und $|\varrho_2|$ gleich und gleichzeitig ein Maß für den Absolutwert des in beide Richtungen gleichen Übertragungsfaktors

$$|\tau_{12}| = |\tau_{21}| = |\tau| \qquad (6.10)$$

sind. Der Winkel des Übertragungsfaktors kann aus der Summe der Winkel der Reflexionsfaktoren entsprechend Gl. (6.9) berechnet werden. Die abgeleiteten Beziehungen ermöglichen die Bestimmung der Übertragungseigenschaften von Durchgangselementen auf Grund der Messung der Reflexionsfaktoren.

6.2 Meßmethoden

Die Meßgröße, welche die betriebsmäßigen Eigenschaften eines Durchgangselementes am besten beschreibt, ist der Übertragungsfaktor τ. Eine sinngemäße Schaltung für seine Bestimmung ist in Abb. 6.3a dargestellt. Sie beseht aus einer von einem Signalgenerator gespeisten Verzweigungsleitung mit zwei parallelen Zweigen. In einem der Zweige liegt das Meßobjekt. Das am Ausgang des Meßobjektes erhaltene Signal wird mit dem Ausgangssignal des zweiten Zweiges verglichen, in welchem ein einstellbares Dämpfungsglied und ein geeichter Phasenschieber in Serie geschaltet sind. Bei geeigneter Einstellung dieser Vergleichselemente ist die im Differenzarm der ausgangsseitigen, angepaßten

Brückenverzweigung erhaltene Leistung Null. Die Einstellung des Dämpfungsgliedes ist ein Maß für $|\tau_{12}|$ und diejenige des Phasenschiebers für $\psi = \sphericalangle\,\tau$. Das in der Brückenschaltung verwendete Dämpfungsglied ist bezüglich der Änderung der Phase zwischen Ein- und Ausgang in Abhängigkeit von der Einstellung zu prüfen. Etwaige Phasenunterschiede sind zu berücksichtigen.

Eine weitere einfache Bestimmung des Übertragungsfaktors verlustfreier Durchgangselemente ist mit Hilfe der oben abgeleiteten Beziehungen aus den reflektierenden Eigenschaften möglich. Die Meßschaltung ist in Abb. 6.3b dargestellt. Das Meßobjekt ist zwischen

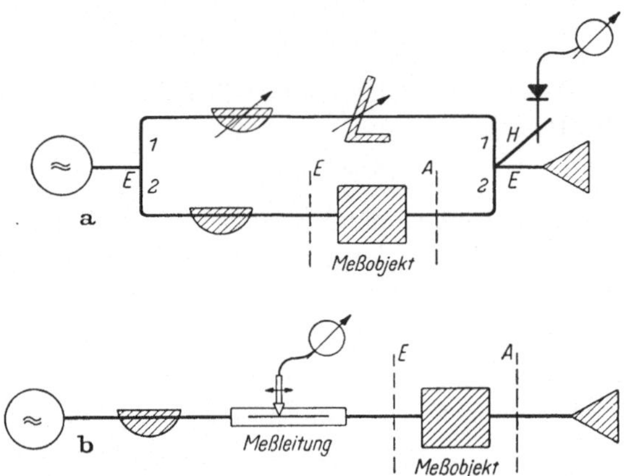

Abb. 6.3 a u. b. Schaltungen für die Bestimmungen der Übertragungskonstanten eines Durchgangselementes. a Brückenschaltung für die direkte Messung, b Schaltung für die Messung der eingangsseitigen Reflexionseigenschaften

die Meßleitung und einem angepaßten Leitungsabschluß geschaltet. Mit Hilfe der Meßleitung wird der eingangsseitige Reflexionsfaktor ϱ_1 festgestellt. Nach Vertauschung von Ein- und Ausgang E und A wird ϱ_2 gemessen. Mit Hilfe von Gl. (6.5) und (6.9) erhält man Größe und Phase des Übertragungsfaktors τ.

Wenn das Durchgangselement aus einem Hohlleiterstück mit kleinen Diskontinuitäten besteht, und der Absolutwert des Übertragungsfaktors in die Größenordnung von 1 gelangt, wird die Messung des Übertragungsfaktors und der unter diesen Bedingungen kleinen Werte der Reflexionsfaktoren ϱ_1 und ϱ_2 mit den bisher beschriebenen Methoden schwierig und ungenau.

6.2.1 Meßmethode der Minimumverschiebung

Die Messung der komplexen Übertragungs- und Reflexionsfaktoren von Filtern im Durchlaßbereich und von Diskontinuitäten, z. B. von Stützen, Steckern, Übergangsstücken und Schaltungsbauteilen mit Hilfe der im vorigen Abschnitt beschriebenen Meßmethoden ist ungenau, wenn die zu messenden Werte von $|\varrho|$ und $1 - |\tau|$ klein sind. Die „Meßmethode der Minimumverschiebung" ergibt genauere Resultate und ist daher vorzuziehen. Bei dieser Meßmethode wird das Durchgangselement, welches als verlustfrei angesehen wird, zwischen einen Leitungsabschluß mit verschiebbarem Kurzschluß (s. S. 145) und eine Meßleitung geschaltet. Die Meßleitung wird von einem Signalgenerator über ein Dämpfungsglied oder einen Ferrit-Isolator gespeist (Abb. 6.4).

Mit der Meßleitung wird die Verschiebung der Minima der eingangsseitigen Feldstärkeverteilung, welche die Form von stehenden Wellen hat, als Funktion der Lage des ausgangsseitigen Kurzschlußschiebers

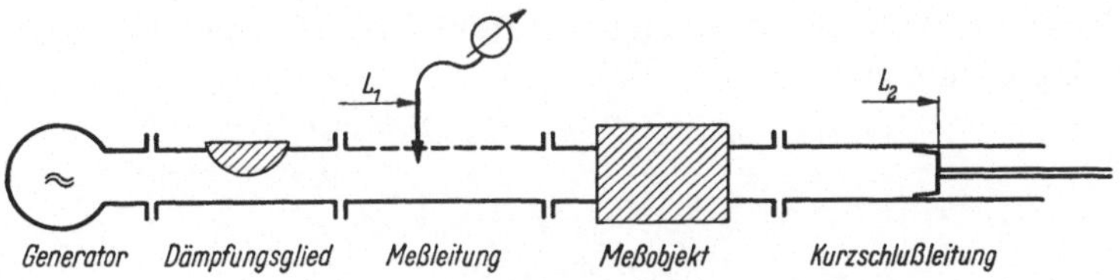

Abb. 6.4. Schaltung für die Meßmethode der Minimumverschiebung

festgestellt. Der Zusammenhang ist in graphischer Darstellung, wenn das Meßobjekt aus einem Leitungsstück ohne Diskontinuitäten besteht, eine Gerade. Bei kleinen Diskontinuitäten und kleinen Reflexionen überlagert sich, wie die Rechnung zeigt, dem linearen Zusammenhang eine sinusförmige Schwankung, deren Amplitude ein Maß für den Reflexionsfaktor ist.

Die hohe Genauigkeit beruht darauf, daß der im Sondenspannungsteiler der Meßleitung entstehende Fehler vermieden wird (die Sondenspannung hat den Wert Null) und der Diskontinuitätsfehler sehr genau berücksichtigt werden kann. Eine Fehlerquelle stellen Störspannungen dar, welche über den Sondenspannungsteiler in das Innere der Meßleitung und der Sonde gelangen und das Minimum trüben oder verschieben. Die rein induktive Sonde (s. S. 92) ist unempfindlich für diese Störspannungen und hat sich bei dieser Meßmethode sehr gut bewährt. Zur Vermeidung von Rückwirkungen der bei dieser Meßmethode auftretenden totalreflektierten Wellen auf den Oszillator ist vor dem Eingang der Meßleitung ein Dämpfungsglied (ca. 20 db) oder ein Ferrit-Isolator (s. S. 195) eingeschaltet. Da die im Bereich des Minimums zu messenden Leistungen, welche durch das Dämpfungsglied gegebenenfalls weiter herabgesetzt werden, sehr klein sind, ist die Verwendung eines Empfängers für die Anzeige der Sondenspannung zweckmäßig.

Die Methode, mit welcher die für die Messung wichtigen Beziehungen abgeleitet werden, beruht im Gegensatz zu dem sonst üblichen Impedanzbegriff auf dem Wellenkonzept. Man wendet hierbei die Gl. (6.1) auf die Schaltung der Abb. 6.4 an. Infolge totaler Reflexion in der

Kurzschlußleitung ist $\varrho_{aus} = (-1)\, e^{-2i\beta L_2}$. Der eingangsseitige Reflexionsfaktor ϱ_{ein} hat im Idealfall, d. h. ohne Diskontinuität im Durchgangselement, bei zweckmäßiger Wahl der Eingangsebene den gleichen Wert. Normalerweise ist das Minimum um einen Betrag ΔL verschoben, so daß

$$-1\, e^{-2i\beta (L_2 + \Delta L)} = \varrho_1 - \frac{\tau_{12}\,\tau_{21}\, e^{-2i\beta L_2}}{1 + \varrho_2\, e^{-2i\beta L_2}} \tag{6.11}$$

erhalten wird. Beseitigung des Bruches und Einführung der Gl. (6.7) ergibt

$$e^{i(\varphi_1 + \varphi_2)} + \varrho_1\, e^{2i\beta L_2} + e^{-2i\beta \Delta L}\left(1 + \varrho_2\, e^{-2i\beta L_2}\right) = 0\,.$$

Nach Teilung von ΔL in einen konstanten Teil ΔL_1 und einen variablen Teil ΔL_2 erhält man

$$e^{-2i\beta (\Delta L_1 + \Delta L_2)} = -\, e^{i(\varphi_1 + \varphi_2)}\frac{1 + (\varrho_2\, e^{-2i\beta L_2})^*}{1 + \varrho_2\, e^{-2i\beta L_2}}$$

und

$$\beta\,\Delta L_1 = -\frac{\varphi_1 + \varphi_2}{2} \pm \frac{\pi}{2} = -\psi\,, \tag{6.12}$$

$$\beta\,\Delta L_2 = \operatorname{arctg}\frac{|\varrho_2|\,\sin\,(2\,\beta\,L_2 - \varphi_2)}{1 + |\varrho_2|\,\cos\,(2\,\beta\,L_2 - \varphi_2)}\,. \tag{6.13}$$

$-\beta\,\Delta L_1$ gleicht dem Phasenwinkel des Übertragungsfaktors und entspricht dem Weg, den die Wellen im Durchgangselement zurücklegen. Der abhängig von L_2 schwankende Wert ΔL_2 ist durch die Filterwirkung bedingt. Für kleine Werte von $|\varrho_1| = |\varrho_2| = |\varrho|$ ergibt sich angenähert

$$\beta\,\Delta L \approx -\frac{\varphi_1 + \varphi_2}{2} \pm \frac{\pi}{2} + |\varrho|\,\sin\,(\varphi_2 - 2\,\beta\,L_2)\,. \tag{6.14}$$

ΔL schwankt sinusförmig bei der Änderung von L_2 bzw. bei einer Verschiebung des Kurzschlußschiebers. $\Delta L_m = \Delta L_{max} - \Delta L_{min}$, die maximale Schwankung zwischen den beiden Grenzwerten, ist daher ein Maß für $|\varrho|$. Man erhält

$$|\varrho| = \Delta L_m\,\frac{\pi}{\lambda_L}\,. \tag{6.15}$$

Die Phasenwinkel φ_1 und φ_2 der Reflexionsfaktoren ergeben sich aus den Lagen des Kurzschlußkolbens L_2 für die Nulldurchgänge der Verschiebungsfunktion ΔL. Unter dieser Bedingung werden der Sinus und der Klammerausdruck der Gl. (6.14) Null, wobei der Abstand der Kurzschlußebene des Schiebers von der Ausgangsebene des Durchgangselementes den Wert $\varphi_2/2\beta$ hat. Zur Bestimmung von φ_1 muß Ein- und Ausgang des Durchgangselementes vertauscht werden.

Die Ableitungen und ihre Resultate setzen voraus, daß die Meßleitung mit einer kapazitiven Sonde versehen ist. Für die rein induktive Sonde haben die Größen der Minimumverschiebungen gleiche Werte. Die Lagen der Minima sind jedoch um $\lambda_L/4$ verschoben.

Die Methode der Minimumverschiebung ist außer für die Messung der Übertragungseigenschaften von Filtern im Durchlaßbereich hauptsächlich für die Bestimmung der Daten von Leitungsdiskontinuitäten und für ihre Kompensation sehr zweckmäßig. Die Diskontinuitäten treten im Zusammenhang mit Durchmessersprüngen, Stützen und Steckern in Koaxialkabeln und mit Schlitzen und Blenden im Hohlleitern auf. Abb. 6.5a—c zeigt die Ersatzschaltbilder einiger typischer Diskontinuitäten. Die zugehörigen Verschiebungsfunktionen und die für diese Fälle gültigen Gleichungen sind in Abb. 6.6 dargestellt. Die Diskontinuitäten haben meistens eine in Richtung der Leitung vernachlässigbare Ausdehnung, so daß die Ein- und Ausgangsebene der Durchgangselemente zusammenfallen.

Der Fall c der gezeigten Beispiele entspricht einem Wellenwiderstandssprung bei gleichzeitig parallelgeschalteter Diskontinuitätsadmittanz.

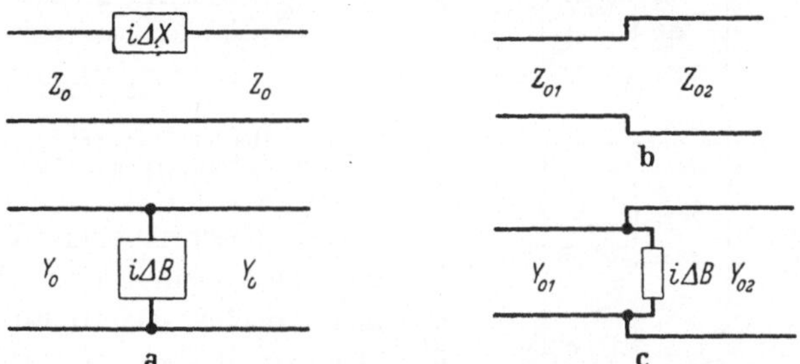

Abb. 6.5 a—c. Ersatzschaltbilder typischer Leitungsdiskontinuitäten

Er kommt im Zusammenhang mit Durchmessersprüngen von Koaxialleitungen (Abb. 6.7) vor. Zu den Reflexionen an der Übergangsstelle trägt neben dem Wellenwiderstandssprung die Streukapazität an der Übergangsstelle bei. Wenn man Gl. (6.14) auf diesen Fall anwendet, erhält man

$$\Delta L_m \approx \frac{\lambda_L}{2\,\pi} \sqrt{\left(\frac{\Delta Y_0}{Y_{01}}\right)^2 + \left(\frac{\Delta B}{Y_{01}}\right)^2}$$

und

$$\varphi_2 = -\arctan \frac{\Delta B}{\Delta Y_0}\,\pi - \varphi_1 .$$

Ohne Streukapazität wäre $\Delta B = 0$, $\varrho_2 = 0$, und die Verschiebungsfunktion für das eingangsseitige Minimum würde mit dem Nulldurchgang der Sinusfunktion beginnen. Mit Streukapazität und endlichem φ_2 beginnt sie mit $\sin \varphi_2$, und der nächste Nulldurchgang wird bei einem Wert L_{20} erhalten, welcher $\alpha = \pi/2 - \varphi_2$ entspricht. Mit α kann

$$\left|\frac{\Delta Y_0}{\Delta B}\right| = \operatorname{tg} \alpha \tag{6.16}$$

und

$$\frac{\Delta Y_0}{Y_{01}} \approx 2\,\pi\, \frac{\Delta L_m}{\lambda_L}\, \frac{1}{\sqrt{1 + \mathrm{ctg}^2\,\alpha}} \qquad (6.17)$$

berechnet werden.

Diskontinuitäten werden häufig von Streukapazitäten parallel zu Leitungen, Serieninduktivitäten, welche von Schlitzen und Nuten in Koaxialleitungen herrühren, Wellenwiderstandssprüngen und $\lambda_L/4$-Leitungsstücken mit abweichendem Wellenwiderstand hervorgerufen. In Abb. 6.8 sind Gleichungen zur Berechnung der Ersatzdiskontinuitäten aus ΔL_m angegeben.

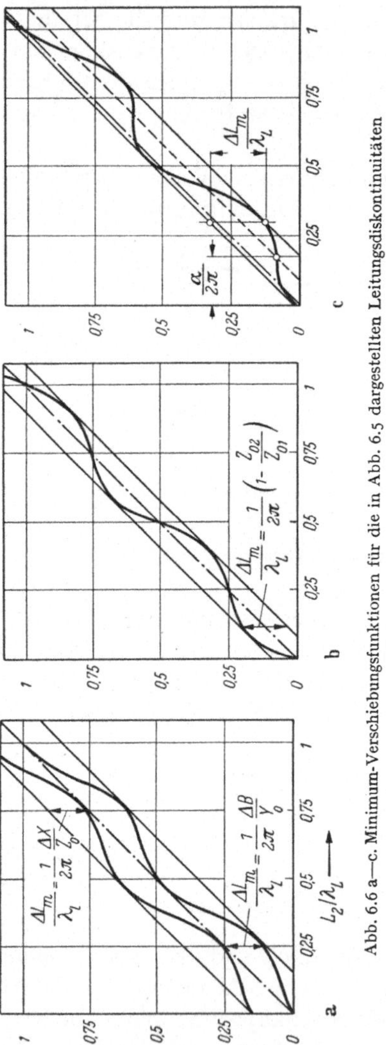

Abb. 6.6 a—c. Minimum-Verschiebungsfunktionen für die in Abb. 6.5 dargestellten Leitungsdiskontinuitäten

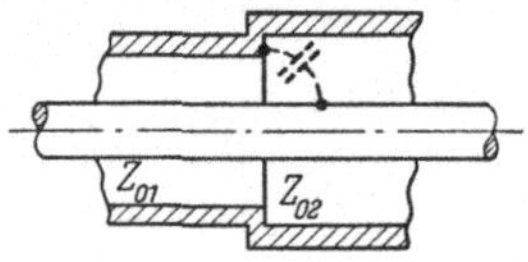

Abb. 6.7. Durchmessersprung
des Außenleiters einer Koaxialleitung

Die beschriebenen Wirkungen von Diskontinuitäten, und ihre rechnerische Darstellung geben gleichzeitig einen Überblick über die Möglichkeiten ihrer Kompensation. Zur Kompensation wird eine zusätzliche Diskontinuität eingeführt, durch welche die ursprüngliche Minimumverschiebung aufgehoben wird. Die Kompensation ist durch die Bedingung

$$\Sigma\, \Delta L_{m\,n} = 0$$

gekennzeichnet, wenn insgesamt n Diskontinuitäten vorhanden sind. Die Wirkung einer Streukapazität parallel zur Leitung kann z. B. durch Einführung einer gleich großen Kapazität im Abstand $\lambda_L/4$ oder durch Einführung einer Serieninduktivität, welche ein gleichgroßes ΔL_m hervorruft, kompensiert werden. Die letztere Methode ist vorzuziehen, da die Wirkungen beider Diskontinuitäten mit steigender Frequenz zunehmen, so daß die Kompensationen im Gegensatz zu der erstgenannten Methode über ein breites Frequenzband gültig ist. Mit Hilfe der Methode der Minimumverschiebung können Diskontinuitäten, deren Wirkung schwierig oder mit ungenügender Genauigkeit berechenbar ist, experimentell sehr genau kompensiert werden.

Verlustdiskontinuitäten in der Form von Serienwiderständen und parallel zur Leitung geschalteten Verlust-Leitwerten rufen keine Minimumverschiebungen hervor, so daß die hier beschriebenen Methoden für die Bestimmung ihrer Wirkungen und Daten nicht anwendbar ist.

Die Genauigkeit der Methode der Minimumverschiebung ist, da die elektrisch bedingten Fehler weitgehend vermieden werden können, sehr hoch. Sie hängt unter den eingangs angeführten Vor-

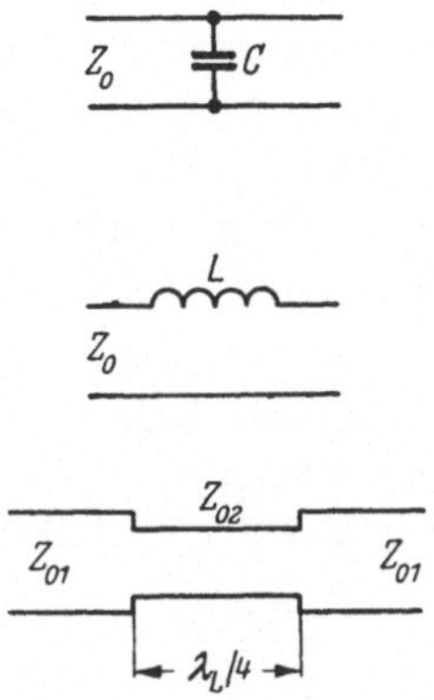

$$\frac{\Delta B}{Y_0} \approx 2\,\pi\,\frac{\Delta L_m}{\lambda_L}$$

$$C^{[\mathrm{F}]} \approx \frac{1}{Z_0{}^{[\Omega]}}\,\frac{\Delta L_m{}^{[\mathrm{cm}]}}{\lambda_L{}^{[\mathrm{cm}]}\,f^{[\mathrm{Hz}]}}$$

$$\frac{\Delta X}{Z_0} \approx 2\,\pi\,\frac{\Delta L_m}{\lambda_L}$$

$$L^{[\mathrm{Hy}]} \approx Z_0\,\frac{\Delta L_m}{\lambda_L\,f}$$

$$\frac{\Delta Z}{Z_0} \approx \pi\,\frac{\Delta L_m}{\lambda_L}$$

$$Z_{02} \approx Z_{01}\left(1 \pm \pi\,\frac{\Delta L_m}{\lambda_L}\right)$$

$$\frac{\Delta Z}{Z_0} \approx 2\,\pi\,\frac{\Delta L_m}{\lambda_L}$$

$$Z_{02} \approx Z_{01}\left(1 \pm 2\,\pi\,\frac{\Delta L_m}{\lambda_L}\right)$$

Abb. 6.8. Tabelle für die Berechnung einiger häufig vorkommender Leitungsdiskontinuitäten

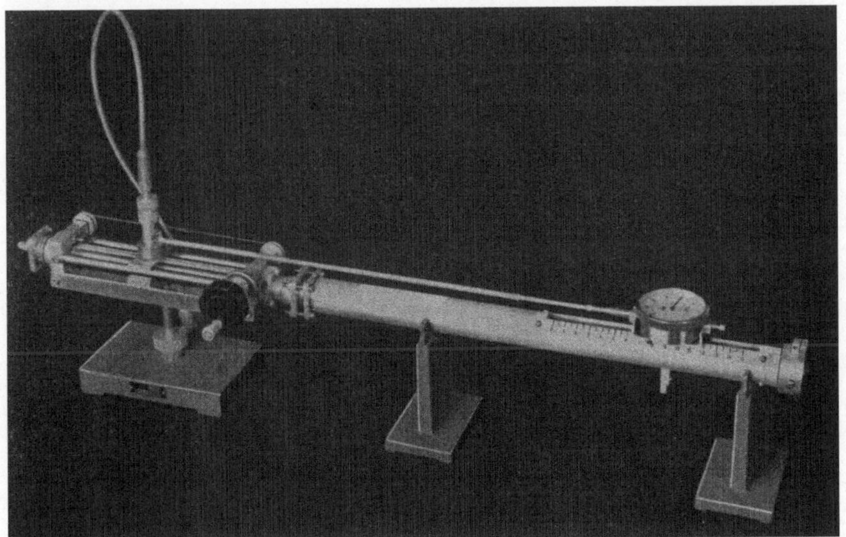

Abb. 6.9. Anordnung für die Messung der Minimumverschiebung mittels Meßuhr

aussetzungen hauptsächlich von der Güte der Kurzschlußleitungen und den Genauigkeiten der Ablesevorrichtungen und Skalen ab. Eine Fehleranalyse ergab in diesem Zusammenhang beachtliche Fehler der an Meß- und Kurzschlußleitungen angebrachten Maßstäbe ($\pm$ 0,03 cm).

Das Bestreben den Maßstabfehler herabzusetzen, führte zu der Methode, die Abstandsänderung ΔL zwischen Sonde und Kurzschlußschieber mit Hilfe einer Meßuhr mit einer Genauigkeit von $\pm$ 0,001 cm direkt zu messen. Der Wagen der Meßleitung und der Kurzschlußschieber werden gleichzeitig bewegt. Abb. 6.9 zeigt einen Meßplatz für die Untersuchung von Bauteilen mit $7/8''$-Koaxialanschlüssen.

Die Anordnung besteht aus Meßleitung und Kurzschlußleitung mit dazwischen geschaltetem Meßobjekt. An dem Kurzschlußschieber ist die Meßuhr befestigt, welche direkt mit der Sonde der Meßleitung gekoppelt ist.

Die Meßgenauigkeit dieser Anordnung kann berechnet werden, wenn der Maximalwert der Schwankungen der Minimumverschiebung in den Grenzen des Ablesefehlers der Meßuhr $\Delta L = 2.10^{-3}$ cm in die

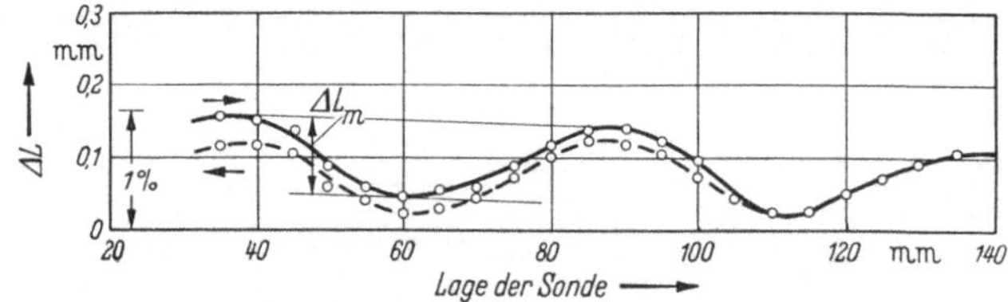

Abb. 6.10. Aufgenommene Verschiebungsfunktion für die Bestimmung des Diskontinuitätsfehlers einer Meßleitung

Gleichung für die Diskontinuitäten $\Delta Y/Y_0 = 2\,\pi\,\Delta L_m/\lambda_L$ eingeführt wird. Mit diesem Zahlenwert ist für das S-Band ($\lambda_L = 10$ cm) $\Delta Y/Y_0 \sim 1{,}3 \cdot 10^{-3}$. Dieser Wert in der Größenordnung von $1^0/_{00}$ zeigt, daß die Genauigkeit dieser Methode sehr hoch ist.

Abb. 6.10 zeigt die mit dieser Anordnung aufgenommenen Verschiebungskurven für die Bestimmung des Diskontinuitätsfehlers einer Meßleitung. Das Nicht-Zusammenfallen der beiden Kurven rührt von der Instabilität der Frequenz des Signalgenerators während der Messung her. Die Gleichmäßigkeit der Meßwerte zeigt, daß Diskontinuitäten entsprechend einer relativen Serienimpedanz $\Delta Z/Z_0 = 2 \cdot 10^{-3}$ gemessen werden können.

Ein Nachteil des Meßverfahrens ist die zeitraubende Tätigkeit der punktweisen Aufnahme der Kurven. Für Serienmessungen kann das Verfahren teilweise automatisiert werden. Abb. 6.11 zeigt einen Meßplatz mit einer kapazitiven Vibrationssonde. Der Meßplatz besteht aus einer von einem Signalgenerator über ein Dämpfungsglied gespeisten Meßleitung und einer Kurzschlußleitung. Der Schieber der Kurzschlußleitung ist mechanisch starr mit dem Wagen der Meßleitung verbunden.

Abb. 6.11. Meßplatz für die automatische Darstellung der Minimumverschiebung

Die starre Verbindung ermöglicht die gleichzeitige Verschiebung beider Teile. Im Wagen der Meßleitung ist die Vibrationssonde (Abb. 6.12), welche in das Innere der Meßleitung hineinragt, befestigt. Die federnde kapazitive Sonde wird in einem magnetischen Wechselfeld, welches von zwei Magnetspulen hervorgerufen wird, zu Schwingungen angefacht. Das in die Leitung eintauchende untere Ende vibriert in der Längsrichtung der Leitung über eine Länge von einigen Millimetern und ermöglicht die direkte Darstellung der Sondenspannung in der Umgebung des Minimums auf dem Schirm einer Kathodenstrahlröhre. Da der Wagen der Meßleitung und der Kurzschlußschieber starr miteinander gekoppelt sind, erscheint bei deren Verschiebung in dem Fall eines Durchgangselementes ohne Diskontinuitäten das Minimum an der gleichen Stelle auf dem Schirm des Oszillographen. Die horizontale Ablenkung des Kathodenstrahles erfolgt synchron mit der Bewegung der vibrierenden Sonde.

Abb. 6.12
Kapazitive Vibrationssonde

Wenn ein Bauteil oder Filter zwischen Kurzschlußleitung und Meßleitung geschaltet wird, wandert das Minimum bei Verschiebung des mit dem Wagen der Meßleitung verbundenen Kurzschlußschiebers zwischen zwei äußersten Lagen. Deren Abstand ΔL_m ist ein Maß für die Größe der im Bauteil oder Filter vorhandenen Diskontinuität. Ein Maßstab auf dem Schirm des Oszillographen ermöglicht die direkte Ablesung der Größe der Diskontinuität in Prozent von Z_0. Die Meßeinrichtung ist sehr zeitsparend bei der Einstellung von Kompensationselementen und bei Serienmessungen der Größe von Diskontinuitäten.

6.3 Durchgangselemente mit Verlusten

Die bisher vorausgesetzte Bedingung der Verlustfreiheit ist nicht immer erfüllt. Häufig ist es notwendig Messungen an verlustbehafteten Durchgangselementen (TISCHER [8]) durchzuführen und deren Eigenschaften zu definieren. Beispiele sind die Messung der Daten von Filtern und der Übergangselemente unter Berücksichtigung der Leitungsverluste und dielektrischen Verluste und die Messung der Daten von Dämpfungsgliedern. Die charakteristischen Meßgrößen sind die gleichen wie bisher (ϱ_1, ϱ_2, τ_{12} und τ_{21}). Die allgemeine Beziehung der Gl. (6.1) gilt auch für den vorliegenden Fall.

Die Übertragungskonstanten können mit Hilfe der allgemeinen Meßmethode, für welche in Abb. 6.3a die Schaltung gezeigt ist, festgestellt werden. ϱ_1 und ϱ_2 ergeben sich aus Reflexionsmessungen. Der Ausgang ist in beiden Fällen angepaßt abgeschlossen.

Wie die folgende Untersuchung zeigt, kann der Übertragungsfaktor verlustbehafteter Durchgangselemente, ähnlich wie bei der Methode der Minimumverschiebung, mit Hilfe von Reflexionsmessungen festgestellt werden. Man schließt den Ausgang mit einem Abschlußelement mit verschiebbarem Kurzschluß ab und mißt den eingangsseitigen Reflexionsfaktor (ϱ_{ein}) abhängig von der Lage des Kurzschlußschiebers. Die Auswertung der Meßergebnisse ergibt sich auf Grund der Gl. (6.1) und (6.19). Gl. (6.19) folgt aus dem LORENTZschen Reziprozitätsgesetz. Das Gesetz gilt für elektromagnetische Ausbreitungsvorgänge in Räumen, welche leer sind oder Medien mit skalaren, linearen Materialkonstanten enthalten. Es besagt: Wenn im Innern eines abgeschirmten Raumes zwei beliebige Feldverteilungen, welche mit zwei Feldverteilungen in den Öffnungen zusammenhängen, vorhanden sind, wird das Oberflächenintegral

$$\int_{F_1 + F_2 + \cdots} [(E^{(1)} \times H^{(2)}) - (E^{(2)} \times H^{(1)})] \, dF = 0 \,. \tag{6.18}$$

Null; $E^{(1)}$, $H^{(1)}$ und $E^{(2)}$, $H^{(2)}$ sind die Transversalkomponenten der Feldgrößen für die beiden Feldverteilungen in den Öffnungen. Bezüglich der beiden Feldverteilungen wird angenommen, daß sie von Wellen herrühren, welche in beide Richtungen laufen. Die wellenförmig transportierte Leistung wird von zwei Generatoren geliefert, welche an die beiden Anschlußleitungen des Durchgangselementes angepaßt angeschlossen sind. Nach Einführung der Reflexions- und Übertragungsfaktoren an Stelle der Transversalkomponenten der Feldgrößen in Gl. (6.18) erhält man für gleiche Ein- und Ausgangsleitung die Beziehung

$$\tau_{12} = \tau_{21} = \tau \, . \tag{6.19}$$

Eingeführt in Gl. (6.1) geht diese über in

$$\varrho_{ein} = \varrho_1 + \frac{\tau^2}{1 - \varrho_2 \, \varrho_{aus}} \, \varrho_{aus} \, . \tag{6.20}$$

Gl. (6.20) ermöglicht die vereinfachte Bestimmung der Übertragungseigenschaften mit Hilfe von Reflexionsmessungen, wenn das Durchgangselement mit einem Element abgeschlossen ist, dessen eingangsseitiger Reflexionsfaktor bekannt und veränderlich ist. Es ist

$$\tau^2 = \frac{(\varrho_{ein} - \varrho_1) \, (1 - \varrho_2 \, \varrho_{aus})}{\varrho_{aus}} \, . \tag{6.21}$$

Als Abschlußelement benutzt man zweckmäßig einen Leitungsabschluß mit verstellbarem Kurzschlußschieber, wobei $\varrho_{aus} = (-1) \, e^{-2 \, i \, \beta \, L_2}$ ist. L_2 ist der Abstand der Kurzschlußebene des Kurzschlußschiebers von der Ausgangsebene des Durchgangselementes. Die Verwendung der veränderlichen Kurzschlußleitung ergibt einfache geometrische Zusammenhänge, welche die Bestimmung der Daten des Durchgangselementes erleichtern.

Die Zusammenhänge werden verdeutlicht, wenn man ϱ_1 in Gl. (6.20) auf die linke Seite schafft und den Reziprokwert bildet. Es wird

$$\frac{1}{\varrho_{ein} - \varrho_1} = - \frac{\varrho_2}{\tau^2} + \frac{1}{\tau^2} \, \frac{1}{\varrho_{aus}} \, . \tag{6.22}$$

Die Annahme, daß ϱ_{aus} von einer veränderlichen Kurzschlußleitung herrührt, ergibt, daß die Ortskurve des zweiten Summanden der Gl.(6.22), als Funktion der Lage des Kurzschlußschiebers dargestellt, Kreise mit dem Radius $1/|\tau|^2$ sind. Die Gesamtfunktion erhält man durch Verschiebung der Mittelpunkte der Kreise um den komplexen Wert $-\varrho_2/\tau^2$. Aus Gründen der Einfachheit wird nicht direkt der Reziprokwert sondern dessen konjungiert komplexer Wert $\left(\dfrac{1}{\varrho_{ein} - \varrho_1}\right)^*$ betrachtet, welcher einfach durch Spiegelung von $\varrho_{ein} - \varrho_1$ an dem Einheitskreis erhalten wird. Die geänderte Betrachtungsweise läßt die Absolutbeträge unverändert und ergibt lediglich negative Winkel.

In Abb. 6.13 ist die Bestimmung von $|\tau|^2$ und $|\varrho_2|$ anschaulich angedeutet, wenn $\left(\dfrac{1}{\varrho_{ein} - \varrho_1}\right)^*$ als Funktion der Lage des Kurzschlußkolbens L_2 bekannt ist. ϱ_2 kann durch eine Reflexionsmessung bei Vertauschung von Ein- und Ausgang und bei angepaßtem Abschluß festgestellt werden. Dadurch ist der Winkel $\varphi_2 = \angle \, \varrho_2$ gegeben, so daß aus dem Winkel des ersten Summanden der Gl. (6.22) bzw. aus dem Winkel der komplexen Mittelpunktlage $\angle \, (\varrho_2/\tau^2) = \varphi_2 - 2\,\psi$ der doppelte Winkel des Übertragungsfaktors $2\,\psi$ berechnet werden kann.

Es wurde festgestellt, daß die Ortskurven der rechten Seite der Gl. (6.22) als Funktion von L_2 Kreise sind. Bei deren Überführung in die komplexe Zahlenebene des Eingangs-Reflexionsfaktors ϱ_{ein} durch Reziprokwertbildung bzw. Spiegelung am Einheitskreis ergeben sich entsprechend den Gesetzen, welche für komplexe, lineare, gebrochene Funktionen gelten, ebenfalls Kreise. Daher ist die Ortskurve von ϱ_{ein}, als Funktion der Lage des Kurzschlußschiebers bzw. L_2 dargestellt, ein Kreis. Bei verlustfreien Durchgangselementen war die Ortskurve, wie man sich leicht überzeugen kann, der Einheitskreis $|\varrho_{ein}| = |r| = 1$.

Auf Grund dieser Zusammenhänge ergibt sich folgendes Meßverfahren und folgende geometrische Darstellung zur Bestimmung der Meßgrößen eines verlustbehafteten Durchgangselementes aus den Reflexionseigenschaften. In einer üblichen Meßschaltung für Reflexionsmessungen wird bei angepaßter Ausgangsleitung ($\varrho_{aus} = 0$) ϱ_1 und bei Vertauschung von Ein- und Ausgang ϱ_2 als der am jeweiligen Eingang erhaltene Reflexionsfaktor festgestellt. In der Folge wird bei Abschluß des Ausgangs mit einer veränderlichen Kurzschlußleitung für einige Stellen des Kurzschlußschiebers der totale eingangsseitige Reflexionsfaktor ϱ_{ein} bestimmt. Es ist zweckmäßig, Lagen des Kurzschlußschiebers in Paaren mit $\lambda_L/4$-Abstand zu wählen. In komplexer Darstellung ergeben sich beispielsweise die in Abb. 6.13 (links) mit 1 und 2, 3 und 4 bzw. 5 und 6 bezeichneten Punkte. Diese Punkte liegen auf einem Kreis. Er ist die Ortskurve für ϱ_{ein} abhängig von der Lage des Kurzschlußschiebers. Da die Punktpaare für $\lambda_L/4$-Abstände des Kurzschlußschiebers gewählt wurden, liegen sie außerdem auf Kreisen durch den Punkt P, den komplexen Wert von ϱ_1. Die Mittelpunkte dieser Kreise sind die Schnittpunkte der Tangenten an den ϱ_{ein}-Kreis in den Punktpaaren. Auf Grund dieser Beziehung kann ϱ_1 ohne die vorhergehende Messung bei angepaßtem Abschluß allein aus den Kurzschlußschieber-Messungen als Schnittpunkt der Kreise durch die Punktpaare gewonnen werden.

Als nächster Schritt wird $\varrho_{ein} - \varrho_1$ bestimmt. Hierbei wird der Mittelpunkt des ϱ_{ein}-Kreises M um $-\varrho_1$ verschoben und geht in M' über. Zur Verdeutlichung ist die Verschiebung der Punkte 1 in 1', 2 in 2' usw. angedeutet. Bei dieser Verschiebung gelangt P in den Ursprung O der komplexen Zahlenebene. Um die nächste Transformation übersichtlich zu zeigen, wird sie in dem rechten Teil der Abb. 6.13 getrennt dargestellt. Der $(\varrho_{ein} - \varrho_1)$-Kreis ist in der ursprünglichen Lage der komplexen Zahlenebene eingezeichnet. Die Überführung in die konjugiert komplexe reziproke Ortskurve erfolgt durch eine Spiegelung am Einheitskreis $|r| = 1$, wobei die Abstände vom Ursprung bei der Transformation in die reziproken Werte übergehen. Die Winkel bleiben erhalten. Die Spiegelung transformiert den $(\varrho_{ein} - \varrho_1)$-Kreis in den Kreis für $\left(\dfrac{1}{\varrho_{ein} - \varrho_1}\right)^{*}$. Die Schnittpunkte mit dem Einheitskreis A_1 und A_2 sind für beide Kreise

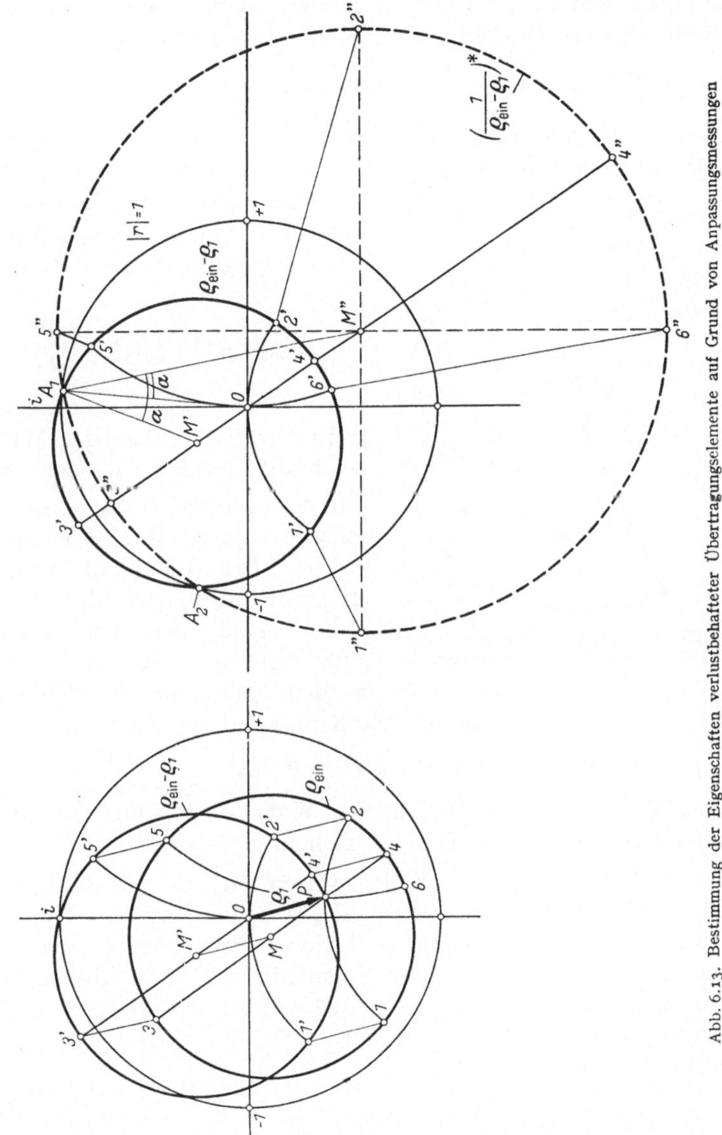

Abb. 6.13. Bestimmung der Eigenschaften verlustbehafteter Übertragungselemente auf Grund von Anpassungsmessungen

gemeinsam. Aus der Winkeltreue der Transformation ergibt sich, daß die Winkel α zwischen den Radien, welche einen der gemeinsamen Punkte A_1 oder A_2 mit den Mittelpunkten M' und O bzw. O und M'' verbinden, gleich sind, so daß M'' sehr einfach gefunden werden kann.

Dieser Mittelpunkt liegt weiter auf der Verbindungslinie zwischen $M'O$ bzw. auf der Symmetrieachse von A_1 und A_2. Bei der Transformation gehen die Punkte $1'$ in $1''$, $2'$ in $2''$ usw. über. Die Punktpaare liegen entsprechend den $\lambda_L/4$-Abständen der zugehörigen Lagen des Kurzschlußschiebers auf Durchmessern des Kreises. Durch die beschriebene Transformation ist der $\left(\dfrac{1}{\varrho_{ein}-\varrho_1}\right)^*$-Kreis gegeben.

Entsprechend Abb. 6.14 ist der Radius des Kreises $|R| = 1/|\tau|^2$ im Maßstab der komplexen Zahlenebene ein Maß für den Absolutwert des Übertragungsfaktors. Der Abstand des Mittelpunktes M'' von dem Ursprung O ergibt den Absolutwert $|\varrho_2|$. Es ist

$$|\varrho_2| = (\overline{OM''})\,|\tau|^2 = \frac{\overline{OM''}}{|R|}\,.$$

Der Winkel des Übertragungsfaktors kann mit Hilfe desjenigen Winkels bestimmt werden, welchen $\overline{OM''}$ mit der positiven Achse $o, +1$ einschließt. Dieser Winkel entspricht $\pi + \varphi_2 - 2\psi$. Da φ_2 auf Grund der eingangs angeführten Messung von ϱ_2 bei vertauschtem Ein- und Ausgang gegeben ist, kann ψ berechnet werden. Eine andere Möglichkeit besteht in der Messung von ϱ_{ein} für Kurzschluß am Ausgang ($L_2 = 0$) und Transformation dieses Punktes auf den $\left(\dfrac{1}{\varrho_{ein}-\varrho_1}\right)^*$-Kreis. Die Richtung des Radius ist ein Maß für den Winkel ψ. In Abb. 6.14 muß auf der rechten Seite auch ϱ_2^*, nicht ϱ^* stehen.

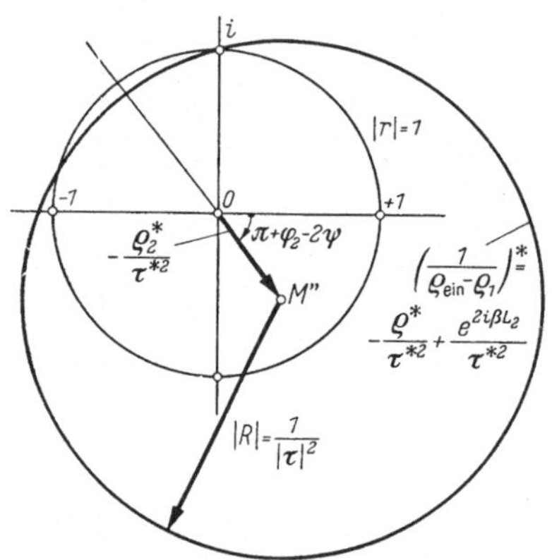

Abb. 6.14. Zu: Bestimmung der Übertragungseigenschaften verlustbehafteter Durchgangselemente

Der Vollständigkeit halber sei eine weitere einfache Meßmethode für den Fall kleiner Reflexionsfaktoren $|\varrho_1|$, $|\varrho_2| \ll 1$ angeführt. Bei dieser Meßmethode wird der Eingangs-Reflexionsfaktor gemessen, wenn der Ausgang mit einer verschiebbaren Normaldiskontinuität abgeschlossen ist. Normaldiskontinuitäten dieser Art werden von Meßgerätefirmen mit $|\varrho| = 0{,}05$ und $0{,}1$ hergestellt. Unter dieser Bedingung ist ϱ_{ein} angenähert:

$$\varrho_{ein} \approx \varrho_1 + \tau^2\,\varrho_{aus}\,. \tag{6.23}$$

Die Ortskurven in der komplexen Zahlenebene für ϱ_{aus} und ϱ_{ein} abhängig von der Lage der Ausgangsdiskontinuität sind Kreise. Radius und Winkel des ϱ_{ein}-Kreises sind ein Maß für τ^2; der komplexe Wert des Mittelpunktes entspricht ϱ_1.

6.4 Messung der Daten von Filtern

Den überwiegenden Teil der Mikrowellenfilter bilden frequenzselektive, passive Durchgangselemente. Sie sind für bestimmte Teile eines größeren Bereiches des Frequenzspektrums durchlässig und sperren gleichzeitig den Durchgang für andere Teile des Bereiches. Typische Beispiele sind die Tief-, Hoch- und Bandpässe. Neben dieser allgemeinen Gruppe sind Richtkoppler und Bauteile mit Ferriten Durchgangselemente mit andersgearteten Filtereigenschaften. Sie werden an anderen Stellen getrennt behandelt.

Die hauptsächlich interessierenden Eigenschaften der frequenzselektiven Mikrowellenfilter sind die Dämpfung im Sperrbereich und an dessen Grenzen und weiter die Übertragungseigenschaften im Durchlaßbereich. Die Sperrdämpfung kann durch $|\tau|$ bzw. durch dessen Logarithmus als Funktion der Frequenz definiert werden. Für die Übertragungseigenschaften im Durchlaßbereich sind die Amplituden- und Phasenverzerrungen maßgebend. Sie können, wenn die Größe des Übertragungsfaktors $|\tau|$ und die Gruppenlaufzeit $\dfrac{d\varphi}{d\omega}$ als Funktionen der Frequenz bekannt sind, mit diesen Werten berechnet werden. Zwischen beiden Funktionen bestehen Beziehungen, welche im Zusammenhang mit der Meßtechnik weniger interessieren. Der Übertragungsfaktor τ ist wie bisher als Meßgröße zur Definition der wichtigsten Eigenschaften von Mikrowellenfiltern ausreichend. Er entspricht dem Betriebsübertragungsmaß der niederfrequenten Filtertechnik. Der Logarithmus seines Absolutwertes ist die Übertragungsdämpfung $a_{\ddot{u}}$ (Betriebsdämpfung [1]);

$$a_{\ddot{u}}^{[\mathrm{db}]} = -20 \log |\tau| = 8{,}686\, a_{\ddot{u}}^{[\mathrm{Np}]} = -8{,}686 \ln |\tau|.$$

Die Sperreigenschaften verlustloser Mikrowellenfilter beruhen darauf, daß ein Teil der Energie in die Eingangsleitung reflektiert wird. Die Leistungbilanz ergibt

$$|\tau|^2 = 1 - |\varrho|^2. \qquad (6.24)$$

Die meßtechnische Folge dieser Gleichung ist die Möglichkeit, die Größe des Übertragungsfaktors mit Hilfe von Reflexionsmessungen festzustellen. Daneben besteht die Möglichkeit der Messung von τ mit Hilfe der speziellen Meßschaltung für Übertragungseigenschaften entsprechend Abb. 6.3 a.

Die Diskussion der Reflexionsmessungen zeigt, daß im Sperrbereich der größte Teil der Energie am Eingang des Durchgangselementes reflektiert wird, so daß $|\varrho|$ in die Größenordnung von 1 gelangt. Das Verhältnis der stehenden Wellen SWV in der Eingangsleitung hat in der Folge große Werte. Diese Bedingung ergibt einige Vereinfachungen. Ausgehend von Gl. (6.24) erhält man

$$|\tau|^2 = 1 - \left(\frac{SWV - 1}{SWV + 1}\right)^2 = \frac{4\, SWV}{(1 + SWV)^2}$$

weiter

$$|\tau| \approx \frac{2}{\sqrt{SWV}} \, .$$ (6.25)

In Anbetracht der Größe der zu messenden SWV-Werte ist die in Abschn. 4.3.8 beschriebene Methode der Messung der Minimumbreite zweckmäßig.

Im Übergangsbereich zwischen Durchlaß- und Sperrbereich hat SWV mäßige Werte, wobei obige Vereinfachungen nicht zu treffen. Unter dieser Bedingung ist

$$\frac{1}{|\tau|} = \frac{1}{2} \left(\frac{1}{\sqrt{SWV}} + \sqrt{SWV} \right) .$$ (6.26)

Für den Durchlaßbereich besteht die Forderung, daß die Reflexionen und die Verzerrungen klein sein sollen. Entsprechend der ersten Bedingung fällt die Größe des Übertragungsfaktors in die Größenordnung von 1. Der Absolutwert $|\varrho|$ ist sehr klein. Die Verzerrungsfreiheit fordert, daß im Idealfall $|\tau|$ und $\frac{d\psi}{d\omega}$ unabhängig von der Frequenz und konstant sind. Infolge der Bedingung $|\varrho| \ll 1$ ist die Methode der Minimumverschiebung (S. 152) für die Bestimmung von τ im Durchlaßbereich sehr geeignet. Aus der zusätzlichen, periodischen Minimumverschiebung kann $|\varrho|$ und $|\tau|$ sehr genau bestimmt werden. Die periodische Minimumverschiebung ist dem linearen Zusammenhang zwischen der eingangsseitigen Minimumverschiebung und der Verschiebungen des ausgangsseitigen Kurzschlußschiebers überlagert, Gl. (6.15) in Gl. (6.24) eingeführt, ergibt

$$|\tau| \approx 1 - \frac{1}{2} \left(\pi \, \frac{\Delta L_m}{\lambda_L} \right)^2$$ (6.27)

unter der Voraussetzung, daß $\pi \, \Delta L_m/\lambda_L$ den ungefähren Wert 0,2 nicht übersteigt. Für größere Werte der Minimumverschiebung gilt die Beziehung

$$|\tau| = \cos \pi \, \frac{\Delta L_m}{\lambda_L} \, .$$ (6.28)

Da diese Messungen in den meisten Fällen bei einer großen Zahl von Frequenzen vorgenommen werden müssen, kann das automatisierte Verfahren mit dem in der Abb. 6.11 gezeigten Meßplatz besonders empfohlen werden.

Die Methode der Minimumverschiebung ermöglicht gleichzeitig die Bestimmung des Winkels ψ als Funktion der Frequenz. Die Ableitung der Funktion nach der Frequenz ist die Gruppenlaufzeit, deren Schwankungen abhängig von der Frequenz ein Maß für die Phasenverzerrungen sind. ψ kann für kleine Werte von $|\varrho|$ sehr genau aus den Lagen des eingangsseitigen Minimums für bestimmte Lagen des Kurzschlußschiebers in der Ausgangsleitung festgestellt werden. Diese charakteristischen Lagen des Kurzschlußschiebers ergeben sich, wenn seine Kurzschlußebene mit der Ausgangsebene des Durchgangselementes zusammenfällt und im Abstand $\lambda_L/4$ liegt. Die beiden Fälle entsprechen Kurzschluß und Leerlauf am Ausgang. Wenn man ϱ_{ein} für diese Spezialfälle mit ϱ_K und ϱ_L bezeichnet, aus Gl. (6.20) berechnet und die Differenz bildet, erhält man

$$\varrho_L - \varrho_K = \tau^2 \frac{2}{1 - \varrho_2^2} \tag{6.29}$$

und angenähert für $|\varrho_2| \ll 1$

$$\frac{\varrho_L - \varrho_K}{2} \approx e^{2\,i\,\psi}\,. \tag{6.30}$$

Da ϱ_L und ϱ_K auf dem Einheitskreis liegen, ergibt sich weiter

$$\psi \approx \frac{\varphi_L + \varphi_K}{4} + \frac{\pi}{4} + 2\,n\,\pi\,, \tag{6.31}$$

wenn φ_L und φ_K die entsprechenden Winkel der Reflexionsfaktoren sind.

Die Messung erfolgt zweckmäßig so, daß man den Ausgang mit einer Kurzschlußplatte abschließt und abhängig von der Frequenz die Verschiebung des eingangsseitigen Minimums feststellt, wobei eine Funktion $\delta_K(f)$ erhalten wird. Nachfolgend wird die Messung wiederholt, wenn am Ausgang abhängig von der Frequenz jeweils ein Minimum im Abstand $\lambda_L/4$ von der Ausgangsebene hergestellt wird. Die erhaltene eingangsseitige Minimumverschiebung ist abhängig von der Frequenz $\delta_L(f)$. Die Phasencharakteristik des Übertragungsfaktors ist in der Folge

$$\psi(f) \approx \frac{\pi}{2\,\lambda_L} \left[\delta_L(f) + \delta_K(f)\right] + \psi_0\,, \tag{6.32}$$

wobei zu beachten ist, daß auch λ_L von der Frequenz abhängt.

6.5 Einstellbare Anpassungs- und Impedanztransformatoren

In der Meßtechnik und bei der Entwicklung von MKW-Geräten ist es häufig notwendig, verschiedene Bau- und Leitungselemente, welche ursprünglich nicht für den Zusammenbau vorgesehen waren, aneinander anzupassen, und im Zuge der Leitung auftretenden Diskontinuitäten zu kompensieren. Diese Anpassung entspricht praktisch der Kompensation der reflektierten Wellen in dem der Meßschaltung zugrunde liegenden Leitungssystem. Als Leitungssysteme kommen Koaxialleitungen mit einem bestimmten Wellenwiderstand und Hohlleiter mit bestimmten Querschnittsformen und Dimensionen vor. Die Anpassung kann mit Hilfe variabler Anpassungstransformatoren hergestellt werden. In umgekehrter Folge muß bisweilen in einer Leitung eine reflektierte Welle bestimmter Amplitude und Phase, bzw. eine Impedanz mit einem bestimmten komplexen Wert, von Anpassung ausgehend, hergestellt werden. Diese letztere Transformation ergibt sich z. B. bei der Bestimmung des RIEKE-Diagrammes von Mikrowellenröhren, welches die Röhreneigenschaften unter verschiedenen Belastungsbedingungen angibt.

Das Problem der Anpassung wird in der Folge an dem Beispiel der in Abb. 6.15 gezeigten Schaltung behandelt. Die Schaltung besteht aus einem Signalgenerator, von welchem Energie längs einer Leitung zu einer Last geleitet wird. Infolge Fehlanpassung der Last treten auf der Leitung neben hinlaufenden auch rücklaufende Wellen auf, welche in dem Wellenschema der Abbildung die Bezeichnung h und r haben. Die von der fehlangepaßten Last reflektierten Wellen r_2 mögen einem Reflexionsfaktor entsprechen, welcher in der Ebene B den Wert ϱ_2 hat. In der Leitung ist an der Stelle in der Ebene A eine Diskontinuität in Form eines symme-

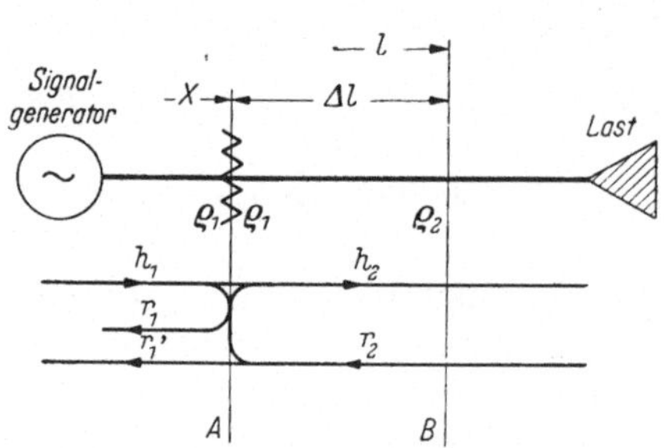

Abb. 6.15. Wellenschema in der Umgebung einer Leitungsdiskontinuität

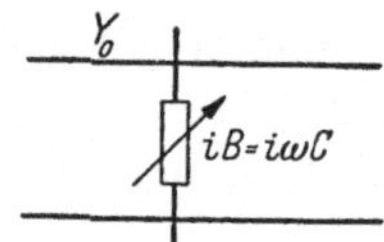

Abb. 6.16. Blindleitwert-Diskontinuität parallel zur Leitung

trischen Blindleistungsspeichers eingefügt, von welcher ein Teil der Energie reflektiert wird. Die Diskontinuität kann z. B. von einer Kapazität parallel zur Leitung oder von einer Stichleitung (Abzweigleitung mit verschiebbarem Kurzschluß) herrühren. Ausgehend von der Leitungstheorie ist der von einer kapazitiven Diskontinuität hervorgerufene Reflexionsfaktor

$$\varrho_1 = \frac{1 - Y/Y_0}{1 + Y/Y_0} = -\frac{i\,B}{2\,Y_0 + i\,B}, \qquad Y_0 = \frac{1}{Z_0} \qquad (6.33)$$

wenn $B = \omega C$ der Ersatz-Blindleitwert der Diskontinuität (Abb. 6.16) ist. Auf Grund des Wellenschemas in Abb. 6.15 erhält man für den totalen Reflexionsfaktor unmittelbar vor der Diskontinuität in A

$$\varrho_{ein} = \frac{\varrho_1 + (1 + 2\,\varrho_1)\,\varrho_2\,e^{-2\,i\,\beta\,\Delta L}}{1 - \varrho_1\,\varrho_2\,e^{-2\,i\,\beta\,\Delta L}}. \qquad (6.34)$$

Es ist interessant festzustellen, unter welchen Bedingungen auf der Eingangsleitung links von A keine reflektierten Wellen auftreten. Diese Forderung entspricht dem Verfahren mit Hilfe des durch die Diskontinuität dargestellten Transformators Anpassung herzustellen. Die Forderung ist erfüllt, wenn ϱ_{ein} und in Gl. (6.34) der Zähler des Bruches Null sind. Es ergibt sich

$$O = \varrho_1 + \varrho_2\,e^{-2\,i\,\beta\,\Delta L}\,e^{i\psi}, \qquad (6.35)$$

wenn

$$e^{i\psi} = \frac{2\,Y_0 - i\,B}{2\,Y_0 + i\,B} \quad \text{und} \quad \frac{B}{Y_0} = \frac{2\,|\varrho_2|}{\sqrt{1 - |\varrho_2|^2}}$$

sind.

Aus Gl. (6.35) kann man direkt ablesen, daß die ϱ_2 entsprechenden reflektierten Wellen durch eine Diskontinuität, welche ihrerseits Wellen gleicher Amplitude reflektiert, kompensiert werden können. Die Lage der Diskontinuität ist durch

$$\Delta L = \frac{\lambda_L}{4}\left[1 + \frac{1}{\pi}(\varphi_2 - \varphi_1) + \frac{2}{\pi}\arctan\frac{1}{2}\frac{B}{Y_0}\right] \tag{6.36}$$

gegeben, wenn φ_1 und φ_2 die Winkel der Reflexionsfaktoren ϱ_1 und ϱ_2 sind.

Die Wirkungen zweier gleich großer Diskontinuitäten heben daher einander, bei geeignetem Abstand voneinander, auf. Bei kleinen Diskontinuitäten ist dieser Abstand $\lambda_L/4$, bei großen Diskontinuitäten $\lambda_L/2$ und bei mittleren Diskontinuitäten ein Zwischenwert.

Ein einfacher Anpassungs- und Impedanztransformator, der die abgeleiteten Bedingungen erfüllt, wird durch eine verstellbare Schraube dargestellt, welche in einem Längsschlitz eines Leitungsstückes verschiebbar angeordnet ist und in die Leitung hineinragt. Mittels Drehung der Schraube wird die Eindringtiefe und damit die Größe des Reflexionsfaktors ϱ_1 geändert, und durch Verschiebung in der Längsrichtung der geeignete Abstand ΔL eingestellt. Geeignetere Konstruktionen werden später ausführlich beschrieben.

Die Bedingungen für die zweite hauptsächliche Funktion eines Transformators, von Anpassung ausgehend refektierte Wellen bestimmter Amplitude und Phase herzustellen, erhält man, wenn man in Gl. (6.34) $\varrho_2 = 0$ setzt. Durch Veränderung der Größe und Lage der Suszeptanz B kann jeder beliebige Wert für ϱ_{ein} und Y_{ein} hervorgerufen werden.

Im Zusammenhang mit der in Abb. 6.15 gezeigten Schaltung ergibt sich die Frage, welchen Maximal- und Minimalwert der Reflexionsfaktor bei Verschiebung der Diskontinuität in der Längsrichtung durch die Wechselwirkung mit den vorhandenen refektierten Wellen r_2 annehmen kann. Die Rechnung ergibt

$$|\varrho_{ein}|_{max} = \frac{|\varrho_1| + |\varrho_2|}{1 + |\varrho_1||\varrho_2|} \; ; \quad SWV_{max} = SWV_1\,SWV_2 \tag{6.37}$$

und

$$|\varrho_{ein}|_{min} = \frac{|\varrho_1| - |\varrho_2|}{1 - |\varrho_1||\varrho_2|} \; ; \quad SWV_{min} = \frac{SWV_1}{SWV_2}. \tag{6.38}$$

Neben dem Transformator, bestehend aus einem Leitungsstück mit einer verschiebbaren Diskontinuität veränderlicher Größe, haben eine Reihe anderer Konstruktionen eine ähnliche Wirkungsweise. Die verschiebbare Diskontinuität kann z. B. durch zwei oder mehrere Stichleitungen oder zwei verschiebbare Diskontinuitäten konstanter Größe ersetzt oder die Transformation durch Leitungsstücke mit veränderlichen Übertragungseigenschaften hergestellt werden. Die wichtigsten praktischen Ausführungsformen sind in den Tafeln der Abb. 6.17 gemeinsam mit den Schaltbildern und Angaben über die Transformationsbereiche zusammengestellt.

6.5.1 Stichleitungstransformatoren

In Abb. 6.17 ist unter 1 eine konzentrische Doppelstichleitung gezeigt, deren Filter-Ersatzschaltbild aus einer variablen, zur Leitung parallel geschalteten Suszeptanz und einer Serienreaktanz an derselben Stelle der Leitung besteht. Die Wirkungsweise der Anordnung, welche hauptsächlich für Koaxialleitungen zweckmäßig ist, kann am einfachsten an Hand des Impedanz- bzw. Admittanzdiagrammes (Abb. 4.6) verfolgt werden.

Wenn der Transformator am Ausgang angepaßt ist, hat die Admittanz an dem Orte der Stichleitungen den Wert Y_0, welcher dem Reziprokwert des Wellenwiderstandes entspricht. Bei Verschiebung des Kurzschlußschiebers der inneren Stichleitung, welcher einer Seriendiskontinuität entspricht, ist der geometrische Ort der Admittanz vor derselben ein Kreis mit der imaginären Achse als Tangente durch Y_0 und den Ursprung. Bei dem angedeuteten Beispiel, bei welchem die Serienreaktanz kapazitiv angenommen wurde, kommt man zu dem mit Y_2 bezeichneten Wert. Die Ortskurve der dazu parallel geschalteten Suszeptanz, hervorgerufen durch die äußere Stichleitung, ist eine Gerade parallel zur imaginären Achse. Entsprechend dem Beispiel ist die Admittanz nach dieser Transformation Y_1.

Der Admittanzbereich, welcher, von Anpassung ausgehend, mittels des Transformators hergestellt werden kann, liegt daher links von der gestrichelt gezeichneten Geraden durch Y_0; er ist durch die Bedingung $G_{ein} < Y_0$ $(Y = G + i B)$ gegeben.

Wenn man in entgegengesetzter Richtung vorgeht und an den Ausgang eine beliebige Admittanz anschließt, um diese mit Hilfe des Transformators anzupassen, d. h. so zu transformieren, daß die Eingangsadmittanz Y_0 ist, erfolgt die Transformation auf die gleiche Art. Zuerst längs eines Kreises durch den Ursprung und weiter längs einer zur imaginären Achse parallelen Geraden. Der Transformationsbereich ist in diesem Falle dadurch begrenzt, daß nur solche Admittanzen in den Wert Y_0 transformiert werden können, welche außerhalb des im Admittanzdiagramm eingezeichneten Kreises liegen. Die diesbezügliche Bedingung ist, daß Re $(1/Y_{aus}) < 1/Y_0$ oder $R_{aus} < Z_0$ $(Z = R + i X = 1/Y)$ ist.

In Abb. 6.17 ist unter 2 die konzentrische Doppelstichleitung mit vertauschtem Ein- und Ausgang behandelt. Die Transformation ist, wenn man sie im Impedanzdiagramm verfolgt, analog der vorhergehen-

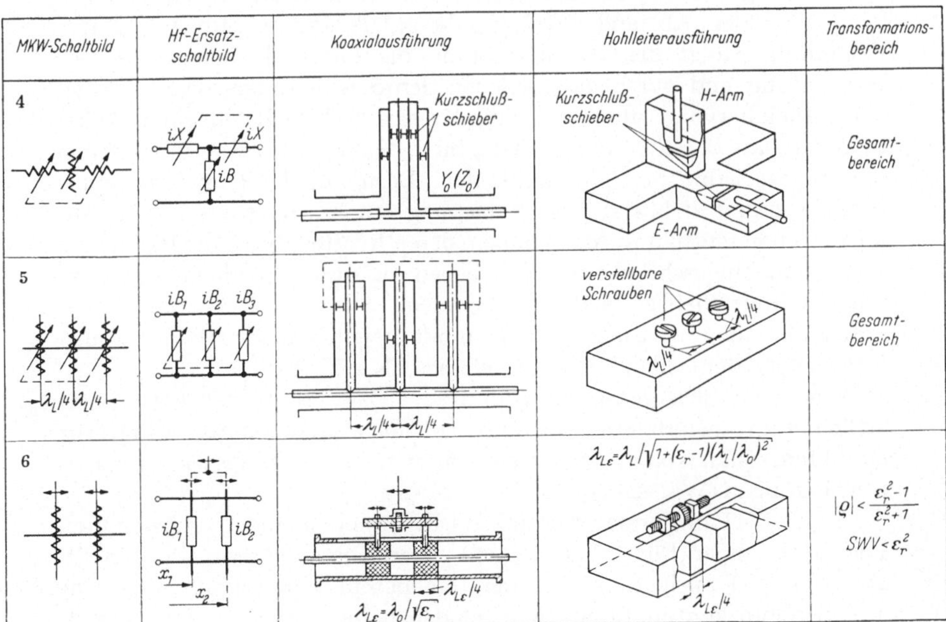

Abb. 6.17. Schaltbilder, praktische Ausführung und Transformationsbereiche einiger Anpassungstransformatoren

den. Für die Transformationsbereiche ergeben sich die Einschränkungen, daß bei der Herstellung einer beliebigen Admittanz am Eingang bei Anpassung am Ausgang $R_{ein} < Z_0$ und bei Anpassung am Eingang $G_{aus} < Y_0$ sein muß.

Zusammenfassend gilt für die Transformationsbereiche der konzentrischen Doppelstichleitung, daß bei Vertauschungsmöglichkeit von Ein- und Ausgang jede komplexe Admittanz bzw. Impedanz hergestellt und angepaßt werden kann.

Ein weiterer Transformatortyp besteht aus zwei Stichleitungen, welche im Abstand L angeordnet sind. Die Wirkungsweise der parallelen Doppelstichleitung (double-stub transformer), welche in Abb. 6.17 unter 3 dargestellt ist, gleicht derjenigen des unter 1 angeführten Transformators, wenn der Abstand $L = \lambda_L/4$ ist, da die Eingangsadmittanz vor einer Serienreaktanz den gleichen Wert hat wie bei Parallelschaltung einer entsprechenden Suszeptanz im Abstand $\lambda_L/4$. Der Transformationsbereich ist der gleiche.

In Abb. 6.17—3 sind zwei konstruktive Möglichkeiten der Ausführung dieses Transformatortyps dargestellt. In der unten stehenden Zeichnung stoßen die Kurzschlußleitungen koaxial aneinander, während die Ein- und Ausgangsleitung als Abzweigleitungen in $\lambda_L/4$ Abstand angeschlossen sind. In Hohlleiterausführungen können die Stichleitungen durch verstellbare Schrauben mit $\lambda_L/4$ Abstand ersetzt werden.

Eine Vergrößerung des Transformationsbereiches kann man erzielen, wenn man den Abstand auf $\lambda_L/8$ oder $3\lambda_L/8$ ändert. Im Admittanzdiagramm erfolgt die Transformation, die durch die ausgangsseitige Stichleitung und durch das zwischen den Stichleitungen liegende Leitungsstück hervorgerufen wird, längs Kreisen, welche die imaginäre Achse in $+ i\, Y_0$ für $L = \lambda_L/8$ bzw. $- i\, Y_0$ für $L = 3\lambda_L/8$ berühren und durch die Ausgangsadmittanz hindurchlaufen. Bezüglich der Transformationsbereiche ergibt sich, daß von Anpassung am Ausgang ausgehend, Admittanzen hergestellt werden können, deren Realteil durch die Bedingung $G_{ein} < 2Y_0$ eingeschränkt ist. Sie liegen im Admittanzdiagramm links von der gestrichelt gezeichneten Geraden.

In Anpassung am Eingang können nur diejenigen Admittanzen transformiert werden, deren Realteile kleiner als $2\, Y_0$ sind.

Wenn man den gesamten Admittanz- bzw. Impedanzbereich herstellen und transformieren will, muß man eine weitere variable Admittanz einführen. Man kommt so zu den unter 4 und 5 gezeigten Dreifach-Stichleitungen (WEISSFLOCH [2]).

In 4 ist ein Transformator bestehend aus zwei ineinandergeschachtelten Leitungen, einer Doppelleitung und einer Koaxialleitung, dargestellt. Die innere Doppelleitung mit verschiebbarem Kurzschluß entspricht zwei Seriendiskontinuitäten, zwischen denen die Parallelsuszeptanz liegt, welche von der äußeren Koaxialleitung herrührt. Nebenstehend ist die

Hohlleiterausführung eines Transformators gleicher Wirkungsweise dargestellt. Bei dieser Konstruktion stellt der sogenannte „E"-Arm eigentlich eine mit der Längskomponente der magnetischen Feldstärke verkoppelte Diskontinuität dar.

Die in Abb. 6.17 unter 5 gezeigte parallele Dreifach-Stichleitung hat eine analoge Wirkungsweise und ermöglicht die Transformation beliebiger Admittanzwerte untereinander. Die Kurzschlußschieber der beiden äußeren Stichleitungen können mechanisch verbunden und gemeinsam bewegt werden. Als Hohlleiterausführung ist ein Transformator mit drei verstellbaren Schrauben dargestellt, deren Abstände so gewählt sind, daß sie in dem verwendeten Frequenzbereich $\lambda_L/4$ nicht untersteigen, um Lücken im Transformationsbereich zu vermeiden.

6.5.2 Doppeldiskontinuitäts-Transformator

In Abb. 6.17 unter 6 ist ein Anpassungstransformator mit zwei dielektrischen Leitungseinsätzen gezeigt, die sowohl symmetrisch gegeneinander, als auch gemeinsam längs der Leitung verschiebbar angeordnet sind. Einleitend wurde festgestellt, daß die resultierende Diskontinuitätswirkung zweier gleich großer Diskontinuitäten abhängig von deren Abstand zwischen dem Wert o und dem doppelten Wert einer Diskontinuität schwankt. Die beiden dielektrischen Einsätze haben daher gemeinsam die gleiche Wirkung wie eine verschiebbare Diskontinuität, deren Größe mit Hilfe des Abstandes einstellbar ist. Der Transformationsbereich ist durch den Maximalwert der Diskontinuität gegeben. Bei $\lambda_L/4$ langen Einsätzen können Maximalwerte mit $SWV = \varepsilon_r^2$ hergestellt und kompensiert werden.

Die bisher gezeigten Transformatoren haben eine Reihe von Nachteilen, z. B. galvanische Gleitkontakte (1—5), Schwierigkeit der Eichung (1—5) und Schwierigkeit der Einstellung kleiner Diskontinuitäten (1—6).

6.5.3 Kapazitive Anpassungstransformatoren

Vom Verfasser wurde eine Reihe von variablen Anpassungstransformatoren für Koaxialleitungen und rechteckige Hohlleiter konstruiert und untersucht (hergestellt im Laboratorium des Verfassers), welche obige Nachteile vermeiden. Sie bestehen im Prinzip aus Leitungsstücken mit speziellen Querschnitten, längs welchen eine Parallelkapazität einstellbarer Größe verschoben werden kann. Es können Fehlanpassungen mit einem ungefähren Maximalwert $SWV = 10$ kompensiert und hergestellt werden.

Abb. 6.18 zeigt die Ausführung für Koaxialleitungen mit 7/8''- und Typ „N"-Koaxialsteckern für das Frequenzgebiet 2—4 bzw. 3—12 GHz. Abb. 6.19 gibt ein Querschnittsbild. Dementsprechend besteht der Transformator aus einem Leitungsstück mit zwei parallelen leitenden Ebenen als Außenleiter. Der Innenleiter hat rechteckigen Querschnitt.

Zwischen den leitenden Ebenen ist ein U-förmiges, metallisches Kapazitätsstück angeordnet, welches teils in vertikaler Richtung mit seinen nach unten gerichteten Schenkeln in den Zwischenraum zwischen Innen-

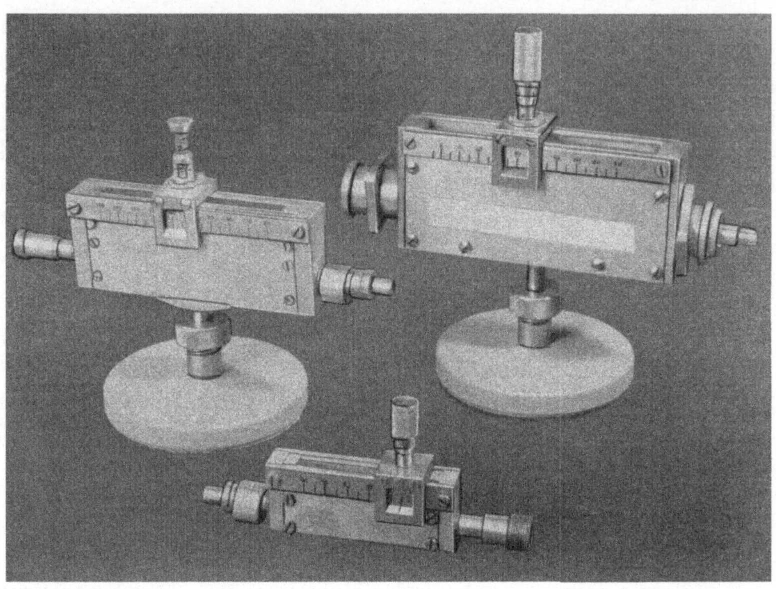

Abb. 6.18. Anpassungtransformatoren in Koaxialausführung mit 7/8″- und Typ „N"-Steckern für 2—12 GHz

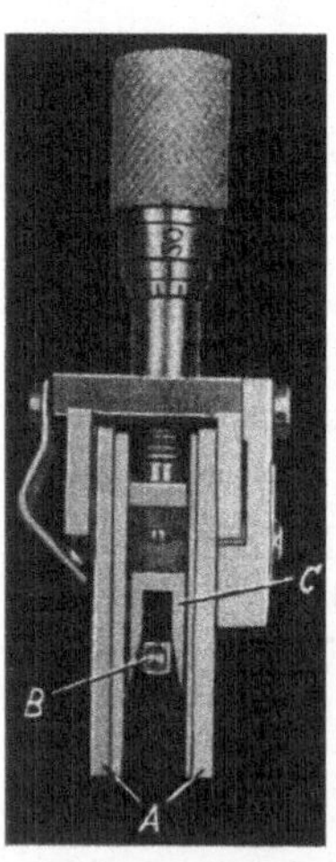

Abb. 6.19. Querschnittsbild des Koaxialleitung-Transformators.
A Außenleiter,
B Innenleiter,
C Kapazitätsstück

und Außenleiter hineingeschoben, teils in der Längsrichtung der Leitung verschoben werden kann. Mit Hilfe der Vertikaleinstellung ist die Größe der Diskontinuität, mit Hilfe der Längsverschiebung die Lage einstellbar. Da beide Werte genau ablesbar sind, kann der Transformator geeicht werden.

Hohlleiter-Ausführungen dieses Transformatortyps sind in Abb. 6.20 dargestellt. Abb. 6.21 zeigt den Querschnitt. Ein kubisches Kapazitätsstück ist zwischen zwei parallelen, leitenden Ebenen, welche zum Teil in den Hohlleiter hineinragen und die Wirkung des Längsschlitzes kompensieren, verschiebbar angeordnet. Die vertikale Verschiebung, mit welcher die Größe der Diskontinuität geändert wird, erfolgt mit Hilfe einer genau einstellbaren Mikrometerschraube.

Um den Eigenfehler der Transformatoren bei der auf den Wert o eingestellten Diskontinuität niedrig zu halten, ist eine gute Anpassung zwischen den

Leitungen verschiedener Querschnittsformen und gute Kompensation der an den Übergangsstellen auftretenden Diskontinuitäten notwendig. Die Anpassungsfehler der dargestellten Transformatoren unterschreiten

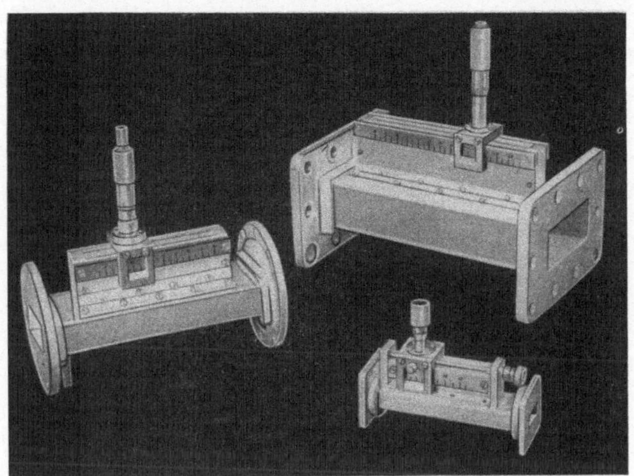

Abb. 6.20. Hohlleiter-Anpassungstransformatoren für das S-, C- und X-Band

in dem nutzbaren Frequenzbereich einen Wert, welcher $SWV = 1{,}05$ entspricht.

Das hochfrequente Ersatzschaltbild eines Transformators ist in Abb. 6.22 dargestellt. Die Wirkungsweise, welche bereits einleitend behandelt wurde, kann weiter anschaulich im ϱ-Diagramm verfolgt werden. Die beiden wichtigsten Fälle der Anwendung sind durch Anpassung am

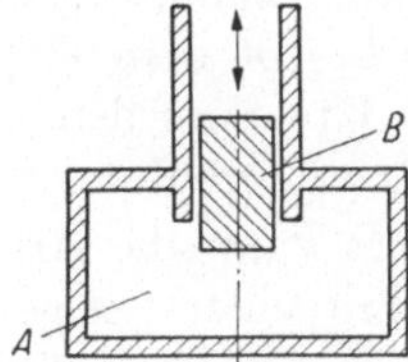

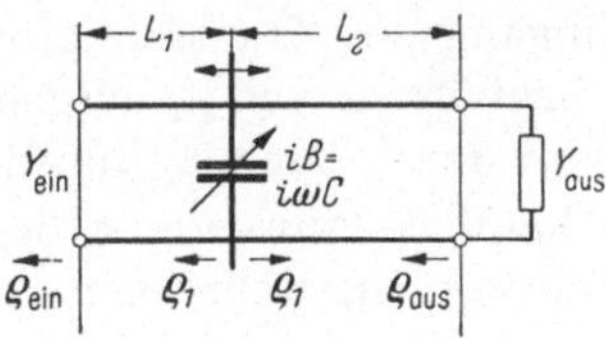

Abb. 6.21. Querschnittszeichnung des Hohlleiter-Transformators. A Hohlleiter, B Kapazitätstück

Abb. 6.22
Ersatzschaltbild des Transformators

Ausgang und Eingang definiert. Es interessieren in der Folge die Zusammenhänge zwischen den Einstellungen der Transformatoren und den Reflexionsfaktoren und Impedanzen an dem dem angepaßten Ende entgegengesetzten Ein- bzw. Ausgang.

Für den Fall der Anpassung am Ausgang ($\varrho_{aus} = 0$) ist

$$\varrho_{ein} = \varrho_1\, e^{-2\,i\,\beta\,L_1},\tag{6.39}$$

wenn

$$\varrho_1 = \frac{b/2}{\sqrt{1 + (b/2)^2}}\, e^{-i\,(\pi/2\,+\,\mathrm{arc\,tg}\,b/2)}\tag{6.40}$$

und $b = \omega\, C/Y_0$ sind. Entsprechend den Gleichungen (6.39) und (6.40) wird die Größe $|\varrho_{1\,ein}|$ mit Hilfe der Vertikaleinstellung mit der Mikrometerschraube und die Phase $< \varrho_{ein}$ mit Hilfe der Längseinstellung eingestellt.

Im ϱ-Diagramm, Abb. 6.23, entspricht ϱ_1 einem Punkt auf dem vom Nullpunkt ($\varrho_{aus} = 0$, $SWV = 1$) ausgehenden stark ausgezogenen Kreis. Die Lage auf dem Kreis ist durch die Vertikaleinstellung, welche für

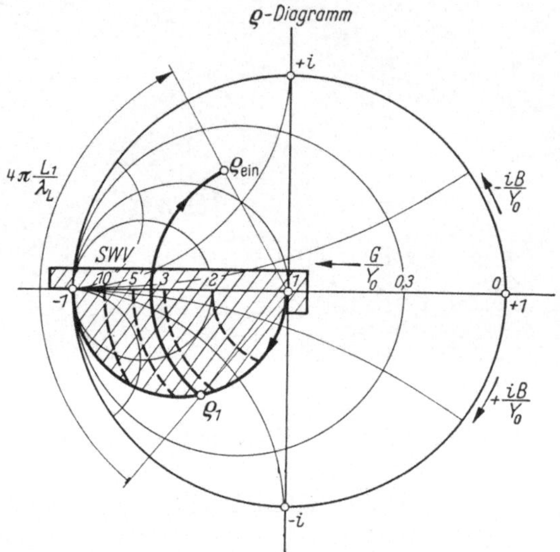

Abb. 6.23. Transformation des Reflexionsfaktors im ϱ-Diagramm

eine Frequenz in Werten von SWV geeicht sein kann, gegeben. ϱ_{ein} am Eingang des Transformators im Abstand L_1 vor dem Kapazitätsstück liegt daher von ϱ_1 ausgehend auf einem Kreis um den Ursprung und wird durch Drehung um den Winkel $4\pi\, L_1/\lambda_L$ erhalten.

Bei häufiger Anwendung des Transformators kann die Arbeit vereinfacht werden, wenn man das Diagramm mit einem Zeiger der in Abb. 6.23 schraffiert gezeichneten Form versieht, welcher ebenso wie die Vertikaleinstellung des Transformators direkt in Werten von SWV geeicht ist.

Der Wert der mit dem Transformator hergestellten Eingangsadmittanz ist im ϱ-Diagramm direkt ablesbar. Es ist

$$Y_{ein} = Y_0\,\frac{1 + i\,(b + \mathrm{tg}\,2\,\pi\,L_1/\lambda_L)}{1 - b\,\mathrm{tg}\,2\,\pi\,L_1/\lambda_L + i\,\mathrm{tg}\,2\,\pi\,L_1/\lambda_L}\,. \qquad (6.41)$$

Ausgangsseitig angepaßte Transformatoren ermöglichen daher die Herstellung beliebiger Werte des Reflexionsfaktors und beliebiger Impedanz- und Admittanzwerte. Solche Fälle ergeben sich bei der Messung des Be-

lastungsdiagrammes von Mikrowellenröhren und bei dem Anpassungs- und
Impedanzvergleich mit Brücken-Verzweigungsleitungen (Abschn. 4.7).

Bei Anpassung am Eingang, wenn eine ausgangsseitige Reflexion
kompensiert und angepaßt werden soll, ergibt sich aus Gl. (6.34)

$$\varrho_1 + \varrho_{aus}\, e^{-2\,i\,\beta\,L_2}\, e^{i\,\psi} = 0$$

und weiter

$$\varrho_{aus} = (\varrho_1\, e^{-2\,i\,\beta\,L_2})^* . \qquad (6.42)$$

Die Transformation entsprechend Gl. (6.42) ist, wenn man von den
unterschiedlichen Längen L_1 und L_2 absieht, konjugiert komplex (*)
zu derjenigen entsprechend Gl. (6.39) und ist im ϱ-Diagramm betrachtet
ein Spiegelbild bezüglich der reellen Achse.

Für die Ausgangsadmittanz Y_{aus}, welche durch den Transformator
angepaßt wurde, ergibt sich abhängig von der Vertikal- (b) und Längen-
einstellung (L_2)

$$Y_{aus} = Y_0\, \frac{1 - i\,(b + \operatorname{tg} 2\,\pi\, L_2/\lambda_L}{1 - b\,\operatorname{tg} 2\,\pi\, L_2/\lambda_L - i\,\operatorname{tg} 2\,\pi\, L_2/\lambda_L} . \qquad (6.43)$$

Der Wert kann ebenfalls direkt im ϱ-Diagramm abgelesen werden. Auch
hier ist die Anwendung des speziellen in Abb. 6.23 gezeigten Zeigers
zweckmäßig. Er muß jedoch spiegelbildlich bezüglich der reellen Achse
befestigt werden.

Ein auf die hier beschriebene Art geeichter Transformator ergibt
im Zusammenhang mit einer Brückenverzweigung eine Meßschaltung
(Abb. 4.61) zur Bestimmung der Anpassungseigenschaften bzw. der
Admittanz ausgangsseitig angeschalteter Bauteile.

6.6 Phasendrehglieder

In der Meßtechnik der Mikrowellen werden häufig Bauteile benötigt,
welche Leitungsstücke veränderlicher elektrischer Länge darstellen und
an ihren Ausgängen Leistung kontinuierlich veränderlicher Phase abgeben. Mit ihnen können
in Meßschaltungen teils andere Bauteile und
Meßgeräte ersetzt werden, teils ermöglichen sie
spezielle Meßmethoden.

Die Kombination mit einer eingangsseitigen
veränderlichen Diskontinuität, wie es in Abb. 6.24a
schematisch gezeigt ist, ersetzt z. B. einen einstellbaren, eichbaren Anpassungstransformator. Die
veränderliche kapazitive Diskontinuität kann
mit einer in die Leitung oder in den Hohlleiter eintauchenden Schraube hergestellt werden.

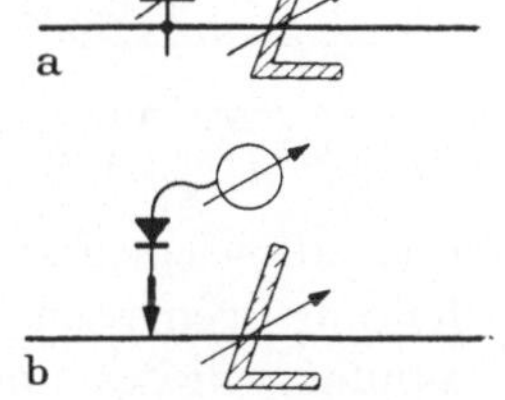

Abb. 6.24 a u. b. Ersatzordnun-
gen mit Phasendrehgliedern.
a Anpassungsanordnung,
b SWV-Messer

Abb. 6.24 b zeigt als weiteres Beispiel die Anordnung eines Phasendrehgliedes mit einer eingangsseitigen festen Sonde mit Anzeigevorrichtung.

Die Anordnung ermöglicht die Messung der stehenden Wellen, welche von einem ausgangsseitig angeschlossenen Meßobjekt herrühren.

In Abb. 6.25a ist die Schaltung einer Meßanordnung für die Bestimmung des Absolutwertes und Winkels des Reflexionsfaktors dargestellt. Die Schaltung enthält zwei Richtkoppler für den Vergleich der in der Hauptleitung in den Richtungen von und zum Generator laufenden Wellen. Die an den Ausgängen der Sekundärleitungen erhaltenen Wellen werden in einer T-Verzweigung, an welche ein Detektor mit Anzeigeinstrument angeschlossen ist, verglichen. Die Einstellungen des in dem einen Vergleichsarm eingeschalteten veränderlichen Dämpfungsgliedes und des Phasendrehgliedes ergeben direkt die Amplitude und den Winkel des Reflexionsfaktors. Man kann die Änderungen der Einstellungen des Dämpfungs- und des Phasendrehgliedes automatisch vornehmen und mit den Ablenkungen in Polarkoordinaten eines Kathodenstrahloszillographen koppeln. Wenn die Helligkeit des Kathodenstrahles mit der am Ausgang der T-Verzweigung erhaltenen Leistung gesteuert wird, erhält man eine direkte automatische Anzeige des Reflexionsfaktors.

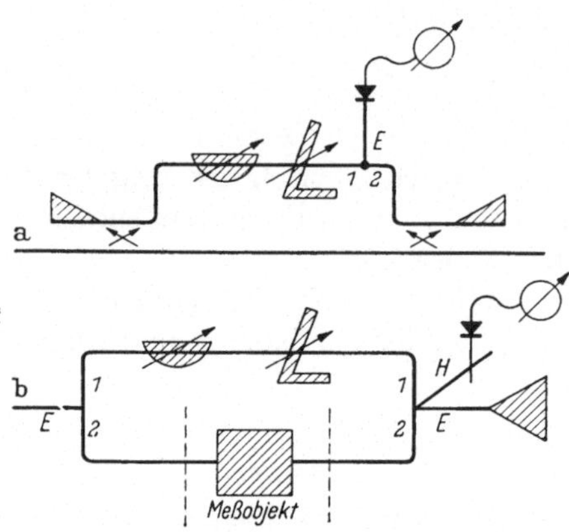

Abb. 6.25 a u. b. Meßschaltungen mit Phasendrehgliedern. a für die Bestimmung der Reflexionseigenschaften von Abschlußelementen, b für die Messung der Übertragungskonstanten von Durchgangselementen

Die Serienschaltung eines Phasendrehgliedes und eines Dämpfungsgliedes ergibt eine Ersatzschaltung für ein allgemeines Durchgangselement. In der in Abb. 6.25b gezeigten Vergleichsschaltung werden die elektrischen Eigenschaften des Durchgangselementes durch Vergleich mit denjenigen der Ersatzschaltung gemessen. Die Einstellungen des Phasendreh- und des Dämpfungsgliedes sind Maße für den Winkel bzw. den Absolutbetrag des Übertragungsfaktors des Meßobjektes.

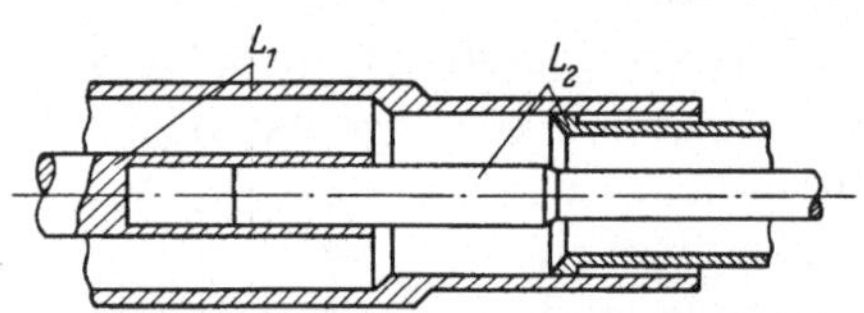

Abb. 6.26. Kompensierte koaxiale Schiebeleitung. L_1, L_2 ineinander verschiebbare Leitungen

Phasendrehglieder des Koaxialtyps werden meistens in der Form ineinander verschiebbarer Leitungen hergestellt. Die Leitungen enthalten naturgemäß Durchmessersprünge und sich daraus ergebende elektrische Diskontinuitäten, welche sorgfältig kompensiert werden müssen. Um vollständige Kompensation zu erzielen, werden die Gleitkontakte des Innen- und Außenleiters in zwei kompensierte Diskontinuitäten aufgeteilt, wie es in Abb. 6.26 dargestellt ist. Durch Verwendung von Kniestücken kann man dem Leitungsverlängerer die Form eines Posaunenzuges geben, wobei die geometrische Länge zwischen

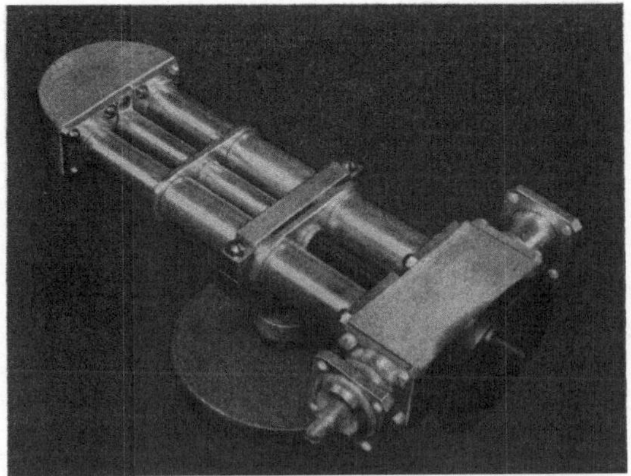

Abb. 6.27. Leitungsverlängerer mit U-förmiger Schiebeleitung

Ein- und Ausgangsstecker konstant ist, während die elektrische Längenänderung der doppelten Verschiebung der Zugleitung entspricht. Abb. 6.27 zeigt ein Ausführungsbeispiel für den Frequenzbereich 2—4 GHz mit 7/8''-Koaxialsteckern. Eine genaue Kompensation aller Diskontinuitäten ist notwendig um den Summen-Diskontinuitätsfehler klein zu halten. Der maximale Fehler des gezeigten Gerätes entspricht $SWV = 1,15$. Die maximale Längenänderung beträgt 75 mm.

Die Herstellung von Phasendrehgliedern für rechteckige Hohlleiter im niederfrequenten Bereich der Mikrowellen bereitet Schwierigkeiten. Die einfachste Lösung stellt ein Hohlleiterstück mit einer seitlich verschiebbaren dielektrischen Einlage dar. Die Einlage ist zur Herabsetzung des Diskontinuitätsfehlers mit $\lambda_L/4$ Abstufungen versehen. Die Verschiebeanordnung ist derjenigen für veränderliche Dämpfungsglieder des in Abb. 6.37 gezeigten Typs ähnlich. In einer weiteren

Abb. 6.28. Quetschleitung. Hohlleiter-Phasendrehglied für das Q-Band (Hilger and Watts, Ltd, London). A geschlitzter Rechteck-Hohlleiter, B Quetschmechanismus

Ausführungsform ist im Zuge des Hohlleiters ein zylindrisches Leitungsstück eingefügt, in welchem zirkularpolarisierte Wellen erregt werden. Eine um die Längsachse drehbare dielektrische plattenförmige Einlage ergibt eine kontinuierliche Phasendrehung von 0—360°.

Etwas einfacher ist die Herstellung von Phasendrehgliedern in dem hochfrequenten Bereich der Mikrowellen (SEVERIN [17]). Hier können rechteckige Hohlleiterstücke mit Längsschlitzen in der oberen und unteren Breitseite, welche seitlich zusammengedrückt und auseinander-gezogen werden als Phasendrehglieder Verwendung finden. Die Abb. 6.28 zeigt ein Beispiel für ein Phasendrehglied dieses Typs in Form einer „Quetschleitung" (Hilger and Watts, Ltd., London). Da die Leitungs-stücke relativ zur Wellenlänge sehr lang sind, sind die durch die Quer-schnittsänderungen hervorgerufenen Diskontinuitäten vernachlässigbar klein.

6.7 Dämpfungsglieder

In Mikrowellen-Meßschaltungen ist es häufig notwendig, die in einem Leitungssystem übertragene Leistung herabzusetzen. Die für diesen Zweck verwendeten Bauteile sind die Dämpfungsglieder. Sie stellen Durchgangselemente dar, deren Übertragungskonstante τ einen kleinen Absolutwert hat, so daß nur ein Teil der in der Eingangs-leitung vom Generator kom-menden Leistung in die Aus-gangsleitung gelangt. Die Theorie der Durchgangsele-mente zeigt zwei Möglichkeiten für die Herabsetzung der übertragenen Leistung: Die Reflexion der Wellen zurück zum Generator und die Absorption im Durchgangselement. Die erstere Methode kann man mit verlustlosen reaktiven Elementen, welche in Serie oder parallel zur eingangsseitig angepaßten Leitung geschaltet sind, erreichen. Die letztere Methode erhält man mit Bauteilen, welche infolge hoher Stromverluste oder infolge dielektrischer Verluste einen Teil der Leistung vernichten.

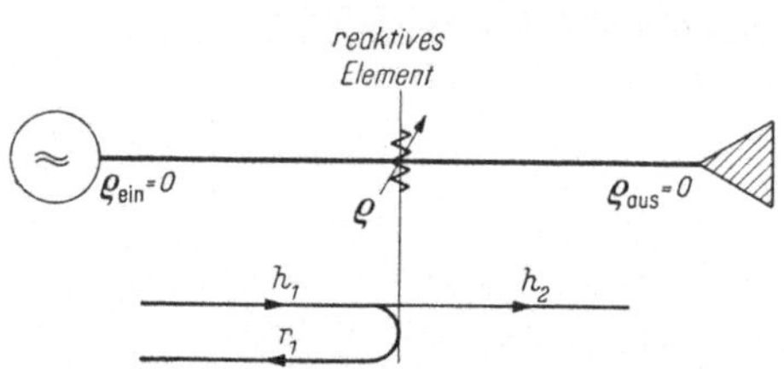

Abb. 6.29. Ersatzschaltbild einer reflektierenden Dämpfungsanordnung

Für eine reaktive Dämpfungsanordnung ist in Abb. 6.29 ein grund-sätzliches Schaltbild mit dem Wellenschema gezeigt. Die Anordnung setzt eine beiderseitig angepaßte Leitung voraus. Wenn in die Leitung ein Blindenergiespeicher in der Form eines reaktiven Elementes einge-führt wird, dessen Wechselwirkung mit dem Leitungssystem durch den Reflexionsfaktor ϱ gegeben ist, werden Wellen mit dem relativen Be-trag $|\varrho|$ in die Eingangsleitung reflektiert und in deren angepaßtem Eingang absorbiert. Die in die Ausgangsleitung gelangenden Wellen haben die Amplitude $|\tau|$, wenn man diese auf die Amplitude der vom Generator laufenden Wellen bezieht. Entsprechend Gl. (6.5) ist

$$|\tau| = \sqrt{1 - |\varrho|^2}$$

und weiter die Übertragungsdämpfung $a_{\ddot{u}}$ der Anordnung

$$a_{\ddot{u}}^{[\text{db}]} = 8{,}686\ a_{\ddot{u}}^{[\text{Np}]} = -\ 4{.}343 \ln\left(1 - |\varrho|^2\right).$$

Mit veränderlichen reaktiven Elementen können auf diese Art sehr einfache variable Dämpfungsanordnungen hergestellt werden. Als reaktive Elemente eignen sich z. B. variable Anpassungstransformatoren in der Form von verschiebbaren und veränderlichen kapazitiven Diskontinuitäten. Ein Nachteil dieser Anordnungen besteht darin, daß die übertragene Leistung wesentlich von ein- und ausgangsseitigen Fehlanpassungen $\varDelta\varrho_{ein}$ und $\varDelta\varrho_{aus}$ abhängt. Für kleine Fehlanpassungen erhält man angenähert für die Grenzwerte der möglichen Schwankungen der gesamten Anordnung

$$\pm\ \varDelta a_{\ddot{u}}^{[\text{Np}]} \approx |\varrho|\left(|\varDelta\varrho_{ein}| + |\varDelta\varrho_{aus}|\right).$$

Zur Verminderung der Rückwirkung kann man in Ein- und Ausgangsleitung feste angepaßte Dämpfungsglieder oder Widerstandselemente einschalten, wobei allerdings die verlustlose reaktive Anordnung in ein verlustbehaftetes Durchgangselement übergeht.

6.7.1 Hohlleiter im Sperrbereich

Anordnungen mit reaktiven Elementen, welche Hohlleiter im Sperrbereich enthalten, kommen häufig in der Meßtechnik vor. Sie werden hauptsächlich in Signalgeneratoren zur Dosierung der vom Generator abgegebenen Leistung verwendet. Die Theorie der Hohlleiter zeigt, daß diese bei Frequenzen unterhalb der Grenzfrequenz wie reaktive Spannungsteiler bzw. Kettenleiter wirken. Im Sperrbereich haben die Feldstärkeamplituden im Hohlleiter unabhängig von der Lage überwiegend konstante Phase und nehmen abhängig von der Entfernung von der Eingangsebene exponentiell ab. Je nach der Einkopplungsanordnung und der Wellenform, welche im Bereich oberhalb der Grenzfrequenz erregt würde, wirkt ein Hohlleiterstück als kapazitiver oder induktiver Spannungsteiler. Die exponentielle Abnahme hat den Vorteil, daß mit Hilfe von Hohlleiterstücken veränderlicher Länge eine sehr genau definierbare relative Leistungsdosierung ermöglicht wird. Die relative Abnahme je Längeneinheit ist hauptsächlich durch die geometrischen Dimensionen des Hohlleiterstücks bestimmt.

Im ideal leitenden Hohlleiter geht die Übertragungskonstante bei der Grenzfrequenz von einem imaginären Wert $i\,\beta$ in einen positiven Wert α über. Es ist

$$\alpha = \frac{2\,\pi}{\lambda'}\sqrt{\left(\frac{\omega_{gr}}{\omega_0}\right)^2 - 1}\,, \tag{6.44}$$

wenn $\lambda' = \lambda_0/\sqrt{\varepsilon_r\,\mu_r}$ die Wellenlänge ebener Wellen in einem mit Material (ε_r, μ_r) gefüllten Raum ist, und ω_{gr} und ω_0 der Grenz- bzw. Betriebsfrequenz entsprechen. Für den mit Luft gefüllten Hohlleiter erhält man nach Umformung

$$\alpha^{[\mathrm{Np/cm}]} = \frac{2\,\pi}{\lambda_{gr}}\sqrt{1 - \left(\frac{\omega_0}{\omega_{gr}}\right)^2}, \tag{6.45}$$

mit λ_{gr} für die Grenzwellenlänge.

Wenn die Betriebsfrequenz klein gegenüber der Grenzfrequenz ist, wird die Dämpfung

$$\alpha \approx \frac{2\,\pi}{\lambda_{gr}}, \tag{6.46}$$

unabhängig von der Frequenz und ist nur von den geometrischen Abmessungen des Hohlleiters und von der Art der Erregung abhängig.

In Abb. 6.30 sind zwei Beispiele für veränderliche Dämpfungsglieder mit kreiszylindrischen Hohlleitern im Sperrbereich dargestellt. Im Durchlaßbereich werden in den dargestellten Hohlleitern TM_{01}- bzw.

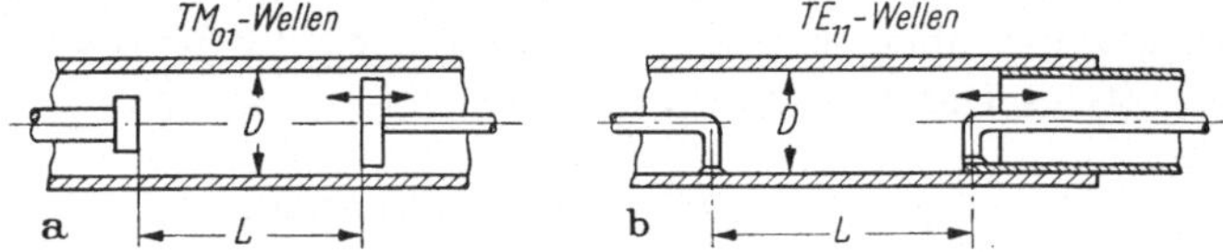

Abb. 6.30 a u. b. Dämpfungsanordnungen mit kreiszylindrischen Hohlleitern im Sperrbereich

TE_{11}-Wellen erregt. Im Sperrbereich wirken die Anordnungen als kapazitiver und induktiver Spannungsteiler. Durch Änderung des Abstandes zwischen Ein- und Auskopplungsanordnung kann die ausgekoppelte Leistung variiert werden. Die Übertragungsdämpfung in Neper ist dem Abstand L direkt proportional. Die Dämpfung je Längeneinheit ist unter der Voraussetzung, daß D genügend klein ist, durch Gl. (6.46) gegeben. Tab. 6.1 gibt den Zusammenhang zwischen D und α und weiter die Übertragungsdämpfung für einige Wellenformen für kreisrunde und rechteckige Hohlleiter an.

Tabelle 6.1. *Hohlleitereigenschaften im Sperrbereich*

		λ_{gr}	$\alpha^{[\mathrm{Np/cm}]}$	$a_{\ddot{u}}^{[\mathrm{Np}]}$ $\left(a_{\ddot{u}}^{[\mathrm{db}]} = 8{,}686\,a_{\ddot{u}}^{[\mathrm{Np}]}\right)$
	TE_{11}	$1{,}706\,D$	$3{,}68/D^{[\mathrm{cm}]}$	$3{,}68\,L/D$
	TM_{01}	$1{,}307\,D$	$4{,}7/D$	$4{,}7\ \ L/D$
	TE_{01}	$0{,}820\,D$	$7{,}67/D$	$7{,}67\,L/D$
	TE_{01}	$2\,a$	$3{,}14/a^{[\mathrm{cm}]}$	$3{,}14\,L/a$
	TM_{11}	$2a/\sqrt{1 + (a/b)^2}$	$3{,}14\sqrt{1 + (a/b)^2}/a$	$3{,}14\sqrt{1 + (a/b)^2}\,L/a$

Die Feldform, welche sich in einem Dämpfungsglied ausbildet, hängt wesentlich von der Einkopplungsanordnung ab. Es ist möglich, daß sich das Feld gleichzeitig entsprechend zwei verschiedenen Wellenformen ausbreitet, wenn die Einkopplungsanordnung im Durchlaßbereich des Hohlleiters beide Wellenformen erregen würde. Durch die kombinierte Wellenausbreitung wird gegebenenfalls die Linearität der Dämpfung gestört. Die Ausbreitung unerwünschter Wellenformen kann man mit Hilfe von Filteranordnungen verhindern. Abb. 6.31 zeigt schematisch die praktische Ausführung eines Dämpfungsgliedes mit Feldfilter. In ihm werden nur TE_{11}-Wellen erregt. Das Filter verhindert die Feldausbreitung entsprechend der TM_{01}-Wellenform. Das Dämpfungsglied kann direkt in den Hohlraumkreis des Oszillators eines Signalgenerators eingekoppelt werden.

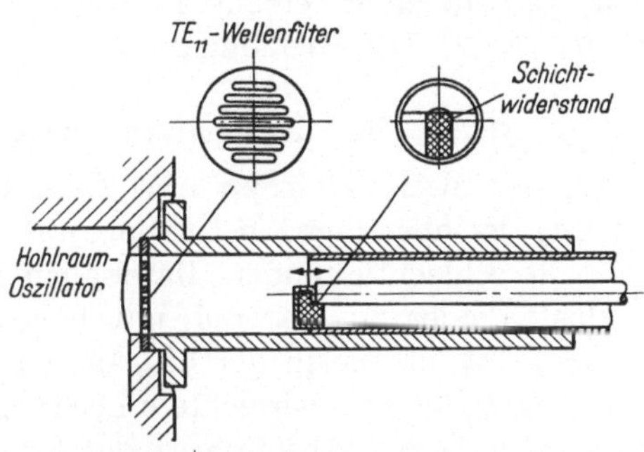

Abb. 6.31. Querschnittszeichnung eines induktiven Hohlleiter-Dämpfungsgliedes mit Wellenfilter

Wie einleitend festgestellt wurde, ist es zweckmäßig, reaktive Dämpfungsglieder mit Widerstandselementen zu versehen und an die Leitungen anzupassen, um den Einfluß reflektierter Wellen zu vermeiden. Eingangsseitig ist die Rückwirkung zum Teil vermeidbar, wenn die Grunddämpfung genügend hoch ist und der Abstand der Auskopplungsschlinge von der Eingangsebene einen bestimmten Wert nicht unterschreitet. Ausgangsseitig kann Anpassung durch einen Schichtwiderstand in Serie zur Auskopplungsschlinge hergestellt werden, wie es in Abb. 6.31 angedeutet ist. Der Schichtwiderstand, dessen Widerstandswert dem Wellenwiderstand der angeschlossenen Leitung entspricht, ist auf einem Glaskörper aufgebrannt, welcher gleichzeitig als Stütze des Innenleiters dient.

Die Frequenzunabhängigkeit von α setzt voraus, daß die Betriebsfrequenz gegenüber der Grenzfrequenz sehr klein ist. Bei einem Wert $\omega_0/\omega_{gr} \ll 0{,}15$ ist die Frequenzabhängigkeit vernachlässigbar klein. Bei sehr hohen Frequenzen, z. B. über 8 GHz, muß der Durchmesser aus praktischen und konstruktiven Gründen größer gewählt werden, so daß die Frequenzabhängigkeit nicht vernachlässigt werden kann. In diesem Falle ist es zweckmäßig, das Dämpfungsglied für die mittlere Frequenz und die mittlere Dämpfung zu eichen, um die Fehler an den Enden des Bereiches niedrig zu halten. Der relative maximale Fehler $\Delta\alpha$ an den Grenzwerten der Frequenz und Dämpfung ist

$$\frac{\Delta\alpha}{\alpha} = \pm \frac{1}{4}\left(\frac{\omega_m}{\omega_{gr}}\right)^2 \frac{\Delta\omega}{\omega_m},$$

wenn ω_m der mittleren Betriebsfrequenz und $\Delta\omega$ dem nutzbaren Frequenzbereich entspricht.

Bisher wurde ein ideal leitender Hohlleiter vorausgesetzt. Bei endlicher Leitfähigkeit wird durch das Eindringen des Feldes bei induktiver Spannungsteilung die Dämpfung je Längeneinheit um einen in den meisten Fällen vernachlässigbaren geringen Betrag herabgesetzt (ALLRED [20], LAFFERTY [21]). Die durch das Eindringen des Feldes hervorgerufene zusätzliche Frequenzabhängigkeit wirkt der Frequenzabhängigkeit entsprechend der Gl. (6.45) entgegen und setzt obigen Eichfehler herab. Der Fehler der in Signalgeneratoren eingebauten reaktiven Dämpfungsglieder liegt in den meisten Fällen in der Größenordnung von ± 1 db über einem Bereich von $a_{max} - a_{min} = 100$ db und $f_{max}/f_{min} = 2$. Die Grunddämpfung ist ungefähr 30 db.

6.7.2 Verlustbehaftete koaxiale Dämpfungsglieder

Bei der zweiten Gruppe der Dämpfungsglieder beruht die Herabsetzung der übertragenen Leistung auf deren Absorption. Die Leistung wird in schlechtleitenden Materialien in der Form von JOULEschen Verlusten oder in Material mit hohen dielektrischen Verlusten verbraucht. Wenn die in der Eingangsleitung vom Generator kommende Leistung P_0 und die vernichtete Leistung P_v sind, hat der für die Dämpfung maßgebende Absolutwert des Übertragungsfaktors den Wert

$$|\tau| = \sqrt{1 - \frac{P_v}{P_0}}. \tag{6.47}$$

Gl. (6.47) gilt für angepaßte Dämpfungsglieder. Bei Fehlanpassung hängt die übertragene Leistung zusätzlich von den Reflexionen am Eingang des Dämpfungsgliedes und in der Ausgangsleitung ab. Dieser Einfluß fällt bei angepaßten Dämpfungsgliedern fort. Die Anpassung kann bei verlustbehafteten Dämpfungsgliedern für kleine Frequenzbänder ohne besondere Schwierigkeiten, z. B. durch reaktive Anpassungstransformatoren in der Form von verstellbaren Schrauben erreicht werden. Über einen großen Frequenzbereich ist die Herstellung der Anpassung, ähnlich wie bei den angepaßten Leitungsabschlüssen, schwierig. Gut angepaßte Dämpfungsglieder haben Anpassungsfehler, deren Wert 10% entsprechend $SWV = 1{,}1$ nicht übersteigt. Die Frequenzabhängigkeit der Dämpfung ist eine weitere Fehlerursache. Es ist gegebenenfalls notwendig, die Frequenzabhängigkeit mit Hilfe von Eichkurven zu berücksichtigen. Da die in Dämpfungsgliedern vernichtete Leistung in Wärme umgewandelt wird, ist die Größe der maximalen, eingangsseitig zugeführten Leistung in Abhängigkeit von den geometrischen Abmessungen durch die Wärmeabfuhr bedingt.

Die Probleme bei der Herstellung verlustbehafteter, koaxialer Dämpfungsglieder sind ähnlich denjenigen, welche im Zusammenhang mit angepaßten Abschlußelementen auftreten. Koaxiale Dämpfungsglieder werden hauptsächlich für konstante Dämpfung hergestellt. Sie enthalten in der Regel als absorbierende Elemente zylindrische Schichtwiderstände, deren Schichtdicke kleiner als die Eindringtiefe ist.

Die einfachste Herstellungsmethode besteht in der Anwendung eines zylindrischen Schichtwiderstandes in Reihe zum Innenleiter einer Koaxialleitung, wie es in Abb. 6.32 schematisch angedeutet ist. Mit den Größen: $R=$ Gesamtwiderstand, $L=$ Länge des Widerstandes, $Z_0 = \sqrt{l/c}$ der von dem Durchmesserverhältnis abhängige Wellenwiderstand, $Z_{ein} =$ Eingangsimpedanz bei Anpassung am Ausgang, $\gamma =$

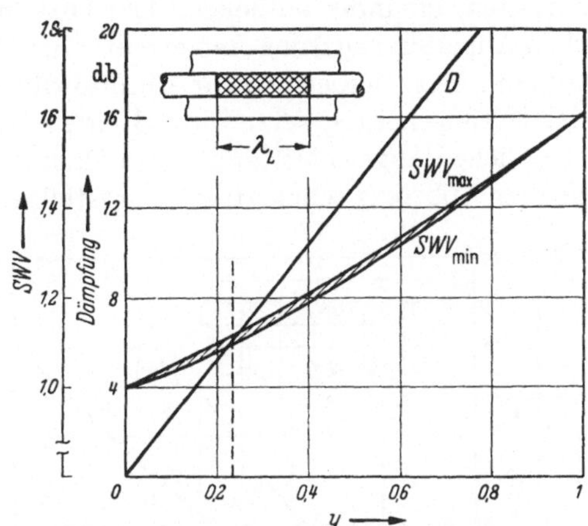

Abb. 6.32. Schichtwiderstand als Dämpfungsglied

Wellenfortpflanzungskonstante und mit den folgenden Beziehungen als Voraussetzung:

$$y = \frac{1}{2\pi}\frac{R}{Z_0}\frac{\lambda_0}{L} \; ; \quad Z_{ein} = Z_0 \sqrt{1-iy}\,; \quad \Gamma = \frac{2\pi}{\lambda_0}\sqrt{1-iy}\,; \quad \psi = \mathrm{arc\ tg}\ y;$$

$$m = \sqrt[4]{1+y^2}$$

erhält man

$$a_{\ddot{u}}^{[Np]} = 2\pi m \frac{L}{\lambda_0}\sin\frac{\psi}{2}, \quad D^{[db]} = 8{,}686\, a_{\ddot{u}}^{[Np]}, \tag{6.48}$$

$$\lambda_L = \lambda_0/m\,\cos\psi/2 \tag{6.49}$$

und

$$|\varrho_1|^2 = \frac{[(m-1)\cos\psi/2]^2 + (m\sin\psi/2)^2}{[(m+1)\cos\psi/2]^2 + (m\sin\psi/2)^2}(1-e^{-2a_{\ddot{u}}L})^2\,. \tag{6.50}$$

$a_{\ddot{u}}$ ist die Übertragungsdämpfung, λ_L ist die Wellenlänge auf der Widerstandsleitung, welche gegenüber der verlustlosen Leitung verkürzt ist und $|\varrho_1|$ der eingangsseitige Reflexionsfaktor bei Anpassung am Ausgang. Die beste Anpassung wird, wie Gl. (6.50) zeigt, erzielt, wenn $L = \lambda_L \approx \lambda_0$. Die Verkürzung der Wellengeschwindigkeit und Wellenlänge der Widerstandsleitung kann in dem nutzbaren Dämpfungsbereich vernachlässigt werden. Unter der Bedingung $L = \lambda_0$ erhält man für die Dämpfung und Anpassung die in Abb. 6.32 dargestellten Kurven. Sie zeigen, daß Dämpfungsglieder dieses Prinzips für Dämpfungswerte kleiner als 6 db hergestellt werden können, wenn SWV den Wert 1,1 nicht überschreiten soll.

Für größere Werte der Dämpfung müssen an den Enden der Widerstandsleitung Anpassungsleitungen vorgesehen sein. Die Anpassungsleitungen haben ungefähr die Länge $\lambda_0/4$, wobei die Reflexionen, welche von den beiden Trennstellen am Anfang und Ende der Anpassungsleitung herrühren, einander aufheben. Die Diskontinuität der Trennstelle zwischen Anpassungsleitung und eigentlicher Widerstandsleitung muß einen größeren Wert haben, da ihr Einfluß durch die Dämpfung der Anpassungsleitung herabgesetzt wird. Beide Leitungsabschnitte haben unterschiedliche Längswiderstände. Ein Dämpfungsglied dieses Typs besteht, wie es in Abb. 6.33 schematisch dargestellt ist, aus einer $\lambda_0/2$-Widerstandsleitung mit $\lambda_0/4$-Anpassungsleitungen an den Enden. Die Daten für die Dimensionierung können mit Hilfe eines Näherungsverfahrens abgeleitet werden.

Die gesamten Reflexionen eines Leitungsstückes mit den Reflexionsfaktoren ϱ_1 und ϱ_2 an Anfang und Ende und mit der Wellenausbreitungskonstanten Γ ist bei angepaßtem Ausgang durch

$$\varrho_{ein} = \frac{\varrho_1 + \varrho_2\, e^{-2i\Gamma L}}{1 + \varrho_1\varrho_2\, e^{-2i\Gamma L}}$$

$$(6.51)$$

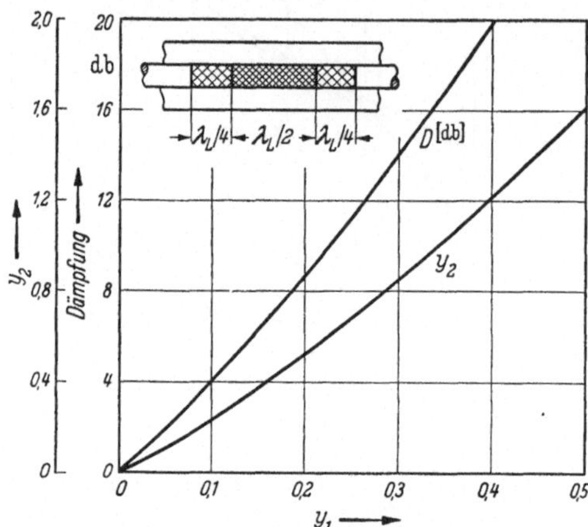

Abb. 6.33. Koaxiales kompensiertes Dämpfungsglied mit Schichtwiderständen

gegeben. Bei Vernachlässigung der Reflexionen zwischen den Diskontinuitäten in $\lambda/4$-Abstand und mit der Annahme, daß die eingangsseitigen Reflexionen Null sein sollen, erhält man angenähert

$$\varrho_1 \approx \varrho_2\, e^{-2a_{\ddot{u}}}$$

$$(6.52)$$

wenn $a_{\ddot{u}}$ die Dämpfung der Kompensationsleitung in Np ist. Entsprechende Werte in db sind in Abb. 6.32 als Funktion von y dargestellt. y ist entsprechend den Voraussetzungen zu Gl. (6.48) ein Maß für den Längswiderstand der Schicht. Mit der vereinfachenden Annahme, daß sich die Wellenwiderstände der Anpassungs- und der Widerstandsleitung nur durch ihre Imaginärteile unterscheiden, kann man den Längswiderstand der mittleren Widerstandsleitung, welcher in y_2 enthalten ist, und die Gesamtdämpfung angenähert berechnen. Abb. 6.33 zeigt beide Funktionen in Diagrammform. Ihm können für gewünschte Werte der Gesamtdämpfung die y-Werte (y_1 der Anpassungs- und y_2 der eigentlichen Widerstandsleitung) entnommen und daraus die Widerstände je Längeneinheit der drei Leitungsabschnitte $(R_0 = 2\pi y Z_0/\lambda_0)$ berechnet werden.

Eine weitere Möglichkeit der Herstellung angepaßter koaxialer Dämpfungsglieder bieten Verlustleitungen mit gleichzeitigem Entziehen der zu vernichtenden Leistung aus dem elektrischen und magnetischen Feld. Sie enthalten, wie es in Abb. 6.34 schematisch dargestellt ist, einen Schichtwiderstand als Innenleiter und ein verlustbehaftetes Dielektrikum zwischen Innen- und Außenleiter. Unter der Bedingung, daß die Beziehung $r^{[\Omega/\mathrm{cm}]} = Z_0^2\, g^{[S/\mathrm{cm}]}$ zwischen

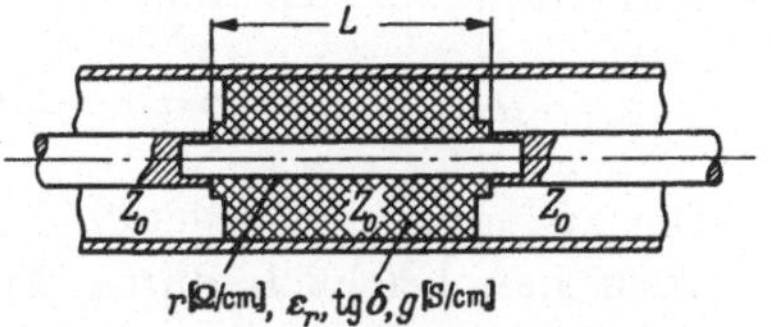

Abb. 6.34. Dämpfungsglied mit Schichtwiderstand als Innenleiter und mit Verlustdielektrikum

Längswiderstand des Innenleiters und den Querverlusten, welche durch den Leitwert g je Längeneinheit definiert sind, erfüllt ist, wird der Wellenwiderstand reell und ist durch $Z_0 = (60\,\sqrt{\varepsilon_r})\ln D_a/D_i$ gegeben. Widerstandsleitungen dieses Typs sind über einen relativ großen Frequenzbereich angepaßt. Die Dämpfung kann ausgehend von

$$\Gamma = \frac{2\,\pi}{\lambda_L}\sqrt{\left(1 - i\,\frac{r}{\omega\,l}\right)\left(1 - i\,\frac{g}{\omega\,c}\right)};\quad \lambda_L = \lambda_0/\sqrt{\varepsilon_r}$$

berechnet werden und hat den Wert

$$a_{\ddot{u}}^{[\mathrm{Np}]} = \frac{r\,L}{Z_0} = g\,Z_0\,L = 2\,\pi\,\frac{L}{\lambda_L}\,\mathrm{tg}\,\delta\,, \tag{6.53}$$

wenn $\mathrm{tg}\,\delta$ der elektrische Verlustwinkel des Dielektrikums der Verlustleitung ist. In Dämpfungsgliedern für kleine Leistungen kann das Dielektrikum aus Gummi, welcher Graphit enthält, bestehen.

Im Zusammenhang mit Abschlußelementen wurde gezeigt, daß koaxiale Leitungsabschlüsse mit Exponentialleitungen mit zylindrischen Schichtwiderständen als Innenleiter ideal angepaßt sind. Das Prinzip ist ebenfalls für Dämpfungsglieder mit hoher

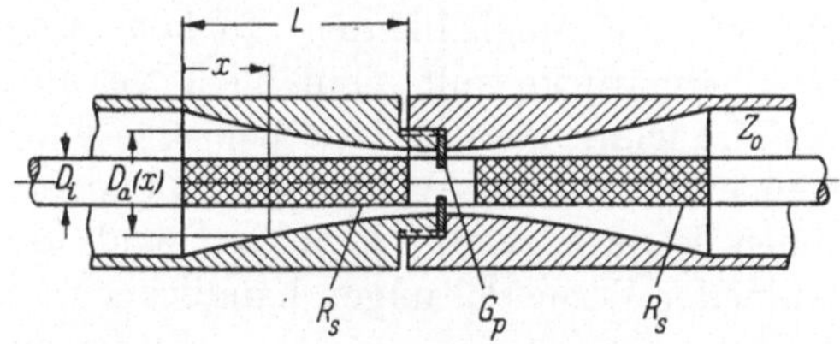

Abb. 6.35. Koaxiales Dämpfungsglied mit Exponentialleitungen. R_s Schichtwiderstände, G_p Scheibenförmiger Quer-Leitwert

Dämpfung (über 1 bis 2 N) anwendbar. Es ermöglicht die Herstellung gut angepaßter T-förmiger Dämpfungsglieder der in der niederfrequenten Technik üblichen Form. Abb. 6.35 zeigt schematisch den Aufbau. Die Serienwiderstände R_s sind in den beiderseitigen Exponentialleitungen als Innenleiter eingebaut. Der Querleitwert G_p hat die Form eines scheibenförmigen Schichtwiderstandes. Ausgehend von Gl. (5.23) erhält man für das in Abhängigkeit von x abnehmende Durchmesserverhältnis der Exponentialleitung

$$\frac{D_a(x)}{D_i} = e^{(Z_0 - r[\Omega/\text{cm}]\, x[\text{cm}])/60}.$$ (6.54)

Die Werte des Serien- und des Querwiderstandes sind

$$R_s = Z_0 \tanh \frac{a_{\ddot u}^{[\text{Np}]}}{2} \quad \text{und} \quad R_p = 1/G_p = Z_0/\sinh a_{\ddot u}^{[\text{Np}]}.$$ (6.55)

Die zylindrischen Schichtwiderstände für koaxiale Dämpfungsglieder werden hauptsächlich durch Aufbrennen der Widerstandsschicht auf einem Quarz, Keramik, oder Glasträger oder durch Aufdampfen im Vakuum hergestellt. Bei der ersteren Methode wird die Lösung eines Edelmetallsalzes auf dem Träger aufgetragen. Durch Erhitzen brennt das Lösungsmittel aus, das Metall wird reduziert und die Schicht brennt in das Material des Trägers ein. Das Aufdampfen einer Schicht entsprechend dem zweiten Verfahren wird in einer Vakuumkammer vorgenommen. Vor dem Wiedereinlaß der Luft wird in einem zweiten Verdampfungsvorgang eine Schutzschicht bestehend aus einem Dielektrikum auf dem Widerstand zusätzlich aufgedampft. Die entsprechend diesen beiden Methoden hergestellten Metallschichten sind sehr haltbar und haben kleine Temperaturkoeffizienten.

Für variable koaxiale verlustbehaftete Dämpfungsglieder wurde bisher kein Prinzip gefunden, welches zu brauchbaren Bauteilen geführt hat. Im allgemeinen werden in Koaxialsystemen Dämpfungsglieder mit Hohlleitern im Sperrbereich verwendet. Ein Nachteil ist die erhebliche Grunddämpfung.

6.7.3 Dämpfungsglieder für Hohlleiter

Für die Herstellung angepaßter Dämpfungsglieder für Hohlleiter gibt es viele Möglichkeiten. In konstanten Dämpfungsgliedern werden Hohlleiterstücke mit allmählich verlaufenden oder stufenweise zu- und abnehmenden elektrischen und magnetischen Verlustkörpern verwendet. Da die Wellenlänge in dem für Hohlleiter charakteristischen Bereich relativ klein ist, sind die Reflexionen allmählich verlaufender Verlustleitungen handlicher Größe gering und die Anzahl der Stufen in $\lambda_L/4$-Abstand, um Anpassung über den gesamten Hohlleiterbereich zu erzielen, sind ausreichend groß. Das gleiche kann bezüglich veränderlicher Dämpfungsglieder ausgesagt werden. Bei veränderlichen Elementen für rechteckige Hohlleiter kann die Dämpfung einfach durch Eintauchen einer mit einem Kreisbogen begrenzten Wider-

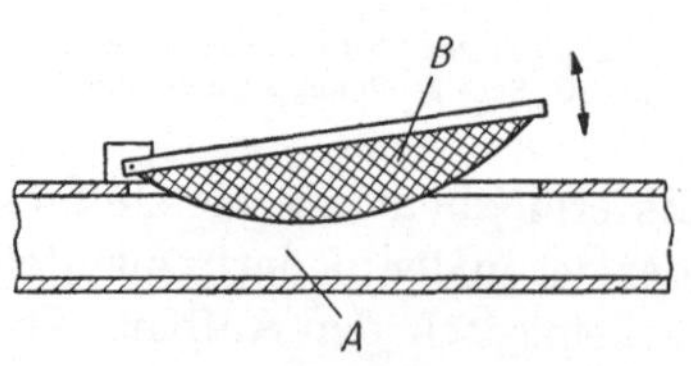

Abb. 6.36. Dämpfungsglied für Hohlleiter mit eintauchender Widerstandsschicht. *A* Rechteck-Hohlleiter, *B* Widerstandsschicht

standsschicht durch einen Längsschlitz in der Mitte der Breitseite in das Innere des Hohlleiters hergestellt und durch Änderung der Eintauchtiefe der Widerstandsschicht verändert werden. Abb. 6.36 zeigt schematisch ein Beispiel. Der Widerstandskörper B besteht aus einer auf einer dünnen Isolierstoffplatte aufgetragenen Kohleschicht. In der Widerstandsschicht, welche im Innern des Hohlleiters A parallel zur Richtung des elektrischen Feldes liegt, wird die dem elektrischen Feld entzogene Leistung in der Form von Stromverlusten verbraucht. Im Ersatzschaltbild stellt die Schicht einen zur Leitung parallelgeschalteten Wirkleitwert dar. Diese einfachen Dämpfungsglieder sind in Meßschaltungen, in welchen keine besondere Genauigkeit, Zuverlässigkeit und Abschirmung benötigt werden, anwendbar.

Abb. 6.37 zeigt ein weiteres Beispiel (USA-Surplusmaterial) für die Wirkungsweise eines veränderlichen Dämpfungsgliedes. Eine zur Rich-

Abb. 6.37. Seitlich verschiebbare Widerstandsschicht in Rechteck-Hohlleiter. (USA-Surplusmaterial)

tung der elektrischen Feldstärke parallele Widerstandsschicht wird seitlich im Innern des Hohlleiters verschoben. Sie ist an zwei zylindrischen, stiftförmigen Trägern in $\lambda_L/4$-Abstand befestigt, welche mit Hilfe eines Verschiebemechanismus gleichzeitig seitlich bewegt werden. Da die elektrische Feldstärke sinusförmig vom Rand nach der Mitte zunimmt, kann die Dämpfung mit Hilfe der seitlichen Bewegung kontinuierlich von Null bis zu einem maximalen Wert verändert werden. Um die an den Enden eines rechteckigen Widerstandselementes auftretenden Reflexionen zu vermeiden bzw. herabzusetzen, werden die Widerstandsschichten mit allmählich zunehmender Breite oder mit $\lambda_L/4$-langen Anpassungsstücken an den Enden hergestellt. Abb. 6.38 zeigt einige Beispiele. Das Widerstandselement der Abb. 6.38c hat an den Enden Stücke abweichenden Flächenwiderstandes der Länge $\lambda_L/4$. Die gleiche Wirkung kann entsprechend der Ausführungsform d durch Anpassungsstücke gleichen Flächenwiderstandes, jedoch abweichender Breite erzielt werden. Die Widerstandsschichten guter Dämpfungsglieder werden durch Aufdampfen im Vakuum auf einem Glasträger hergestellt. Ihre

Flächenwiderstände je cm² haben 80—150 Ω. Präzisions-Dämpfungs-
glieder dieses Typs haben maximale Dämpfungswerte von etwa 40 db
und Fehler in der Größenordnung von $\pm 2\%$ [db] innerhalb des nutzbaren
Frequenzbereiches. Eine weitere Form genau einstellbarer Dämpfungsglieder besteht aus zwei Übergangsstücken von rechteckigem zu kreisrunden Hohlleiterquerschnitt und einem dazwischen liegendem Stück
eines um die Achse drehbaren kreisrunden Hohlleiters mit TE_{11}-Wellen.

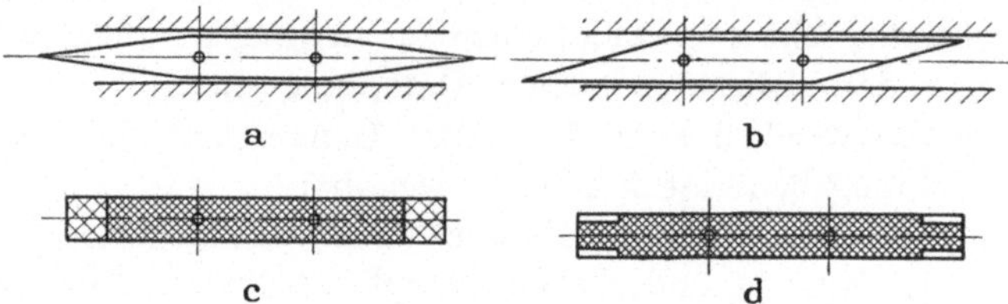

Abb. 6.38 a—d. Angepaßte Widerstandsplatten für Hohlleiter-Dämpfungsglieder
(entsprechend Abb. 6.37)

In der Durchmesserebene des kreisrunden Hohlleiters ist eine Widerstandsschicht angebracht. Wenn die Schicht senkrecht zur Richtung
der elektrischen Feldstärke liegt, wird keine Leistung verbraucht und
die Dämpfung ist Null. Durch Drehung des mittleren Teiles kann sie
kontinuierlich bis zu einem Maximalwert der Dämpfung, bei welcher
die Schicht parallel zur Richtung des elektrischen Feldes liegt, geändert
werden.

6.7.4 Messung der Dämpfung

Wenn man keine besondere Anforderungen an die Meßgenauigkeit
stellt, gibt es eine große Zahl von Methoden für die Messung der Dämpfung. In den meisten Fällen wird vorausgesetzt, daß das Dämpfungsglied ein- und ausgangsseitig angepaßt ist. Diese Bedingung ist häufig
nicht erfüllt. Die Nichterfüllung ergibt Meßfehler bei der Eichung und
bei der Anwendung. Bei genauen Messungen muß das Dämpfungsglied
als verlustbehaftetes Durchgangselement behandelt und seine Eigenschaften durch die Meßgrößen ϱ_1, ϱ_2 und τ definiert werden.

Unter der Voraussetzung der Anpassung ist die Dämpfung einfach
mit Hilfe einer vergleichenden Leistungsmessung mit und ohne Dämpfungsglied meßbar. Der Logarithmus (nat.) des Leistungsverhält-
nisses entspricht der doppelten Übertragungsdämpfung $2\,a_{\ddot{u}}^{[\mathrm{Np}]}$. Wenn
ein veränderliches geeichtes Dämpfungsglied verfügbar ist, kann man
durch eine Vergleichsmessung bei Austausch des Meßobjektes durch
das Vergleichselement unter Herstellung konstanter Ausgangsleistung
die Dämpfung bestimmen. In einer ähnlichen Substitutions-Meß-
schaltung sind das veränderliche Meßobjekt und das geeichte Ver-
gleichs-Dämpfungsglied in Reihe geschaltet. Die Zu- und Abnahme der
Dämpfung des geeichten Vergleichselementes zur Herstellung konstanter

Ausgangsleistung bei einer Änderung der Einstellung des Meßobjektes ermöglicht dessen einfache Eichung.

Das Schaltbild für ein Meßverfahren erhöhter Genauigkeit zeigt Abb. 6.39a. Ein- und Ausgangsleistung werden mit Hilfe zweier Richtkoppler bei wechselweisem Anschluß eines Detektor-Abschlußelementes an die beiden Richtkoppler festgestellt. Die Eingangsleistung wird mit

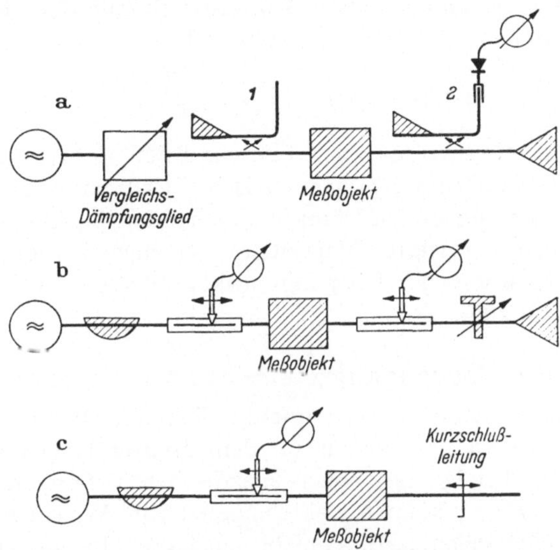

Abb. 6.39 a—c. Meßschaltungen für die Bestimmung der Dämpfung von Dämpfungsgliedern

Hilfe eines vorgeschalteten geeichten Dämpfungsgliedes auf den Wert der Ausgangsleistung gebracht. Die zusätzliche Dämpfung entspricht derjenigen des Meßobjektes.

In weiteren Meßmethoden erhält man die Dämpfung aus der Herabsetzung der Reflexionen durch das Dämpfungsglied. Abb. 6.39b zeigt eine diesbezügliche Meßschaltung, in welcher das Dämpfungsglied als Meßobjekt zwischen zwei Meßleitungen geschaltet ist, mit welchen $|\varrho_a|$ (hinter) und $|\varrho_e|$ (vor dem Dämpfungsglied) gemessen wird. Unter der Voraussetzung, daß das Dämpfungsglied beiderseits angepaßt ist, $(\varrho_1 = \varrho_2 = 0)$ ergibt sich

$$a_{\ddot{u}} = \frac{1}{2} \ln \frac{|\varrho_a|}{|\varrho_e|}. \qquad (6.56)$$

Mit Hilfe eines angepaßten Leitungsabschlusses und eines Anpassungstransformators kann man beliebige Werte für $|\varrho_a|$ einstellen. Bei Anwendung einer veränderlichen Kurzschlußleitung im Ausgang erhält man eine vereinfachte Schaltung entsprechend Abb. 6.39c. Es ist $|\varrho_a| = 1$ und weiter

$$a_{\ddot{u}} = \frac{1}{2} \ln \frac{1}{|\varrho_e|} = \frac{1}{2} \ln \frac{SWV_e + 1}{SWV_e - 1}. \qquad (6.57)$$

Die genaue Messung kleiner Werte der Dämpfung wird mit Hilfe der in Abschn. 6.3 beschriebenen Meßmethode für verlustbehaftete Durchgangselemente durchgeführt. Besonders zweckmäßig ist die Bestimmung von $a_{\ddot{u}}$ und $|\tau|$ auf Grund der Messung der Ortskurven von ϱ_{ein} abhängig von der Lage des Kurzschlusses einer ausgangsseitigen Kurzschlußleistung mit einer Schaltung entsprechend der Abb. 6.39c. Die erhaltenen Kreise sind ungefähr konzentrisch mit dem Einheitskreis. Aus geometrischen Beziehungen ergibt sich

$$|\tau| = \sqrt{R_{ein}}\,\sqrt{\left(1 - \frac{\overline{MP}}{R_{ein}}\right)^2}\,, \tag{6.58}$$

wenn $|R_{ein}|$ der Radius des ϱ_{ein}-Kreises und $\overline{MP}$ der Abstand zwischen seinem Mittelpunkt und dem geometrischen Ort von ϱ_1 sind (Abb. 6.13). Für die Bestimmung großer Dämpfungswerte ist die Messung mit Hilfe der in Abb. 6.39a gezeigten Meßschaltungen nach vorhergehender vergleichender Messung der Übertragungskopplungen der beiden Richtkoppler zweckmäßig.

6.8 Durchgangselemente mit Ferriten

Ferrite, welche in der niederfrequenten Technik für Transformatorenkerne verwendet werden, haben auf dem Mikrowellengebiet besondere Eigenschaften. Infolge des hohen spezifischen Widerstandes, 10^{11} mal höher als von Eisen, können elektromagnetische Wellen relativ tief in das Material eindringen, z. B. 3 cm bis zur halben Intensität bei 10 GHz und $\mu_r = 100$. Bei homogener Magnetisierung bis zur Sättigung durch ein konstantes Magnetfeld in der Richtung der dritten Koordinate hat infolge gyromagnetischer Wechselwirkung zwischen den Hochfrequenzfeldern und der Materie die Permeabilität die Form eines Tensors (POLDER [30], HOGAN [31]);

$$B = [T]\,H \tag{6.59}$$

wenn

$$[T] = \begin{bmatrix} \mu_1 & -i\,\mu_2 & 0 \\ i\,\mu_2 & \mu_1 & 0 \\ 0 & 0 & \mu_0 \end{bmatrix}$$

und

$$\mu_1 = \mu_0 \frac{K_1 - \omega^2}{\omega_0^2 - \omega^2}\,; \quad \mu_2 = \mu_0 \frac{K_2\,\omega}{\omega_0^2 - \omega^2}\,.$$

ω_0 ist die gyromagnetische Resonanzfrequenz und K_1 und K_2 sind Konstanten.

Nach Einführung in die MAXWELLschen Gleichungen kann die Wellenfortpflanzung in homogenem Ferrit-Medium bestimmt werden. Die Lösungen sind für den Fall der Magnetisierung in Richtung der Wellenfortpflanzung zirkular-polarisierte Wellen verschiedener Wellengeschwindigkeit.

Diese Eigenschaften der Wellenfortpflanzung verursachen eine Drehung der Polarisationsebene linearpolarisierter Wellen. Dieser Effekt ist unter dem Namen Faraday-Effekt bekannt. Seine praktische Verwendung bei statischer Magnetisierung in Richtung der Wellenfortpflanzung ergibt nichtreziproke Durchgangselemente. Abb. 6.40 zeigt eine derartige Anordnung. Längs der Achse eines kreisrunden Hohlleiters ist ein Ferritzylinder befestigt, welcher zur Vermeidung von Reflexionen an den Enden kegelig geformt ist. Die Halterung kann z. B. mittels Trolitulschaum erfolgen. An den Ferritzylinder schließen beiderseits Einlagen aus Isolierstoff an, welche die Umwandlung von linearpolarisierten in zirkularpolarisierte Wellen und um-

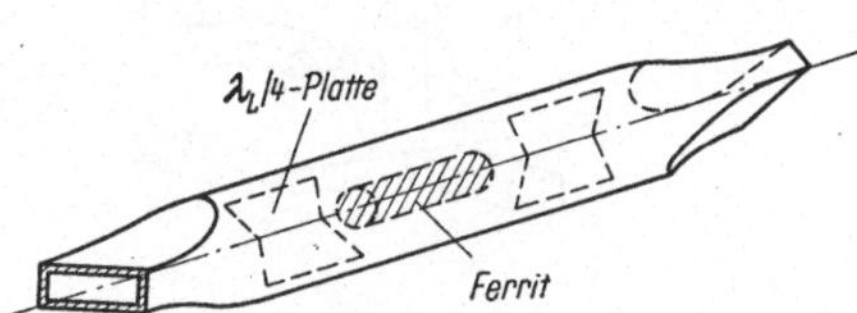

Abb. 6.40. Gyrator mit in achsialer Richtung magnetisiertem Ferritzylinder

gekehrt hervorrufen. Den beiderseitigen Abschluß bilden Übergänge zu rechteckigen Hohlleitern, deren elektrische Polarisationsebenen um 15° verdreht sind. Die Isolierstoff-Einlagen sind Platten, welche mit den Polarisationsebenen der angeschlossenen Rechteckhohlleiter einen Winkel von je 45° einschließen. Die Länge der Platten ist so abgestimmt, daß der Phasenunterschied von Wellen mit der Polarisationsebene parallel zur Platte und senkrecht dazu beim Durchlaufen 90° entspricht. Bei geeigneter Länge des Ferritzylinders ist der Laufzeitunterschied der in beide Richtungen laufenden Wellen infolge der verschiedenen Wellengeschwindigkeit in beide Richtungen eine halbe Periodendauer. Der Übertragungsfaktor τ hat in beide Richtungen entgegengesetztes Vorzeichen. Es ist

$$\tau_{12} = -\tau_{21} \tag{6.60}$$

Diese Tatsache steht im Gegensatz dazu, daß für übliche verlustlose Übertragungselemente, welche beiderseits für dasselbe Leitungssystem angepaßt sind, die Übertragungsfaktoren in beide Richtungen gleich sind. Bauteile dieser Art mit in beide Richtungen verschiedenen Eigenschaften heißen Gyratoren. Sie ermöglichen den Aufbau von nichtreziproken Schaltungen mit für die Meßtechnik und Übertragungstechnik zweckmäßigen Daten (HOGAN [31], SAKIOTIS, CHAIT [32]).

Eine dieser Schaltungen besteht aus zwei Hohlleiter-Brückenverzweigungen, zwischen deren Vergleichsarme einerseits ein Gyrator und andererseits ein Phasenschieber geschaltet sind, wie es in Abb. 6.41a schematisch angedeutet ist. Das Funktionsschema für die Übertragungseigenschaften zwischen den übrigen Armen zeigt Abb. 6.41c. Bei Anpassung in allen Armen und geeigneter Einstellung des Phasenschiebers werden Signale von 1 nach 2, 2 nach 3 und so weiter übertragen. Die

Wirkungsweise beruht darauf, daß die in den beiden Verzweigungsleitungen laufenden Wellen in einer Richtung gleichphasig und in der anderen Richtung in entgegengesetzter Phase an den Verzweigungspunkten ankommen. Schaltungen dieses Typs haben die Bezeichnung Zirkulatoren.

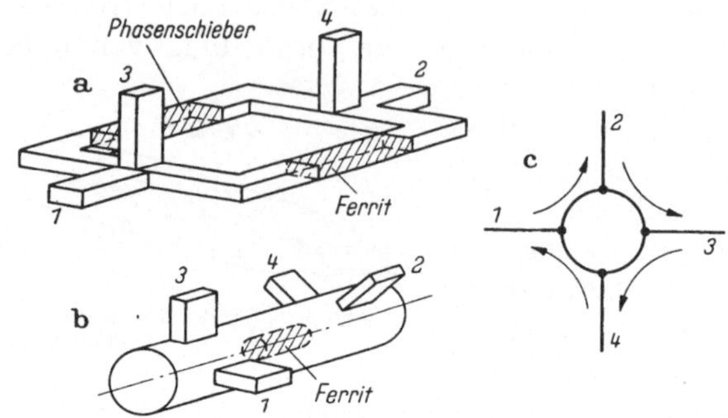

Abb. 6.41 a—c. Zirkulatoren. a Brückenschaltung mit Hohlleiterverzweigungen, b Polarisationsdrehung im kreisrunden Hohlleiter, c Ersatzschaltbild

Eine weitere Möglichkeit für die Ausführung eines Zirkulators zeigt Abb. 6.41 b. An die Enden eines kreisrunden Hohlleiters mit TE_{11}-Wellen sind in $\lambda_L/4$ Abstand von den Endplatten rechteckige Hohlleiter angeschlossen. Jedes Hohlleiterpaar erregt in dem Hohlleiter Wellen mit aufeinander senkrecht stehenden Polarisationsebenen oder koppelt die Energie dieser Wellen aus dem Hohlleiter aus. Die beiden Endsysteme sind um 45° gegeneinander verdreht. Die Wirkungsweise beruht direkt auf dem Faradayeffekt, in der Form einer Drehung der Polarisationsebene. Der in dem Hohlleiter angebrachte Ferritzylinder ist so dimensioniert, daß die Polarisationsebenen um 45° gedreht werden. Die Drehung erfolgt von einem Ende gesehen unabhängig von der Richtung der Wellenfortpflanzung in dem gleichen Umlaufsinn.

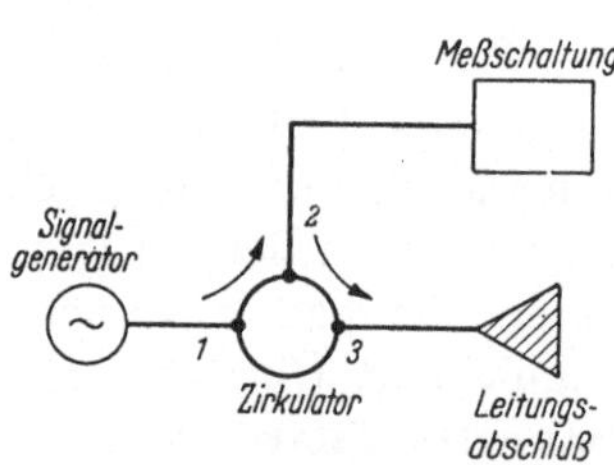

Abb. 6.42. Richtdämpfungsglied mit Zirkulator (Isolator)

In der Meßtechnik ermöglichen die Zirkulatoren den Aufbau von Richtdämpfungsgliedern, welche die Rückwirkung von Meßschaltungen auf die Energiequelle verhindern. Abb. 6.42 zeigt als Beispiel die Einschaltung eines Zirkulators zwischen Signalgenerator und Meßschaltung. Die von der Meßschaltung reflektierten Wellen werden in dem an dem nächstfolgenden Arm des Zirkulators angeschlossenen Leitungsabschluß absorbiert, und nur ein geringer Fehleranteil gelangt in den Signalgenerator zurück. Bei dieser Anwendung werden unerwünschte Frequenz-

und Amplitudenvariationen der vom Signalgenerator gelieferten Energie vermieden, und die Meßgenauigkeit wird erhöht.

Eine weitere Möglichkeit besteht in der Verwendung als Reflektometer. Abb. 6.43 zeigt ein Schaltungsbeispiel. Die vom Signalgenerator gelieferte Energie gelangt in Arm *1* des Zirkulators, an dessen Arm *2* das Meßobjekt angeschlossen ist. Die vom Meßobjekt reflektierte Leistung wird mit Hilfe eines Leistungsmessers in Arm *3* des Zirkulators bestimmt. Die vom Leistungsmesser bei fehlerhafter Anpassung reflektierte Leistung kann gegebenenfalls in einem mit Arm *4* verbundenen Leitungsabschluß absorbiert werden. Für die Bestimmung des Absolutwertes des Reflexionsfaktors und des *SWV* wird zweckmäßig die in das Meßobjekt transportierte Leistung mit einem Richtkoppler gemessen, welcher zwischen Signalgenerator und Zirkulator geschaltet ist. Der Quotient der mit Hilfe

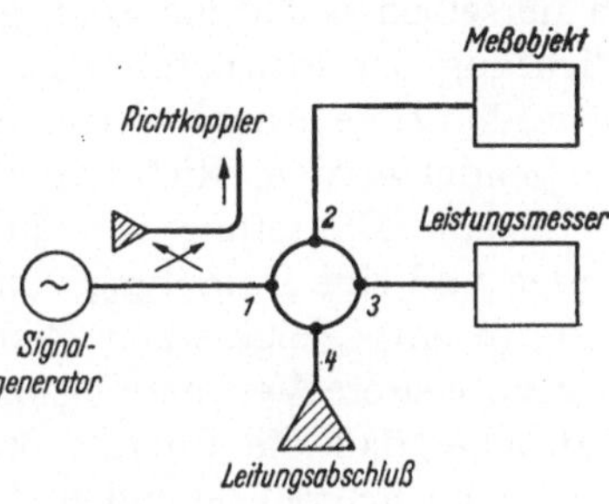

Abb. 6.43. Anwendung des Zirkulators als Reflektometer

des Richtkopplers bestimmten, einfallenden und der mittels Zirkulator festgestellten, reflektierten Leistung ergibt das Quadrat des Absolutwertes des Reflexionsfaktors

$$P_r/P_0 = |\varrho|^2 ,$$

wenn P_r die reflektierte und P_0 die vom Signalgenerator gelieferte Leistung sind. Das *SWV* hat den Wert

$$SWV = \frac{1 + \sqrt{P_r/P_0}}{1 - \sqrt{P_r/P_0}} .$$

Meßschaltungen mit Zirkulatoren sind ähnlich denjenigen mit Richtkopplern.

Die vereinfachte Herstellung eines Gyrators wird durch die Anordnung einer Ferritplatte im Innern eines Rechteck-Hohlleiters (BUTTON [*33*] parallel zur Schmalseite seitlich von der Mittelebene, wie es in Abb. 6.44 schematisch gezeigt ist, ermöglicht. Die Anordnung hat bei Magnetisierung senkrecht zur Richtung der Wellenfortpflanzung (B_0) und parallel zur Ferritplatte in beide Richtungen unterschiedliche Phasengeschwindigkeit. Bei geeigneter Dimensionierung der Länge der Platte ent-

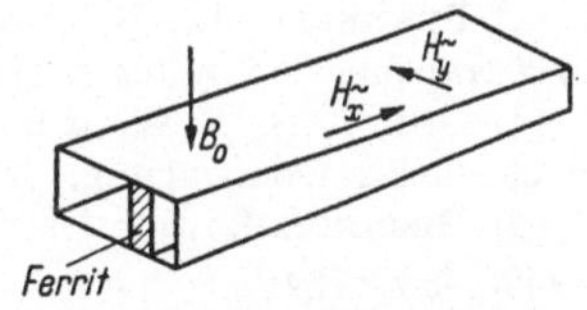

Abb. 6.44. Richtdämpfungsglied mit Ferrit im Rechteck-Hohlleiter

spricht die Laufzeitdifferenz $\lambda_L/2$, und die für einen Gyrator charakteristischen Eigenschaften sind erfüllt. Die Richtwirkung kommt dadurch zustande, daß sich für in eine Richtung fortschreitende Wellen die von den beiden magnetischen Feldgrößen H_x und H_y hervorgerufenen

Magnetisierungen aufheben. Bei Fortpflanzung in entgegengesetzte Richtung addieren sich die Magnetisierungsbeiträge.

Bei herabgesetzter statischer Magnetisierung und bei überlagertem Hochfrequenzfeld treten hochfrequente, mit dem magnetischen Fluß verkoppelte, Magnetisierungsverluste auf. Da Magnetisierung für in eine der beiden Richtungen laufende Wellen im Rechteckhohlleiter der Abb. 6.44 verschwindet, ist auch die Dämpfung dieser Wellen in derselben Richtung sehr gering, während sie in entgegengesetzter Richtung der fortschreitenden Wellen einen relativ großen Wert hat. Eine derartige Anordnung kann daher direkt als Richtdämpfungsglied verwendet werden. Richtdämpfungsglieder dieses Typs ergeben beispielsweise eine Dämpfung von 20 db, wenn die Wellen in eine Richtung laufen und eine Dämpfung von einigen 1/10 db für die Wellenfortpflanzung in entgegengesetzter Richtung.

Eine weitere Verwendungsmöglichkeit für Ferrite ergibt sich aus der Tatsache, daß die Energieabsorption und die Permeabilität von der statischen magnetisierenden Feldstärke abhängen. Beide können elektrisch mit Hilfe von Elektromagneten verändert werden. Mit Ferriten können daher elektrisch veränderliche Dämpfungsglieder und Phasenschieber hergestellt werden.

Neben den meßtechnischen Verwendungsmöglichkeiten gibt es zahlreiche weitere Anwendungsgebiete in der Mikrowellentechnik. Elektrisch veränderliche Dämpfungsglieder und Phasenschieber können für die Amplituden- und Phasenmodulation Anwendung finden. Die Zirkulatoren ermöglichen weiter den Duplexbetrieb einer Antenne für Senden und Empfang.

Literatur

[1] FELDKELLER, R.: Einführung in die Vierpoltheorie der elektrischen Nachrichtentechnik. Leipzig: S. Hirzel 1942.

[2] WEISSFLOCH, A.: Ein Transformationssatz über verlustlose Vierpole. Hochfrequenztech. u. Elektroakust., 60, 67—73 (1942).

[3] WEISSFLOCH, A.: Kreisgeometrische Vierpoltheorie. Hochfrequenztech. u. Elektroak., 61, 100—123 (1943).

[4] FEENBERG, E.: Relation between nodal positions and standing wave ratio in a transmission systems. J. appl. Phys., June 1946, 530—532.

[5] GUNDLACH, F. W.: Zur Anwendung der Vierpoltheorie auf Hohlleitersysteme. Arch. elekt. Übertragung, Sept. 1950, 342—348.

[6] BERNIER, J.: Sur les cavités électromagnétiques. Onde élect., Aug./Sept. 1946, 233—234.

[7] DESCHAMPS, G. A.: Determination of reflection coefficients and insertion loss of a waveguide junction. J. appl. Phys., Aug. 1953, 1046—1050.

[8] TISCHER, F. J.: Zur Fortleitungs- und Anpassungstheorie homogen geführter Wellen. Arch. elekt. Übertragung, Jan. und Febr. 1954, 8—14; 75—84.

[9] Band 8, 9 u. 10 der Massachusets Institute of Technology. Radiation Laboratory Series. New York: McGraw-Hill Book Company, 1948 und 1951.

[10] MATTHEWS, E. W., jr.: The use of scattering matrices in mircowaves. Inst. Radio Engrs, Transaction MTT-3, April 1955, 21—26.

Impedanztransformatoren und Phasendrehglieder

[11] GADWA, T. A.: A tuned-line matching transformer. QST, Jan. 1947, 36—38.

[12] VAN HOFWEEGEN, J. M., and K. S. KNOL: A universal adjustable transformer for U. H. F. work. Philips Res. Rep., April 1948, 140—155.

[13] BARK, A.: A single-control variable-frequency impedance transforming network. Proc. Inst. Radio Engrs, Dec. 1948, 1535—1537.

[14] BLOCH, A., F. J. FISCHER and G. J. HUNT: New equipment for impedance matching and measurement at very high frequencies. Proc. Instn elect. Engrs, (III), March 1953, 93—99.

[15] HALFORD, G. J.: A wide-band waveguide phase-shifter. Proc. Instn elect. Engrs, (III), May 1953, 117—124.

[16] BRADY, J. J., M. D. PEARSON and S. PEOPLES: Squeeze-section phase shifter for mircowaves. Rev. sci. Instrum., Nov. 1952, 601—604.

[17] SEVERIN, H.: Eine verbesserte Quetschleitung mit streckenweise konstanter Breite. Z. angew. Phys., Juni 1954, 262—264.

[18] BARNETT, E. F.: A new precision X-band phase shifter. Inst. Radio Engrs, Transaction PGI—4, Oct. 1955, 150—154.

Dämpfungsglieder

[19] GRANTHAM, R. E., and J. J. FREEMAN: A standard of attenuation for micromave measurements. Trans. Amer. Inst. elect. Engrs, 1948, 329—335.

[20] ALLRED, C. M.: Chart for TE_{11}-mode piston attenuator. Bur. Stand. J. Res., Feb. 1952, 109—110.

[21] LAFFERTY, R. E.: Piston attenuator chart. Electronics, Feb. 1948, 132.

[22] MACEK, O.: Das Problem der Spannungsteilung bei Zentimeter- und Millimeterwellen. Frequenz, April 1949, 117—121.

[23] MILLER, T.: Magnetically controlled waveguide attenuators. J. appl. Phys., Sept. 1949, 879—883.

[24] BROWN, J.: Coorrections to the attenuation constants of piston attenuators. Proc. Instn elect. Engrs, (III), Nov. 1949, 491—495.

[25] CARLIN, H. J., and E. N. TORGOW: Microwave attenuators for powers up to 1000 watts. Proc. Inst. Radio Engrs, July 1950, 77—780.

[26] MATARÉ, H. F.: Zum Problem der Leistungsdosierung von Planwellen in Hohlrohren. Frequenz, Dez. 1950, 321—328.

[27] REGGIA, F.: New microwave attenuator. Tele-Tech, Sept. 1951, 43—60, 62, 63.

[28] BEATTY, R. W.: Determination of attenuation from impedance measurement. Proc. Inst. Radio Engrs, Aug. 1950, 895—897.

[29] REGGIA, F., and R. W. BEATTY: Characteristics of the magnetic attenuator at U. H. F. Proc. Inst. Radio Engrs, Jan. 1953, 93—100.

Ferrite

[30] POLDER, D., and H. H. WILLS: On the theory of ferromagnetic resonance. Phil. Mag., Jan. 1949, 99—115.

[31] HOGAN, C. L.: The ferromagnetic Faraday effect at microwave frequencies and application- the microwave gyrator. Bell Syst. tech. J., Jan. 1952, 22—26.

[32] SAKIOTIS, N. G., and H. N. CHAIT: Ferrites at microwaves. Proc. Inst. Radio Engrs, Jan. 1953, 87—93.

[33] BUTTON, K. J., with others: Ferrite phase shifters in rectangular wave guide. J. appl. Phys., Nov. 1954, 1413—1421.

[34] VARTANIAN, P. H., I. L. MELCHER and W. P. AYVES: Broadband ferrite microwave isolator. Inst. Radio Engrs, Transactions MTT—4, Jan. 1956, 8—13.

[35] Proc. Inst. Radio Engrs, Oct. 1956, Ferrit Ausgabe.

7 Messung des Gütewertes von Hohlraumkreisen

7.1 Definition der Gütewerte und physikalische Zusammenhänge

Im Abschnitt über Frequenzmessung wurde gezeigt, daß die Genauigkeit der Frequenzmessung mittels Hohlraum-Schwingkreisen wesentlich von deren Gütewert abhängt. Dieser Wert, das Produkt aus 2π und dem Quotienten der im Hohlraumkreis gespeicherten elektromagnetischen Energie gebrochen durch die je Periode verbrauchte Energie und sein Reziprokwert, Dämpfung genannt, wird auch in der niederfrequenten Technik zur Definition der Schwingkreiseigenschaften gebraucht. Man unterscheidet zwei Gütewerte: den unbelasteten Wert Q_u, welcher nur die im Kreis verbrauchte Energie berücksichtigt und den belasteten Gütewert Q_{bel}, in welchem sich die verbrauchte Energie aus der Summe der im Kreis vernichteten und der über die Anschlußleitungen abgeleiteten Energie zusammensetzt. Außer bei der Frequenzmessung kommt der Gütewert im Zusammenhang mit der Frequenzstabilität von Oszillatoren, welche Hohlräume als frequenzbestimmende Kreise enthalten, und im Zusammenhang mit Filterproblemen vor, so daß sich in der Mikrowellentechnik häufig die Notwendigkeit ergibt die Gütewerte von Kreisen zu messen.

Bei der Behandlung von Ein- und Ausschwingvorgängen von Hohlraumkreisen kommt der Gütewert ebenfalls in deren mathematischer Darstellung vor. Auf Grund der obigen Definition erhält man für das zeitliche Ausschwingen eines freischwingenden Hohlraumkreises

$$W_1(t) = W_{01}\, e^{-\frac{\omega}{Q}t}, \tag{7.1}$$

wenn W_{01} der Energieinhalt zur Zeit $t = 0$ bei Abschalten der Energiequelle ist. Das Einschwingen bei plötzlichem Einschalten der Energie kann durch

$$W_2(t) = W_{02}\left(1 - e^{-\frac{\omega}{Q}t}\right), \tag{7.2}$$

mit W_{02} für den stationären Endwert der schwingenden Feldenergie, dargestellt werden. Bei loser Kopplung des Kreises an die Energiequelle und an die Anzeigevorrichtung gleicht Q angenähert dem unbelasteten Gütewert Q_u.

Die Gl. (7.1) und (7.2) legen es nahe den Gütewert von Hohlraumkreisen mit Hilfe der Darstellung der zeitlichen Ein- und Ausschwingvorgänge zu bestimmen. Das Ein- und Ausschwingen kann z. B. auf dem Schirm eines Oszillographen dargestellt werden, wobei die Einhüllende der gegebenenfalls auf eine Zwischenfrequenz überlagerten Wechselspannung bei Erregung des Kreises mit periodischen Impulsen und Synchronisierung der Ablenkung den in Abb. 7.1 gezeigten Verlauf hat. Er entspricht der Beziehung

$$V(t) = V_0\, e^{-\frac{t}{T}}\,, \tag{7.3}$$

wenn die Zeitkonstante $T = Q/\omega$ ist. Differentiation und rechnerische Behandlung der Gl. (7.3) ergibt, daß T gleichzeitig der zeitliche Abstand zwischen dem Abschalten der Erregung zur Zeit $t = 0$ und demjenigen Punkt auf der Zeitachse ist, wo die Tangenten an die Einhüllende des Ausschwingvorganges zur Zeit $t = 0$ die Zeitachse schneiden. Dieser Zeitbetrag kann gemessen, und daraus der Gütewert mit der Beziehung

$$Q = \omega\, T$$

berechnet werden. Der erhaltene Q-Wert kann bei loser Kopplung dem unbelasteten Gütewert angenähert gleichgesetzt werden. Bei der Messung kann die Zeitkonstante des Ausschwingvorganges gegebenenfalls mit der Zeitkonstanten des Schaltvorganges eines RC-Gliedes verglichen und aus dessen R-C-Werten bestimmt werden.

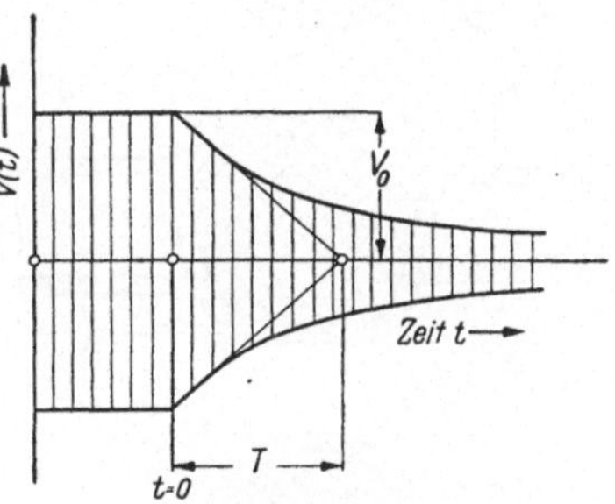

Abb. 7.1 Ausschwingen eines impulserregten Hohlraumkreises

Bei hohen Frequenzen und mäßigem Gütewert werden die zu messenden Zeitintervalle sehr klein und die Meßgenauigkeit unzureichend. Der Anwendungsbereich der Meßmethode ist daher auf Kreise sehr hoher Güte und auf den niederfrequenten Bereich der Mikrowellen beschränkt.

Der Ausschwingvorgang von Impuls-erregten Hohlraumkreisen hoher Güte („Echobox") kann übrigens zur einfachen Prüfung der Empfindlichkeit von Radarempfängern benützt werden. Die Prüfung besteht in der Messung der Zeitdifferenz zwischen der Endflanke der periodischen Radarimpulse, durch welche der Hohlraumkreis erregt wird, und dem Zeitpunkt, wo die Amplitude des Ausschwingvorganges in die Größenordnung der Rauschspannung des Empfängers kommt. Unter Benützung des Q-Wertes und der Zeitkonstante T des Hohlraumkreises kann aus der gemessenen Zeitdifferenz die Eingangsspannung, welche der eingangsseitigen Ersatzrauschspannung entspricht, angenähert bestimmt werden. Diese Eingangsspannung ist ein Maß für die Empfindlichkeit des Empfängers.

Neben dem Zeitverlauf der Ein- und Ausschwingvorgänge bestimmt der Gütewert den Impedanzverlauf am Eingang von Hohlraumkreisen und die Übertragungseigenschaften zwischen den Zuleitungen bei der Einschaltung in Mikrowellenschaltungen. Die Untersuchung der Einkopplung in Schaltungen zeigt, daß es drei grundsätzliche Möglichkeiten gibt, welche in Abb. 7.2 schematisch dargestellt sind. In der Schaltung der Abb. 7.2 a bildet der Hohlraumkreis H ein Abschlußelement. Er entspricht einem Zweipol der niederfrequenten Filtertechnik.

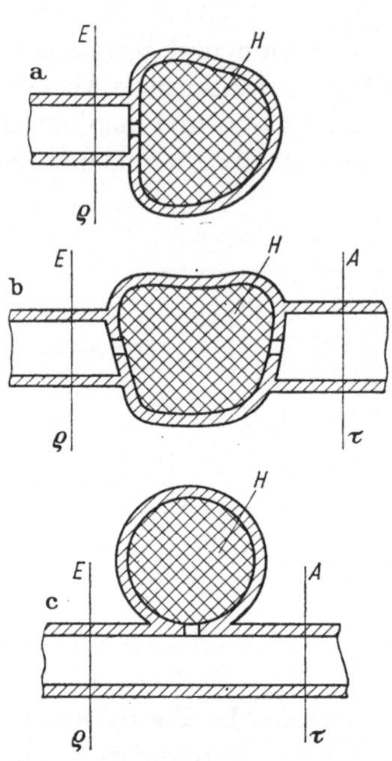

Der Hohlraum H der Abb. 7.2 b ist zwischen zwei Leitungen, bzw. Hohlleiter eingeschaltet, wobei die gesamte Leistung durch den Kreis hindurchfließt. Als Durchgangselement entspricht er einem Vierpol. Die Hohlraum-Frequenzmesser des Übertragungstyps sind Beispiele für diese Schaltung. Eine weitere Möglichkeit besteht in einer Ankopplung des Hohlraumkreises im Zuge der Leitung, wie es in Abb. 7.2 c gezeigt ist. Der Hohlraumkreis stellt in dieser Schaltung eine Diskontinuität dar, verursacht Reflexionen und beeinflußt die Übertragungseigenschaften. Die Hohlraum-Frequenzmesser des Reaktionstyps beruhen auf dieser Wirkungsweise.

7.2 Hohlraumkreis als Abschlußelement

Abb. 7.2 a—c. Typische Hohlraumschaltungen. a Hohlraum H als Abschlußelement, b als Durchgangselement, c als Leitungsdiskontinuität

Eine der Meßmethoden zur Bestimmung des Gütewertes beruht auf der Frequenzabhängigkeit der Eingangsimpedanz bzw. des in der Eingangsleitung hervorgerufenen Reflexionsfaktors. Die Methode wird hauptsächlich für Hohlraumkreise mit nur einer Zuleitung angewendet. Hohlraumkreise zur Stabilisierung der Oszillatorfrequenz in Mikrowellenröhren sind Anordnungen dieses Typs, wo der Kreis ein Abschlußelement darstellt.

Die Untersuchung der Wechselwirkung zwischen einem Hohlraum und der angeschlossenen Leitung hat gezeigt (TISCHER [5]), daß die Feldstärkeverteilung entlang der Eingangsleitung, definiert durch den Reflexionsfaktor ϱ, durch die Hohlraumeigenschaften bestimmt ist. Man erhält angenähert für große Gütewerte:

$$\varrho = \frac{2\,\varrho_0 + (1 + \varrho_0)\,i\,k}{2 + (1 + \varrho_0)\,i\,k}\,, \tag{7.4}$$

wenn

$$k = Q\left(\frac{\omega}{\omega_0} - \frac{\omega_0}{\omega}\right) \approx 2\,Q\,\frac{\Delta\omega}{\omega_0}\,,$$

und die Abweichungen $\Delta\omega$ der Kreisfrequenz von der Resonanzfrequenz ω_0 klein sind. Die Lage der Eingangsebene E ist so gewählt, daß der Reflexionsfaktor bei Resonanz ϱ_0 reell ist. Entsprechend der Beziehung der Gl. (7.4) sind die Ortskurven des komplexen Reflexionsfaktors, abhängig von der Verstimmung aus der Resonanz, Kreise mit der reellen Achse als Durchmesser (Abb. 7.3). Die Kreise werden mit zunehmender Frequenz im Uhrzeigersinn durchlaufen. Sie berühren den Einheitskreis in $+1$ für große Verstimmung aus der Resonanz und schneiden die reelle Achse in ϱ_0. Wenn unter dieser Bedingung die gewählte Eingangs-

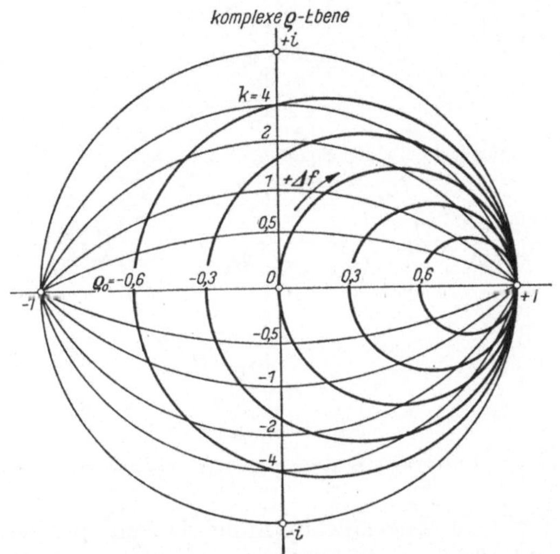

Abb. 7.3. Ortskurven des Reflexionsfaktors ϱ in der Eingangsleitung eines Hohlraumkreises bei Leerlaufkopplung

ebene mit der natürlichen Grenzebene zwischen Hohlraum und Anschlußleitung zusammenfällt, liegt Leerlaufkopplung vor, d. h. bei großer Verstimmung aus der Resonanz stellt der Hohlraum einen Leerlaufabschluß dar. Bei loser Kopplung ist der Durchmesser der Ortskurve kleiner als 1, und die Lage des Feldstärkeminimums auf der Eingangsleitung pendelt bei Frequenzänderung zwischen zwei Grenzwerten hin und her. Feste Kopplung entspricht einem Ortskurvendurchmesser größer als 1, wobei die Lage des Feldstärkeminimums auf der Eingangsleitung kontinuierlich um $\lambda_L/2$ wandert. Abb. 7.3 zeigt die Ortskurven des Reflexionsfaktors ϱ für Leerlaufkopplung.

Der Leerlaufkopplung ist die Kurzschlußkopplung entgegengesetzt. Bei Verstimmung aus der Resonanz erscheint die Leitung am Ende kurzgeschlossen. Diese Kopplung liegt praktisch bei Anschluß durch einen Schlitz in der gemeinsamen Wand des Hohlraumkreises und der Endwand der Eingangsleitung vor. Wenn bei Kurzschlußkopplung die Ein-

gangsebene im Abstand $\lambda_L/4$ von dem Ende der Leitung gewählt wird,
haben die Ortskurven ebenfalls die in Abb. 7.3 gezeigten Lagen und
entsprechen der Leerlaufkopplung. Durch geeignete Wahl der Eingangsebenen kann daher jeder Kopplungstyp in den Fall der Leerlaufkopplung
übergeführt werden. Hierbei muß allerdings die Frequenzabhängigkeit
der Transformation durch das Leitungsstück berücksichtigt werden. Für
kapazitive und induktive Kopplung berühren bei Verstimmung aus der
Resonanz die Ortskurven den Einheitskreis in der negativen bzw. positiven Halbebene der komplexen ϱ-Ebene (Abb. 7.4).

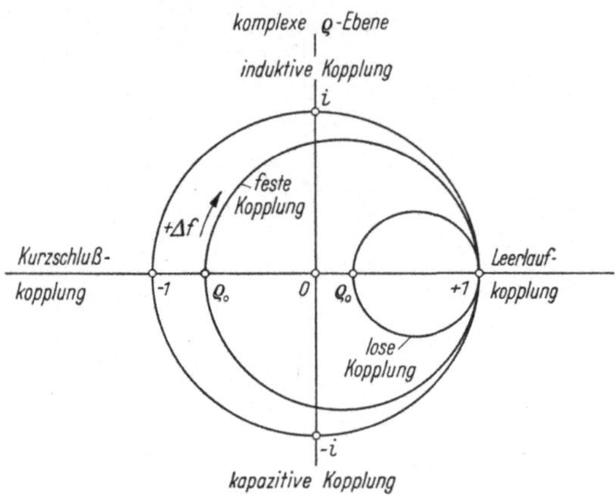

Abb. 7.4. Lagen der Ortskurven des Reflexionsfaktors für verschiedene Kopplungsarten

Die Gl. (7.4) gilt für Leerlaufkopplung. Die entsprechende Gleichung
für die Kurzschlußkopplung erhält man, wenn man alle ϱ-Werte mit
negativen Vorzeichen versieht.

Bei Resonanz $(\varrho = \varrho_0)$ ist der Absolutwert des Reflexionsfaktors
unabhängig von der Art und dem Grad der Kopplung ein Minimum. Der
entsprechende Punkt auf der Ortskurve liegt auf einer Geraden, welche
den Ursprung und den Berührungspunkt der Ortskurve mit dem Einheitskreis verbindet. Für Leerlaufkopplung ist die Verbindungslinie die
reelle Achse.

Die hier diskutierten Beziehungen entsprechen vereinfachten Bedingungen, welche für Kreise hoher Güte erfüllt sind. Abweichungen von
der idealen Kreisform werden hauptsächlich von der Streukopplung des
Ankopplungselementes und die Frequenzabhängigkeit der Transformation
durch das Eingangs-Leitungsstück hervorgerufen. Sie können gegebenenfalls berücksichtigt werden.

In der niederfrequenten Technik entsprechen den Hohlraumkreisen
die Schwingkreise. Mit ihrer Hilfe können die Hohlraumkreise in Ersatz-
schaltbildern dargestellt werden. Abb. 7.5 zeigt die Ersatzschaltbilder
für Hohlraumkreise für die in Abb. 7.2 dargestellten drei Kopplungs-

arten. Die beiden Schaltungen Abb. 7.5a entsprechen der Leerlauf- und der Kurzschlußkopplung. Die in der Ersatzschaltung erscheinenden Werte L, C und R_s bzw. G_p sind die auf die Eingangsleitung transformierten Werte der Hohlraumdaten. Für die Behandlung der Wechselwirkung zwischen Hohlraumkreisen und Anschlußleitungen spielen die im Zusammenhang mit der Transformation auftretenden Übersetzungsverhältnisse eine untergeordnete Rolle.

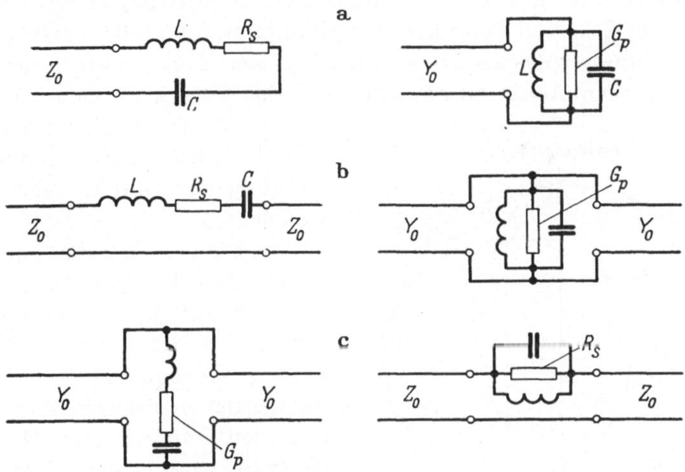

Abb. 7.5 a—c. Ersatzschaltbilder der Hohlraumschaltungen entsprechend Abb. 7.2 für Leerlauf- und Kurzschlußkopplung

Für die Leerlaufkopplung ist der Ersatzschwingkreis ein Serienkreis mit der Eingangsimpedanz

$$Z \approx R_s \left(1 + 2\,i\,Q\,\frac{\Delta\omega}{\omega_0} \right) = R_s \left(1 + i\,k \right), \tag{7.5}$$

wenn die Verstimmung $\omega/\omega_0 - \omega_0/\omega$ angenähert durch $2\,\Delta\omega/\omega_0$ ersetzt wird, und für $\omega_0 L/R_s = Q$ gesetzt wird. Man kann weiter

$$\varrho = \frac{Z - Z_0}{Z + Z_0} \quad \text{und} \quad \frac{R_s}{Z_0} = \frac{1 + \varrho_0}{1 - \varrho_0} \tag{7.6}$$

einführen und erhält für ϱ ebenfalls die Beziehung der Gl. 7.4.

7.2.1 Bestimmung des Gütewertes mittels Anpassungsmessung

Die im vorigen Abschnitt diskutierten Beziehungen ermöglichen die Bestimmung des Gütewertes von Hohlraumkreisen mit Hilfe von Anpassungsmessungen in der Eingangsleitung. Die Meßmethode hat den Vorteil, daß als Ergebnis der unbelastete Gütewert des Kreises erhalten wird.

Die Messung des komplexen Reflexionsfaktors bzw. der Eingangsimpedanz erfolgt bei Anschluß des Hohlraumkreises an eine Meßleitung mit den für die Anpassungsmessung üblichen Methoden bei verschiedenen Frequenzen. Eingetragen in das komplexe ϱ-Diagramm (SMITH-Diagramm) liegen die Punkte auf einem Kreis, welcher den Einheitskreis berührt, wenn man Abweichungen infolge der Ankopplungselemente und infolge des Leitungsstückes zwischen Meßleitung und Hohlraum berücksichtigt. Die Abweichungen sind für die üblichen hohen Gütewerte vernachlässigbar klein. Es ist zweckmäßig die Lage der Eingangsebene für Leerlaufkopplung zu wählen. Diese Lage auf der Eingangsleitung entspricht einer Entfernung $\lambda_L/4$ von der Lage des Minimums für große Verstimmung. Der Durchmesser des als Ortskurve erhaltenen Kreises fällt in der Folge mit der reellen Achse zusammen. Aus der Ortskurve kann abhängig von der Resonanz-Frequenz und von der Dichte der Frequenzbezifferung der Gütewert berechnet werden.

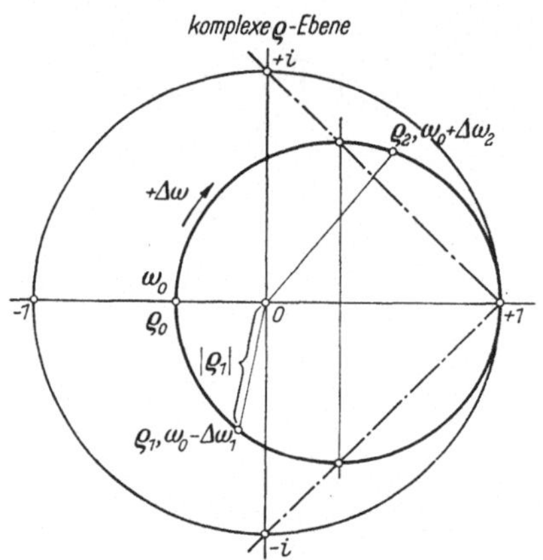

Abb. 7.6. Zu: Bestimmung des Gütewertes aus der Ortskurve des Reflexionsfaktors

Wenn z. B. die erhaltene Ortskurve, die in Abb. 7.6 gezeigte Form hat, und auf dem Kreis eine Anzahl von ϱ_n-Werten mit den zugehörigen Frequenzen bzw. Kreisfrequenzen ω_n bekannt sind, erhält man den Gütewert mit Hilfe der Gl. (7.7), welche von Gl. (7.4) abgeleitet ist. Es ist

$$Q_u = \frac{2}{1+\varrho_0}\sqrt{\frac{|\varrho_n|^2 - \varrho_0^2}{1 - |\varrho_n|^2}} \cdot \frac{1}{y_n} \qquad (7.7)$$

mit $y_n = \omega_n/\omega_0 - \omega_0/\omega_n \approx 2\,\Delta\omega/\omega_0$.

Eine vereinfachte Beziehung erhält man für Punkte, welche auf der Verbindungslinie zwischen $+1$ und $\pm i$ liegen, welche in Abb. 7.6 strichpunktiert eingezeichnet sind. Unter dieser Bedingung erhält man

$$Q_u \approx \frac{\omega_0}{\Delta\omega}\,\frac{1}{1+\varrho_0}. \qquad (7.8)$$

Das Meßverfahren kann systematisiert werden, wenn nur bestimmte charakteristische Werte gemessen werden. Ein charakteristischer Wert ist der Reflexionsfaktor ϱ_0 bei Resonanz. Dieser Wert kann leicht gefunden werden, da sein Absolutwert und das entsprechende Verhältnis der stehenden Wellen $SWV_0 = (1 + |\varrho_0|)/(1 - |\varrho_0|)$ ein Minimum sind. Weitere charakteristische Werte von ϱ entsprechen bestimmten Werten der Konstanten k. Mit k und dem zugehörigen Wert der Verstimmung $\Delta\omega/\omega_0$ kann sofort Q_u

$$Q_u \approx \frac{\omega_0}{\Delta\omega}\,\frac{k}{2} \qquad (7.9)$$

angegeben werden. Der diesbezügliche Meßvorgang zur Bestimmung von $\Delta\omega/\omega_0$ besteht, nachdem ϱ_0 bzw. SWV_0 und die Resonanzfrequenz bekannt sind, in einer Frequenzverstimmung, bis das Verhältnis der stehenden Wellen einen bestimmten Wert SWV_k erreicht hat, welcher dem angenommenen Wert k entspricht und von ϱ_0 abhängt. Bisweilen ist die Bestimmung der Resonanzfrequenz ungenau. Es ist dann zweckmäßig, die Frequenz zwischen zwei Werten beiderseitig der Resonanz zu verstimmen, welche gleiche Werte des SWV ergeben. Die Differenz ist $2\,\Delta\omega$. Die Werte von SWV_k und ϱ_k, bis zu deren Erreichung die Frequenz aus der Resonanz verstimmt werden muß, sind durch folgende Gleichungen gegeben:

$$|\varrho_k| = \frac{\sqrt{4\,\varrho_0^2 + k^2\,(1 + \varrho_0)^2}}{\sqrt{4 + k^2(1 + \varrho_0)^2}}\,. \tag{7.10}$$

Für SWV erhält man

$$SWV_k = \frac{\sqrt{n} + \sqrt{n - 4\,m}}{\sqrt{n} - \sqrt{n - 4\,m}}, \tag{7.11}$$

wenn $n = 1 + 2\,m + m^2\,(k^2 + 1)$, $m = SWV_0$ und $k = 2\,Q\Delta\omega/\omega_0$ sind. Abb. 7.7 zeigt die kurvenmäßige Darstellung der Gleichungen. Es ist zu beachten, daß im Diagramm als Abszisse auch Werte kleiner als 1 ein-

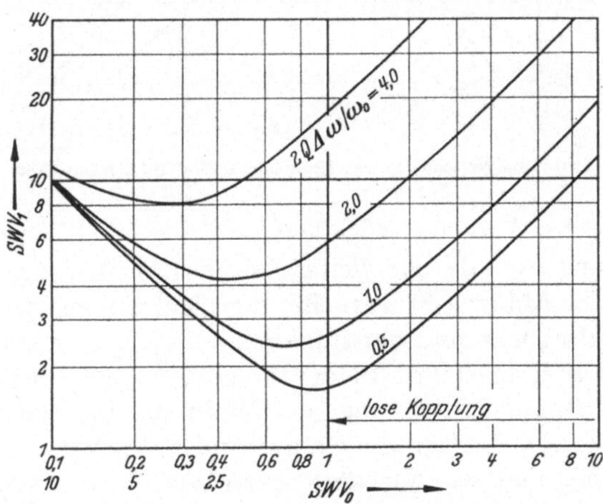

Abb. 7.7. Verhältnis der stehenden Wellen als Maß für den Gütewert

getragen sind, welche entsprechend der früher angeführten Definition für SWV (s. S. 77) eigentlich als Reziprokwerte angegeben sein müßten. Für einige Werte sind daher darunter die Reziprokwerte angeführt. Das Unterscheidungsmerkmal dafür, welcher SWV_0-Wert (links oder rechts von 1) genommen werden muß, ist der Kopplungsgrad des Hohlraumes an die Leitung. Bei loser Kopplung (rechts von 1) hat das Minimum der Feldstärkeverteilung auf der Meßleitung bei Resonanz und großer Verstimmung ungefähr die gleiche Lage. Bei fester Kopplung (links von 1) sind beide Lagen um $\lambda_L/4$ verschoben und die Lage des Minimums wandert bei Frequenzänderung kontinuierlich über eine Länge $\lambda_L/2$.

Neben der Welligkeit und dem SWV kann die Verschiebung des Minimums der Feldstärkeverteilung in der Eingangsleitung als Meßgröße für die Bestimmung des Gütewertes benutzt werden. Wie im Abschnitt über Anpassungsmessung festgestellt wurde, ist die Lage des Minimums direkt ein Maß für den Winkel des Reflexionsfaktors ϱ. Bei einer Frequenzänderung wandert das Minimum um einen Betrag $\Delta L = \lambda_L \, \Delta \angle \varrho/4\,\pi$, wenn $\Delta \angle \varrho$

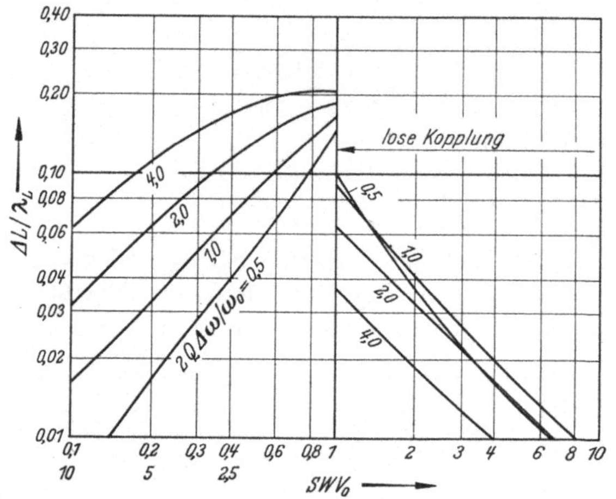

Abb. 7.8. Verschiebung des Minimums als Maß für den Gütewert

die Änderung des Winkels des Reflexionsfaktors, und λ_L die Wellenlänge auf der Leitung bzw. des Hohlleiters ist. Der Winkel $\angle \varrho$ geht aus den Ortskurven der Abb. 7.3 hervor. Bei dem Meßvorgang wird, wie oben, die Resonanzfrequenz und der minimale Wert ϱ_0 bzw. SWV_0 und der Kopplungsgrad festgestellt. In der Folge wird die Frequenz aus der Resonanz verstimmt bis die Lage des Minimums um einen bestimmten Wert $\Delta L = \lambda_L(\angle \varrho - \angle \varrho_0)/2\,\pi$ verschoben ist. Die Verschiebung ist eine Funktion von ϱ_0 und dem angenommenen Wert k. Ihre Größe kann aus Gl. (7.4) berechnet oder dem Diagramm der Abb. 7.3 (SMITH-Diagramm) entnommen werden. Es ist

$$\Delta L = \overset{+}{\underset{(-)}{}} \frac{\lambda_L}{4\,\pi} \arctg \frac{\overset{+}{(-)}\,2\,m\,k}{m^2\,(1+k^2) - 1}\,; \quad (-) \text{ für } m < 1\,, \qquad (7.12)$$

wenn $m = SWV_0$ ist. Die Kurven der Abb. 7.8 erleichtern die Bestimmung der notwendigen Verschiebung des Minimums für einen angenommenen Wert von k. Die für die Verschiebung benötigte Frequenzverstimmung $\Delta\omega$ aus der Resonanz ergibt den Gütewert entsprechend Gl. (7.9).

Die beschriebenen Messungen ergeben den unbelasteten Gütewert des untersuchten Kreises. Den belasteten Gütewert Q_{bel} kann man mit Hilfe des Reflexionsfaktors bei Resonanz ϱ_0 bzw. SWV_0 berechnen. Aus der Definition des Gütewertes

$$Q_{bel} = \frac{\omega W_{Kreis}}{P_{v\ ges}} = \frac{\omega W_{Kreis}}{P_{v\ Kreis} + P_{v\ abgeleitet}} \qquad (7.13)$$

erhält man

$$Q_{bel} = Q_u \frac{1}{1 + \dfrac{P_{v\ abgeleitet}}{P_{v\ Kreis}}}$$

und weiter

$$Q_{bel} = Q_u \frac{1 \pm |\varrho_0|}{2} \qquad (7.14)$$

für lose $(+)$ und feste $(-)$ Kopplung. Einführung der Welligkeit ergibt

$$Q_{bel} = Q_u \frac{SWV_0}{1 + SWV_0} \text{ (lose Kopplung)},$$

$$= Q_u \frac{1}{1 + SWV_0} \text{ (feste Kopplung)}, \qquad (7.15)$$

Es ist schwierig Angaben über die Genauigkeit der beschriebenen Verfahren der Gütewertmessung zu machen; sie hängt von den verwendeten Meßgeräten, dem Frequenzbereich und dem Gütewert selbst ab. Die Wahl des Wertes von k in weiten Grenzen ermöglicht es jedoch meist ein zweckmäßiges Kompromiß zu finden.

7.2.2 Vereinfachtes Meßverfahren mit Anpassungstransformator

Bei dem im vorigen Abschnitt beschriebenen Verfahren zur Bestimmung des Gütewertes sind die einzustellenden Werte der Welligkeit, bzw. des Reflexionsfaktors von dem Kopplungsgrad bzw. der Fehlanpassung bei Resonanz, welche durch SWV_0 und ϱ_0 gegeben ist, abhängig. Dies ist ein Nachteil, welcher besonders bei Serienmessungen, z. B. bei der Bestimmung der Frequenzabhängigkeit eines Gütefaktors, ins Gewicht fällt. Um diesen Nachteil zu beseitigen, wurde ein vereinfachtes Meßverfahren untersucht, bei welchem zwischen Hohlraum und Meßleitung ein verlustarmer Anpassungtransformator geschaltet ist. Mit seiner Hilfe wird der Hohlraum bei Resonanz an die Anschlußleitung angepaßt, so daß der ϱ_0-Wert der Kombination Transformator-Hohlraum Null ist. In der Folge wählt man einen geeigneten k-Wert und das zugehörige SWV, welches von der ursprünglichen Resonanzfehlanpassung unabhängig ist. Anschließend bestimmt man die Frequenzverstimmung $\Delta\omega$, welche zur Herstellung des SWV notwendig ist.

Das Meßverfahren ist besonders vorteilhaft, wenn für die Anpassungsmessung eine Meßleitung mit umlaufender Sonde zur Verfügung steht, und die Feldstärkeverteilung direkt auf dem Schirm einer Oszillographenröhre dargestellt wird (s. S. 104). Abb. 7.9 zeigt die Schaltung eines Meßplatzes für die Gütewertmessung entsprechend dieser Methode.

Die Ortskurve des Reflexionsfaktors am Eingang der Kombination Transformator-Hohlraum ist unter diesen Bedingungen unabhängig von

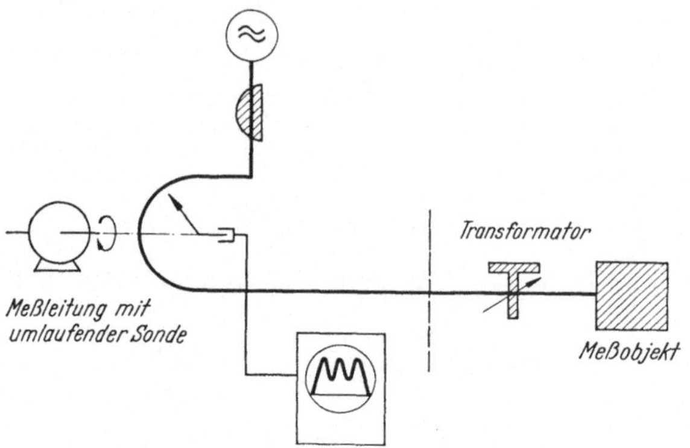

Abb. 7.9. Meßplatz für die vereinfachte Gütewertmessung

dem Kopplungsgrad und von der Resonanz-Fehlanpassung des Hohlraumkreises ein Kreis, welcher den Einheitskreis tangiert und durch den Ursprung der ϱ-Ebene hindurchläuft. Für einen gegebenen Wert k wird daher unabhängig von SWV_0 der gleiche Wert der Welligkeit SWV_k eingestellt und die zugehörige Frequenzverstimmung festgestellt. Es ist ein weiterer Vorteil dieses Meßverfahrens, daß es von dem Kopplungsgrad (feste oder lose Kopplung) unabhängig ist, so daß diese nicht festgestellt werden muß. Bezüglich der Anwendbarkeit des Verfahrens ergeben sich folgende Fragen: Bleibt der Q-Wert bei der Transformation erhalten, und welcher Fehler wird durch den Anpassungstransformator eingeführt, bzw. in welchen Bereichen ist der zusätzliche Meßfehler vernachlässigbar klein.

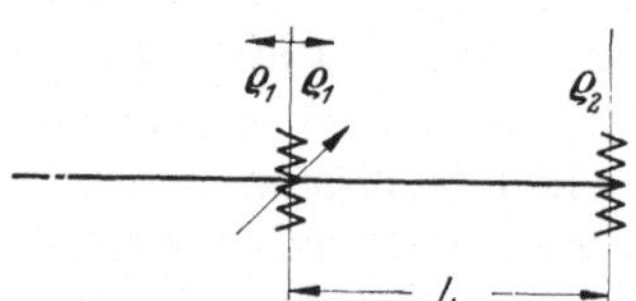

Abb. 7.10. Ersatzschaltbild für Hohlraumkreis und Anpassungstransformator

Das erste Problem wurde mittels der in Abb. 7.10 dargestellten Ersatzschaltung untersucht, wobei als Anpassungstransformator eine in der Längsrichtung der Leitung verschiebbare und veränderliche reaktive Diskontinuität diente. Die im Abschn. 6.5.3 beschriebenen kapazitiven Diskontinuitäts-Transformatoren sind Ausführungsbeispiele dieses Typs. ϱ_2 ist der Reflexionsfaktor des Hohlraumkreises mit der durch Gl. (7.4) dargestellten Frequenzabhängigkeit. ϱ_1 entspricht der durch den Transformator eingeführten Diskontinuität. Die Rechnung ergibt, daß für eine k entsprechende Verstimmung des Hohlraumes bei Anpassung in Resonanz

$$\varrho_{ein} = \frac{-k}{2 + i\,k}\,(\sqrt{1 - \varrho_0^2} - i\,\varrho_0) \tag{7.16}$$

ist. Das Resultat zeigt, daß der Absolutwert von ϱ_{ein} und SWV_{ein} bei der Transformation unabhängig von ϱ_0 unverändert bleibt. Das Verfahren ist daher grundsätzlich zulässig.

Bei der eben beschriebenen Untersuchung wurde angenommen, daß ϱ_1 und die der Länge L entsprechende elektrische Länge von der Frequenz unabhängig sind. Diese Bedingung ist in der Praxis bei der Messung hoher Gütewerte angenähert erfüllt. Die Nichterfüllung dieser Bedingung verursacht einen Meßfehler. Er stellt den durch die Verwendung des Transformators zusätzlich hervorgerufenen und für das Meßverfahren charakteristischen Fehler dar. Die Untersuchung dieses Fehlers wurde an der in Abb. 7.10 gezeigten Ersatzschaltung durchgeführt und ergab die Änderung des Absolutwertes ϱ_{ein} infolge der Frequenzabhängigkeit von ϱ_1 und der elektrischen Länge L. Die Rechnung beruht auf der Annahme, daß der Absolutwert des Reflexionsfaktors ϱ_{ein} durch eine zusätzliche Frequenzänderung, welche einem Wert Δk entspricht, auf den ursprünglichen Wert gebracht wird, welcher vorhanden wäre, wenn obige Größen frequenzunabhängig wären. Der erhaltene Wert Δk entspricht unter diesen Bedingungen dem Fehler bei der Bestimmung des Gütewertes. Die etwas komplizierte Ableitung ergibt als Resultat

$$\Delta Q \approx \frac{1}{4}\left(\sqrt{m} - \frac{1}{\sqrt{m}}\right)\left[\left(\sqrt{m} + \frac{1}{\sqrt{m}}\right)\left(\operatorname{arc\,tg}\frac{1}{\sqrt{m}} + n\,\frac{\pi}{2}\right) + \frac{2\,(m + \sqrt{m}\,k - 1)}{1 + m}\right], \tag{7.17}$$

wenn $m = SWV_0$ der bei Resonanz vor Anpassung vorhandenen und durch den Transformator kompensierten Fehlanpassung entspricht. Der Fehler hängt außer von m auch von dem Abstand der Transformations-Diskontinuität vom Hohlraum ab. Für die dem Hohlraum am nächsten liegende Lage der Transformations-Diskontinuität, um SWV_0 (ϱ_0) bei Resonanz zu kompensieren, ist $n = 0$. In der Praxis ist die Diskontinuität meistens ein Vielfaches von $\lambda_L/2$ von dieser Lage entfernt. Der Faktor n entspricht der Zahl der Vielfachen von $\lambda_L/2$, welche in L (s. Abb. 7.10) enthalten sind.

Das Resultat zeigt, daß der absolute Fehler von Q unabhängig ist und nur unwesentlich seinen Wert abhängig von k ändert. Für $n = 3$ und $k = 1$ sind in Abb. 7.11 Fehlerkurven dargestellt. Der Fehler verschwindet für $SWV_0 = 1$, wenn die Transformations-Diskontinuität Null ist und nimmt mit wachsender Fehlanpassung bei Resonanz zu. Der relative Fehler ist dem Q-Wert des Hohlraumkreises verkehrt proportional. Für Q-Werte über 100 ist der Fehler kleiner als 10% für

$SWV_0 < 10$. Der hier untersuchte Fehler wird zusätzlich durch die Anwendung des Anpassungstransformators hervorgerufen. Für Gütewerte über 200 dürfte er im allgemeinen gegenüber den übrigen z. B. von der Frequenzbestimmung hervorgerufenen Fehlern vernachlässigbar sein.

Das vereinfachte Meßverfahren besteht in folgenden Teilvorgängen: Einstellung des Wertes Null der Eigendiskontinuität des Transformators, Feststellung der Resonanzfrequenz, bei welcher die vom Hohlraumkreis herrührenden Reflexionen ein Minimum sind. Kompensation der

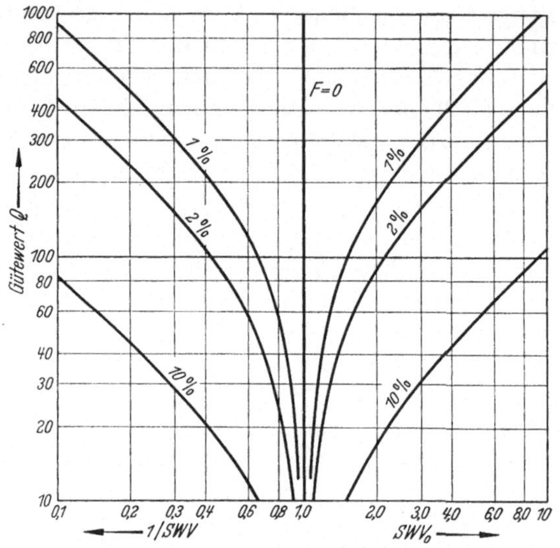

Abb. 7.11. Fehler der Gütewertmessung mit Anpassungstransformator

Fehlanpassung bei Resonanz mit Hilfe des Transformators. Verstimmung der Frequenz bis ein bestimmter Wert des Verhältnisses der stehenden Wellen SWV_k oder $|\varrho_k|$ erhalten wird. Für $k = 1$ ist dieser Wert $SWV_k = 2{,}61$. Mit dem Wert der Verstimmung aus der Resonanzfrequenz $\Delta\omega_k/\omega_0$ erhält man Q_u mit Hilfe der Gl. (7.9). In Abb. 7.12 ist der Zusammenhang zwischen SWV_k bzw. $|\varrho_k|$ und k dargestellt. Er ergibt sich aus Gl. (7.16) für $\varrho_0 = 0$

$$|\varrho_k| = \frac{k}{\sqrt{k^2 + 4}} \tag{7.18}$$

und weiter

$$SWV_k = \frac{\sqrt{k^2 + 4} + k}{\sqrt{k^2 + 4} - k}. \tag{7.19}$$

Die Beziehung der Gl. (7.19) ermöglicht eine in der Praxis manchmal erwünschte Änderung des Meßverfahrens in der Form, daß für eine bestimmte Frequenzverstimmung $\Delta\omega_k/\omega_0$ der zugehörige Wert von SWV_k

bzw. $|\varrho_k|$ gemessen wird. Die Kurven ergeben k, und dessen Einführung in Gl. (7.9) Q_u. Gl. (7.17) ermöglicht gegebenenfalls die Korrektur des gemessenen Gütewertes.

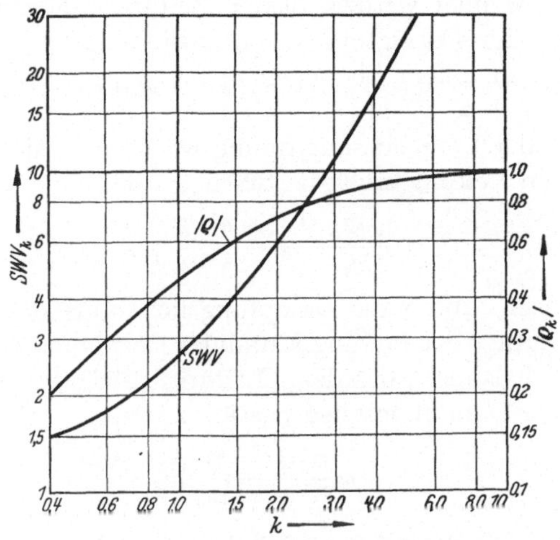

Abb. 7.12. Welligkeit und Reflexionsfaktor bei einer k entsprechenden Frequenzverstimmung für Resonanzanpassung

7.2.3 Brückenmeßmethode

Ein erschwerender Teilvorgang der üblichen Gütewert-Meßmethoden ist die Frequenzmessung oder Bestimmung von Frequenzunterschieden. Eine weitere Meßmethode, welche auf einem Vergleich des Gütewertes des Meßobjektes mit demjenigen eines einstellbaren Gütewert-Normals beruht, ergibt einen vereinfachten Meßvorgang ohne Frequenzbestimmung. Die Meßmethode ist besonders für Serienmessungen vorteilhaft. Da der Gütewert des beschriebenen Normals einen oberen Grenzwert hat, ist das Verfahren jedoch auf niedrige Gütewerte beschränkt.

Die Meßanordnung, welche in Abb. 7.13 schematisch dargestellt ist, besteht

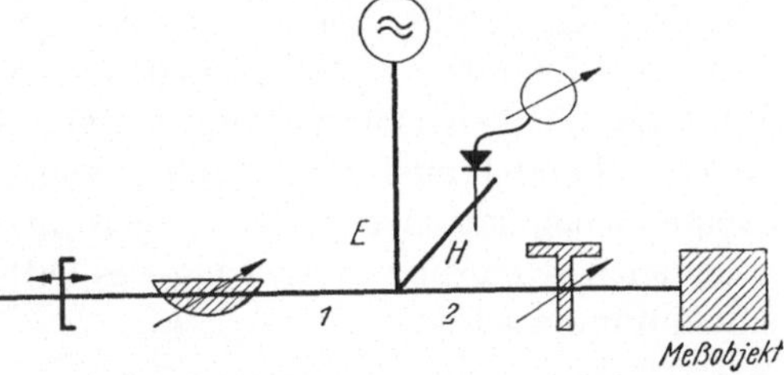

Abb. 7.13. Brückenschaltung für die Gütewertbestimmung

aus einer Brückenverzweigung, deren Vergleichsarme einerseits mit dem Meßobjekt, andererseits mit dem Vergleichsnormal abgeschlossen sind. Das Vergleichsnormal besteht aus einem von Null bis zu einem Maximalwert einstellbaren, beiderseits angepaßten Dämpfungsglied, welches mit einem verstellbarem Kurzschlußschieber abgeschlossen ist. Zwischen Brückenverzweigung und Meßobjekt ist ein Anpassungstrans-

14*

formator eingeschaltet. Die für die Meßschaltung verwendeten Bauteile sollen möglichst geringe Verluste haben. Der Differenzarm ist mit einer Anzeigevorrichtung bestehend aus einem Kristalldetektor und Instrument abgeschlossen. Gegebenenfalls kann ein Oszillograph an Stelle des Instrumentes verwendet werden, dessen Zeitablenkung mit der Modulationsspannung des Oszillators synchronisiert ist. Die Brückenverzweigung wird von einem Signalgenerator gespeist, dessen Frequenz moduliert ist.

Der Gütewert der Vergleichsanordnung wäre, wenn sie nur aus einem kurzgeschlossenen Leitungsstück bestehen würde,

$$Q = \frac{\omega \, W_{ges}}{N_v} = \frac{1}{2} \frac{\beta}{\alpha} \left(\frac{\lambda_L}{\lambda_0}\right)^2 ,$$

wenn β die Phasen- und α die Dämpfungskonstante der Leitung sind. Einführung der Länge der Leitung L und der Dämpfung D, welche in der tatsächlichen Schaltung von dem Leitungsstück, dem Kurzschlußschieber und dem Dämpfungsglied herrührt, ergibt

$$Q = \pi \frac{L}{\lambda_L} \frac{1}{D^{[Np]}} \left(\frac{\lambda_L}{\lambda_0}\right)^2 . \tag{7.20}$$

Der Gütewert der Vergleichsanordnung kann mit Hilfe einer Meßleitung geeicht werden. Sein Wert bei Einstellung des Wertes Null des Dämpfungsgliedes stellt den Grenzwert für die Anwendungsmöglichkeit des Normals dar. Er liegt für das X-Band ($\lambda_0 \sim 3$ cm) in der Größenordnung von ca. 5000.

Das Meßverfahren besteht nach Eichung des Normals in der Einstellung der Resonanzfrequenz, für welche das vom Meßobjekt hervorgerufene Verhältnis der stehenden Wellen SWV_0 ein Minimum ist. Bei dieser Einstellung wird der dem Meßobjekt entgegengesetzte Vergleichsarm mit einem angepaßten Leitungsabschluß abgeschlossen und diejenige Frequenz eingestellt, bei welcher die Ausgangsleistung des Vergleichsarms ein Minimum ist. Nach Ersatz des angepaßten Leitungsabschlusses durch das Vergleichsnormal, werden verschiebbarer Kurzschluß, Dämpfungsglied und Transformator in der angegebenen Folge verstellt, bis bei Frequenzmodulation des Signalgenerators über einen möglichst großen Frequenzbereich die am Ausgang des Differenzarmes erhaltene Leistung ein Minimum ist.

7.3 Hohlraumkreis in der Schaltung als Durchgangselement

Als Durchgangselemente sind die Hohlraumkreise zwischen zwei Anschlußleitungen geschaltet, wie es in Abb. 7.2b schematisch dargestellt ist. Abb. 7.5b zeigt die Ersatzschaltbilder. Die gesamte am Ausgang erhaltene Energie fließt durch den Hohlraum. Bezüglich der Kopplung zwischen Kreis und Leitung unterscheidet man Leerlauf- und Kurzschlußkopplung, kapazitive und induktive Kopplung, je nach der Lage des komplexen Reflexionsfaktors in der rechten oder linken und unteren oder oberen Halbebene der komplexen Ebene bei Verstimmung aus Resonanz. Durch geeignete Wahl der Eingangsebenen können die verschiedenen Arten der Kopplung auf die Leerlaufkopplung zurückgeführt werden. Für den Kopplungsgrad gelten die gleichen Beziehungen wie bei den Abschlußelementen. In den meisten Fällen sind die Anordnungen symmetrisch. Verschiedene Ein- und Auskopplung hat die gleiche Wirkung wie die Kopplung eines von der Eingangsleitung verschiedenen Leitungstyps an den Ausgang eines symmetrischen Hohlraumkreises.

Die Messung des Gütewertes ist entsprechend zweier grundsätzlicher Methoden möglich. Man kann auf die gleiche Art wie bei Abschlußelementen Q aus dem mit Hilfe einer Meßleitung gemessenen Reflexionsfaktor in der Eingangsleitung bestimmen, oder die Frequenzabhängigkeit der Ausgangsleistung bzw. der Feldstärke in der Ausgangsleitung benutzen.

Für das Verstehen der Meßvorgänge ist die Kenntnis einiger Beziehungen bezüglich des komplexen Reflexions- und des Übertragungsfaktors zweckmäßig, welche in der Folge für die Leerlaufkopplung angeführt werden. Die Frequenzabhängigkeit des eingangsseitigen Reflexionsfaktors bei Anpassung am Ausgang ist durch

$$\varrho = \frac{2\,\varrho_0 + i\left[1 + \varrho_0 - \dfrac{Z_{02}}{Z_{01}}\,(1 - \varrho_0)\right] k}{2 + i\left[1 + \varrho_0 - \dfrac{Z_{02}}{Z_{01}}\,(1 - \varrho_0)\right] k} \tag{7.21}$$

gegeben, wenn $k = y\,Q \approx 2\,Q\,\varDelta\omega/\omega_0$, ϱ_0 der Reflexionsfaktor bei Resonanz und Z_{02}/Z_{01} das Verhältnis der Wellenwiderstände der Ausgangs- und Eingangsleitung sind. Für den komplexen Übertragungsfaktor τ erhält man

$$\tau = \frac{2\,\tau_0}{2 + i\,k\left(2 - \tau_0\,\dfrac{Z_{02}}{Z_{01}} - \tau_0\right)} . \tag{7.22}$$

Wenn der Hohlraumkreis gleiche Ein- und Ausgangsleitungen jedoch ein- und ausgangsseitig verschiedene Kopplung hat, wird der Quotient Z_{02}/Z_{01} durch das Quadrat des Quotienten der beiden Übersetzungsverhältnisse $(n_1/n_2)^2$ ersetzt. $n_{1,2}$ entspricht den Transformationsverhältnissen der ein- bzw. ausgangsseitigen Zuleitungsimpedanzen. Die Größe τ_0 ist der Übertragungsfaktor bei Resonanz.

Für symmetrische Kreise können die Gl. (7.21) und (7.22) zu

$$\varrho = \varrho_0\,\frac{1 + i\,k}{1 + i\,k\,\varrho_0} \tag{7.23}$$

und

$$\tau = \frac{\tau_0}{1 + i\,k\,\varrho_0} \tag{7.24}$$

vereinfacht werden. In Abb. 7.14 ist der geometrische Ort des eingangsseitigen Reflexionsfaktors und des Übertragungsfaktors für einen charakteristischen Fall dargestellt. Entsprechend Gl. (7.24) hat die Frequenzabhängigkeit des Absolutwertes des Übertragungsfaktors τ einen für Resonanzkurven charakteristischen Verlauf. Die Einführung von $k = 2\,Q\Delta\omega/\omega_0$ ergibt

$$\tau = \frac{\tau_0}{1 + 2\,i\,\varrho_0\,Q_u\,\Delta\omega/\omega_0}. \qquad (7.25)$$

Aus der Beziehung

$$Q_{bel} = \omega\,\frac{W_{kr}}{P_{v\,ges}} = Q_u\,\frac{1}{1 + \dfrac{P_1}{P_{kr}} + \dfrac{P_2}{P_{kr}}}$$

für den belasteten Gütewert erhält man für die Schaltung der Abb. 7.5 b in Leerlaufkopplung

$$Q_{bel} = Q_u\,\varrho_0.$$

Eingeführt in Gl. (7.25) ergibt sich

$$\tau = \frac{\tau_0}{1 + 2\,i\,Q_{bel}\,\Delta\omega/\omega_0}. \qquad (7.26)$$

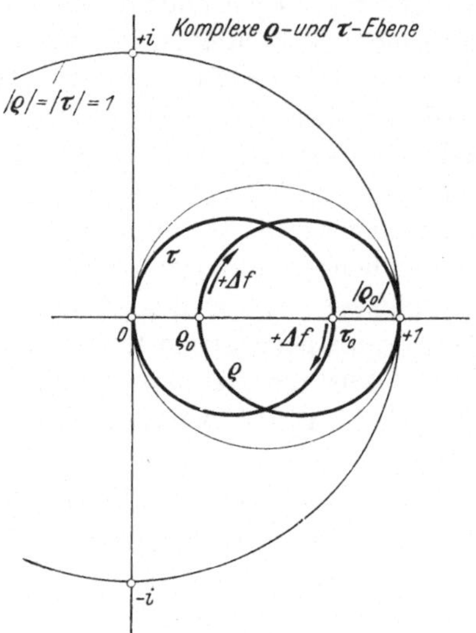

Abb. 7.14. Komplexe Reflexions- und Übertragungsfaktoren eines Hohlraumkreises als Durchgangselement

Entsprechend Gl. (7.26) hat die Frequenzabhängigkeit der ausgangsseitigen Feldstärkeamplitude die Form einer üblichen Resonanzkurve, wobei aus dem relativen Abfall der Amplitude $|\tau|/\tau_0$ bei einer relativen Verstimmung $\Delta\omega/\omega_0$ aus der Resonanz der belastete Gütewert festgestellt werden kann. Es ist

$$Q_{bel} = \frac{1}{2}\,\frac{\omega_0}{\Delta\omega}\,\sqrt{\left(\frac{\tau_0}{|\tau|}\right)^2 - 1}\,. \qquad (7.27)$$

Beispielsweise ergibt die Halbwertsbreite der Resonanzkurve ($|\tau| = \tau_0/\sqrt{2}$) ausgedrückt in Werten der Frequenzverstimmung direkt den Reziprokwert des Gütewertes.

Für die Feststellung des unbelasteten Gütewertes ist eine Beziehung wertvoll, welche für Hohlraumkreise gültig ist, deren Ortskurve des eingangsseitigen Reflexionsfaktors ein Kreis ist, welcher den Einheitskreis berührt. Aus den allgemeinen Beziehungen für die Eigenschaften von Durchgangselementen kann abgeleitet werden, daß

$$|\varrho_0| = 1 - |\tau_0| \qquad (7.28)$$

ist, so daß für symmetrische Kreise

$$Q_u = \frac{Q_{bel}}{1 - |\tau_0|} \qquad (7.29)$$

erhalten wird.

7.3.1 Gütewertmessung

Die im vorigen Abschnitt abgeleiteten Beziehungen gestatten die Bestimmung des Gütewertes von Hohlraumkreisen in der Schaltung als Durchgangselemente auf Grund der Messung der Übertragungs- oder der Reflexionseigenschaften in der Eingangsleitung.

Die Messung der Frequenzabhängigkeit der Übertragungseigenschaften erfolgt in einer Schaltung der Abb. 7.15a, wobei Ein- und Ausgangsleitung angepaßt abgeschlossen sind. Die Frequenzabhängigkeit der Ausgangsfeldstärke ergibt entsprechend Gl. (7.27) den belasteten Gütewert. Für lose Ankopplung des Hohlraumes an die Anschlußleitungen, ist $Q_{bel} \approx Q_u$. Bei veränderlicher Ankopplung ist daher lose Kopplung einzustellen, wenn der unbelastete Gütewert Q_u bestimmt werden soll.

In dem Fall unveränderlicher Ankopplung muß Q_u mit Hilfe der Gl. (7.25) oder Gl. (7.29) festgestellt werden. ϱ_0 erhält man auf Grund einer Anpassungsmessung nach Einschaltung einer Meßleitung zwischen Dämpfungsglied und Meßobjekt in der Schaltung der Abb. 7.15a. Für die absolute Messung von τ_0 ist die Anwendung zweier

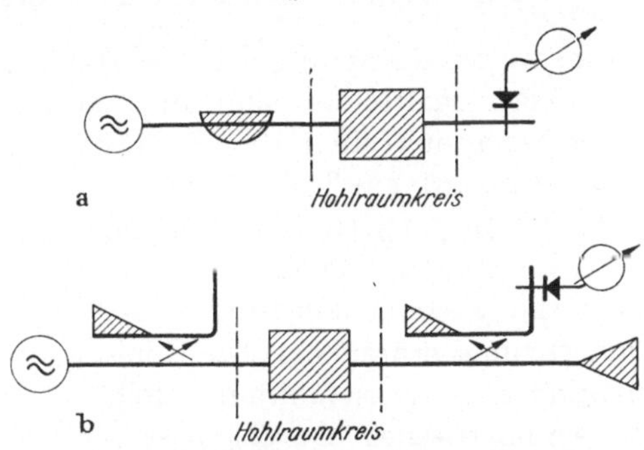

Abb. 7.15 a u. b. Meßschaltungen zur Bestimmung der Übertragungseigenschaften von Hohlraumkreisen

Richtkoppler in Ein- und Ausgangsleitung zweckmäßig, wie es in Abb. 7.15 b schematisch dargestellt ist.

Gl. (7.23) ermöglicht die Gütewertbestimmung auf Grund von Anpassungsmessungen mit Hilfe einer eingangsseitig eingeschalteten Meßleitung, wenn die Ausgangsleitung angepaßt abgeschlossen ist. Der geometrische Ort des komplexen Reflexionsfaktors ist bei geeigneter Wahl der Bezugsebene und bei Abzug der zusätzlichen Phasendrehung durch die Eingangsleitung ein Kreis mit der reellen Achse als Durchmesser. Der Kreis berührt in $+1$ den Einheitskreis, Subtraktion der Gl. (7.23) von 1 ergibt

$$\varrho' = 1 - \varrho = \frac{\varrho_0'}{1 - 2\,i\,Q_{bel}\,\Delta\omega/\omega_0}. \qquad (7.30)$$

$|\varrho'|$ hat die gleiche Frequenzabhängigkeit wie die Übertragungskurve und ergibt eine typische Resonanzkurve. Auf Grund dieser Beziehung können in einfacher Weise die erhaltenen Meßwerte der Anpassungsmessung ausgewertet und Q_{bel} festgestellt werden. Der Wert ϱ_0 bei Resonanz ermöglicht die Bestimmung von Q_u. Die Messung der Reflexionseigenschaften in der Eingangsleitung des Hohlraumkreises bei Abschluß der Ausgangsleitung mit einem einstellbaren Kurzschlußschieber und Behandlung der Anordnung als Abschlußelement ergibt weitere Möglichkeiten für die Bestimmung des unbelasteten Gütewertes. Da die beschriebenen Meßmethoden auf der Auswertung der Absolutwerte der Reflexions- und Übertragungsfaktoren beruhen, kann in den meisten Fällen der Einfluß der Eingangsleitung vernachlässigt werden.

Für genaue Messungen ist es zweckmäßig die Übertragungs- und die Reflexionseigenschaften gleichzeitig zu bestimmen und beide auszuwerten. Unterschiede der Meßresultate erlauben eine Schätzung des Meßfehlers.

7.4 Hohlraumkreis als Leitungsdiskontinuität

Eine weitere Kopplungsart eines Hohlraumkreises und die entsprechenden Ersatzschaltbilder sind in Abb. 7.2c und Abb. 7.5c gezeigt. In dieser Schaltung stellt der Kreis eine Leitungsdiskontinuität dar. In Resonanz wird ein Teil der in der Leitung transportierten Leistung im Kreis verbraucht; bei Verstimmung fließt die gesamte Leistung unbehindert zum Verbraucher. Die Kombination Leitung—Hohlraum stellt ein symmetrisches Durchgangselement dar. Die Frequenzabhängig-

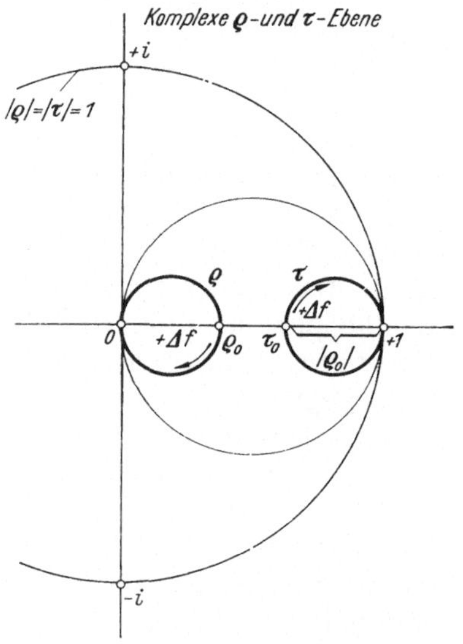

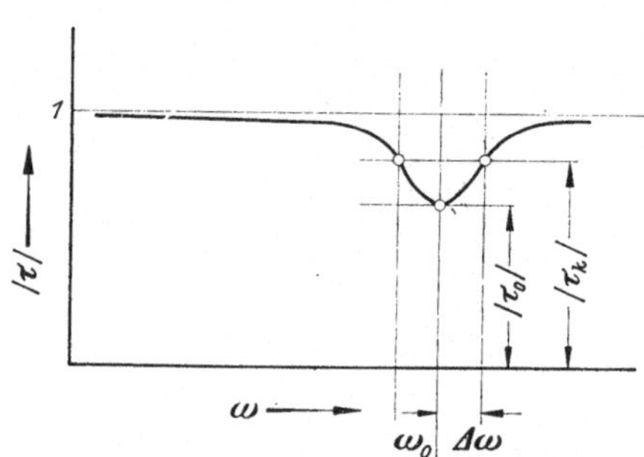

Abb. 7.16. Übertragungskurve einer Leitung mit Hohlraumkreis als Diskontinuität

Abb. 7.17. Komplexe Reflexions- und Übertragungsfaktoren der Diskontinuitätsschaltung

keit der ausgangsseitigen Feldstärke hat die in Abb. 7.16 gezeigte und für Frequenzmesser des Reaktionstyps charakteristische Form.

Bei der rechnerischen Behandlung können die verschiedenen Fälle der Ankopplung des Hohlraumkreises an die Leitung durch geeignete Wahl der Bezugsebenen für den Reflexions- und Übertragungsfaktor auf eine Form gebracht werden, welche der Leerlaufkopplung der bisher betrachteten Schaltungsarten entspricht. Für den Reflexionsfaktor und den Übertragungsfaktor ergeben sich unter dieser Bedingung

$$\varrho = \frac{\varrho_0}{1 + i\,k\,(1 - \varrho_0)} \qquad (7.31)$$

und

$$\tau = \tau_0 \frac{1 + i\,k}{1 + i\,k\,\tau_0}, \qquad (7.32)$$

wenn wie bisher $k = 2\,Q_u\,\Delta\omega/\omega_0$ ist. Die Ortskurven von ϱ und τ sind in Abhängigkeit von der Frequenz Kreise, wie es in Abb. 7.17 für einen typischen Fall dargestellt ist. Für die Schaltung als Diskontinuität gilt ebenfalls die Beziehung

$$|\tau_0| = 1 - |\varrho_0| \, .$$

Der belastete Gütewert ergibt sich aus der Beziehung

$$Q_{bel} = Q_u\,(1 - |\varrho_0|) \, . \qquad (7.33)$$

7.4.1 Gütewertbestimmung

Der Gütewert von Hohlraumkreisen in der Schaltung als Leitungsdiskontinuität kann ebenfalls mittels Anpassungsmessung oder aus den Übertragungseigenschaften bestimmt werden. Die Anpassungsmessung erfolgt in der üblichen Schaltung bestehend aus Signalgenerator, Dämpfungsglied, Meßleitung und Hohlraumanordnung, welche mit einem angepaßten Leitungsabschluß abgeschlossen ist. Bei der Messung wird entweder die Ortskurve des Reflexionsfaktors auf Grund einer Vielzahl von Meßpunkten bestimmt oder einige charakteristische Meßpunkte mit den zugehörigen Frequenzwerten festgestellt. Einen charakteristischen Wert erhält man für Resonanz, bei welcher $|\varrho|$ einen Maxialwert $|\varrho_0|$ hat. Die Bezugsebene wird so gewählt, daß ϱ_0 reell erscheint. Wie aus Gl. (7.31) hervorgeht, hat die Frequenzabhängigkeit des relativen Absolutwertes des Reflexionsfaktors den typischen Verlauf einer Resonanzkurve. Es ist

$$\left(\frac{|\varrho|}{\varrho_0}\right)^2 = \frac{1}{1 + (2\,Q_{bel}\,\Delta\omega/\omega_0)^2}, \qquad (7.34)$$

so daß

$$Q_{bel} = \sqrt{\left(\frac{\varrho_0}{|\varrho|}\right)^2 - 1}\bigg/ 2\,\frac{\Delta\omega}{\omega_0} \qquad (7.35)$$

aus beliebigen Meßwerten festgestellt werden kann. Charakteristische Werte sind wiederum die Halbwertsbreite ($|\varrho_k| = \varrho_0/\sqrt{2}$) ausgedrückt in relativen Werten der Frequenzverstimmung. Der unbelastete Gütewert wird mit Hilfe der Gl. (7.33) berechnet.

Eine weitere Möglichkeit besteht in der Auswertung der in Abb. 7.16 dargestellten Übertragungskurve. Sie ist durch Gl. (7.32) rechnerisch dargestellt. Die benötigten Werte von $|\tau|$ können in einer Schaltung der Abb. 7.15 mit Hilfe eines geeichten Detektors am Ausgang oder mittels eines geeichten eingangsseitigen Dämpfungsgliedes gemessen werden. Sie sind ebenfalls mit einem Leistungsmesser am Ausgang des Meßobjektes sehr genau feststellbar. Aus Gl. (7.32) erhält man für den unbelasteten Gütewert des Kreises

$$Q_u = k \Big/ 2\,\frac{\Delta\omega}{\omega_0} \quad \text{und} \quad k = \sqrt{\frac{\left(\frac{|\tau|}{\tau_0}\right)^2 - 1}{1 - \left(\frac{|\tau|}{\tau_0}\right)^2 \tau_0^2}}\,. \tag{7.36}$$

Wie bisher kann man das Meßverfahren durch die Bestimmung charakteristischer Werte von $|\tau|/\tau_0$ vereinfachen. Für $k = 1$ ergibt die Summe der relativen Frequenzverstimmungen beiderseits der Resonanz den Reziprokwert des Gütewertes. Eingeführt in Gl. (7.36) ergibt $k = 1$

$$\frac{|\tau|}{\tau_0} = \sqrt{\frac{2}{1 + \tau_0^2}}\,. \tag{7.37}$$

Das Diagramm der Abb. 7.18 erleichtert die Feststellung des Absolutwertes der relativen Ausgangsamplitude bei Frequenzverstimmung abhängig von τ_0 bei Resonanz. Die Messung ergibt direkt den unbelasteten Gütewert. Gl. (7.33) ermöglicht die Berechnung von Q_{bel}.

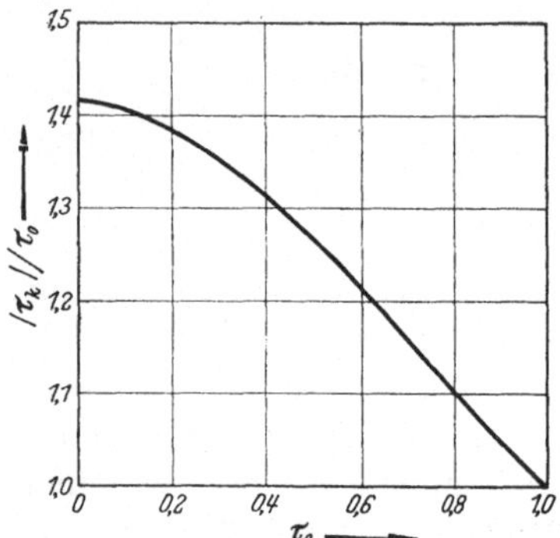

Abb. 7.18. Relative Größe des Übertragungsfaktors bei einer $k = 1$ entsprechenden Frequenzverstimmung der Anordnung der Abb. 7.2 c

7.5 Zur Genauigkeit der Gütewertmessung

Wegen der Vielfalt der Meßmethoden und Meßgeräte ist es schwierig, Angaben über die Genauigkeit der Gütewertmessung zu machen. Sie hängt wesentlich von der Qualität der verwendeten Meßgeräte ab. Im allgemeinen dürfte die Auswertung der Übertragungseigenschaften genauere Meßresultate ergeben. Es sind möglichst stabile und rauscharme Oszillatoren für die Messung zu verwenden. Nach Möglichkeit ist Gleichstromheizung der Oszillatoren vorzusehen und die im Zusammenhang mit der Frequenzmessung beschriebenen speziellen Überlagerungs-Frequenzmeßmethoden anzuwenden.

Die direkte Darstellung der Übertragungskurve auf einem Oszillographenschirm bei frequenzmoduliertem Oszillator erleichtert bisweilen die Messung und erhöht die Genauigkeit. Moderne Spektrumanalysatoren ermöglichen die Gütewertmessung durch direkte Darstellung der Übertragungskurve bei Frequenzwobbelung des Oszillators, wobei die Frequenzverstimmung (Halbwertsbreite) mit Hilfe eines eingebauten Sekundäroszillators gemessen werden kann.

Durch mehrfache Messungen oder gleichzeitige Bestimmung des Gütewertes aus den Reflexions- und Übertragungseigenschaften und Aufnahme der vollständigen diesbezüglichen komplexen Ortskurven auf Grund einer größeren Anzahl von Meßpunkten kann beliebige Genauigkeit erzielt werden.

Literatur

[1] SPROULL, R. L., and E. G. LINDER: Resonant cavity measurements. Proc. Inst. Radio Engrs, May 1946, 305—312.

[2] REED, E. D.: A sweep frequency method of Q-measurement for single-ended resonators. Proc. nat. Electronics Conf., Chicago Vol. 7, 162—172 (1951).

[3] LE CAINE, H.: The Q of a microwave cavity by comparison with a calibrated high-frequency circuit. Proc. Inst. Radio Engrs, Febr. 1952, 155—157.

[4] HALL, G. L., and P. PARZEN: Measurement of resonant-cavity characteristics. Proc. Inst. Radio Engrs, Oct. 1954, 1495.

[5] TISCHER, F. J.: Zur Fortleitungs- und Anpassungstheorie homogen geführter Wellen. Arch. elkt. Übertragung, Jan. und Feb. 1954, 8—14; 75—84.

[6] MULLEN, E. B., and P. M. PAN: A comparison method for measuring cavity Q. Inst. Radio Engrs, Transactions PGI-4. Oct. 1955, 113—115.

[7] URBARZ, H.: Measurement of the Q-factor of a cavity resonator using a straight test line. Nachrichtentech. Z., March 1956, 112—118.

8 Materialmessung

8.1 Materialkonstanten und ihre Bestimmung

Bei der mathematischen Behandlung von Problemen der Wellenausbreitung in Medien, welche den freien Raum ausfüllen, kann der Einfluß der Materialeigenschaften bei Anwendung des GIORGIschen Maßsystems in den meisten Fällen durch einige skalare Materialkonstanten berücksichtigt werden. Diese Konstanten sind die relative Dielektrizitätskonstante ε_r, die relative Permeabilität μ_r und die Leitfähigkeit σ, welche den Zusammenhang zwischen den Feldstärken und den elektrischen und magnetischen Flüssen je Flächeneinheit herstellen. Es ist

$$D = \varepsilon_0\,\varepsilon_r\,E\,, \tag{8.1}$$

$$B = \mu_0\,\mu_r\,H\,, \tag{8.2}$$

$$I = \sigma\,E\,. \tag{8.3}$$

In dielektrischen Materialien ist $\mu_r = 1$, und nur ε_r maßgebend. Die im Dielektrikum auftretenden Verluste werden durch die Annahme einer komplexen Dielektrizitätskonstante

$$\varepsilon_r = \varepsilon_r' - i\,\varepsilon_r'' \tag{8.4}$$

berücksichtigt. Einführung der Gleichungen (8.3) und (8.4) in die MAXWELLschen Gleichungen zeigt, daß die dielektrischen Verluste die gleiche Wirkung haben, wie Leitungsverluste. Es ergibt sich rechnungsmäßig $\omega\,\varepsilon_0\,\varepsilon_r'' = \sigma$. Die dielektrischen Verluste können in anderer Schreibweise auch durch den Verlustwinkel tg $\delta = \varepsilon_r''/\varepsilon_r'$ ausgedrückt werden.

Im Mikrowellengebiet ist der Realteil von μ_r der meisten magnetischen Materialien in der Größenordnung von 1. Gleichzeitig treten erhebliche Verluste auf, welche durch den Imaginärteil des Permeabilitätsfaktors berücksichtigt werden können. Es ist

$$\mu_r = \mu_r' - i\,\mu_r'' = \mu_r'\,(1 - i\,\mathrm{tg}\,\nu)\,, \tag{8.5}$$

wenn tg $\nu = \mu_r''/\mu_r'$ den magnetischen Verlustwinkel darstellt.
Diese Annahme ist für kleine Wechselfelder und ohne überlagertes konstantes Magnetfeld zulässig.

In metallischen Leitern kann in den meisten Fällen der Verschiebungsfluß gegenüber dem Leitungsstrom vernachlässigt werden, so daß nur σ und μ_r maßgebend sind.

Die Materialkonstanten sind außer von der Frequenz von weiteren äußeren physikalischen Einflüssen abhängig, z. B. von statischen Magnetfeldern bei magnetisierbaren Materialien, von der Schichtdicke bei dünnen Metallschichten usw.

In der Mikrowellentheorie kommen die Materialkonstanten hauptsächlich in Gleichungen für die Wellenausbreitung in verschiedenen Materialien und in Gleichungen für die Reflexionen an Grenzflächen vor. Aus diesen Beziehungen können charakteristische Meßmethoden zur Bestimmung dieser Konstanten abgeleitet werden. Meßmethoden an Platten im freien Raum lehnen sich zum Teil an diejenigen der Optik an. Ihre Anwendung ist im Bereich der Millimeterwellen zweckmäßig. In dem Frequenzbereich bis 20 GHz sind die Meßmethoden in Hohlleitern und Koaxialleitungen genauer. Bei den Messungen an Platten im freien Raum sind die für *TEM*-Wellen in Leitungen gültigen Beziehungen anwendbar.

Die zu untersuchenden Materialien sind hauptsächlich Dielektrika, bei denen die komplexe Dielektrizitätskonstante ε_r, magnetische Materialien, deren μ_r und ε_r und Metalle, bei welchen σ bestimmt werden soll.

Wegen einfacher Herstellung ist es zweckmäßig, die Messungen an rotationssymmetrischen Probekörpern durchzuführen. Bei Frequenzen bis etwa 8 GHz können sie in Koaxialleitungen, darüber in Hohlleitern mit vorzugsweise kreisrundem Querschnitt bei Erregung mit der TE_{11}-Welle durchgeführt werden.

Die beschriebenen Meßmethoden sind ebenfalls für die Messung der Materialkonstanten von Flüssigkeiten, Gasen und Plasmasäulen anwendbar. Bei der Messung in Hohlleitern und Leitungen sind durch Wände aus Glimmer, Trolitul oder Trolitulschaum Räume abgeteilt, durch welche das zu messende Medium geleitet wird. Die Messung an

Flüssigkeiten kann z. B. in lotrechten am unteren Ende kurzgeschlossenen Hohlleiterstücken, welche teilweise mit Flüssigkeit gefüllt sind, vorgenommen werden.

8.2 Wellenausbreitung und elektrische Materialkonstanten in Leitungen

In der Hohlleitertheorie erhält man für die Wellenlänge in einer mit einem Dielektrikum vollständig ausgefüllten Leitung

$$\frac{1}{\lambda_{L\,\varepsilon}^2} = \frac{1}{\lambda_0^2}\,\varepsilon_r - \frac{1}{\lambda_c^2}\,, \tag{8.6}$$

wenn λ_c die Grenzwellenlänge des mit Luft gefüllten Hohlleiters und $\lambda_{L\,\varepsilon}$ die Leitungswellenlänge des mit Material gefüllten Hohlleiters sind. $\lambda_{L\,\varepsilon}$ hängt durch die Beziehung

$$\beta = \frac{2\,\pi}{\lambda_{L\,\varepsilon}}$$

mit der Phasenkonstanten β der Wellenausbreitung zusammen. Wenn die Leitungswellenlänge ohne Dielektrikum λ_L eingeführt wird, erhält man

$$\frac{1}{\lambda_{L\,\varepsilon}^2} = \frac{1}{\lambda_L^2} + (\varepsilon_r - 1)\,\frac{1}{\lambda_0^2}\,. \tag{8.7}$$

Diese für verlustfreie Dielektrika gültigen Beziehungen kann man durch Einführung der komplexen Dielektrizitätskonstante erweitern, so daß sie für verlustbehaftete Materialien anwendbar sind. Mit $\varepsilon_r = \varepsilon_r' - i\,\varepsilon_r''$ und bei Annahme einer komplexen Feldausbreitungskonstante $\gamma = \alpha + i\,\beta$ wird

$$\alpha^2 - \beta^2 = \left[(1 - \varepsilon_r')\left(\frac{\lambda_L}{\lambda_0}\right)^2 - 1\right]\left(\frac{2\,\pi}{\lambda_L}\right)^2 \tag{8.8}$$

und

$$2\,\alpha\,\beta = \varepsilon_r''\left(\frac{2\,\pi}{\lambda_0}\right)^2\,. \tag{8.9}$$

Da β der gemessenen Leitungswellenlänge $\lambda_{L\,\varepsilon}$ entspricht, ergibt sich

$$\varepsilon_r' = 1 - \left(\frac{\lambda_0}{\lambda_L}\right)^2 + \left(\frac{\lambda_0}{\lambda_{L\,\varepsilon}}\right)^2 - \left(\frac{\alpha\,\lambda_0}{2\,\pi}\right)^2\,. \tag{8.10}$$

Die Dämpfungskonstante α ist für übliche Dielektrika bedeutend kleiner als 1, so daß das letzte Glied vernachlässigt werden kann. ε_r' kann daher direkt aus dem Vergleich der Leitungswellenlänge mit und ohne Dielektrikum bestimmt werden. Es ist

$$\varepsilon_r' \approx 1 - \left(\frac{\lambda_0}{\lambda_L}\right)^2 + \left(\frac{\lambda_0}{\lambda_{L\,\varepsilon}}\right)^2\,. \tag{8.11}$$

Abb. 8.1 zeigt die Beziehung der Gl. (8.11) in Kurvenform.

Der Zusammenhang zwischen $\varepsilon_r''\,(= \varepsilon_r'\,\mathrm{tg}\,\delta)$ und der gemessenen Dämpfungskonstanten α ist durch

$$\varepsilon_r'' = \frac{\alpha\,\lambda_0}{\pi}\,\frac{\lambda_0}{\lambda_{L\,\varepsilon}} \qquad (8.12)$$

gegeben.

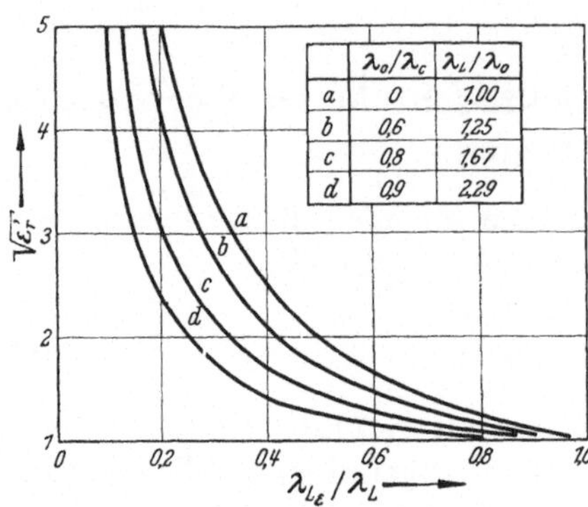

Abb. 8.1. Verkürzung der Leitungswellenlänge durch ein Dielektrikum

Nach Messung der Dämpfungskonstanten kann diese gegebenenfalls bei der Bestimmung des genauen Wertes von ε_r' für eine Korrektur mit Hilfe des quadratischen Gliedes in Gl. (8.10) benützt werden.

Wenn in umgekehrter Folge dieFortpflanzungskonstante aus der Dielektrizitätskonstante berechnet werden soll, erhalten wir für Nichtleiter aus den Gln. (8.8) und (8.9)

$$\beta \approx \frac{2\,\pi}{\lambda_0}\sqrt{\varepsilon_r' - \left(\frac{\lambda_0}{\lambda_c}\right)^2}\left\{1 + \frac{1}{8}\,\frac{\varepsilon_r''^{\,2}}{\left[\varepsilon_r' - \left(\frac{\lambda_0}{\lambda_c}\right)^2\right]^2}\right\} \qquad (8.13)$$

und
$$\alpha \approx \frac{\pi}{\lambda_0}\,\frac{\varepsilon_r''}{\sqrt{\varepsilon_r' - \left(\frac{\lambda_0}{\lambda_c}\right)^2}}. \qquad (8.14)$$

Gl. (8.13) zeigt, daß die Leitungswellenlänge $\lambda_{L\,\varepsilon}$ und die Phasenkonstante β durch die Verluste nur geringfügig geändert werden.

8.3 Reflexion an Dielektrikum-Grenzflächen in Leitungen

Die Materialkonstanten erscheinen ebenfalls in den Beziehungen für die Reflexionen an Grenzflächen. Diese Beziehungen werden für einen Hohlleiter mit TE-Wellen abgeleitet. Die Resultate sind nach Vereinfachung ($\lambda_0 = \lambda_L$) ebenfalls für TEM-Wellen in Koaxialleitungen und für räumlich unbegrenzte Grenzflächen anwendbar.

Bei der mathematischen Behandlung des Zusammenschlusses zweier Hohlleiter mit TE-Wellen erhält man für den Zusammenhang zwischen dem Reflexionsfaktor ϱ und den Fortpflanzungskonstanten vor $(i\,\beta)$ und hinter (γ_ε) der Grenzfläche

$$\frac{1 + \varrho}{1 - \varrho} = \frac{i\,\beta}{\gamma_\varepsilon}. \qquad (8.15)$$

Einführung der Ausbreitungskonstanten für Luft und das Dielektrikum ergibt eine für dielektrische Materialien mit mäßigen Verlusten brauchbare Beziehung

$$\frac{1 + \varrho}{1 - \varrho} \approx \frac{\lambda_{L\,\varepsilon}}{\lambda_L}\left[1 + \frac{1}{2}\,i\,\varepsilon_r''\left(\frac{\lambda_{L\,\varepsilon}}{\lambda_0}\right)^2\right]. \qquad (8.16)$$

Der Reflexionsfaktor hat den Wert

$$\varrho \approx \frac{\lambda_{L\,\varepsilon}/\lambda_L - 1}{\lambda_{L\,\varepsilon}/\lambda_L + 1} + i\,\frac{\lambda_{L\,\varepsilon}\,\lambda_L}{\lambda_0^2}\,\frac{\varepsilon_r''}{(1 + \lambda_L/\lambda_{L\,\varepsilon})^2}\,, \tag{8.17}$$

wobei für $\varepsilon_r'' = \varepsilon_r'\,\mathrm{tg}\,\delta$ eingeführt werden kann, wenn die dielektrischen Verluste durch den Verlustwinkel ausgedrückt werden sollen.

Für *TEM*-Wellen, z. B. in Koaxialleitungen, erhält man bei Berücksichtigung der Beziehungen

$$\lambda_{L\,\varepsilon} = \lambda_L/\sqrt{\varepsilon_r'}\,, \qquad \lambda_L = \lambda_0$$

$$\varrho = \frac{1 - \sqrt{\varepsilon_r'}}{1 + \sqrt{\varepsilon_r'}} + i\,\frac{1}{\sqrt{\varepsilon_r'}}\,\frac{\varepsilon_r''}{(1 + \sqrt{\varepsilon_r'})^2}\,. \tag{8.18}$$

8.4 Messung an Dielektrika

8.4.1 Direkte Messung der Feldausbreitungskonstanten

Gl. (8.11) und (8.12) ermöglichen die Bestimmung der Materialkonstanten aus den Wellen-Ausbreitungskonstanten, welche durch Messung längs einer mit dem zu untersuchenden Medium gefüllten Koaxialleitung oder längs eines Hohlleiters festgestellt werden können.

Bei der Messung der Eigenschaften des Dielektrikums eines Kabels kann man die Leitungswellenlänge aus der Frequenzabhängigkeit der Eingangsimpedanz bzw. aus den Differenzen der Frequenzen bestimmen, für welche bei kurzgeschlossenem Kabelausgang die Eingangsimpedanz ungefähr o wird. Wenn die Länge des Kabels L und zwei benachbarte Frequenzen f_1 und f_2 sind, bei welchen die Eingangsimpedanz den kleinsten Wert hat, ist

$$\sqrt{\varepsilon_r'} = \frac{c_0}{2\,L\,(f_2 - f_1)} \tag{8.19}$$

mit c_0 für die Wellengeschwindigkeit im freien Raum. Die Leitung ist kurzgeschlossen oder mit einer Leitung mit

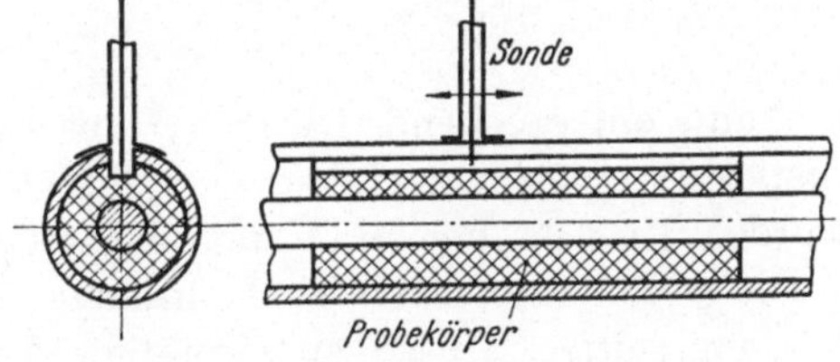

Abb. 8.2. Messung der Wellen-Ausbreitungskonstanten in einer mit einem Dielektrikum ausgefüllten Leitung

verschiebbarem Kurzschluß abgeschlossen. Die Dämpfungskonstante ergibt sich aus dem Spannungsabfall längs des Kabels bei angepaßtem Ausgang. Es ist

$$\alpha = -\frac{\ln\,(V_2/V_1)}{L} = -\frac{1}{2}\,\frac{\ln\,(P_2/P_1)}{L}\,, \tag{8.20}$$

wenn V_2, V_1, P_2, P_1, die Spannungen bzw. Durchgangsleistungen am Aus- und Eingang sind.

Abb. 8.2 zeigt schematisch eine weitere Methode der Messung der Ausbreitungskonstanten. In einem mit einem Längsschlitz versehenen Hohlleiter oder einer Koaxialleitung ist ein Probekörper eingepaßt, dessen Länge größer als $\lambda_{L\,\varepsilon}/2$ ist. Die Leitung ist am Ausgang kurzgeschlossen. Aus dem Abstand der Lagen zweier benachbarter Feldstärkeminima und den für diese Lagen charakteristischen SWV-Werten SWV_2 und SWV_1 kann die Phasenkonstante β_ε ($\beta_\varepsilon = 2\,\pi/\lambda_{L\,\varepsilon}$) und Dämpfungskonstante α_ε festgestellt werden. Wenn L der Abstand zweier benachbarter Minima ist, gilt

$$\lambda_{L\,\varepsilon} = 2\,L\,.$$

Für die SWV-Werte erhält man

$$SWV_2 = \frac{1 + |\varrho_2|}{1 - |\varrho_2|}$$

und

$$SWV_1 = \frac{1 + |\varrho_2|\,e^{-\,2\,\alpha_\varepsilon\,L}}{1 - |\varrho_2|\,e^{-\,2\,\alpha_\varepsilon\,L}}\,. \tag{8.21}$$

Aus den beiden Gleichungen (8.21) kann man $|\varrho_2|$ eliminieren und α_ε bestimmen. Für verlustarme dielektrische Materialien ist $SWV \gg 1$, wobei angenähert

$$|\varrho_2| \approx 1 - \frac{2}{SWV_2} \tag{8.22}$$

ist. In der Folge ergibt sich für die Gesamt-Dämpfungskonstante

$$\alpha_{ges} = (1/SWV_1 - 1/SWV_2)/L = (|V|_{min\,1} - |V|_{min\,2})/|V|_{max}\,L\,, \tag{8.23}$$

welche sich additiv aus einem von den dielektrischen Verlusten herrührenden Anteil α_2 und einem von den Leitungsverlusten verursachten Anteil α_Ω zusammensetzt. Es ist

$$\alpha_\varepsilon = \alpha_{ges} - \alpha_\Omega\,.$$

α_Ω kann entsprechend Gl. (8.23) aus den benachbarten SWV-Werten bestimmt werden, nachdem der Probekörper aus der Leitung entfernt wurde. In den meisten Fällen ist jedoch α_Ω vernachlässigbar klein.

Die Meßmethode ist für Hohlleiter und Koaxial-Meßleitungen ohne ausgangsseitige Stütze zweckmäßig. Der Probekörper kann direkt in die Meßleitung eingeführt und die Meßwerte mit Hilfe der Meßleitungssonde festgestellt werden. Der Einfluß des Schlitzes in der Leitung und der gegebenenfalls notwendigen Längsnut im Dielektrikum, um die Verschiebung der Sonde zu ermöglichen, kann vernachlässigt werden.

8.4.2 Reflexionsmessung an Grenzflächen

Die Anwendungsmöglichkeit der reinen Reflexionsmessung für die Bestimmung der Eigenschaften von dielektrischen Materialien ist begrenzt und setzt eine Meßapparatur hoher Güte voraus. Die praktische Ausführung der Messung ist in Abb. 8.3 schematisch für ein Hohlleitersystem gezeigt. In dem an eine Meßleitung angeschlossenen Hohlleiterelement wird die Materialprobe eingefügt, welche generatorseitig eine zur Hohlleiterachse senkrechte ebene Grenzfläche besitzt. Ausgangsseitig läuft der Probekörper keilförmig aus, um reflektierte Wellen zu vermeiden, welche von der ausgangsseitigen Grenzfläche verursacht werden. An das Hohlleiterelement ist ein angepaßter Leitungsabschluß mit möglichst geringem Fehler angeschlossen.

Eine Voraussetzung für die Genauigkeit der Messung ist, daß die in der Meßleitung auftretenden und gemessenen reflektierten Wellen nur

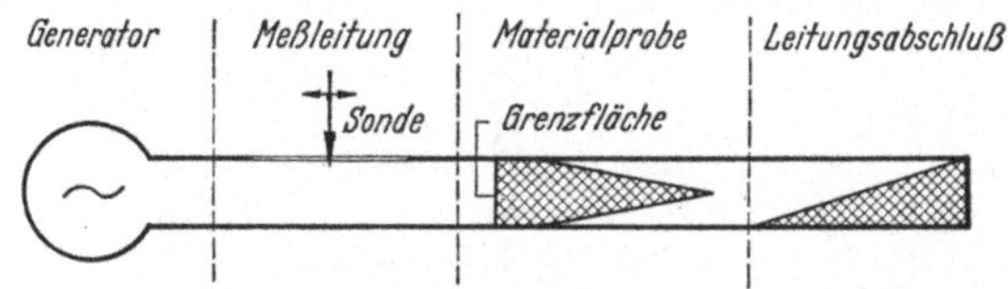

Abb. 8.3. Bestimmung von ϱ aus der an einer Grenzfläche reflektierten Welle

von den Reflexionen an der Grenzfläche zwischen Luft und dem dielektrischem Probekörper herrühren. Alle anderen vom Leitungsabschluß, den Leitungsdiskontinuitäten und der keilförmigen Fläche des Probekörpers hervorgerufenen Beiträge zu den reflektierten Wellen ergeben einen bzw. erhöhen den Fehler.

Aus dem mittels der Meßleitung gemessenen Reflexionsfaktor ϱ können mit Hilfe der Gleichungen (8.15) bis (8.18) die Materialkonstanten bestimmt werden. Aus dem Realteil des Reflexionsfaktors Re (ϱ) erhält man entsprechend Gl. (8.17) die Leitungswellenlänge

$$\lambda_{L\varepsilon} = \lambda_L \frac{1 + \text{Re}\,(\varrho)}{1 - \text{Re}\,(\varrho)}$$

und daraus mittels Gl. (8.11) die Dielektrizitätskonstante ε_r bzw. deren Realteil. Aus dem Imaginärteil von ϱ ergibt sich ε_r'' und der Verlustwinkel tg δ.

Die Meßmethode ist ebenfalls für Koaxialleitungen anwendbar, wobei der Probekörper ausgangsseitig einen konischen Übergang hat. Die Werte ε_r' und ε_r'' ergeben sich entsprechend Gl. (8.18). Für Materialien mit geringen Verlusten erhält man eine vereinfachte Näherungsformel. Mit der Annahme $\varrho = -\,|\varrho|$ wird

$$\varepsilon_r' \approx \left(\frac{1 + |\varrho|}{1 - |\varrho|} \right)^2 . \tag{8.24}$$

Es ist weiter

$$\varepsilon_r'' \approx (\pi - \varphi)\,\sqrt{\varepsilon_r'}\,(\varepsilon_r' - 1)\,, \tag{8.25}$$

wenn φ der Winkel des Reflexionsfaktors an der Grenzfläche ist $(\varrho = |\varrho|\,e^{-i\varphi})$, welcher durch einen Vergleich der Lage des Minimums mit dessen Lage bei Ersatz des Probekörpers durch einen Kurzschluß bestimmt werden kann.

Um einen Überblick über die Anwendungsmöglichkeiten des Meßverfahrens zu geben, sind in Abb. 8.4 im komplexen ϱ-Diagramm die
Ortskurven für konstante Werte von ε_r' und tg δ eingezeichnet. Die
Ortskurven zeigen, welche Werte für $|\varrho|$ und φ bei üblichen dielek-
trischen Materialien zu erwarten sind. Sie zeigen weiter, daß die Meßmethode für die Bestimmung des Verlustwinkels bzw. ε_r'' nicht genügend
genau ist, da die Feststellung der Lagen der Minima bei kleinen SWV-
Werten Schwierigkeiten bereitet.

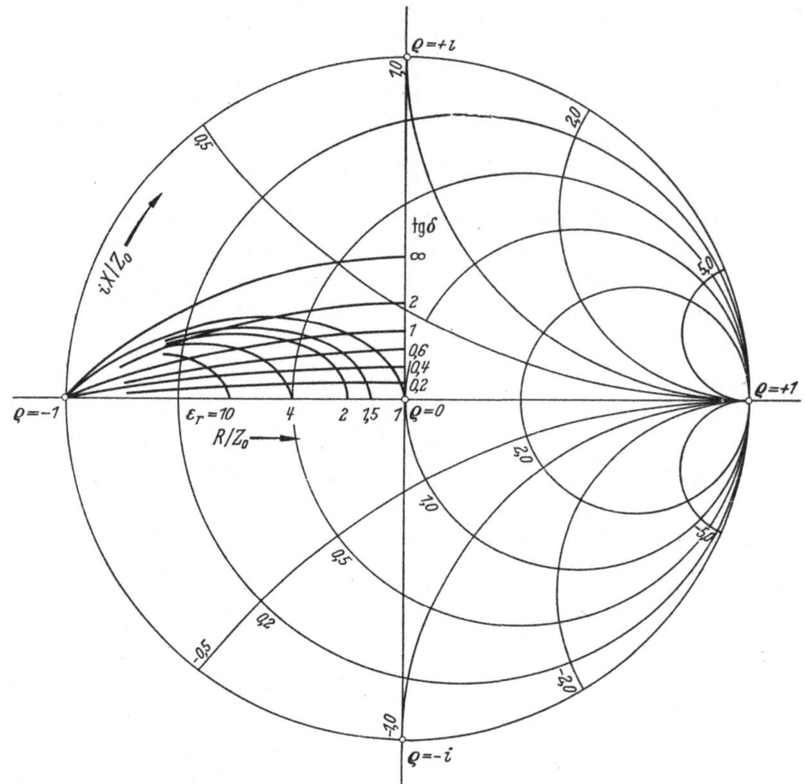

Abb. 8.4. Grenzflächen-Reflexionsfaktor abhängig von den Materialkonstanten

8.4.3 Materialmessung in kurzgeschlossener Leitung

Ein weiteres Verfahren besteht darin, den eingangsseitigen Reflexionsfaktor eines kurzgeschlossenen Hohlleiters oder einer Koaxialleitung, welche mit einer Materialprobe ausgefüllt ist, auszuwerten.
Für die Messung wird das Leitungsstück an eine Meßleitung angeschlossen. Abb. 8.5 zeigt schematisch das Leitungsstück und das zugehörige Schema der in diesem hin- und rücklaufenden Wellen. Der
Leitungsreflexionsfaktor an der Grenzfläche des dielektrischen Probe-

körpers der Länge L_2 hat die Bezeichnung ϱ. Der Abstand des nächsten Minimums der elektrischen Feldstärke von der Grenzfläche ist L_1.

Für die vom Generator hinlaufenden mit h bezeichneten und mit r bezeichneten rücklaufenden Wellen erhält man

$$h_2 = \frac{h_1 (1 + \varrho)}{1 - \varrho\, e^{-2 i \Gamma_\varepsilon L_2}},$$

$$r_2 = \frac{- h_1 (1 + \varrho)\, e^{-2 i \Gamma_\varepsilon L_2}}{1 - \varrho\, e^{-2 i \Gamma_\varepsilon L_2}}$$

und

$$r_1' = \frac{- h_1 (1 - \varrho^2)\, e^{-2 i \Gamma_\varepsilon L_2}}{1 - \varrho\, e^{-2 i \Gamma_\varepsilon L_2}},$$

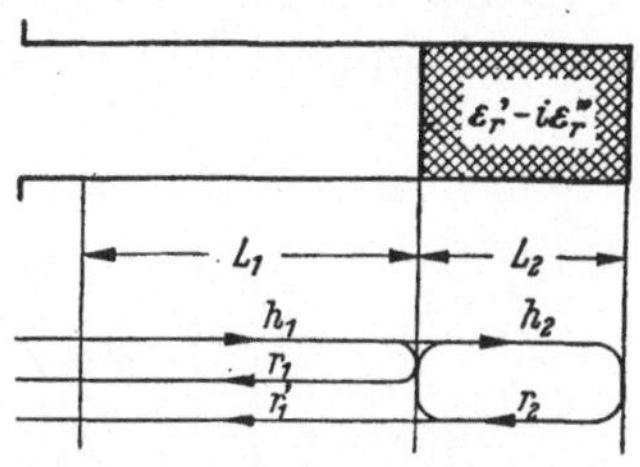

Abb. 8.5. Dielektrischer Probekörper in einem kurzgeschlossenen Hohlleiter. Schematische Darstellung und Wellenschema

wobei die Kombination von r_1 und r_1' (r_1' die von r_2 herrührenden reflektierten Wellen) den gesamten eingangsseitigen Reflexionsfaktor ergibt. Es ist

$$\varrho_{ein} = \frac{\varrho - e^{-2 i \Gamma_\varepsilon L_2}}{1 - \varrho\, e^{-2 i \Gamma_\varepsilon L_2}}, \tag{8.26}$$

wenn $\Gamma_\varepsilon = \gamma_\varepsilon / i$ die Wellen-Fortpflanzungskonstante ist.

Im Zusammenhang mit Gl. (8.13) wurde festgestellt, daß die Leitungswellenlänge $\lambda_{L\,\varepsilon}$ nur unwesentlich durch die dielektrischen Verluste geändert wird. Wir können daher bei der Bestimmung von ε_r' das Dielektrikum als verlustfrei annehmen. Wenn das Minimum der elektrischen Feldstärke im Abstand L_1 vor der Grenzfläche liegt, hat der Reflexionsfaktor an dieser Stelle den Wert —1. Es ist daher

$$-1 = \frac{\varrho - e^{-2 i \psi_2}}{1 - \varrho\, e^{-2 i \psi_2}}\, e^{-2 i \psi_1}, \tag{8.27}$$

wenn $\Gamma = \beta$, $\Gamma_\varepsilon = \beta_\varepsilon$, $\psi_1 = \beta L_1$ und $\psi_2 = \beta_\varepsilon L_2$ sind. Umgeformt ist

$$\frac{1 + \varrho}{1 - \varrho} = - \frac{\operatorname{tg} \psi_2}{\operatorname{tg} \psi_1} = \frac{\beta}{\beta_\varepsilon} \tag{8.28}$$

und weiter

$$\frac{L_1}{L_2} \frac{\operatorname{tg} \beta L_1}{\beta L_1} = - \frac{\operatorname{tg} \beta_\varepsilon L_2}{\beta_\varepsilon L_2}. \tag{8.29}$$

Von den in Gl. (8.29) vorkommenden Größen ist L_2 und $\beta = 2\pi / \lambda_L$ (der Leitung ohne Dielektrikum) bekannt. Nach Bestimmung der Lage des Minimums ist die linke Seite der Gl. (8.29) bekannt. Aus den Kurven der Abb. 8.6 kann $\beta_\varepsilon L_2$ abgelesen und daraus β_ε und $\lambda_{L\,\varepsilon} = 2\pi / \beta_\varepsilon$ festgestellt werden. ε_r' ergibt sich mittels der Beziehung

$$\varepsilon_r' = \left(\frac{\lambda_0}{\lambda_c}\right)^2 + \left(\frac{\lambda_0}{\lambda_{L\,\varepsilon}}\right)^2, \tag{8.30}$$

wenn λ_c die Grenzwellenlänge ohne Dielektrikum ist.

Bei Vorhandensein dielektrischer Verluste sind der Reflexionsfaktor ϱ und die Wellen-Fortpflanzungskonstante Γ komplex. Einführung der

komplexen Werte ermöglicht die Berechnung des Verlustfaktors. Da
die Leitungswellenlänge durch die Verluste nur unwesentlich verändert
ist, bleibt die Lage des Minimums unverändert. Die Verluste verursachen hauptsächlich einen von 1 verschiedenen Absolutwert von

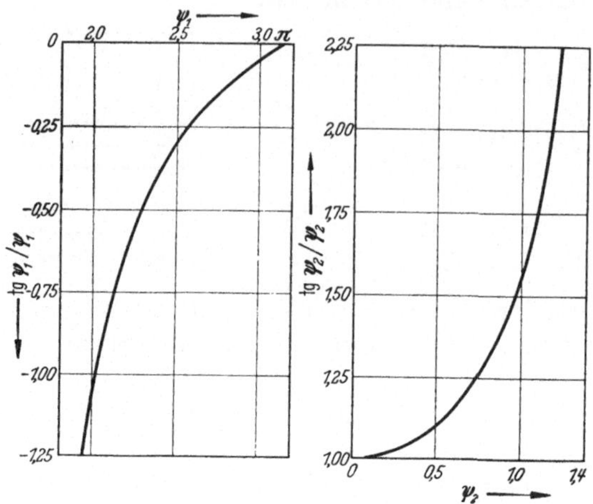

Abb. 8.6. Die Funktion tg ψ/ψ ($\psi = \psi_2$ für $\psi > \pi/2$ und ψ_1 für $\psi < \pi/2$)

$|\varrho_{ein}|$ und einen unterschiedlichen SWV-Wert. Mit dem gemessenen
Wert von ϱ_{ein} ist

$$\frac{1 + \varrho_{ein}}{1 - \varrho_{ein}} = \frac{Z_{\varepsilon\,ein}}{Z_0} = \frac{Z_{0\,\varepsilon}}{Z_0}\,\mathrm{tgh}\,\gamma_\varepsilon\,L_2 = \frac{1 + \varrho}{1 - \varrho}\,\mathrm{tgh}\,\gamma_\varepsilon\,L_2\,.$$

Mit Gl. (8.15) ergibt sich

$$\frac{1 + \varrho_{ein}}{1 - \varrho_{ein}} = \frac{i\,\beta}{\gamma_\varepsilon}\,\mathrm{tgh}\,\gamma_\varepsilon\,L_2\,, \qquad (8.31)$$

und weiter

$$C\,e^{i\zeta} = \frac{\mathrm{tgh}\,\gamma_\varepsilon\,L_2}{\gamma_\varepsilon\,L_2} = -\,i\,\frac{1}{\beta\,L_2}\,\frac{1 + \varrho_{ein}}{1 - \varrho_{ein}}\,. \qquad (8.32)$$

In der impliziten Gl. (8.32) für $\gamma_\varepsilon\,L_2$ ist die rechte Seite bekannt. In
einer Arbeit von ROBERTS und von HIPPEL [5] sind die komplexen
Werte von $\gamma_\varepsilon\,L_2$ als Funktion von tgh $\gamma_\varepsilon\,L_2/\gamma_\varepsilon\,L_2$ bzw. dessen Absolutwert C und Winkel ζ dargestellt. Diese komplexe Darstellung gestattet
auf Grund der bekannten rechten Seite der Gl. (8.32) die Bestimmung
von $\gamma_\varepsilon\,L_2$ und der zugehörigen Werte von α_ε und β_ε.

Für übliche Dielektrika können unter der Bedingung, daß die Länge
des Probekörpers $\lambda_{L\varepsilon}/8$ nicht wesentlich übersteigt, Vereinfachungen
eingeführt werden, welche die Berechnung erleichtern.

Für den Reflexionsfaktor, dessen Wert im Minimum reell ist und in
der Nähe von -1 liegt, wird

$$\varrho_{gemessen} = -1 + \Delta\varrho$$

angenommen. Mit dem im Feldstärkeminimum gemessenen Wert SWV_{gem} wird

$$\Delta\varrho \approx \frac{2}{SWV_{gem}}.$$

Es ist vereinfacht:

$$\frac{1+\varrho_{ein}}{1-\varrho_{ein}} = \frac{1+\varrho_{gem}\,e^{2\,i\,\beta\,L_1}}{1-\varrho_{gem}\,e^{2\,i\,\beta\,L_1}} \approx -i\,\mathrm{tg}\,\beta\,L_1 + \frac{1}{2}\,\frac{\Delta\varrho}{\cos^2\beta\,L_1},$$

$$\mathrm{tg}\,\gamma_\varepsilon\,L_2 \approx i\left[\mathrm{tg}\,\beta_\varepsilon\,L_2 - i\,\frac{\varepsilon_r''}{2}\,\frac{\lambda_{L\,\varepsilon}}{\lambda_0}\,\frac{2\,\pi}{\lambda_0}\,L_2\,(1+\mathrm{tg}^2\,\beta_\varepsilon\,L_2)\right],$$

$$\frac{1+\varrho}{1-\varrho} \approx \frac{\lambda_{L\,\varepsilon}}{\lambda_L}\left[1 + i\,\frac{\varepsilon_r''}{2}\left(\frac{\lambda_{L\,\varepsilon}}{\lambda_0}\right)^2\right]. \tag{8.33}$$

In Gl. (8.31) eingeführt erhält man für ε_r'' angenähert

$$\varepsilon_r'' \approx \frac{1+\mathrm{tg}^2\,\beta\,L_1}{SWV_{gem}}\,\frac{(\lambda_0/\lambda_{L\,\varepsilon})^2\,(\lambda_L/\lambda_{L\,\varepsilon})}{\pi\,\dfrac{L_2}{\lambda_{L\,\varepsilon}}\,(1+\mathrm{tg}^2\,\beta_\varepsilon\,L_2) - \dfrac{1}{2}\,\mathrm{tg}\,\beta_\varepsilon\,L_2} \tag{8.34}$$

ε_r', β_ε und $\lambda_{L\,\varepsilon}$ werden mit Hilfe der Gl. (8.30) und Abb. 8.6 festgestellt.

Das SWV wird für Materialien mit geringen dielektrischen Verlusten zweckmäßig aus der Minimumbreite entsprechend dem in Abschn. 4.3.8 beschriebenen Verfahren bestimmt. Wenn die dielektrischen Verluste klein sind, ist es notwendig, die Leitungsverluste des kurzgeschlossenen Leitungsstückes zu berücksichtigen, und gleichzeitig das SWV mit und ohne Probekörper zu messen. Es ist

$$\frac{1}{SWV_{gem}} = \left(\frac{1}{SWV}\right)_{mit} - \left(\frac{1}{SWV}\right)_{ohne\;Dielektriku:}$$

Für weiter erhöhte Genauigkeit muß gegebenenfalls der Einfluß des Dielektrikums auf die Leitungsdämpfung (Tabelle 8.1) berücksichtigt werden.

Bei Anwendung einer koaxialen Meßleitung ist es notwendig, deren Diskontinuitätsfehler mit Hilfe einer Abschlußleitung mit verschiebbarem Kurzschluß festzustellen (s. Abschn. 4.3.3). Falls dieser unzulässig groß ist, kann in Abhängigkeit von der Lage des Minimums eine Fehlerkurve für den Zusammenhang zwischen den Lagen des Minimums auf der Meßleitung und den Lagen des Kurzschlußschiebers hergestellt werden. Die Fehlerkurve ermöglicht dann die Korrektur der mit der Meßleitung gemessenen Werte für die Lagen der Minima.

8.4.4 Messung hoher Genauigkeit an $\lambda_{L\,\varepsilon}/2$-Probekörper

Die Beziehungen des vorhergehenden Abschnittes lassen sich vereinfachen, wenn der Probekörper in der kurzgeschlossenen Leitung die Länge $\lambda_{L\,\varepsilon}/4$ oder $\lambda_{L\,\varepsilon}/2$ hat. Von beiden Fällen hat der letztere erhöhte Bedeutung, da er die sehr genaue Messung der Materialkonstanten besonders von Materialien mit geringen Verlusten ermöglicht. Bei diesen Messungen ist es nicht unbedingt notwendig, daß der Probekörper am Ende einer kurzgeschlossenen Leitung liegt. Wenn seine Ausgangs-Grenzfläche im Abstand $\lambda_{L\,\varepsilon}/4$ oder $(2\,n - 1)\,\lambda_{L\,\varepsilon}/4$ vom Ende des Innenleiters einer leerlaufenden Leitung liegt, sind die Betriebsbedingungen die gleichen. Hierbei ist jedoch die Endkapazität des Innenleiters zu berücksichtigen und der Abstand dementsprechend kleiner zu wählen.

Bei dem ungefähr $\lambda_{L\,\varepsilon}/2$ langen Probekörper ist

$$\lambda_{L\,\varepsilon} = \lambda_L - 2\,\Delta L \,, \qquad (8.35)$$

wenn ΔL die vom Probekörper verursachte Minimumverschiebung ist. Die geeignete Länge des Probekörpers kann man durch eine „cut and try"-Methode herstellen. Ausgehend von einem längeren Probekörper, welcher am Ende der kurzgeschlossenen Leitung liegt, wird dieser so lange gekürzt, bis das Minimum der elektrischen Feldstärke mit der eingangsseitigen Grenzfläche zusammenfällt. Ein kleiner Längenfehler fällt hierbei nicht ins Gewicht, da er die Lage des Minimums nicht wesentlich ändert. Abb. 8.7 zeigt an dem Beispiel einer Koaxialleitung diese Zusammenhänge.

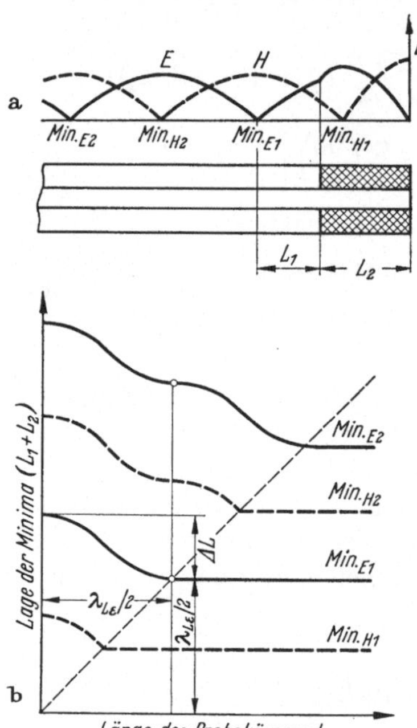

Abb. 8.7 a u. b. Feldstärkeverteilung (a) und Lage der Minima (b) abhängig von der Länge des Probekörpers in kurzgeschlossener Koaxialleitung

Abb. 8.7 a zeigt schematisch einen Längsschnitt durch eine kurzgeschlossene Koaxialleitung, in deren Endstück der Probekörper eingefügt ist. Darüber sind die Verteilungen der elektrischen und magnetischen Feldstärken angedeutet. In Abb. 8.7 b sind die Abstände der Minima (erstes und zweites Minimum) vom Kurzschluß $(L_1 + L_2)$ für die elektrische (voll ausgezogen) und magnetische (gestrichelt) Feldstärke abhängig von der Länge des Probekörpers L_2 dargestellt. Ohne Probekörper $(L_2 = 0)$ ist der Abstand des ersteren Minimums $(\text{Min.}_{E\,1})$ der elektrischen Feldstärke $L_1 + L_2 = \lambda_L/2 = \lambda_{L\,\varepsilon}/2 + \Delta L$. Wenn der Probekörper länger als $\lambda_{L\,\varepsilon}$ wird, ist der Abstand $\lambda_{L\,\varepsilon}/2$. Um diese Beziehungen für die Bestimmung der Materialeigenschaften auszuwerten, verwendet man die Gl. (8.30), welche für Koaxialleitungen $(\lambda_c = \infty)$

$$\varepsilon_r' = \frac{1}{(1 - 2\,\Delta L/\lambda_0)^2} \,, \qquad (8.36)$$

ergibt. Für einen Hohlleiter ist

$$\varepsilon_r' = \left(\frac{\lambda_0}{\lambda_c}\right)^2 + \frac{(\lambda_0\,\lambda_L)^2}{(1-2\,\Delta L/\lambda_L)^2}. \tag{8.37}$$

Für verlustbehaftete Materialien erhält man für den Reflexionsfaktor in der eingangsseitigen Grenzfläche des Probekörpers

$$\frac{1+\varrho_{ein}}{1-\varrho_{ein}} = \frac{\pi}{2}\,\varepsilon_r''\left(\frac{\lambda_{L\,\varepsilon}}{\lambda_0}\right)^2\frac{\lambda_{L\,\varepsilon}}{\lambda_L}.$$

Da das Minimim in der Eingangsfläche liegt, ist $\varrho_{ein} = -\,|\varrho_{ein}|$. Wenn $SWV = (1+|\varrho_{ein}|)/(1-|\varrho_{ein}|)$ durch Messung bekannt ist,

$$\varepsilon_r'' \approx \frac{1}{SWV}\,\frac{2}{\pi}\left(\frac{\lambda_0}{\lambda_{L\,\varepsilon}}\right)^2\frac{\lambda_L}{\lambda_{L\,\varepsilon}}. \tag{8.38}$$

Erhöhte Genauigkeit erhält man bei Berücksichtigung der Leitungsverluste, wenn man $1/SWV$ durch die Differenz

$$(1/SWV)_{mit} - (1/SWV)_{ohne\ Dielektrikum}$$

ersetzt. Da in dem Leitungsstück, welches vom Probekörper ausgefüllt ist, die Leitungsverluste durch diesen erhöht werden, ist dieser Einfluß für genaue Messungen gegebenenfalls zu berücksichtigen.

8.4.5 Vereinfachte Meßmethode im Spannungsmaximum

In dem Frequenzgebiet bis 8 GHz können die Materialeigenschaften bei Anwendung einer koaxialen Meßleitung und eines Abschlußelementes mit verschiebbarem Kurzschluß ohne besondere Hilfsgeräte und Meßköpfe auf eine vereinfachte Art gemessen werden. Die Methode eignet sich vorzugsweise für Serienmessungen. Die Probekörper bestehen aus ringförmigen Scheiben, welche in ein koaxiales Zwischenstück zwischen Meßleitung und Kurzschlußleitung oder direkt in die Meßleitung eingefügt werden.

Die Messung besteht aus der Bestimmung der Lage des Spannungsminimums x_1 (oder Stromminimums) auf der Meßleitung abhängig von der Lage des Kurzschlußschiebers x_2 der Abschlußleitung ohne und mit Dielektrikum und aus der Bestimmung der SWV-Werte.

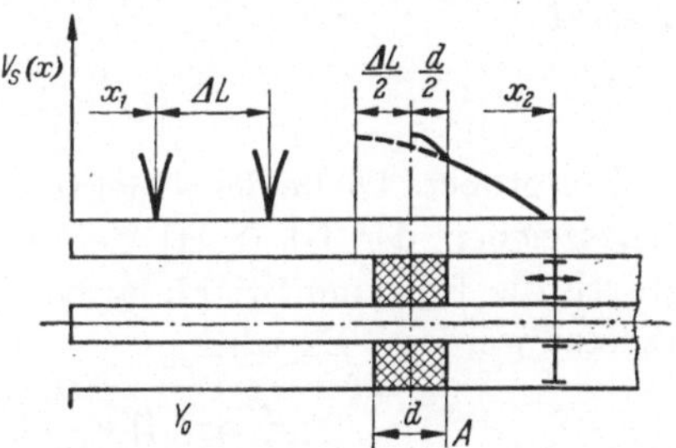

Abb. 8.8. Scheibenförmiger Probekörper im Spannungsmaximum

Ohne Dielektrikum ist der Abstand $(x_2 - x_1)_0$ konstant und von x_1 bzw. x_2 unabhängig. Mit Dielektrikum schwankt $(x_2 - x_1)_\varepsilon$ bei kleiner Dicke des Probekörpers sinusförmig. Der Maximalwert $(x_2 - x_1)_{\varepsilon\,max}$ stimmt ungefähr mit $(x_2 - x_1)_0$ überein, denn bei dieser Stellung liegt

der Probekörper im Spannungsminimum und hat auf die Spannungs-
verteilung keinen Einfluß. Der Minimalwert $(x_2 - x_1)_{\varepsilon\,min}$ wird erhalten,
wenn der Probekörper im Spannungsmaximum liegt. Abb. 8.8 zeigt
schematisch die Leitung mit dem Probekörper der Länge d. Die Spannungsverteilung in dem Bereich vom Spannungsmaximum bis zu dem
folgenden Spannungsminimum ist über der Leitung angedeutet. Die
gestrichelt eingetragene Spannungsverteilung ergibt sich ohne Dielektrikum.

Aus der Bedingung, daß die Admittanzen des Leitungsstückes der
Länge $d/2$ mit Dielektrikum und der Länge $d/2 + \Delta L/2$ ohne Dielektrikum den gleichen Wert haben müssen, erhält man

$$Y_{0\varepsilon} \cdot \operatorname{tg}\left(2\,\pi\,\frac{d}{2\,\lambda_\varepsilon}\right) = Y_0\,\operatorname{tg}\left(2\,\pi\,\frac{d + \Delta L}{2\,\lambda_0}\right), \qquad (8.39)$$

wenn $Y_{0\varepsilon}$ und Y_0 die charakteristischen Admittanzen (Wellenleitwerte)
der Koaxialleitung mit und ohne Dielektrikum sind. ΔL entspricht
der Minimumverschiebung infolge des dielektrischen Probekörpers;

$$\Delta L = (x_2 - x_1)_0 - (x_2 - x_1)_{\varepsilon\,min}\,. \qquad (8.40)$$

Einführung der Beziehungen

$$\lambda_\varepsilon = \lambda_0/\sqrt{\varepsilon_r'} \qquad \text{und} \qquad Y_{0\varepsilon} = Y_0\,\sqrt{\varepsilon_r'}\,,$$

welche man aus Gl. (8.30) und (8.28) erhält, ergibt

$$\sqrt{\varepsilon_r'} \cdot \operatorname{tg}\left(\frac{\pi\,d}{\lambda_0}\,\sqrt{\varepsilon_r'}\right) = \operatorname{tg}\left(\pi\,\frac{d + \Delta L}{\lambda_0}\right). \qquad (8.41)$$

Bei kleiner Dicke des Ringkörpers ($d < \lambda_0/30$ bei üblichen Dielektrikas)
kann der Tangens durch die Reihenentwicklung dargestellt und die
Glieder höherer Ordnung vernachlässigt werden. Es ist daher angenähert

$$\varepsilon_r' \approx 1 + \frac{\Delta L}{d}\,. \qquad (8.42)$$

Für größere Dicke des dielektrischen Körpers kann rechts vom Gleich-
heitszeichen der Gl. (8.41) der Tangens beibehalten und links davon
durch die Reihenentwicklung bei Berücksichtigung des zweiten Gliedes
ersetzt werden. Es wird

$$\varepsilon_r' \approx 3\,(\sqrt{1 + 8\,a\,b/3} - 1)/2\,a^2\,, \qquad (8.43)$$

mit

$$a = \pi\,d/\lambda_0 \qquad \text{und} \qquad b = \operatorname{tg}\,[\pi\,(d + \Delta L)/\lambda_0]\,.$$

Um eine Beziehung für einen verlustbehafteten Probekörper abzuleiten, wird die für einen Kondensator gültige Gleichung

$$\operatorname{tg}\,\delta = \frac{\Delta G}{\omega\,C_\varepsilon} \qquad (8.44)$$

eingeführt, in welcher der Leitwert ΔG die Verluste symbolisiert. ΔG erhält man aus dem SWV, dessen Wert ein Minimum hat, wenn der Probekörper im Spannungsmaximum liegt. Es ist

$$\frac{\Delta G}{Y_0} \approx \frac{1}{SWV_{min}} .$$

Der Nenner $\omega\, C_\varepsilon$ des Bruches in Gl. (8.44) kann auf $\omega\, \Delta C$ zurückgeführt werden. ΔC ist der Kapazitätsunterschied des Leitungsstückes, in welchem der Probekörper liegt, mit und ohne Dielektrikum. Es wird

$$\omega\, \Delta C = \omega\, C_\varepsilon\, (\varepsilon_r' - 1)/\varepsilon_r' .$$

Durch $\omega\, \Delta C$ wird die Minimumverschiebung ΔL hervorgerufen:

$$\frac{\omega\, \Delta C}{Y_0} = \mathrm{tg}\left(2\,\pi\,\frac{\Delta L}{\lambda_0}\right) .$$

Die Kombination obiger Gleichungen ergibt

$$\varepsilon_r'' = \varepsilon_r'\, \mathrm{tg}\,\delta \approx \frac{(\varepsilon_r' - 1)/SWV_{min}}{\mathrm{tg}\,(2\,\pi\,\Delta L/\lambda_0)} . \tag{8.45}$$

Wenn man Gl. (8.42) einführt, erhält man schließlich die für dünne Probekörper gültige Näherungsformel

$$\varepsilon_r'' \approx \frac{1}{SWV_{min}}\, \frac{\lambda_0}{2\,\pi\,d} . \tag{8.46}$$

Die analoge Ableitung für Hohlleiter ergibt

$$\varepsilon_r' \approx 1 + \frac{\Delta L}{d}\left(\frac{\lambda_0}{\lambda_L}\right)^2 \tag{8.47}$$

und

$$\mathrm{tg}\,\delta \approx \frac{1}{SWV_{min}}\, \frac{\lambda_L/2\,\pi\,d}{1 + \Delta L/d} , \tag{8.48}$$

wenn λ_L die Leitungswellenlänge ohne Dielektrikum ist.

8.5 Anpassungstransformator für Materialmessungen

Bei den in den vorhergehenden Abschnitten beschriebenen Messungen sind die mit Hilfe der Meßleitungen festzustellenden SWV-Werte häufig sehr groß. Da die Genauigkeit der Meßleitung mit zunehmendem SWV abnimmt, ist es erwünscht, die zu messenden Impedanzen mit Hilfe eines Impedanztransformators in mäßige SWV-Werte zu transformieren, welche in der Umgebung des Wellenwiderstandes der Leitung liegen. In anderer für Hohlleiter charakteristischer Ausdrucksweise könnte man sagen, die Anpassung ist durch einen geeichten Anpassungstransformator zu verbessern.

In der Literatur sind für diesen Zweck geeignet erscheinende Transformatoren beschrieben. Sie bestehen aus einem oder mehreren $\lambda_L/4$-Abschnitten von Leitungen abweichenden Wellenwiderstandes. Der

Transformationsbereich ist jedoch durch die relativ hohen Eigenverluste des Transformators begrenzt.

Im Zusammenhang mit den Materialmessungen hat sich ein vom Verfasser entwickelter Anpassungstransformator mit sehr geringen Eigenverlusten bewährt, dessen Übersetzungsverhältnis einfach geändert werden kann. Er besteht in der Koaxialausführung hauptsächlich aus einer mit einem Kopplungsschlitz versehenen metallischen Scheibe zwischen Innen- und Außenleiter. Sein Ersatzschaltbild ist eine zur Leitung parallelgeschaltete Suszeptanz. Die Transformatorwirkung beruht auf der Wechselwirkung mit der ausgangsseitig angeschlossenen Leitung. Das Prinzip des Transformators ist ebenfalls für Hohlleiter anwendbar.

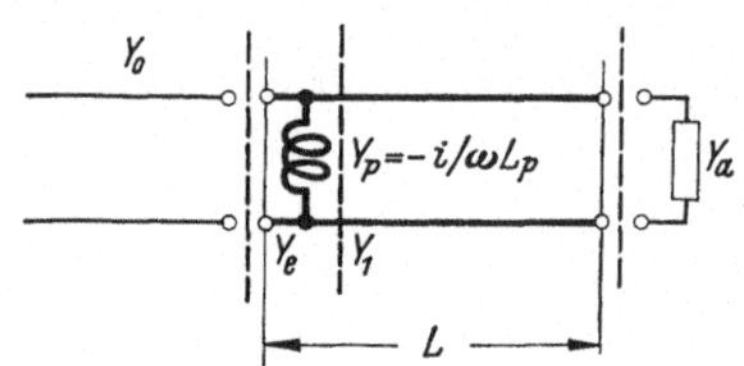

Abb. 8.9. Ersatzschaltbild des Anpassungs- und Impedanztransformators

Die Wirkungsweise kann an dem Ersatzschaltbild der Abb. 8.9 erklärt werden. Der Transformator besteht aus der zu der Leitung parallelgeschalteten Admittanz $-i B_p$ und dem folgenden Leitungsstück der Länge L mit der charakteristischen Admittanz Y_0. Die Leitungstransformation ist durch die Beziehung

$$\frac{Y_1}{Y_0} = \frac{\dfrac{Y_a}{Y_0} + i\,\mathrm{tg}\,\beta\,L}{1 + i\,\dfrac{Y_a}{Y_0}\,\mathrm{tg}\,\beta\,L} \tag{8.49}$$

gegeben. Für die Länge L möge der Wert $\lambda_L/4$ angenommen werden. Mit diesen Werten ist der Zusammenhang zwischen Eingangs- und Ausgangsadmittanz

$$\frac{Y_e}{Y_0} = \frac{Y_0}{Y_a} - i\,\frac{B_p}{Y_0} . \tag{8.50}$$

Von besonderem Interesse ist derjenige ausgangsseitige Wert $Y_2 = Y_a$, welcher transformiert $Y_e = Y_0$ ergibt, gleichbedeutend, daß der Transformator eingangsseitig angepaßt ist. Unter der Voraussetzung $B_p/Y_0 \gg 1$ ist

$$\frac{Y_2}{Y_0} = \frac{1}{(B_p/Y_0)^2} - i\,\frac{1}{(B_p/Y_0)} . \tag{8.51}$$

Gl. (8.51) zeigt, daß mit Hilfe des Transformators sehr kleine Admittanzen in der Größenordnung von Y_0/B_p angepaßt werden können.

Das Übersetzungsverhältnis des Transformators erhält man aus dem Zusammenhang zwischen kleinen ausgangs- und eingangsseitigen Admittanzänderungen $\varDelta Y_a/Y_0$ und $\varDelta Y_e/Y_0$. Einführung von $Y_e = Y_0 + \varDelta Y_e$ und $Y_a = Y_2 + \varDelta Y_a$ in Gl. (8.50) ergibt

$$\frac{|\varDelta Y_e|}{Y_0} = \frac{|\varDelta Y_a|}{Y_0}\left(\frac{B_p}{Y_0}\right)^2 . \tag{8.52}$$

Gl. (8.52) zeigt, daß das Übersetzungsverhältnis n dem Quadrat der parallelgeschalteten relativen Suszeptanz gleicht:

$$n = \left(\frac{B_p}{Y_0}\right)^2 . \tag{8.53}$$

Zur Veranschaulichung ist die Transformation in Abb. 8.10 im komplexen Admittanz- und ϱ-Diagramm dargestellt. Beide Diagramme zeigen die Transformation eines kleinen Bereiches der Admittanzebene $A_2B_2C_2D_2$ am Ausgang in den Bereich $ABCD$ am Eingang. Die erste Stufe der Transformation längs des Leitungsstückes erfolgt in den

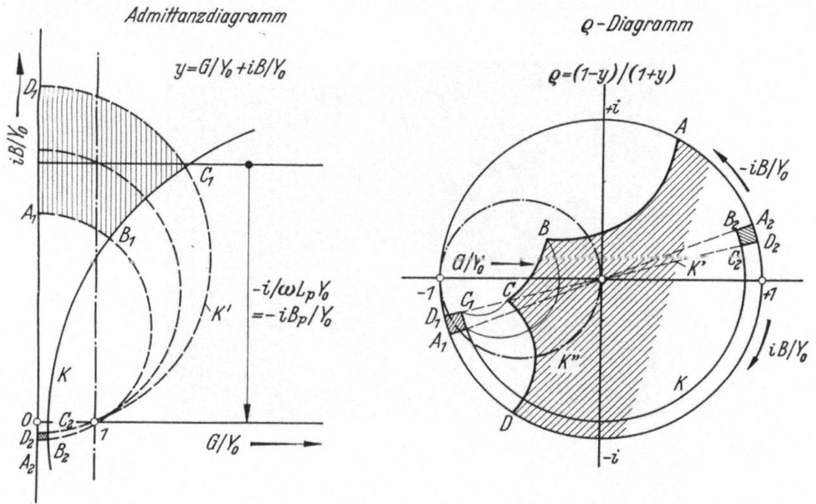

Abb. 8.10. Transformation durch den Anpassungstransformator entsprechend Abb. 8.9 im Admittanz- und ϱ-Diagramm

Diagrammen längs Kreisen K ($|\varrho| =$ konstant). Für die Admittanzen B und C ist es der Kreis K, während A und D längs der imaginären Achse (Kreis mit dem Mittelpunkt im Unendlichen) transformiert werden. Wenn die Länge der Leitung $\lambda_L/4$ ist, liegen die einander entsprechenden Admittanzen vor und nach der Transformation in $A_1B_1C_1D_1$ auf Halbkreisen K' durch $Y/Y_0 = 1$. Das Admittanzdiagramm zeigt die Vergrößerung des Bereiches durch die Transformation längs des Leitungsstückes. Durch die parallel zur Leitung liegende negative Suszeptanz, hervorgerufen durch die geschlitzten Scheiben zwischen Innen- und Außenleiter, wird der vergrößerte Admittanzbereich ($A_1B_1C_1D_1$) um den Wert $-i\,B_p/Y_0$ in den zweckmäßigen Bereich der Leitung in der Umgebung von $+1$ (Wellenleitwert der Leitung) nach unten verschoben.

Im ϱ-Diagramm liegen die durch die Leitung transformierten Werte des ausgangsseitigen Reflexionsfaktors ϱ_2 ($A_2B_2C_2D_2$) auf Kreisen mit konstantem Radius. Sie gehen für ein $\lambda_L/4$ langes Leitungsstück in die negativen Werte $\varrho_1 = - \varrho_2 (A_1 B_1 C_1 D_1)$ über. Durch die Parallelschaltung der Suszeptanz B_p erfolgt im ϱ-Diagramm eine Transformation längs der Kreise K'', wobei der Bereich entsprechend vergrößert wird. Durch Schraffierung sind die einander entsprechenden Bereiche in beiden Diagrammen hervorgehoben.

Abb. 8.11 zeigt die praktische Ausführung des Transformators (Labor des Verfassers) mit einer Serie von austauschbaren Schlitzblenden, welche zwischen zwei zusammenschraubbaren mit Steckern versehenen Leitungsstücken eingefügt werden können. Die Übersetzungsverhältnisse liegen, wenn wir von dem Kurzschluß- und Leerlauffall absehen, zwischen den Grenzwerten $n = 8{,}8$ und $n = 745$. Die Bestimmung der

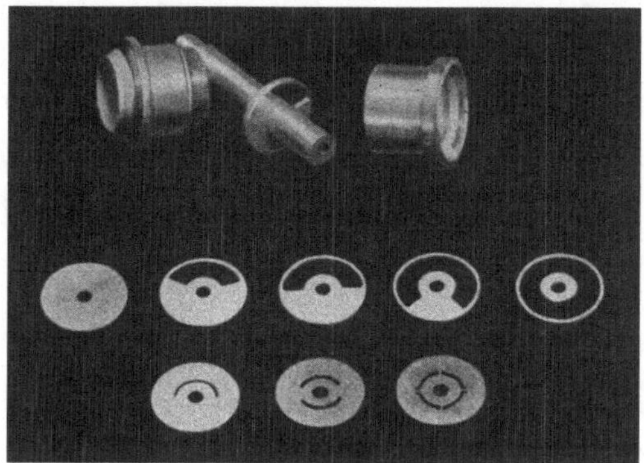

Abb. 8.11. Praktische Ausführung eines Transformators
des Koaxialtyps

Übersetzungsverhältnisse erfolgt zweckmäßig durch Messung. Mathematisch gesehen ist die Transformation eine konforme Abbildung. Kleine Bereiche der Admittanzebene werden längen- und winkelgetreu transformiert. Diese Tatsache ermöglicht die einfache Bestimmung des Übersetzungsverhältnisses aus der gemessenen Transformation kleiner Suszeptanz- bzw. Blindleitwert-Änderungen. Hierbei werden die Änderungen der Eingangsadmittanz bei geringen Frequenzänderungen festgestellt, wenn an dem Transformator ein am Ende kurzgeschlossenes oder leerlaufendes Leitungsstück konstanter Länge angeschlossen ist. Durch die Frequenzänderung entstehen die sekundärseitigen kleinen, doch sehr genau definierten Suszeptanzänderungen. Entsprechend den Gesetzen der konformen Abbildungen hat das Übersetzungsverhältnis für kleine parallelgeschaltete Wirkleitwerte den gleichen Wert.

Mit Hilfe eines solchen Transformators war es z. B. möglich, die Materialeigenschaften von Polyfoam (Trolitulschaum) zu messen. Es ergaben sich die Werte $\varepsilon_r' = 1{,}025$ und tg $\delta = 0{,}64 \cdot 10^{-4}$ für die Frequenz 3 GHz.

8.6 Materialmessung in Hohlraumkreisen

Die Methode der Messung der Materialeigenschaften in elektromagnetischen Hohlräumen ist der Leitungsmeßmethode sehr ähnlich, da die Hohlräume als Leitungsstücke mit stehenden Wellen angesehen werden können. Die zwischen den Hohlräumen und den angeschlossenen Leitungen liegenden Kopplungsanordnungen haben eine ähnliche Wirkung wie der im vorigen Abschnitt beschriebene Impedanztransformator. Die für diese Messungen benötigten rechnerischen Unterlagen können aus den in den vorhergehenden Abschnitten behandelten Beziehungen abgeleitet werden.

Aus Gl. (8.10) kann z. B. ein Zusammenhang zwischen der Dielektrizitätskonstanten ε_r' des den Hohlraum ausfüllenden Dielektrikums und der Resonanzfrequenz abgeleitet werden. Im Hohlraum sind infolge der konstanten geometrischen Dimensionen λ_L und λ_c konstante Werte, so daß sich bei Vernachlässigung der Verluste

$$K = \frac{\varepsilon_r'}{\lambda_{0\,\varepsilon}^2}$$

ergibt, wenn K eine Konstante ist und $\lambda_{0\,\varepsilon}$ der Resonanzfrequenz $f_{0\,\varepsilon}$ des Hohlraumes mit Dielektrikum entspricht. Bei Vergleich mit der Resonanzfrequenz ohne Dielektrikum erhält man die Beziehung

$$\varepsilon_r' = \left(\frac{f_0}{f_{0\,\varepsilon}}\right)^2 . \tag{8.54}$$

Entsprechend Gl. (8.54) kann die Dielektrizitätskonstante durch Messung der beiden Resonanzfrequenzen mit und ohne Dielektrikum bestimmt werden.

Bei Materialien mit dielektrischen Verlusten muß entsprechend Gl. (8.10) ein Korrekturglied, in welchem der Verlustwinkel (tg δ) vorkommt, eingeführt werden.

Man erhält einen weiteren Zusammenhang für die dielektrischen Verluste, wenn man berücksichtigt, daß für ein Raumelement im Innern des Hohlraums die Definition für tg δ die gleiche ist wie für den Reziprokwert des Gütewertes (Q-Wertes). Es gilt für einen mit einem homogenen Dielektrikum ausgefüllten Hohlraum

$$\mathrm{tg}\,\delta = \frac{1}{Q_D} , \tag{8.55}$$

wenn Q_D der vom Dielektrikum herrührende Teil des Gütewertes ist. Für geringe Verluste im Dielektrikum können die Leitungsverluste in den Wandungen des Hohlraumes, welche den Gütewert herabsetzen, nicht vernachlässigt werden. Bei Berücksichtigung der Leitungsverluste erhält man auf Grund zweier Gütewertmessungen mit und ohne Dielektrikum

$$\mathrm{tg}\,\delta = \frac{1}{Q_D} - \frac{1}{Q_{ohne\,D}} .$$

Bezüglich des Falles, daß der Hohlraum nur zum Teil mit dem zu untersuchenden Material gefüllt ist, wird auf Abschn. 8.7.1 und die Spezialliteratur verwiesen.

8.7 Messung der Eigenschaften ferromagnetischer Materialien

Die Messung der Materialeigenschaften magnetisierbarer Materialien ist schwierig, da neben der Dielektrizitätskonstante als weitere Materialkonstante gleichzeitig die komplexe Permeabilität bestimmt werden muß. Während bei den in den vorhergehenden Abschnitten beschriebenen Meßmethoden nur eine Messung ausreichend war, sind für die Bestimmung beider Materialkonstanten zwei Teilmessungen notwendig.

Eine zweckmäßige Methode besteht in zwei Reflexionsmessungen. In der ersten Teilmessung wird der Reflexionsfaktor bezogen auf die Eingangsebene des Probekörpers bestimmt, wenn er in dem kurzgeschlossenen Endstück eines Hohlleiters oder einer Leitung liegt. Die zweite Teilmessung ergibt den Reflexionsfaktor, wenn der Probekörper mit der Ausgangsebene im $\lambda_L/4$ Abstand von der ausgangsseitigen Kurzschlußebene entfernt liegt. Abb. 8.12 zeigt schematisch die Bedingungen für beide Teilmessungen. Die Reflexionsfaktoren ergeben sich aus den Verschiebungen der Lagen der Minima der Feldstärkeverteilung mit und ohne Dielektrikum und den zugehörigen SWV-Werten. In der Terminologie der konventionellen Leitungstheorie entsprechen die beiden Teilmessungen den Messungen der Eingangsimpedanz bei ausgangsseitigem Kurzschluß und Leerlauf der mit dem zu untersuchenden Material gefüllten Leitung.

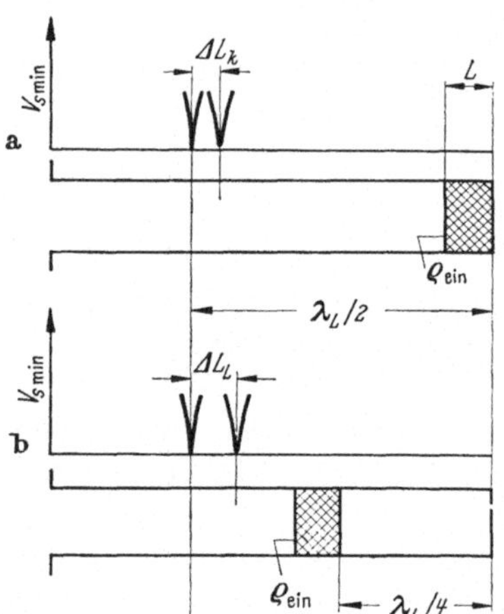

Abb. 8.12. „Kurzschluß"- (a) und „Leerlauf"-Messung (b) an einer ferromagnetischen Materialprobe

Für die Kurzschlußmessung gilt Gl. (8.26), welche umgeformt für den Reflexionsfaktor am Eingang ϱ_e

$$\frac{1+\varrho_e}{1-\varrho_e} = i\,\frac{1+\varrho}{1-\varrho}\,\mathrm{tg}\,\Gamma_m L \qquad (8.56)$$

ergibt.

Eine ähnliche Ableitung, wie sie im Abschn. 8.4.3 für den Fall der am Ende kurzgeschlossenen Leitung durchgeführt wurde, ergibt für den

Leerlauffall folgende Beziehung für den eingangsseitigen Reflexionsfaktor

$$\varrho_e' = \frac{\varrho + e^{-2i\Gamma_m L}}{1 + \varrho\, e^{-2i\Gamma_m L}}\,,$$

und weiter

$$\frac{1 - \varrho_e'}{1 + \varrho_e'} = i\,\frac{1 - \varrho}{1 + \varrho}\,\mathrm{tg}\,\Gamma_m\, L\,. \tag{8.57}$$

In Gl. (8.56) und (8.57) kommen die Wellenfortpflanzungskonstante Γ_m in dem mit Material gefüllten Hohlleiter und der Grenzflächenreflexionsfaktor ϱ (ohne rücklaufende Welle im Innern des Dielektrikums) vor. Für Γ_m erhält man entsprechend Gl. (8.6)

$$\Gamma_m = \frac{\gamma\, m}{i} = \frac{2\,\pi}{\lambda_0}\sqrt{\varepsilon_r\,\mu_r - \left(\frac{\lambda_0}{\lambda_c}\right)^2}\,, \tag{8.58}$$

wenn ε_r und μ_r die komplexen Materialkonstanten und λ_c die Grenzwellenlänge ohne Dielektrikum sind. Für ϱ gilt entsprechend Gl. (8.15) die Beziehung

$$\frac{1 + \varrho}{1 - \varrho} = \mu_r\,\frac{\Gamma}{\Gamma_m}\,, \tag{8.59}$$

wobei Γ die Wellenfortpflanzungskonstante in der Leitung ohne Materialprobe ist. Die Kombination der Gleichungen (8.56) bis (8.59) ergibt für die Materialkonstanten

$$\mu_r = \frac{\lambda_L}{2\,\pi\,L}\,K_1\,\mathrm{arc\,tg}\,(-\,i\,K_2) \tag{8.60}$$

und

$$\varepsilon_r = \frac{2\,\pi\,L}{\lambda_L}\,\frac{1}{K_1\,\mathrm{arc\,tg}\,(-\,i\,K_2)}\left[\left(\frac{\lambda_0}{\lambda_c}\right)^2 + \left(\frac{\lambda_0}{2\,\pi\,L}\right)^2\,\mathrm{arc\,tg}^2\,(-\,i\,K_2)\right] \tag{8.61}$$

mit folgenden Werten für K_1 und K_2:

$$K_1 = \sqrt{\frac{1 + \varrho_e}{1 - \varrho_e}\,\frac{1 + \varrho_e'}{1 - \varrho_2'}}\,, \tag{8.62}$$

$$K_2 = \sqrt{\frac{1 + \varrho_e}{1 - \varrho_e}\,\frac{1 - \varrho_e'}{1 + \varrho_e'}}\,. \tag{8.63}$$

Für Koaxialleitungen ($\lambda_c \to \infty$) können die Gleichungen vereinfacht werden zu

$$\mu_r = \frac{K_1}{\beta_0\,L}\,\mathrm{arc\,tg}\,(-\,i\,K_2) \tag{8.64}$$

und

$$\varepsilon_r = \frac{1}{K_1\,\beta_0\,L}\,\mathrm{arc\,tg}\,(-\,i\,K_2)\,, \tag{8.65}$$

wenn $\beta_0 = 2\,\pi/\lambda_0$ ist.

Die Ableitung zeigt, daß eine Trennung der elektrischen und magnetischen Materialkonstanten bei der Ausrechnung im Zusammenhang mit dieser Meßmethode ohne besondere Schwierigkeiten möglich ist.

Dies ist nicht bei allen in der Literatur angegebenen Meßverfahren der Fall.

Zu der hier beschriebenen Meßmethode gelangt man auf Grund folgender Überlegung: Wenn eine Materialprobe in Form einer dünnen Platte oder ringförmigen Scheibe im Maximum der elektrischen Feldstärke und Minimum der magnetischen Feldstärke liegt, übt sie nur auf die elektrische Feldstärke einen Einfluß aus. Die entsprechende Messung gestattet daher die Bestimmung der elektrischen Eigenschaften für sich. Wenn der Probekörper im Maximum der magnetischen Feldstärke bzw. im Minimum der elektrischen Feldstärke liegt, können die magnetischen Materialkonstanten allein gemessen werden.

Diese Überlegung führt weiter zu einer vereinfachten Meßmethode in Koaxialleitungen, analog der in Abschn. 8.4.5 für dielektrische Materialien beschriebenen Methode. Wenn in den Gleichungen (8.64) und (8.65) für den arc tg die Reihenentwicklung eingeführt wird, erhält man

$$\mu_r = -i \frac{K_1 K_2}{\beta_0 L} \left(1 + \frac{1}{3} K_2^2 + \frac{1}{5} K_2^4 \ldots \right) \qquad (8.66)$$

und

$$\varepsilon_r = -i \frac{1}{\beta_0 L} \frac{K_2}{K_1} \left(1 + \frac{1}{3} K_2^2 + \frac{1}{5} K_2^4 \ldots \right). \qquad (8.67)$$

Für sehr dünne Materialproben $L \leq \lambda_0/50$ können die höheren Potenzen von K_2 vernachlässigt werden, so daß angenähert

$$\mu_r \approx -i \frac{K_1 K_2}{2 \pi L/\lambda_0} = -i \frac{z_K}{2 \pi L/\lambda_0} \qquad (8.68)$$

und

$$\varepsilon_r \approx -i \frac{K_2}{K_1} \frac{1}{2 \pi L/\lambda_0} = -i \frac{y_L}{2 \pi L/\lambda_0} \qquad (8.69)$$

gilt. z_K ist die durch den Wellenwiderstand Z_0 der Koaxialleitung dividierte Impedanz in der Eingangsebene der Probe, wenn diese am Ende der kurz geschlossenen Leitung liegt. y_L ist die auf die charakteristische Admittanz Y_0 bezogene Eingangsadmittanz, wenn die Probe im $\lambda_L/4$-Abstand vom Kurzschluß der Leitung entfernt liegt. Die Werte z_K und y_L bestimmt man zweckmäßig aus dem SMITH-Diagramm auf Grund der Werte von SWV und den Lagen der Minima.

Eine Verbesserung der Näherung erhält man bei Korrektur mit Hilfe des quadratischen Gliedes in der Reihenentwicklung. Die Werte der Gleichungen (8.68) und (8.69) sind mit dem Faktor $1 + K_2^2/3$ zu multiplizieren, wenn

$$K_2^2 \approx -\left(\frac{2 \pi L}{\lambda_0} \right)^2 \varepsilon_r \mu_r$$

aus den angenäherten Werten für ε_r und μ_r berechnet wird.

Abb. 8.13 zeigt das Ergebnis der Messungen an einem ferromagnetischen Probekörper bei 3 GHz in einer Koaxialleitung. Die stark ausgezogenen Kurven folgen den Näherungswerten entsprechend den Gleichungen (8.68) und (8.69). Sie streben mit kleiner werdender Scheibendicke den tatsächlichen Werten zu. Strichpunktiert sind die genauen Werte auf Grund der Gleichungen (8.64) und (8.65) dargestellt.

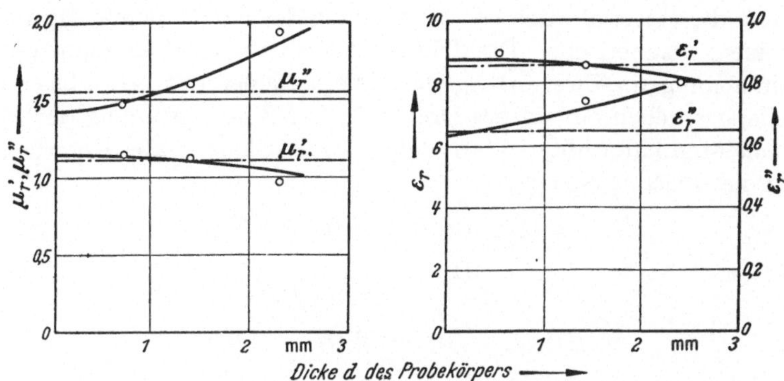

Abb. 8.13. Resultate der Messung der Materialkonstanten ferromagnetischen Materials bei 3 GHz

8.7.1 Messung der Tensor-Permeabilität von Ferriten

Die meßtechnische Feststellung und Untersuchung der Eigenschaften von Ferriten unter dem Einfluß statischer magnetischer Felder erfordert komplizierte Meßverfahren, da eine große Zahl von Materialkonstanten gleichzeitig bestimmt werden muß. Die Permeabilität ist durch einen Tensor der Form

$$[T] = \begin{bmatrix} \mu_1 & -i\,\mu_2 & 0 \\ i\,\mu_2 & \mu_1 & 0 \\ 0 & 0 & \mu_z \end{bmatrix}$$

gegeben, wenn ein magnetisches Gleichfeld in der Z-Richtung den Ferrit-Körper durchsetzt (s. a. Abschn. 6.8). Infolge der magnetischen Verluste haben die Tensorkomponenten Imaginärteile ($\mu = \mu' - i\,\mu''$), so daß für die Bestimmung der magnetischen Eigenschaften insgesamt 6 Materialkonstanten gemessen werden müssen. Dazu kommt die Feststellung der skalaren Dielektrizitätskonstante $\varepsilon = \varepsilon' - i\,\varepsilon''$ für die Definition der elektrischen Eigenschaften.

Die Aufteilung der Messungen in Teilmessungen, bei welchen ein Ferrit-Probekörper nur von bestimmten Feldkomponenten durchsetzt wird, um die Tensorkomponenten einzeln festzustellen, ermöglicht die vereinfachte Auswertung der Meßergebnisse und ergibt erhöhte Genauigkeit. Die Meßmethode in Hohlräumen (Abschn. 8.6) bietet viele Möglichkeiten der Aufteilung. Die Hohlräume können in verschiedenen Wellenformen erregt werden, wobei an bestimmten Stellen nur die erwünschten Feldkomponenten vorhanden sind. Die Änderung der Resonanzfrequenz und des Gütewertes des Hohlraumes bei Einführung des Probekörpers ergibt die Realteile bzw. Imaginärteile der Materialkonstanten. Es ist zu beachten, daß die gemessenen Werte gegebenenfalls mit Korrekturfaktoren, welche die Form des Probekörpers und die Grenzbedingungen an deren Oberfläche berücksichtigen, multipliziert werden müssen, wenn der Probekörper nur einen Teil des Hohlraumes ausfüllt.

Wenn die Materialprobe bei der Messung der Komponenten μ_1 und μ_2 von einem magnetischen Drehfeld durchsetzt wird, erhält man weitere Vereinfachungen. Zwei orthogonale Magnetfelder mit 90° Phasenverschiebung ergeben ein solches Drehfeld. Der Zusammenhang der Feldkomponenten kann unter dieser Bedingung für kartesische Koordinaten durch die Gleichungspaare

$$B_x + i\,B_y = (\mu_1 + \mu_2)\,(H_x + i\,H_y)\,, \tag{8.70}$$

$$B_z = \mu_z\,H_z \tag{8.71}$$

und

$$B_x - i\,B_y = (\mu_1 - \mu_2)\,(H_x - i\,H_x)\,, \tag{8.72}$$

$$B_z = \mu_z\,H_z$$

dargestellt werden. Magnetfelder dieses Typs treten in zirkularpolarisierten Wellen auf, wobei die Gleichungen (8.70) und (8.72) den beiden Drehrichtungen der Polarisation entsprechen. Bei der Messung in einem Hohlraum ist dieser so zu erregen, daß an der Stelle, wo der Probekörper liegt, diese Bedingungen erfüllt sind.

Die Materialkonstanten erhält man aus den relativen Änderungen der Resonanzfrequenz $\Delta f/f_0$ und der Änderung der Dämpfung (Reziprokwert des Gütewertes) $\Delta d = \Delta(1/Q)$. Die diesbezüglichen Beziehungen können von Gl. (10.17) abgeleitet werden. Es ist

$$\frac{\Delta f_\varepsilon}{f_0} = \frac{-(\varepsilon_r' - 1)\,\underset{V_\varepsilon}{\int} \varepsilon_0 |E|^2\, dV}{\underset{V\,gesamt}{\int} (\varepsilon_0|E|^2 + \mu_0\,|H|^2)\,dV}\,K_1\,, \tag{8.73}$$

$$\frac{\Delta f_\mu}{f_0} = \frac{-(\mu_{r1}' \pm \mu_{r2}' - 1)\,\underset{V_\mu}{\int} \mu_0\,|H|^2\,dV}{\underset{V\,gesamt}{\int} (\varepsilon_0\,|E|^2 + \mu_0\,|H|^2)\,dV}\,K_2\,, \tag{8.74}$$

wenn in dem mit Luft gefüllten Hohlraum rein stehende Wellen auftreten und V_ε und V_μ den Raum bzw. das Volumen des Probekörpers bezeichnen. Es ergibt sich weiter

$$\Delta d_\varepsilon = \frac{2\,\varepsilon_r''(\Delta f_\varepsilon/f_0)}{1 - \varepsilon_r'} \tag{8.75}$$

und

$$\Delta d_\mu = \frac{2\,(\mu_{r1}'' \pm \mu_{r2}'')\,(\Delta f_\mu/f_0)}{1 - (\mu_{r1}' \pm \mu_{r2}')}\,, \tag{8.76}$$

wenn Δd die Differenz des Reziprokwertes des Gütewertes mit und ohne Probekörper ist.

Bei den Messungen der Materialkonstanten von Ferriten werden Hohlräume verschiedener Typen [*30, 31, 32*], hauptsächlich jedoch kreiszylindrischer Form verwendet.

Entsprechend einem Vorschlag des Verfassers können die Tensorkomponenten in einem quadratischen Hohlraum gemessen werden, welcher einem rechteckigen Hohlleiterstück der Länge $a = \lambda_g/2$ mit TE_{02}-Wellen entspricht ($a = \lambda_c$). Infolge dieser Bedingung ist die der Resonanzfrequenz entsprechende Wellenlänge $\lambda_0 = \sqrt{4/5}\,a$.

Der Hohlraum wird durch zwei kapazitive Antennen erregt, welche durch die quadratische Grundplatte in den Hohlraum hineinragen, wie es in Abb. 8.14 angedeutet ist. Die Antennen liegen in den Symmetrieebenen des Hohlraumes und werden mit 90° Phasenunterschied gespeist.

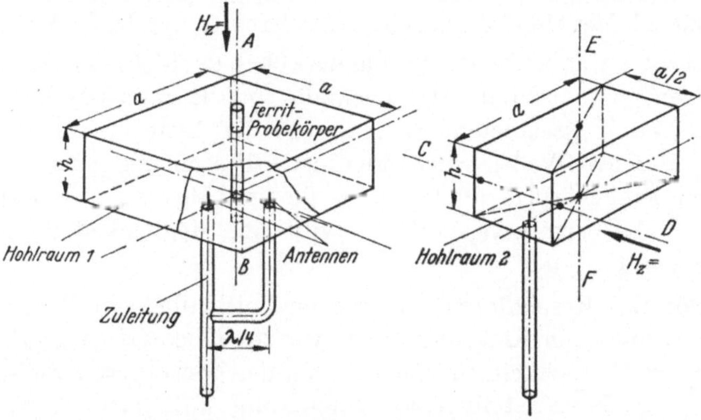

Abb. 8.14. Hohlräume mit Einkopplungsanordnungen für die Messung der Materialkonstanten von Ferriten

Zwei veränderliche Dämpfungsglieder und ein Phasenschieber in den Zuleitungen ermöglichen die Kompensation von unerwünschten Kopplungserscheinungen zwischen den beiden orthogonalen, von den Antennen erregten stehenden TE_{02}-Wellen und geben 90° Phasenunterschied. Die erwünschten Betriebseigenschaften können mit Hilfe einer rein induktiven Sonde (s. S. 281) eingestellt und geprüft werden. Die Sonde wird durch eine Öffnung in der Mitte der quadratischen Wand in den Hohlraum eingeführt. Bei Drehung der Sonde muß die Ausgangsspannung unabhängig von der Winkellage konstant bleiben. Die Öffnungen in der Mitte der quadratischen Flächen dienen gleichzeitig zur Einführung des dünnen stabförmigen Probekörpers, ohne daß es notwendig ist den Hohlraum zu zerlegen. Mit Hilfe zweier kapazitiver Sonden mit einem $\lambda/4$ entsprechenden Unterschied der Leitungslänge wird Energie für die Resonanzanzeige und die Gütewertmessung ausgekoppelt.

Der quadratische Hohlraum bietet den Vorteil einer einfachen Wellenform und einfacher Herstellbarkeit, wobei viele Teile für die Messung der Materialkonstanten μ_z und ε in einem weiteren rechteckigen Hohlraum (Hohlraum 2 der Abb. 8.14) mit den Abmessungen $a \times a/2$ verwendet werden können.

Die Messungen der Resonanzfrequenzen und Gütewerte der Hohlräume mit und ohne Probekörper ergeben die Materialkonstanten. Einführung entlang der Achse AB in Hohlraum 1 ergibt $\mu_1 \pm \mu_2$ [Gl. (8.74) und (8.76)], wobei der Quotient der Integrale den Wert $8\,F/5\,a^{2\,H}$ hat, und $K_2 = 2/(\mu'_{r\,1} \pm \mu'_{r\,2} + 1)$ ist. F ist der Querschnitt des Probekörpers. Bei Einführung in Hohlraum 2 entlang der Achse CD im magnetischen Wechselfeld parallel zum statischen Feld $H_z =$ erhält man μ_z. Der Quotient der Integrale ist $F/5\,a\,h$ und $K_2 = 1$. Bei der Messung von ε wird das Ferritstäbchen entlang der Achse EF in den Hohlraum 2 eingeführt. Gl. (8.73) und (8.75) ergeben dessen Real- und Imaginärteil. Der Quotient der Integrale hat den Wert $4\,F/a^2$ und $K_1 = 1$.

Es ist zu erwähnen, daß ein magnetisches Drehfeld der für derartige Messungen erwünschten Art ebenfalls im Rechteck-Hohlleiter mit TE_{01}-Wellen in geeignetem Abstand von der Mitte (s. S. 112) bei rein fortschreitenden Wellen vorhanden ist. Einführung eines stäbchenförmigen Probekörpers an dieser Stelle und Messung des Reflexionsfaktors und Übertragungsfaktors ergibt eine Möglichkeit für die Feststellung von $\mu_1 \pm \mu_2$.

Ringförmige Resonatoren, in welchen mit Hilfe von Richtkopplern Wellen in nur einer Richtung erregt werden (TISCHER [*33, 34*]), bieten eine weitere Möglichkeit für die Messung der Tensorpermeabilität. Eine zweckmäßige Form stellt eine Ringleitung mit rechteckigem Querschnitt dar. Bei Erregung von TE_{01}-Wellen entsteht in geeignetem Abstand von der Mitte ein Drehfeld. Aus den Änderungen der Resonanzfrequenz und des Gütewertes bei Einführung eines Ferrit-Probekörpers an der Stelle des Drehfeldes können die magnetischen Materialkonstanten bestimmt werden.

8.8   Leitfähigkeitsmessung

Für ein leitendes Medium hat die Ausbreitungskonstante des elektromagnetischen Feldes den Wert

$$\gamma = \alpha + i\,\beta = \sqrt{i\,\omega\,\mu\,\sigma\left(1 + i\,\frac{\omega\,\varepsilon}{\sigma}\right)}. \qquad (8.77)$$

Die Einführung von Zahlenwerten zeigt, daß der Imaginärteil des Klammerausdruckes $\omega\,\varepsilon/\sigma$, welcher gleichzeitig dem Verhältnis von elektrischem Verschiebungsstrom zu Leitungsstrom proportional ist, für Kupfer bei 1 GHz den ungefähren Wert 10^{-10} hat. Für überwiegend leitende Materialien kann der Imaginärteil daher vernachlässigt werden.

Die Feldausbreitung erfolgt mit stark gedämpften Wellen, wobei α und β für fortschreitende Wellen den gleichen Wert

$$\alpha = \beta = \sqrt{\frac{\omega \mu \sigma}{2}} \qquad (8.78)$$

haben.

Wenn man annimmt, daß eine Welle von einer Grenzfläche in das Innere des Leiters eindringt, ist der Reziprokwert der Dämpfungskonstanten $1/\alpha$ diejenige Tiefe, in welcher die Feldstärkeamplituden auf den $1/e$-ten Teil derjenigen in der Grenzfläche abgeklungen sind. Dieser Wert wird mit Eindringtiefe oder äquivalente Leitschichtdicke bezeichnet. Nach Einführung von Zahlenwerten wird

$$d_i = \sqrt{\frac{2}{\omega \mu \sigma}} = 1{,}2 \cdot 10^{-4} \sqrt{\frac{\sigma_{Cu}}{\sigma}} \sqrt{\frac{1}{\mu_r}} \sqrt{\frac{3}{f[\text{GHz}]}} \ \text{cm} , \qquad (8.79)$$

wenn $\sigma_{Cu} = 5{,}7 \cdot 10^5$ S/cm ist.

Die Eindringtiefe entspricht gleichzeitig der Dicke einer Leiterschicht, in welcher bei konstant angenommenen Feldstärkeamplituden die gleiche Leistung verbraucht würde, wie in den gesamten im Leiter abklingenden und verbrauchten Wellen. Die konstanten Amplituden haben die Werte der Feldstärkeamplituden an der Grenzfläche. Abb. 8.15 zeigt den tatsächlichen und angenommenen Verlauf der Feldstärken bzw. des der magnetischen Feldstärke proportionalen Stromes in der Nähe der Grenzfläche. Diese Interpretation ermöglicht eine vereinfachte Darstellung der Entstehung der Leitungsverluste in Leitern. Man nimmt einen Leitungsstrom konstanter

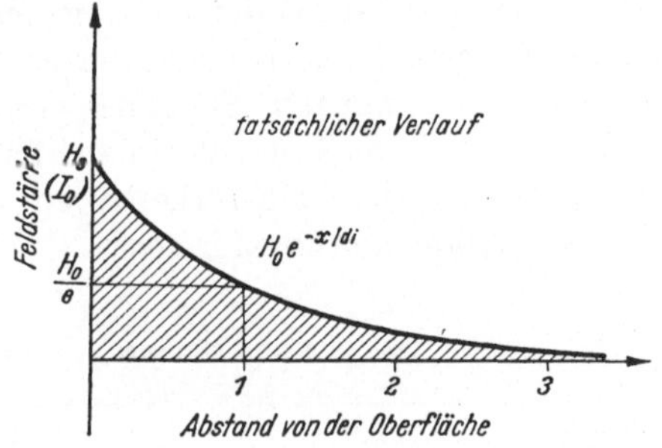

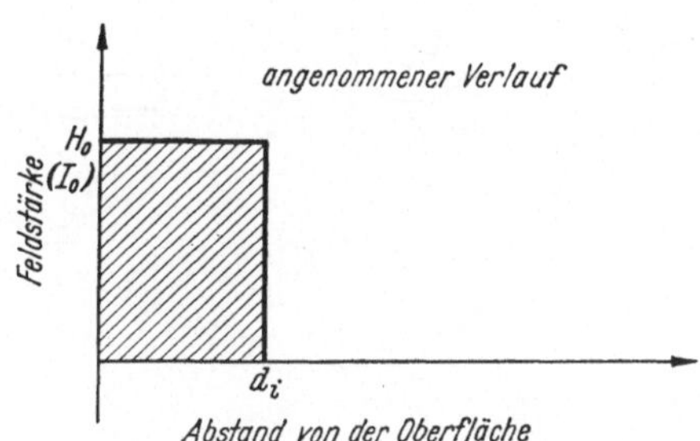

Abb. 8.15. Eindringen des Feldes in einem Leiter. Tatsächlicher und angenommener Verlauf

Amplitude an, welcher in einer Schicht der Dicke d_i längs der Oberfläche senkrecht zur Tangentialkomponente der magnetischen Feldstärke fließt. Die Verluste je Flächeneinheit haben den Wert

$$P_V = \frac{|H_t|^2}{2\,\sigma d_i} = \frac{1}{2}\,|H_t|^2\,r_f , \qquad (8.80)$$

wenn $r_f = 1/\sigma\, d_i$ der Flächenwiderstand ist. Gl. (8.80) ermöglicht die Berechnung der in einer Leitung je Längeneinheit verbrauchten Leistung.

Mit den Feldausbreitungskonstanten im Leiter und in Luft kann man den Grenzflächen-Reflexionsfaktor bestimmen, mit welchem eine senkrecht auf einem Leiter auftreffende Welle reflektiert wird. Es ist

$$\varrho = -1 + (1 + i)\, a \tag{8.81}$$

mit

$$a \approx 0{,}76 \cdot 10^{-4} \sqrt{\frac{\sigma_{Cu}}{\sigma}}\, \sqrt{\mu_r}\, \sqrt{\frac{f^{[\mathrm{GHz}]}}{3}}\,.$$

Diesem Reflexionsfaktor entspricht nach Einführung der Zahlenwerte beispielsweise für Kupfer bei 3 GHz $SWV = 2{,}62 \cdot 10^4$, ein Wert, welcher praktisch nicht meßbar ist.

Aus dem Verhältnis der je Längeneinheit einer Leitung verbrauchten zu der in der Leitung transportierten Leistung kann die Leitungsdämpfung berechnet werden. Sie hängt von der Querschnittsform der Leitung und weiter von der Wellenform ab. Die folgende Tabelle zeigt die Werte der Dämpfung der Feldstärke Np/cm für drei in diesem Zusammenhang interessierende Leitungsformen.

Tabelle 8.1. *Dämpfung verschiedener Leitungstypen*

Wellenform	TEM	TE_{10}	TE_{11}
Leitungs-form	(Koaxialleitung mit Durchmessern d und D)	(Rechteckhohlleiter mit Kantenlängen a und b)	(Rundhohlleiter mit Durchmesser D)
α_L (Luft)	$= \dfrac{r_f}{377}\, \dfrac{\frac{1}{d} + \frac{1}{D}}{\ln \frac{D}{d}}$	$\dfrac{r_f}{377}\, \dfrac{1}{b}\, \dfrac{1 + \frac{2b}{a}\left(\frac{\lambda_0}{\lambda_c}\right)^2}{\sqrt{1 - (\lambda_0/\lambda_c)^2}}$	$\dfrac{r_f}{377}\, \dfrac{2}{D}\, \dfrac{0{,}42 + \left(\frac{\lambda_0}{\lambda_c}\right)^r}{\sqrt{1 - (\lambda_0/\lambda_c)^2}}$
$\alpha_{L\,m}$ (mit Material gefüllt)	$\alpha_{L\,m} = \alpha_L \sqrt{\dfrac{\varepsilon_r}{\mu_r}}$	$\dfrac{r_f}{377}\, \dfrac{1}{b}\, \dfrac{\varepsilon_r \mu_r + \frac{2b}{a}\left(\frac{\lambda_0}{\lambda_c}\right)^2}{\sqrt{\varepsilon_r \mu_r - (\lambda_0/\lambda_c)^3}}\, \dfrac{1}{\mu_r}$	$\dfrac{r_f}{377}\, \dfrac{2}{D}\, \dfrac{0{,}42\,\varepsilon_r \mu_r + \left(\frac{\lambda_0}{\lambda_c}\right)^2}{\sqrt{\varepsilon_r \mu_r - (\lambda_0/\lambda_c)^2}}\, \dfrac{1}{\mu_r}$
λ_c	∞	$2\,a$	$1{,}705\ D$

$$r_f = \frac{1}{\sigma\, d_i} = 1{,}43 \cdot 10^{-2} \sqrt{\frac{\sigma_{c\,u}}{\sigma}}\, \sqrt{\mu_r}\, \sqrt{\frac{f^{[\mathrm{GHz}]}}{3}} \qquad \text{Flächenwiderstand in } \Omega$$

Der Zusammenhang zwischen den Leitungsdämpfungen α_L und der Leitfähigkeit eines Materials, aus welchem eine Leitung hergestellt ist, legt es nahe, σ auf Grund der Messung von α_L zu bestimmen. Eine solche Messung kann z. B. mit Hilfe der Meßleitung an einer am Ende kurz geschlossenen Leitung der Länge L erfolgen. Es ist

$$\varrho_{ein} = (-1)\, e^{-2\,(\alpha_L + i\beta_L)\, L}. \tag{8.82}$$

Für kleine Dämpfungen kann die Exponentialfunktion durch die Reihenentwicklung ersetzt werden, wobei sich angenähert

$$SWV_{ein} \approx \frac{1}{\alpha_L L} \tag{8.83}$$

ergibt.

Bei derartigen Dämpfungsmessungen ist es vorteilhaft, einen Transformator der in Abschn. 8.5 beschriebenen Form zu verwenden. Weiter soll das kurzgeschlossene Leitungsstück, welches ganz oder teilweise aus dem zu untersuchenden Material besteht, zur Erhöhung der Meßgenauigkeit eine solche Querschnittsform haben, daß die Dämpfung möglichst groß wird. Für Hohlleiter eignen sich Rechteckquerschnitte geringer Höhe, bei Messungen an Koaxialleitungen ist es zweckmäßig, den Innenleiter, welcher z. B. allein aus dem zu untersuchenden Material besteht, möglichst dünn herzustellen. Die Möglichkeit der Erregung von Hohlleiterwellen in der Koaxialleitung ist zu beachten.

Da für die Messung aus dem zu untersuchenden Material häufig ein spezielles Leitungsstück hergestellt werden muß, ist zu untersuchen, ob nicht die Herstellung eines Hohlraumes und die Messung der Leitfähigkeit auf dem Umweg über den Gütewert zweckmäßiger ist.

Die Gütewerte, welche von der Form des Hohlraumes und der Feldstärkeverteilung abhängen, sind in Abschn. 7 eingehend behandelt. Für die Messung mit Hilfe eines Hohlraumes ist gegebenenfalls eine Form zu wählen, welche möglichst große Verluste und einen möglichst niedrigen Gütewert ergibt.

Bei Leitfähigkeitsmessungen kann häufig festgestellt werden, daß die in dem Mikrowellengebiet gemessenen Werte nicht mit den Gleichstromwerten übereinstimmen. Dies ist in den meisten Fällen auf den Einfluß der Oberflächenbeschaffenheit zurückzuführen. Die Oberfläche hat infolge der mechanischen Bearbeitung bei der Herstellung, stark vergrößert, die Form einer Gebirgslandschaft, wodurch die Fläche und die zu dieser proportionalen Verluste vergrößert werden. Spezielle Bearbeitungs- und Nachbehandlungsmethoden, z. B. Elektropolieren, verbessern die Oberflächenbeschaffenheit und bringen den gemessenen Wert der Leitfähigkeit in die Nähe des Gleichstromwertes. Chemische Veränderungen der Oberflächen sind ebenfalls zu beachten.

8.9   Materialkonstanten einiger Dielektrika und Leiter

*Richtwerte für die Dielektrizitätskonstanten und Verlustwinkel
einiger Stoffe bei 3 GHz*

	ε'_r	$\mathrm{tg}\,\delta \cdot 10^{+4}$		ε'_r	$\mathrm{tg}\,\delta \cdot 10^{+4}$
Luft	1,0006	—	Holz	2,8	1500
Polyfoam (Trolitul-			Eis	3	30
schaum)	1,025	0,64	Pertinax	3,5	1100
Teflon)	2,02	1,2	Quarz	4,5	2
Polystyren (Trolitul	2,38	11	Keramik (Mg.-Verb)	6	10
Polyetylen	2,15	12	Glimmer	7	3
Textolite	2,43	8,2	Wasser	80	1500
Plexiglas	2,6	60			

Richtwerte für die Leitfähigkeit einiger Metalle

	$\sigma \cdot 10^{-5}$ S/cm		$\sigma \cdot 10^{-5}$ S/cm
Silber	6,1	Aluminium	3,4
Kupfer	5,8	Messing	1,3
Gold	4,1	Eisen	0,9

Konstanten für den Zusammenhang der Feldgrößen im Vakuum

$$\varepsilon_0 = \frac{D_0}{E_0} = 0{,}08859 \cdot 10^{-12}\ \frac{A_{\text{sek}}}{\text{cm}^2}\bigg/\frac{V}{\text{cm}}\ ; \qquad \mu_0 = \frac{B_0}{H_0} = 1{,}256 \cdot 10^{-8}\ \frac{V_{\text{sek}}}{\text{cm}^2}\bigg/\frac{A}{\text{cm}}\ .$$

Literatur

[1] HORNER, F., and others: Resonance methods of dielectric measurement at centimetre wavelengths. J. Instn elect. Engrs, (III A), Jan. **1946**, 53—67.

[2] SMITH, C. N., and R. C. ROACH: Dielectric measurements at centimetre wavelengths. J. Instn elect. Engrs, (III A), **1946**, No. 9, 1462—1466.

[3] LAMB, J.: Dielectric measurement at wavelengths around 1 cm by means of an H_{01} cylindrical-cavity resonator. J. Instn elect. Engrs, (III A), **1946**, No. 9, 1447—1451.

[4] WORKS, C. N.: Resonant cavities for dielectric measurements. J. appl. Phys., July **1947**, 605—612.

[5] ROBERTS, S., and A. VON HIPPEL: A new method for measuring dielectric constant and loss in the range of centimetre waves. J. appl. Phys., **1946**, 610—616.

[6] DAKIN, T. W., and C. N. WORKS: Microwave dielectric measurements. J. appl. Phys., Sept. **1947**, 789—796.

[7] COLLIE, C. H., J. B. HASTED and D. M. RITSON: The cavity resonator method of measuring the dielectric constants of polar liquids in the centimetre band. Proc. phys. Soc., Jan. **1948**, 71—82.

[8] SURBER, W. H., jr.: Universal curves for dielectric filled wave guides and microwave dielectric measurement methods for liquids. J. appl. Phys., June **1948**, 514—523.

[9] JEN, C. K.: A method for measuring the complex dielectric constant of gases at microwave frequencies by using a resonant cavity. J. appl. Phys., July **1948**, 649—653.

[10] SURBER, W. H., jr. and G. F. CROUCH: Dielectric measurement methods for solids at microwave frequencies. J. appl. Phys., Dec. **1948**, 1130—1139.

[11] SHARPLES, N. A., with T. S. England: Dielectric properties of the human body in the microwave region of the spectrum. Nature, London, March 1949, 487—488.

[12] BORGNIS, F.: Measurements on dielectric materials in the centimetre-wave region at high temperatures. Helv. phys. Acta, April 1949, 149—154.

[13] BIRNBAUM, G., and J. FRANEAU: Measurement of the dielectric constant and loss of solids and liquids by cavity perturbation method. J. appl. Phys., Aug. 1949, 817—818.

[14] POWLES, J. G., and W. JACKSON: The measurement of the dielectric properties of high-permittivity materials at centimetre wavelengths. Proc. Instn elect. Engrs, Sept. 1949, 383—389.

[15] LEDINEGG, E., u. E. FEHRER: Über neue Methoden zur Bestimmung der Dielektrizitätskonstanten im cm-Wellenbereich. Acta Phys. Austriaca, März 1949, 82—110.

[16] HOLTUM, A. G., jr.: Complex dielectric-constant measurements in the 100—1000 Mc-range. Proc. Inst. Radio Engrs, July 1950, 883—885.

[17] KREFT, W.: Messungen temperaturabhängiger dielektrischer Eigenschaften von Isolierstoffen bei Dezimeterwellen. Fernmeldetech. Z., Juni 1950, 203—211.

[18] GEWERS, M.: Messung der Dielektrizitätskonstante und des Verlustwinkels fester Stoffe. Philips Techn. R., Sept. 1951, 61—71.

[19] KELLY, J. M., J. O. STENOIEN and D. E. ISBELL: Waveguide measurements in the microwave region on metall-powders suspended in paraffin wax. J. appl. Phys., March. 1953, 258—261.

[20] WEISSFLOCH, A.: Ein Verfahren zur Messung sehr kleiner bzw. sehr großer Scheinwiderstände im Dezimeter- und Zentimeterwellengebiet. Elektrotech. Z., Juli 1943, 377—379.

[21] POLEY, J. P.: The computation of the complex dielectric constant from microwave impedance measurements. Appl. sci. Res., 1954, No. 3, 173—176.

[22] BUCHANAN, T. J., and E. H. GRANT: Phase and amplitude balance methods for permittivity measurements between 4 and 50 cm. Brit. J. appl. Phys., Feb. 1955, 64—66.

[23] MISSIO, D.: Microwave measurements on low-loss dielectrics. Alta Frequenza, June 1955, 219—237.

Messung der komplexen Permeabilität

[24] LINDENHOVIUS, H. J., and J. C. VAN DER BREGGEN: The measurement of permeability and magnetic losses of non-conducting ferromagnetic material at high frequencies. Philips Res. Rep., Febr. 1948, 37—45.

[25] BIRKS, J. B.: The measurement of the permeability of low-conductivity ferromagnetic materials at centimetre wavelengths. Proc. phys. Soc., March 1948, 282—292.

[26] PISTOULET, B.: Sur le compartement des poudres ferromagnétiques jusquà 24.000 Mc. Ann. Télécommun., Jan.-Mars 1952, 27—45, 85—97 et 127—138.

[27] OKAMURA, T., T. FUJIMURA and M. DATE: Dielectric constant and permeability of various ferrites in the microwave region. Phys. Rev., March. 1952, 1041—1042.

[28] SAKIOTIS, N. G., and H. N. CHAIT: Ferrites at microwaves. Proc. Inst. Radio Engrs, Jan. 1953, 87—93.

[29] LEDINEGG, E., u. P. URBAN: Zur Bestimmung der scheinbaren Permeabilität von ferromagnetischen Metallen im Zentimeterwellengebiet. Arch. elekt. Übertragung, Juli 1953, 523—530.

[30] SPENCER, E. G., R. C. LECRAW and F. REGGIA: Circularly polarized cavities for measurement of tensor permeabilities. J. appl. Phys., March 1955, 354—355.

[*31*] SPENCER, E. G., R. C. LeCRAW and F. REGGIA: Measurement of microwave dielectric constants and tensor permeabilities of ferrite spheres. Inst. Radio Engrs, Convention Record, Part 8, **1955**, 117—120.

[*32*] LeCRAW, R C., and E. G. SPENCER: Tensor permabilities of ferrites below magnetic saturation. Inst. Radio Engrs Convention Record, Part 5, **1956**, 66—74.

[*33*] TISCHER, F. J.: Resonance properties of ring circuits. Inst. Radio Engrs, Transactions PG MTT-5, Jan. **1957**, 51—56.

[*34*] TISCHER, F. J., Resonant properties; of ring circuits with ferrites. Inst. Radio Engrs, Annual PGMTT-Meeting, May **1957**, New York.

Leitfähigkeitsmessung

[*35*] MAXWELL, E.: Conductivity of metallic surfaces at microwave frequencies. J. appl. Phys., July **1947**, 629—638.

[*36*] SERIN, B.: The conductivity of metals at microwave frequencies. Phys. Rev., Dec. **1947**, 1261—1262.

[*37*] MORGAN, S. P., jr.: Effect on surface roughness on eddy current losses at microwave frequencies. J. appl. Phys., April **1949**, 352—362.

[*38*] BECK, A. C., and R. W. DAWSON: Conductivity measurements at microwave frequencies. Proc. Inst. Radio Engrs, Oct. **1950**, 1181—1189.

[*39*] PAGHIS, I.: Surfaces losses in elmagn. cavity resonators. Canad. J. Phys., March **1952**, 174—184.

[*40*] BENSON, F. A.: Waveguide attenuation and its correlation with surface roughness. Proc. Instn elect. Engrs, March **1953**, 85—90.

[*41*] TISCHER, F. J.: Die elektrischen Eigenschaften dünner aufgedampfter Silberschichten bei 3000 MHz. Z. angew. Phys., Nov. **1953**, 413—415.

9 Antennenmessung

9.1 Antennen, ihre Eigenschaften und charakteristischen Daten

Antennen stellen Übergangselemente zwischen Leitungen und dem freien Raum dar. Die in Koaxialleitungen und Hohlleitern vorhandenen Wellenformen werden in den Antennen umgewandelt und ergeben im freien Raum fortschreitende Wellen. In den Empfangsantennen hat die Umwandlung entgegengesetzte Richtung. Richtantennen ergeben gebündelte angenähert ebene Wellen, Rundstrahler zylindrische Wellen.

Ein Mikrowellen-Übertragungsweg, bestehend aus Sendeantenne, Übertragungsraum und Empfangsantenne, hat als Durchgangselement betrachtet die gleichen Eigenschaften wie ein verlustbehaftetes Durchgangselement. Der größte Teil der Sendeleistung wird in dem zwischen den Antennen liegenden und die Antennen umgebenden Raum verbraucht, der Rest gelangt in die Leitung zum Empfänger. Wie für die übrigen Durchgangselemente mit isotropen Medien und gleichartigen Zuleitungen, gilt für den Übertragungsweg das Gesetz der Gleichheit der Übertragungsfaktoren in beide Richtungen $\tau_{12} = \tau_{21}$. Wenn Sende- und Empfangsantenne und ihre Umgebungen gleich sind, ist der Übertragungsweg und das entsprechende Ersatz-Durchgangselement symmetrisch und $\varrho_1 = \varrho_2$. Daraus folgt, daß eine Antenne als Sende- und Empfangsantenne grundsätzlich die gleichen Eigenschaften besitzt, und daß, als eine für die Meßtechnik wichtige Folge, die Eigenschaften gleichwertig entweder in der Wirkungsweise als Sende- oder als Empfangsantenne gemessen werden können.

Es gibt eine sehr große Zahl von Möglichkeiten für den inneren Aufbau der Antennen, deren Beschreibung den Rahmen dieses Buches sprengen

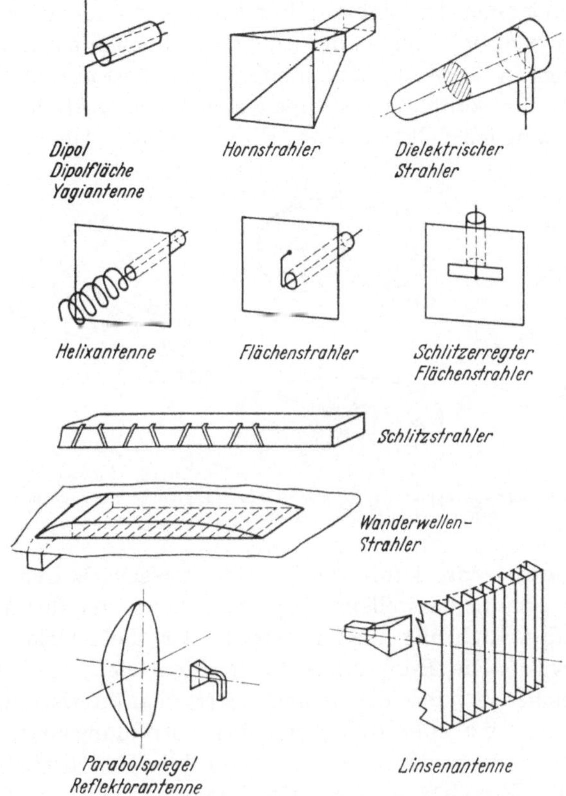

Abb. 9.1. Die wichtigsten Antennenarten

würde. Zur Orientierung sind in Abb. 9.1 die wichtigsten Antennenarten dargestellt. Mit verschiedenen Antennenarten können gleiche oder ähnliche Betriebseigenschaften erzielt werden. Für den Betrieb von Antennen sind, ausgehend von ihrer Wirkungsweise als Übertragungselement, hauptsächlich folgende Eigenschaften maßgebend: die Leitungs- bzw. Wellenformen an Ein- bzw. Ausgang, die Anpassung, die Bandbreite und weiter der Frequenzbereich und Wirkungsgrad.

Von den Betriebeigenschaften sind die Wellenform, welche von einer Antenne erregt wird oder für welche sie empfänglich ist, die Anpassung und die Bandbreite die wichtigsten. Die Formen der Anschlußleitungen sind abhängig vom Frequenzbereich genormt und können durch Übergangsstücke, z. B. zwischen Koaxialleitungen und Hohlleitern, überbrückt werden. Der Wirkungsgrad der Antennen ist im allgemeinen sehr hoch und fällt gegenüber den Gesamtverlusten einer Übertragungsanlage nicht wesentlich ins Gewicht.

Die von der Antenne zu erregende Wellenform hängt von dem Verwendungszweck einer Antenne ab. Für Richtverbindungen werden z. B. Richtstrahler benötigt, welche die Energie hauptsächlich in eine bevorzugte Richtung in der Form gebündelter angenähert ebener Wellen ausstrahlen. Rundfunkantennen strahlen angenähert zylindrische Wellen aus, welche möglichst längs einer Ebene parallel zur Erdoberfläche

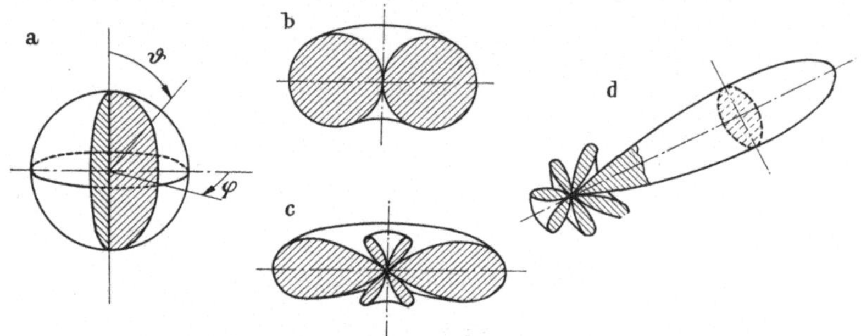

Abb. 9.2 a—d. Typische räumliche Strahlungsdiagramme von Antennen.
a) Kugelstrahler, b) u. c) Rundstrahler, d) Richtstrahler

gebündelt sind. Man kann die Strahlungseigenschaften durch ein Strahlungsdiagramm darstellen, wobei ausgehend von der Antenne im Zentrum, jeder Richtung die Amplitude der Feldstärke als Größe zugeordnet wird. Die Endpunkte dieser Richtungsgrößen liegen auf Flächen, welche je nach der Antennenart charakteristische Formen haben. In Abb. 9.2 sind die räumlichen Strahlungsdiagramme für Kugelstrahler (isotroper Strahler), Rundstrahler und Richtstrahler angedeutet. Der Kugelstrahler ist eine hypothetische, praktisch nicht realisierbare Antenne, welche gemäß der Annahme gleichmäßig in alle Richtungen strahlt. Der Kugelstrahler erlaubt einen zweckmäßigen Vergleich der Eigenschaften beliebiger Antennen untereinander. Rundstrahler strahlen bevorzugt in einer Ebene oder längs einer Kegelfläche; das Strahlungsdiagramm ist rotationssymmetrisch. Lineare Strahler, z. B. der HERTZsche Dipol und $\lambda/2$-Dipole gehören in diese Gruppe. Das räumliche Strahlungsdiagramm des HERTZschen Dipols (Abb. 9.2b) ist eine Rotationsfläche, deren Schnitt in einer Meridianebene ein Kreis ist. Bei vertikaler Bündelung der Ausstrahlung durch

Anordnung mehrerer Dipole übereinander hat das Diagramm die in Abb. 9.2c angedeutete Form. Ein Beispiel für das Diagramm eines Richtstrahlers ist in Abb. 9.2d gezeigt. Es hat in der Nähe der bevorzugten Richtung Zigarrenform und ist, wenn die Antenne um die Strahlungsrichtung symmetrisch ist, ebenfalls ungefähr rotationssymmetrisch. Für große Winkelabweichungen erhält man komplizierte Flächen, welche im Schnitt Nebenzipfel ergeben.

9.2 Gewinnfaktor und effektive Antennenfläche

Die Güte einer Antenne bezüglich ihrer Richtwirkung kann man durch einen Gewinnfaktor ausdrücken. Der Gewinnfaktor gibt an, um welches Vielfache der Leistungsfluß in der Hauptstrahlrichtung denjenigen einer Referenzantenne, z. B. des Kugelstrahlers, bei gleicher Sendeleistung übersteigt. Als Referenzantennen dienen neben dem Kugelstrahler gegebenenfalls der HERTZsche Strahler und der $\lambda/2$-Dipol. Wenn der Gewinnfaktor einer Sendeantenne und die Sendeleistung bekannt sind, kann man direkt die Feldstärke des Fernfeldes an einem Empfangsort in der Hauptstrahlrichtung angeben. Wegen der Einfachheit der Rechnung wird der Kugelstrahler als Referenzantenne bevorzugt. Mit P_s als Sendeleistung hat der Leistungsfluß je Flächeneinheit im Abstand r, welcher von einem Kugelstrahler hervorgerufen wird, den Wert

$$p_K = \frac{P_s}{4\,\pi\,r^2}. \tag{9.1}$$

Multipliziert mit G_s dem Gewinnfaktor der Sendeantenne erhält man den von dieser Antenne hervorgerufenen Leistungsfluß und weiter die Feldgrößen E und H am Empfangsort. Es ist

$$p_e = \frac{1}{2}\,\frac{|E|^2}{Z_0} = \frac{1}{2}\,|H|^2\,Z_0 = \frac{P_s\,G_s}{4\,\pi\,r^2}. \tag{9.2}$$

Es wird hier vorausgesetzt, daß der Abstand r, verglichen mit der Wellenlänge und den Dimensionen der Antenne, sehr groß ist, so daß die Wellenfortpflanzung ungefähr in der Form ebener Wellen erfolgt. Z_0 ist eine Konstante für den Zusammenhang zwischen E und H (Wellenwiderstand des freien Raumes, $Z_0 = E/H$) mit dem Wert $120\,\pi$.

Für die Angabe der Güte von Empfangsantennen wird die Absorptionsfläche oder effektive Antennenfläche A bevorzugt. Sie stellt jene Fläche des ungestörten Feldes am Empfangsort dar, durch welche die gleiche Leistung hindurchtritt, wie von der Antenne empfangen und als Nutzleistung dem Empfänger zugeführt wird. Einführung der Absorptionsfläche der Empfangsantenne A_e in Gl. (9.2) ergibt die nutzbare Empfangsleistung;

$$P_e = p_e\,A_e = \frac{P_s\,G_s\,A_e}{4\,\pi\,r^2}. \tag{9.3}$$

Auf Grund des Reziprozitätsgesetzes muß zwischen Gewinnfaktor und Absorptionsfläche ein Zusammenhang bestehen. Er kann abgeleitet werden, indem man annimmt, daß die Empfangsantenne mit der Absorptionsfläche A_e bei Betrieb als Sendeantenne wie ein Flächenstrahler mit der gleichen effektiven Fläche ebene Wellen ausstrahlt. Der Gewinnfaktor dieser Antenne ergibt den Zusammenhang. Die praktische Verwirklichung kann man sich so denken, daß in einer für Wellen undurchlässigen Wand ein rechteckiger Ausschnitt vorhanden ist, welcher von der Rückseite mit

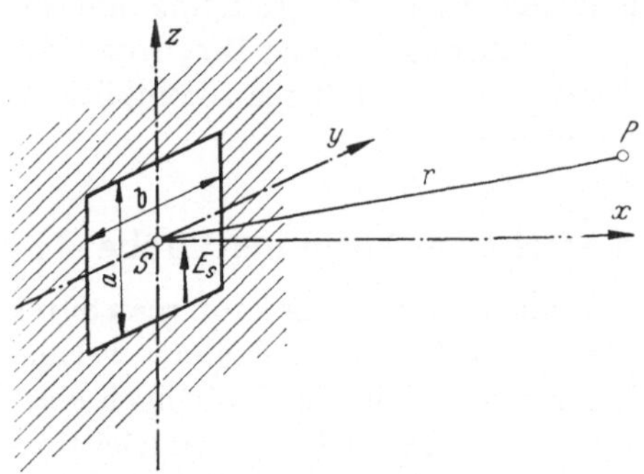
Abb. 9.3. Angestrahlter Blendenausschnitt als Strahler

ebenen Wellen angestrahlt wird. Der sekundlich durch den Blendenausschnitt mit der Fläche $F = a \cdot b$ hindurchtretende Energieinhalt der Wellen stellt die Sendeleistung dar. (Abb. 9.3);

$$P_s = p_s \, a \, b = \frac{1}{2} \frac{|E_s|^2}{Z_0} F \, . \tag{9.4}$$

Entsprechend dem HUYGENSchen Prinzip ist die elektrische Feldstärke E_e am Empfangsort P im Abstand r $(r \gg a, b > \lambda)$

$$E_e = k \int_F E_s \frac{e^{-i\beta r}}{r} \, dF \, , \tag{9.5}$$

wenn $\beta = 2\pi/\lambda_0$ ist. Den Wert der Konstanten k erhält man auf Grund einer Vergleichsrechnung unter der Annahme, daß der Blendenausschnitt unendlich groß ist, so daß die ebenen Wellen ungehindert fortschreiten können. Die Integration des Beitrages der Wellen in der y–z-Ebene von $-\infty$ bis $+\infty$ ergibt $k = i\beta/2\pi$. Eingeführt in Gl. (9.5) erhält man

$$E_e = \frac{i\beta}{2\pi} \int_F \frac{E_s}{r} e^{-i\beta r} \, dF. \tag{9.6}$$

Das Maximum der Empfangsfeldstärke im Abstand r liegt auf der x-Achse, seine komplexe Amplitude ist

$$E_e = \frac{i\beta}{2\pi} \frac{E_s}{r} F \, e^{-i\beta r} ,$$

da E_s im Blendenausschnitt und r wegen der Bedingung $r \gg a, b$ konstant angenommen werden. Der Absolutwert ist

$$|E_e| = \frac{|E_s| \cdot F}{\lambda_0 \cdot r} \, .$$

Der Leistungsfluß hat den Wert

$$p_e = \frac{1}{2}\,\frac{|E_s|^2\,F^2}{Z_0\,\lambda_0^2\,r^2}\,. \tag{9.7}$$

Vergleich mit dem Leistungsfluß bei Ausstrahlung der gleichen Sendeleistung mit einem Kugelstrahler

$$p_K = \frac{1}{2}\,\frac{|E_s|^2\,F}{Z_0\cdot 4\,\pi\,r^2}$$

ergibt den gesuchten Zusammenhang zwischen Gewinnfaktor und effektiver Antennenfläche

$$G = \frac{p_e}{p_K} = \frac{4\,\pi}{\lambda_0^2}\,F\;;\qquad F = A_{e,s}\,. \tag{9.8}$$

Mit der Beziehung der Gl. (9.8) kann man die Empfangsleistung nur durch die Antennenflächen oder die Gewinnfaktoren darstellen. Es ist

$$P_e = P_s\,\frac{A_s\,A_e}{\lambda_0^2\,r^2} = P_s\,G_s\,G_e\left(\frac{\lambda_0}{4\,\pi\,r}\right)^2\,. \tag{9.9}$$

Gl. (9.9) ermöglicht einfache Methoden für die experimentelle Bestimmung der Gewinnfaktoren und Antennenflächen.

Vom Gewinnfaktor bzw. von der effektiven Antennenfläche können weiter ungefähre Angaben über die zu erwartende Strahlschärfe von Richt- und Rundstrahlantennen abgeleitet werden. Man nimmt hierbei an, daß die gesamte Energie innerhalb eines die Strahlschärfe definierenden Winkels homogen ausgestrahlt wird. Die Energie des Richtstrahlers tritt im Abstand r durch eine quadratische Fläche des Inhaltes a^2 und diejenige des Rundstrahlers durch eine Zylinderfläche der Breite a, wie es in Abb. 9.4a und 9.4b angedeutet ist.

Der Transport der von einem Kugelstrahler in alle Richtungen gleichmäßig ausgestrahlten Sendeleistung

$$P_s = \frac{1}{2}\,\frac{|E_K|^2}{Z_0}\,4\,\pi\,r^2$$

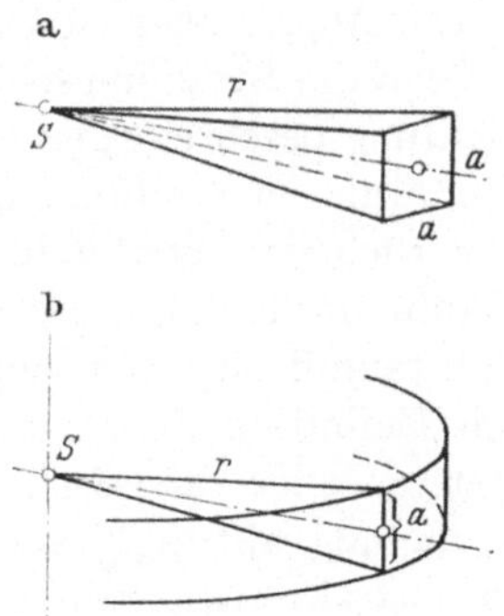

Abb. 9.4 a u. b. Zu: Richtschärfe des homogenen Richt- und Rundstrahlers

ist bei dem homogenen Richtstrahler in dem pyramidenförmigen Raum konzentriert, wobei die Feldstärke im Abstand r durch den Gewinnfaktor G definiert ist:

$$|E_e|^2 = |E_K|^2\cdot G\,.$$

Die Fläche a^2 muß einen solchen Wert haben, daß die durch sie hindurchtretende Leistung und die ursprüngliche Sendeleistung gleich sind:

$$\frac{1}{2}\,\frac{|E_e|^2}{Z_0}\cdot a^2 = P_s\,.$$

Kombination der drei Gleichungen ergibt für die ungefähre Strahlbreite des Richtstrahlers

$$\frac{a}{r} = \sqrt{\frac{4\,\pi}{G}} = \sqrt{\frac{4\,\pi\,\lambda_0^2}{4\,\pi\,F}} = \frac{\lambda_0}{\sqrt{A}}.$$

(9.10)

Bei dem Rundstrahler wird die Leistung angenähert homogen zwischen zwei Kegelflächen transportiert; sie tritt im Abstand r durch eine zylindrische Fläche der Breite a. Es ist

$$P_s = \frac{1}{2}\,\frac{|E_e|^2}{Z_0}\,2\,\pi\,r\,a,$$

und weiter

$$\frac{a}{r} = \frac{2}{G} = \frac{\lambda_0^2}{2\,\pi\,A}.$$

(9.11)

Bezugnahme des Gewinnfaktors auf den HERTZschen Dipol und $\lambda/2$-Dipol ($G = 1{,}5\,G_H = 1{,}63\,G_{\lambda/2}$) ergibt für die durch a/r definierte Strahlbreite des Rundstrahlers

$$\frac{a}{r} = \frac{4}{3}\,\frac{1}{G_H} = \frac{1{,}24}{G_{\lambda/2}}.$$

(9.12)

9.3 Das Strahlungsdiagramm und seine Auswertung

Die Angabe des Gewinnfaktors bzw. der effektiven Antennenfläche, welche die Strahlungseigenschaften einer Antenne in der Hauptstrahlrichtung beschreibt, ist in vielen Fällen nicht ausreichend; häufig ist die Kenntnis der Strahlung in unerwünschte Richtungen, z. B. bei Antennen für Richtstrahlverbindungen, eben so wichtig wie obige Daten. Das Strahlungsdiagramm, welches die relative Feldstärke in die verschiedenen räumlichen Richtungen angibt, ist dabei ein wertvolles Hilfsmittel zur Definition der Eigenschaften. Das Diagramm kann in Polarkoordinaten oder kartesischen Koordinaten ausgeführt sein, wobei die Feldverteilung abhängig von den Winkelkoordinaten ϑ und φ (Abb. 9.2 a) in charakteristischen Ebenen graphisch dargestellt ist. Rundstrahlantennen und kreissymmetrische Richtstrahler benötigen, da ihre räumlichen Strahlungsdiagramme symmetrisch sind, nur die Angabe der Verteilung des Fernfeldes in einer Meridianebene der Symmetrieachse. Bei unsymmetrischen Richtstrahlern gibt man allgemein die Feldstärkeverteilung in zwei aufeinander senkrecht stehenden Ebenen in der ϑ- und φ-Richtung an. Als Radius oder Ordinate wird meist das Feldstärkeverhältnis in db unter dem Maximalwert in der Hauptstrahlrichtung oder das entsprechende Feldstärkequadrat bzw. das Quadrat des Reziprokwertes aufgetragen.

Von dem Strahlungsdiagramm, welches bei graphischer Darstellung der Feldstärkequadrate den Leistungfluß in die verschiedenen Richtungen angibt, können der Gewinnfaktor und die effektive Antennenfläche abgeleitet werden. Der Gewinnfaktor ist das Verhältnis von erzieltem Feldstärkequadrat in der Hauptstrahlrichtung zu dem Feldstärkequadrat eines Kugelstrahlers bei gleicher Sendeleistung;

$$G = \frac{|E_{max}|^2}{|E_K|^2} \,. \tag{9.13}$$

Die Sendeleistung erhält man weiter aus einem Integral über das Strahlungsdiagramm:

$$P_s = \frac{1}{2} \int\limits_F \frac{|E(\vartheta, \varphi)|^2}{Z_0} \, dF = \frac{1}{2} r^2 \int\int \frac{|E(\vartheta, \varphi)|^2}{Z_0} \sin\vartheta \, d\vartheta \, d\varphi \,. \tag{9.14}$$

Die Feldstärke, welche von einem Kugelstrahler in gleichem Abstand r hervorgerufen wird, ist

$$|E_K|^2 = \frac{2\,P_s\,Z_0}{4\,\pi\,r^2} \,.$$

Einführung in Gl. (9.13) ergibt

$$G = \frac{4\,\pi}{\displaystyle\int\int \frac{|E(\vartheta, \varphi)|^2}{|E_{max}|^2} \sin\vartheta \, d\vartheta \, d\varphi} \,. \tag{9.15}$$

Für Rundstrahlantennen und kreissymmetrische Richtantennen kann das Integral der Gl. (9.15) vereinfacht werden, wenn man die Symmetrieachse mit der Richtung $\vartheta = 0$ zusammenfallen läßt. Da das Diagramm von φ unabhängig ist, ergibt Integration in der φ-Richtung $2\,\pi$. Für G_s des rotationssymmetrischen Strahlers erhält man

$$G_{sym} = \frac{2}{\displaystyle\int\limits_0^\pi \frac{|E(\vartheta)|^2}{|E_{max}|^2} \sin\vartheta \, d\vartheta} \,. \tag{9.16}$$

Die Einführung des Wertes 1 für das Verhältnis der Feldstärkequadrate ergibt bei Ausrechnung des Integrals den der ursprünglichen Definition entsprechenden Wert 1 für den Gewinn des Kugelstrahlers.

Das Strahlungsdiagramm eines HERTZschen Strahlers (Abb. 9.2 b) ist in Polarkoordinaten, als Funktion von ϑ aufgetragen, ein Kreis. Das Feldstärkequadrat kann dementsprechend durch

$$|E(\vartheta)|^2 = |E_{max}|^2 \sin^2\vartheta$$

dargestellt werden. Wenn man diesen Wert in Gl. (9.16) einführt, ergibt die Rechnung für den Gewinn des HERTZschen Strahlers

$$G_{Hertzscher\ Strahler} = 1{,}5 \,.$$

In vielen Fällen, wenn das Strahlungsdiagramm einer unsymmetrischen Richtantenne in zwei Ebenen bekannt ist

$$E^2\left(\frac{\pi}{2} + \Delta\vartheta, \varphi\right) = E_{max}^2\, f_1(\Delta\vartheta)\, f_2(\varphi) \,,$$

und wenn die Seitenzipfel klein sind, kann der Gewinnfaktor mit Hilfe
einer vereinfachten Form der Gl. (9.15) berechnet werden. Es ist

$$G \approx \frac{4\,\pi}{\int f_1(\Delta\vartheta)\,d\vartheta \cdot \int f_2(\varphi)\,d\varphi}\,, \tag{9.17}$$

mit $\sin(\pi/2 + \Delta\vartheta) \approx 1$. Die Integrale erhält man mit dem Planimeter.

Das Strahlungsdiagramm wird hauptsächlich meßtechnisch bestimmt,
da seine Berechnung schwierig ist und in vielen Fällen nur angenäherte
Resultate ergibt. Eine der Berechnungsmethoden, diejenige mit Hilfe
der KIRCHHOFFschen Gleichung, soll hier benützt werden, um einige für
die Meßtechnik wertvolle Beziehungen abzuleiten. Die Berechnungs-
methode ergibt mit genügender Genauigkeit das Strahlungsdiagramm
in der Umgebung der Hauptstrahlrichtung. Bezüglich genauerer
Methoden wird auf die Fachliteratur verwiesen.

Die KIRCHHOFFsche Gleichung betrifft den Zusammenhang zwischen
den skalaren Komponenten von Feldvektoren von Wellenfeldern im
Innern eines von einer oder mehreren Flächen begrenzten Raumes und
deren Komponenten auf diesen Flächen [15, 17]. Es gilt

$$w_p = -\frac{1}{4\,\pi}\sum_{n=1\ldots n}\int_F \left[w_F\,\frac{\partial}{\partial n}\left(\frac{e^{-i\,\beta\,r}}{r}\right) - \frac{e^{-i\,\beta\,r}}{r}\left(\frac{\partial w_F}{\partial n}\right)_F\right]dF\,, \tag{9.18}$$

wenn w_p eine gesuchte Feldgröße im Punkt P und w_F ihre Werte auf
den begrenzenden Flächen $F_1,\ F_2\ldots F_n$ sind.

Mit Gl. (9.18) können z. B. die Fernfelder des HERTZschen Strahlers
und linearer zylindrischer Strahler berechnet werden. Für den HERTZ-
schen Strahler erhält man einen Kreis als Strahlungsdiagramm in einer
Meridianebene. Für lineare Strahler ergibt sich angenähert die Beziehung

$$|E(\vartheta)| = E_0\,\frac{\cos(\beta\,L\cos\vartheta) - \cos\beta\,L}{\sin\vartheta}\,,$$

wobei die Winkelabhängigkeit in dem Fall des $\lambda/2$-Strahlers in

$$\frac{\cos\left(\dfrac{\pi}{2}\cos\vartheta\right)}{\sin\vartheta}$$

übergeht. Integration des Feldstärkequadrates über alle Raumwinkel
entsprechend Gl. (9.16) ergibt den Gewinnfaktor des $\lambda/2$-Strahlers:
$G_{\lambda/2} = 1{,}64$.

Bei der Berechnung des Fernfeldes von Reflektor-, Horn- und Linsenantennen wählt man die Apertur als Integrationsfläche und vernachlässigt die ergänzende Strahleroberfläche F_s, wie es in Abb. 9.5 für einen
Hornstrahler angedeutet ist. Die Resultate sind für Flächenstrahler,
deren Dimensionen größer als ein Vielfaches der Wellenlänge betragen,
für die Beurteilung der Richtstrahlschärfe und der Seitenzipfel in der

Umgebung der Hauptstrahlrichtung ausreichend. Differentiation der Ausdrücke des Integranden der Gl. (9.18) ergibt

$$\frac{\partial}{\partial n}\left(\frac{e^{-i\beta r}}{r}\right) = -\cos(n, r)\,\frac{e^{-i\beta r}}{r}\left(i\beta + \frac{1}{r}\right) \qquad (9.19)$$

und

$$\frac{\partial w_F}{\partial n} = i\,\beta_n\,w_F\,, \qquad (9.20)$$

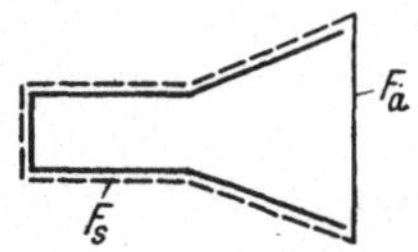

Abb. 9.5. Integrationsflächen bei der Berechnung des Fernfeldes eines Hornstrahlers

wenn β_n die Phasenkonstante der von der ebenen Apertur ausgehenden Strahlung ist. Unter den für das Fernfeld in der Nähe der Hauptstrahlrichtung gültigen Bedingungen

$$\frac{1}{r} \ll \beta\,, \quad \cos(n, r) \approx 1\,, \quad \beta_n = \beta = \frac{2\pi}{\lambda_0}$$

ist

$$w_P = \frac{2\,i\,\beta}{4\pi r}\int_F w_F\,e^{-i\beta r}\,dF\,. \qquad (9.21)$$

Mit Hilfe der Gl. (9.21) kann weiter eine wichtige Beziehung zwischen der Feldstärkeverteilung eines Flächenstrahlers und der von ihm erzeugten Fernfeldverteilung abgeleitet werden, welche eine Beurteilung und Interpretation der bei Strahlungsmessungen erzielten Resultate ermöglicht. Abb. 9.6 zeigt die x, z-Ebene, in welcher Sender und Empfänger liegen, und für welche das Richtdiagramm gesucht ist. Der Flächenstrahler des Senders in S liegt in der y, z-Ebene. Die Feldstärke am Empfangsort P ist entsprechend Gleichung (9.6)

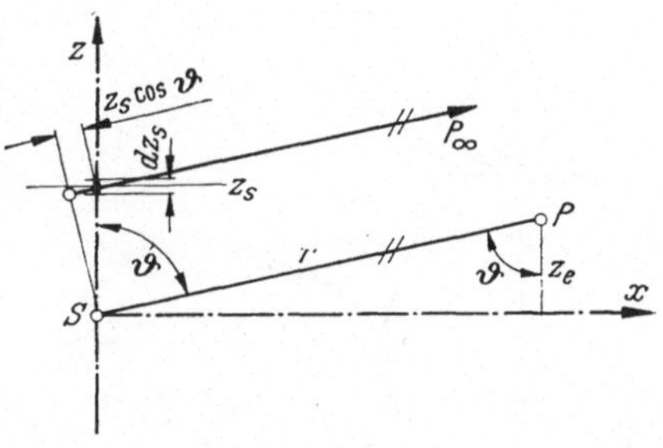

Abb. 9.6
Berechnung des Fernfeldes eines Flächenstrahlers

$$E_P = \frac{i}{r\,\lambda_0}\int_F E_s(z_s)\,e^{-i\beta r}\,dF\,. \qquad (9.22)$$

Berücksichtigung des Laufzeitunterschiedes der von den verschiedenen Elementen der strahlenden Fläche ausgehenden Wellen ($r \to r_0 - z_s\cos\vartheta$) ergibt

$$E_P = \frac{i\,b\,e^{-i\beta r_0}}{r_0}\int_{-\infty}^{+\infty} E_s\left(\frac{z_s}{\lambda_0}\right)e^{i\,2\pi\left(\frac{z_s}{\lambda_0}\right)\left(\frac{z_e}{r_0}\right)}\,d\left(\frac{z_s}{\lambda_0}\right)\,, \qquad (9.23)$$

wenn $\cos\vartheta$ durch z_e/r_0 ersetzt und für $dF = b\,d\,z_s$ eingeführt wird. b ist die Breite des Flächenstrahlers in der y-Richtung. Gl. (9.23) zeigt, daß die Amplitudenverteilung des Fernfeldes in der Umgebung der

Hauptstrahlrichtung und die Feldverteilung der Strahlerfläche durch eine Fouriertransformation zusammenhängen. Es ist

$$E_P\left(\frac{z_e}{r_0}\right) = \int\limits_{-\infty}^{+\infty} p\, E_s\left(\frac{z_s}{\lambda_0}\right) e^{i\,2\,\pi\left(\frac{z_s}{\lambda_0}\right)\left(\frac{z_e}{r_0}\right)} d\left(\frac{z_s}{\lambda_0}\right) \tag{9.24}$$

und

$$p\, E_s\left(\frac{z_s}{\lambda_0}\right) = \int\limits_{-\infty}^{+\infty} E_p\left(\frac{z_e}{r_0}\right) e^{-i\,2\,\pi\left(\frac{z_s}{\lambda_0}\right)\left(\frac{z_e}{r_0}\right)} d\left(\frac{z_e}{r_0}\right), \tag{9.25}$$

mit $p = i\,b\,e^{-i\,\beta\,r_0}/r_0$.

In Abb. 9.7a und 9.7b sind als typische Beispiele diese Zusammenhänge für die konstante und die cos²-Verteilung der Amplitude auf

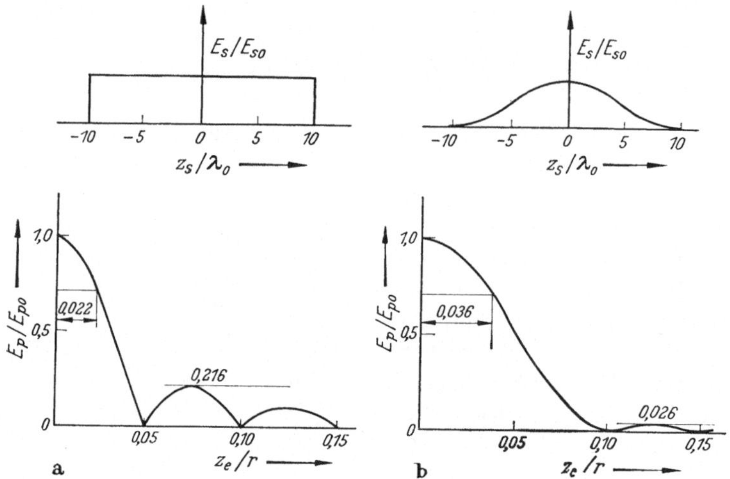

Abb. 9.7 a u. b. Einander entsprechende Feldstärkeverteilungen auf der Strahlerfläche und des Fernfeldes
a Konstante Verteilung auf der Strahlerfläche, b cos²-Verteilung

der Strahlerfläche dargestellt. Die Beispiele zeigen, daß die Strahlschärfe und die Größe der Seitenzipfel entgegengesetzte Dimensionierung der Feldverteilung des Strahlers bedingen.

9.4 Gewinnfaktoren und Absorptionsflächen üblicher Antennen

Die Werte der Gewinnfaktoren und der Absorptionsflächen hängen naturgemäß hauptsächlich von dem Aufbau der Antennen ab. Tab. 9.1 enthält eine Übersicht dieser Werte für übliche Mikrowellenantennen. Tab. 9.1 zeigt, daß die Absorptionsflächen von Parabolspiegeln, Horn- und Linsenantennen kleiner als die geometrischen Antennenflächen

sind. Dieser Unterschied wird hauptsächlich von der ungleichförmigen
Feldverteilung über die Antennenapertur verursacht.

Tabelle 9.1

Gewinnfaktoren und Absorptionsflächen üblicher Antennen

Strahler	Gewinnfaktor	Absorptionsfläche
Kugelstrahler	1	$\lambda^2/4\,\pi$
HERTZscher Strahler	1,5	$1,5\,\lambda^2/4\,\pi$
$\lambda/2$-Dipol	1,64	$1,64\,\lambda^2/4\,\pi$
λ-Dipol	2,42	$2,42\,\lambda^2/4\,\pi$
Dipolfläche		$\sim F^*$
Hornstrahler		$\sim 0,5\,F^*$
Reflektor-Hornstrahler		$0,65\,F^*$
Parabolspiegel		$0,6\,F^*$
Linsenantenne		$0,6\,F^*$

* F = Geometrische Antennenfläche

Da die Antennen für die im Raum fortschreitenden Wellen eine
Diskontinuität darstellen, ergeben sie neben der Absorption eines Teiles
der ankommenden Energie Reflexionen. Man kann die reflektierenden
Eigenschaften von Antennen und von allgemeinen Körpern durch eine
Reflexionsfläche A_r definieren. In ähnlicher Weise wie die Absorptionsfläche für die Empfangswirkung ist A_r diejenige Fläche des ungestörten Empfangsfeldes ist, durch welche die gleiche Leistung hindurchtritt, wie in die Richtung der ankommenden Strahlung reflektiert wird.
Die Reflexionsflächen (radar cross-sections) von Flugzeugen und Fahrzeugen haben erhöhte Bedeutung in der Radartechnik, da sie ein Maß
für die von diesen Objekten reflektierte und von einem Radargerät
empfangene Leistung sind. Die von den Antennen verursachten Reflexionen können einen Fehler der Gewinnfaktormessung verursachen.

9.5 Messung der Daten von Antennen

Die Messung der elektrischen Eigenschaften von Antennen und deren
Bauteile ist ein unerläßliches Hilfsmittel, da die Berechnung der Daten
und der mit Antennen zusammenhängenden Strahlungsvorgänge schwierig und meistens ungenau ist. Vereinfachende Annahmen und im Zuge
der Rechnung notwendige Vernachlässigungen tragen neben dem Meßfehler häufig zu Unterschieden zwischen Rechnung und Messung bei.

Antennenmessungen werden in den meisten Fällen im freien Raum
auf speziellen Meßständen durchgeführt, da die Antennen oft Objekte
beachtlicher Größe sind, und da man bei der Messung den späteren
natürlichen Betriebsbedingungen möglichst nahe kommen möchte. Die
Daten und Eigenschaften kleiner Antennen können gegebenenfalls in
Innenräumen bestimmt werden, wenn man die Umstände freier Wellen-

ausbreitung durch Belegung der Wände mit Absorptionsmaterial vortäuscht. Ein wertvolles Hilfsmittel sind Modellmessungen, bei welchen die Messungen an maßstabsgetreu verkleinerten Systemen vorgenommen und die Resultate auf das Originalsystem übertragen werden.

Die Anpassung bzw. Impedanz von Antennen wird auf übliche Weise entsprechend den im Abschn. 4 beschriebenen Methoden gemessen. Die zulässigen Fehlanpassungen hängen von dem speziellen Verwendungszweck ab. Anpassungsfehler verursachen Amplituden- und Phasenverzerrungen der Signale im Durchlaßbereich und an dessen Grenzen. Sie bestimmen hauptsächlich die Bandbreiten der Antennen. Ähnlich wie bei Mikrowellenkreisen kann man einer Antenne einen Gütewert (Q-Wert) als Maß der übertragenen Wirkleistung relativ zur schwingenden Blindenergie zuschreiben.

Die Impedanzmessung ist möglichst in einer den Betriebsbedingungen entsprechenden Umgebung durchzuführen, da anderenfalls die von einer anders geformten Umgebung verursachten Reflexionen die Anpassung verändern. Die betriebsgemäßen Bedingungen können gegebenenfalls durch Attrappen vorgetäuscht werden. Die von einer Antenne in den Raum ausgestrahlte Energie kann, wenn sie auf Umwegen in die Meßeinrichtung, z. B. in die Meßleitung und die Sonde gelangt, Meßfehler verursachen. Veränderung der Ablesung bei Bewegung reflektierender Gegenstände in der Umgebung der Meßgeräte und deren Handempfindlichkeit deuten auf diese Störungen hin. Die Meßanordnungen sind gegebenenfalls sorgfältigst abzuschirmen.

Bei der Anpassungs- und Impedanzmessung werden meistens die Werte in Abhängigkeit von der Frequenz gemessen und dargestellt. Bei langen Leitungen zwischen Anpassungsmesser und Antenne ruft die mit der Frequenz veränderliche elektrische Länge der Leitung eine zusätzliche Drehung der Phase des Reflexionsfaktors hervor. Es ist aus diesem Grunde vorteilhaft die Phase auf einen Kurzschluß in der Antenne selbst zu beziehen. Der Kurzschluß kann z. B. am Austrittspunkt der Dipole aus der Leitung oder in der mit einer Metallplatte abgedeckten Öffnung einer Hornantenne liegen. Bei der Anpassungsmessung mit Meßleitung wird zuerst bei Kurzschluß der Antenne die Lage des Minimums abhängig von der Frequenz festgestellt. Ein zweiter Meßvorgang dient bei entferntem Kurzschluß und strahlender Antenne zur Messung von SWV und der Lage des Minimums in Abhängigkeit von der Frequenz. Die Abstände der Minima bei gleichen Frequenzen ergeben den Winkel des Reflexionsfaktors, und SWV ergibt den Absolutwert. Die Dämpfung des Kabels, welche aus den SWV-Werten des ersten Meßvorganges bei Kurzschluß in der Antenne bestimmt werden kann, ist gegebenenfalls zu berücksichtigen.

Die zwischen Antenne und Meßgerät geschalteten langen Kabel beeinträchtigen die Stabilität der Oszillatoren (Long-Line-Effect). Es ist

zweckmäßig zur Vermeidung von Fehlern infolge der Instabilität Dämpfungsglieder, stabilisierende Hohlräume oder Ferrit-Reflexionsabsorber
in den Ausgang der Meßoszillatoren zu schalten.

9.5.1 Experimentelle Bestimmung des Gewinnfaktors und der effektiven Antennenfläche

Die Strahlungseigenschaften von Antennen in der Hauptstrahlrichtung werden mit Hilfe des Gewinnfaktors bzw. der effektiven Antennenfläche angegeben und durch deren Messung festgestellt. Gl. (9.9) ermöglicht die einfache Bestimmung dieser Meßgrößen, wenn zwei identische Antennen ($A_1 = A_2 = A$ und $G_1 = G_2 = G$) zur Verfügung stehen.

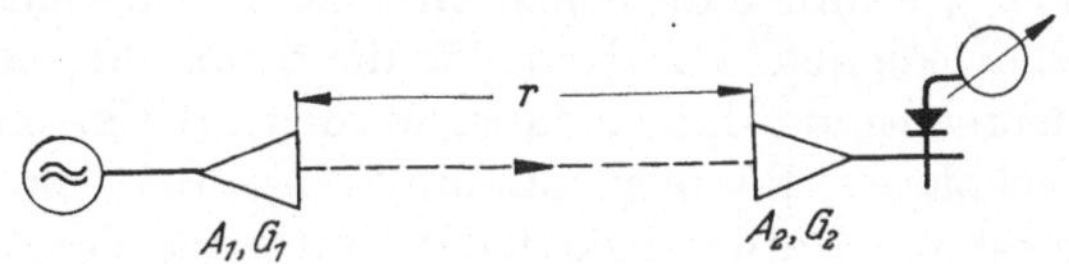

Abb. 9.8. Messung des Gewinnfaktors und der effektiven Antennenfläche

Die Messung besteht in einem Vergleich der Empfangs- und Sendeleistung der beiden im Abstand r einander gegenüberstehenden Antennen,
wie es in Abb. 9.8 schematisch angedeutet ist. Die Auswertung der
Gl. (9.9) ergibt

$$A = r \lambda_0 \sqrt{\frac{P_e}{P_s}} \quad \text{und} \quad G = \frac{4 \pi r}{\lambda_0} \sqrt{\frac{P_e}{P_s}}. \tag{9.26}$$

Die Eigenschaften und Daten von einzelnen Antennen kann man
auf Grund eines analogen Leistungsvergleiches feststellen. Der zu untersuchenden Antenne steht bei der Messung eine Normalantenne mit
bekanntem Gewinnfaktor bzw. bekannter effektiven Antennenfläche
(Absorptionsfläche) gegenüber. Wenn A_n und G_n die Daten der Normalantennen sind, erhält man

$$A = \frac{r^2 \lambda_0^2}{A_n} \frac{P_e}{P_s} \quad \text{und} \quad G = \left(\frac{4 \pi r}{\lambda_0}\right)^2 \frac{P_e}{P_s} \frac{1}{G_n}. \tag{9.27}$$

Als Normalantennen dienen hauptsächlich geeichte Rechteck-Horn-
antennen [20].

Eine weitere Meßmöglichkeit beruht auf dem direkten Vergleich des
Meßobjektes mit einer Normalantenne. Es werden die mit einer beliebigen Gegenantenne erzielten Empfangsleistungen verglichen, wenn
das Meßobjekt bei konstanter Sendeleistung durch eine Normalantenne
ersetzt wird. Es ist

$$P_{e_1} = P_s \frac{A A_2}{r^2 \lambda_0^2},$$

$$P_{e_2} = P_s \frac{A_n A_2}{r^2 \lambda_0^2}$$

und weiter

$$A = A_n \frac{P_{e_1}}{P_{e_2}} ; \qquad G = G_n \frac{P_{e_1}}{P_{e_2}} . \tag{9.28}$$

Wenn keine Antenne mit bekannten Daten zur Verfügung steht, sind zwei zusätzliche Antennen für die Bestimmung der Absorptionsfläche und des Gewinnfaktors eines Meßobjektes notwendig. Die zusätzlichen Antennen ermöglichen abwechselnd die Messung des Produktes und des Quotienten dieser Größen eines Antennenpaares. Das Produkt erhält man, wenn die beiden Antennen einander gegenüber stehen [Gl. (9.9)], der Quotient ergibt sich aus dem Vergleich der Empfangsleitungen bei Ersatz des Meßobjektes durch die zweite Antenne [Gl. (9.28)], während die dritte Antenne als Gegenantenne dient.

Die Messungen können auf einem für die Strahlungsmessung geeigneten Antennenmeßstand durchgeführt werden. Bei kleinen Antennen sind sie in echolosen Räumen durchführbar. Bei dem Aufbau der Meßschaltung ist die Notwendigkeit der Anpassung der Antennen und die laufende Kontrolle der Sendeleistung und der Empfindlichkeit des Meßempfängers zu berücksichtigen.

Meßfehler rühren von Reflexionen vom Erdboden, von dem Unterschied zwischen Fern- und Nahfeld und von Reflexionen zwischen den Antennen her. Sie können teils vermieden, teils berücksichtigt werden.

Den Meßfehler infolge der vom Erdboden reflektierten Wellen kann man auf Grund mehrerer Messungen bei Verschiebung einer oder beider Antennen in vertikaler Richtung bei gleichbleibendem Abstand berücksichtigen. Er wird im Zusammenhang mit dem gleichen Fehler bei der Messung des Strahlungsdiagrammes behandelt.

Bei kleinem Abstand zwischen den Antennen ist, wenn ihre Dimensionen groß gegenüber der Wellenlänge sind, der gemessene Gewinnfaktor infolge des Unterschiedes des Fern- und Nahfeldes fehlerhaft. Einen Überblick über die Größe dieses „Nahfeld"-Fehlers erhält man, wenn man den Nahfeld-Gewinnfaktor, welcher durch konvergierenden Strahlengang gekennzeichnet ist, untersucht. Die Untersuchung wird an einem kreisförmigen Flächenstrahler unter den in Abb. 9.9 dargestellten Bedingungen durchgeführt. Für die am Orte der Empfangsantenne A_2 auftretende Feldstärke erhält man

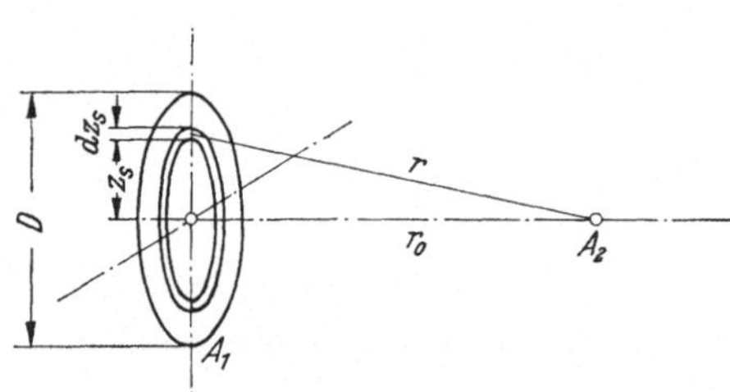

Abb. 9.9. Berechnung des Nahfeld-Gewinnfaktors eines kreisförmigen Flächenstrahlers

$$E_e \approx \frac{i\,E_s}{\lambda_0\,r_0} \int\limits_0^{D/2} e^{-i\beta r_0}\, e^{-i\beta_0 r_0 \frac{z_s^2}{2 r_0^2}}\, 2\,\pi\,z_s\,dz_s , \tag{9.29}$$

wenn für

$$dF = 2\,\pi\,z_s\,dz_s \quad \text{und} \quad r \approx r_0 + \frac{z_s^2}{2\,r_0}$$

gesetzt wird. Die weitere Rechnung ergibt

$$|E_e| = |E_s|\,\frac{\pi\,D^2}{4\,r_0\,\lambda_0}\,\frac{\sin\xi}{\xi}\;; \tag{9.30}$$

$$\xi = \frac{\beta\,D^2}{16\,r_0} = \frac{\pi}{8}\,\frac{D^2}{r_0\,\lambda_0}\,.$$

Nach Einführung der Sendeleistung und der theoretischen effektiven Antennenfläche $A_{e\,theor} = F = \pi\,D^2/4$, welche für das Fernfeld gültig ist, wird für den Nahfeldwert

$$A_{e\,nahe} = A_{e\,theor}\left(\frac{\sin\xi}{\xi}\right)^2 \tag{9.31}$$

erhalten. In Abb. 9.10 sind für verschiedene Werte des zulässigen Fehlers in %, abhängig von dem Verhältnis der Dimensionen der Antennen zur Wellenlänge, die minimalen Abstände der Antennen angegeben. Die Kurven ermöglichen die Wahl eines geeigneten Minimalabstandes bzw. die Berücksichtigung des Fehlers, wenn der Abstand aus praktischen Gründen kleiner gewählt werden muß. Die dargestellten Werte gelten für eine kleine Gegen-

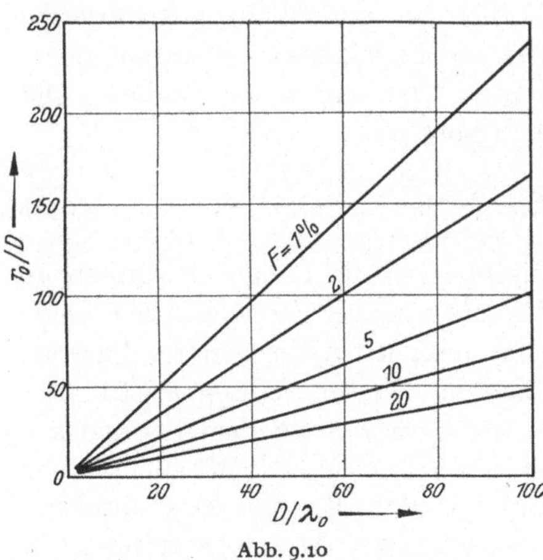

Abb. 9.10
Nahfeldfehler der Gewinnfaktormessung

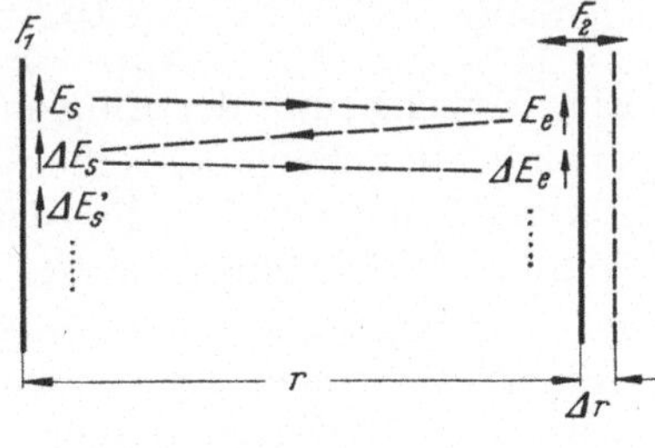

Abb. 9.11
Vielfach-Reflexionen zwischen Antennen

antenne. Bei gleichgroßen Antennen hat der Meßfehler (auf Grund des Reziprozitätsgesetzes) ungefähr den doppelten Wert.

Ein weiterer Fehler rührt von Reflexionen zwischen den Antennen her. Da die Antennen für die fortschreitenden Wellen Diskontinuitäten darstellen, wird von ihnen neben der Absorption ein Teil der einfallenden Energie reflektiert. Für die Beurteilung der Größe dieses Fehlers wird eine Übertragungsstrecke mit idealen Flächenstrahlern angenommen, wie es in Abb. 9.11 schematisch dargestellt ist. Die beiden Antennen mögen die Absorptionsflächen A_1 und A_2 und die

Reflexionsflächen A_{r_1} und A_{r_2} besitzen. Wenn die durch die Sendeleistung unmittelbar vor der Sendeantenne hervorgerufene Feldstärke den Wert E_s hat, erhält man am Ort der Empfangsantenne

$$|E_e| = \frac{|E_s|\, A_s}{\lambda_0\, r}.$$ (9.32)

Die Energie der einfallenden Wellen wird teilweise absorbiert und teilweise reflektiert. Die reflektierte Energie ergibt am Sendeort eine Feldstärke ΔE_s, welche der Reflexionsfläche A_{r_2} der Empfangsantenne proportional ist. Die Reflexionsfläche ist diejenige Fläche des ungestörten Feldes am Empfangsort durch welche die gleiche Leistung hindurchfließen würde, wie in die Einfallsrichtung reflektiert wird.

$$|\Delta E_s| = |E_s|\, \frac{A_s\, A_{r_2}}{\lambda_0^2\, r^2}.$$

Zusammen mit der Feldstärke der ausgestrahlten Wellen E_s ergibt sich ein Reflexionsfaktor ϱ_1 mit dem Absolutwert

$$|\varrho_1| = \frac{|\Delta E_s|}{|E_s|} = \frac{A_s\, A_{r_2}}{\lambda_0^2\, r^2}.$$ (9.33)

Ein Teil der mit den reflektierten Wellen zusammenhängenden Energie wird wiederum reflektiert, gelangt in die Empfangsantenne und überlagert sich der von dem direkten Strahl herrührenden Energie. Die entsprechende Feldstärke am Empfangsort ist

$$|\Delta E_e| = |E_s|\, \frac{A_s\, A_{r_1}\, A_{r_2}}{\lambda_0^3\, r^3}.$$ (9.34)

Eine Verschiebung der Empfangsantenne um die Länge Δr verursacht eine Phasendrehung des Reflexionsfaktors ϱ_1 um $e^{-2\,i\beta\,\Delta r}$ und der Feldstärke ΔE_e um $e^{-3\,i\beta\,\Delta r}$. Bei Mehrfachreflexion ist ein weiterer Phasenfaktor $e^{-2\,i\,n\,\beta\,\Delta r}$ hinzuzufügen. Infolge der Phasendrehung erhält man am Ausgang der Empfangsantenne bei Veränderung des Abstandes r eine schwankende Feldstärkeamplitude. Der Mittelwert der Maximal- und Minimalamplitude entspricht der Energie des direkten Strahles. Der durch die Reflexionen zwischen den Antennen verursachte Fehler kann daher durch Verschiebung der Antenne in der Längsrichtung und durch Mittelwertbildung eliminiert werden.

Die Meßmethode ermöglicht übrigens die Bestimmung der Reflexionsflächen von Antennen und reflektierenden Körpern aus dem *SWV* in der Zuleitung der Sendeantenne. Da *SWV* von der Größe der reflektierten Feldstärke ΔE_s abhängt. Aus Gl. (9.33) ergibt sich

$$A_{r_2} = |\varrho_1|\, \frac{\lambda_0^2\, r^2}{A_s}$$

wenn ϱ_1 der von der Reflexionsfläche A_{r_2} allein verursachte Reflexionsfaktor ist.

Reflexionsmessungen mit einem automatisch betriebenen und veränderlichen Reflektor ermöglichen ebenfalls die Bestimmung des Strahlungsdiagrammes. Bei der Messung wird abhängig von der Richtung der drehbaren Antenne der Reflexionsfaktor ϱ_1 bestimmt. Die reflektierte Energie ist mit einem Kohärentdetektor, welcher mit dem veränderlichen Reflektor synchron arbeitet, sehr genau feststellbar.

9.5.2 Messung des Strahlungsdiagrammes

Die genaue Beurteilung der Eigenschaften von Antennen setzt die Kenntnis des Strahlungsdiagrammes voraus. Dessen Berechnung ist nur in seltenen Fällen mit ausreichender Genauigkeit möglich. Die experimentelle Bestimmung hat daher erhöhte Bedeutung. Entsprechend der Definition des Strahlungsdiagrammes (richtungsabhängige Darstellung der Fernfeldverteilung), besteht die Messung im Idealfall in der Bestimmung der Feldstärke in großem Abstand in den verschiedenen Richtungen des Raumes. In manchen Fällen wird auf diese Weise das Diagramm auf Grund von Feldstärkemessungen mit Flugzeug oder

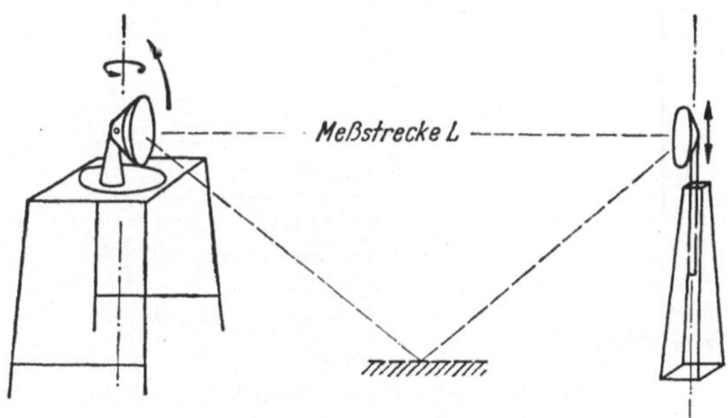

Abb. 9.12. Antennen-Meßstand. Schematisch

Helikopter bestimmt. Die mit dieser Methode verbundenen Schwierigkeiten können vermieden werden, wenn man die zu untersuchende Antenne bei der Messung um eine horizontale und eine vertikale Achse dreht. Die Feldstärke wird bei im übrigen unveränderter Lage von Sende- und Empfangsantenne festgestellt.

Abb. 9.12 zeigt schematisch einen Meßstand für Strahlungsmessungen. Er besteht aus einer in genügender Höhe über dem Erdboden oder über einer Wasseroberfläche errichteten Plattform, auf welcher die zu untersuchenden Antennen um eine horizontale Achse drehbar auf einem horizontalen Drehtisch befestigt sind. Die Gegenantenne ist in bestimmtem Abstand in ungefähr gleicher Höhe angeordnet, wobei in gewissen Grenzen eine vertikale Verschiebung möglich ist. Der Abstand wird durch praktische Rücksichten, durch die Empfindlichkeit der Empfangsvorrichtungen und durch den Nahfeldfehler vorgeschrieben. Es ist vorteilhaft die Drehung der Antenne und die Ablesung der Feldstärke am gleichen Ort und die Messung in der Betriebsart als Empfangsantenne vorzunehmen. Die feste Gegenantenne, deren Hauptstrahlrichtung auf das Meßobjekt gerichtet ist, wirkt als Sendeantenne. Diese wird von einem Oszillator möglichst hoher Leistung mit besonders stabilisierter Amplitude und Frequenz gespeist. Bei unzureichender Stabilisierung der Amplitude ist es notwendig, die abgegebene Sendeleistung mit Hilfe einer in der Nähe des Meßobjektes angebrachten festen Antenne laufend zu prüfen. Die am Ausgang des Meßobjektes bei Drehung der Antenne gemessenen Feldstärkewerte sind auf die von der Kontrollantenne gelieferten Werte zu beziehen.

Das Strahlungsdiagramm wird meist in zwei aufeinander senkrecht stehenden Ebenen, z. B. in der horizontalen und vertikalen Ebene, deren Schnittgerade die Hauptstrahlrichtung darstellt, gemessen. Bei Antennen mit speziell geformten Diagrammen, z. B. Flugzeug-

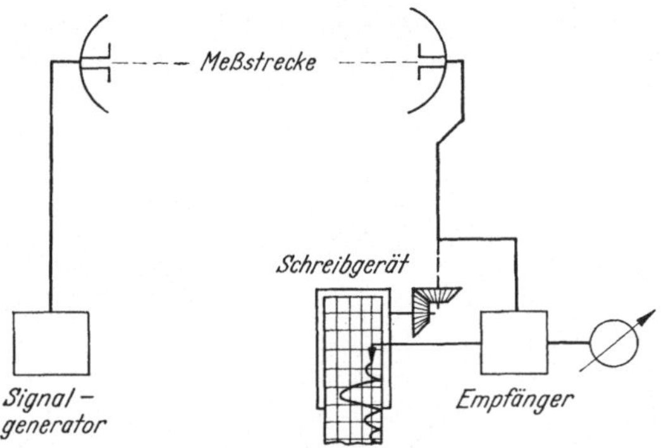

Abb. 9.13. Automatischer Schreiber für die Darstellung des Richtdiagrammes

Radarantennen, ist es notwendig, die Eigenschaften durch Diagramme für mehrere Meridianebenen darzustellen. Die Feldstärkewerte sind abhängig vom Winkel in Polarkoordinaten oder kartesischen Koordinaten direkt oder in logarithmischem Maßstab darstellbar.

Die Strahlungsdiagramme für verschiedene Lagen der Polarisationsebene (Lage des elektrischen Feldvektors) sind häufig verschieden. Es ist daher zweckmäßig das Diagramm für zwei aufeinander senkrechtstehende Richtungen des elektrischen Feldvektors, z. B. in der horizontalen und vertikalen Ebene, zu bestimmen.

Um die Aufnahmen der Strahlungsdiagramme zu vereinfachen, wurden Apparaturen entwickelt, welche das Diagramm automatisch aufzeichnen. Abb. 9.13 zeigt schematisch das Prinzip eines Richtdiagrammschreibers, bei welchem die Drehbewegung der Antenne mit dem Papiervorschub des Schreibers gekoppelt ist. Die Feldstärkeamplitude wird als Ordinate abhängig vom Winkel in der Horizontalebene automatisch aufgezeichnet.

Bei modernen Anlagen ist, um die Messungen von der Witterung unabhängig zu machen, die Plattform für die zu untersuchende Antenne in eine Halle eingebaut, welche in Richtung der Gegenantenne mit einer verschiebbaren oder versenkbaren Wand versehen ist. Im Inneren sind Wände, Dach und die übrigen reflektierenden Flächen mit Absorptionsmaterial ausgekleidet, um Reflexionen zu vermeiden.

Die Genauigkeit der Messung des Strahlungsdiagrammes wird durch eine Reihe von Fehlerursachen eingeschränkt. Reflektierende Objekte in der Umgebung der Antennenmeßstrecke können beachtliche Fehler hervorrufen, da bei der Messung die Hauptstrahlrichtung des Meßobjektes unter Umständen auf diese Objekte gerichtet sein kann. Die reflektierenden Objekte sind gegebenenfalls mit absorbierendem Material zu verkleiden.

Die Reflexionen vom Erdboden ergeben in ähnlicher Weise eine Störfeldstärke und verursachen einen Meßfehler. Zur Feststellung und Berücksichtigung dieses Fehlers wird das folgende Verfahren empfohlen, welches die Bewegungsmöglichkeit der Gegenantenne in vertikaler Richtung voraussetzt (Abb. 9.12). Abb. 9.14 zeigt schematisch die Meßstrecke und den Strahlengang der elektrischen Wellen. Die reflektierten Wellen laufen scheinbar in das Spiegelbild der Antenne A_1. Durch Ver-

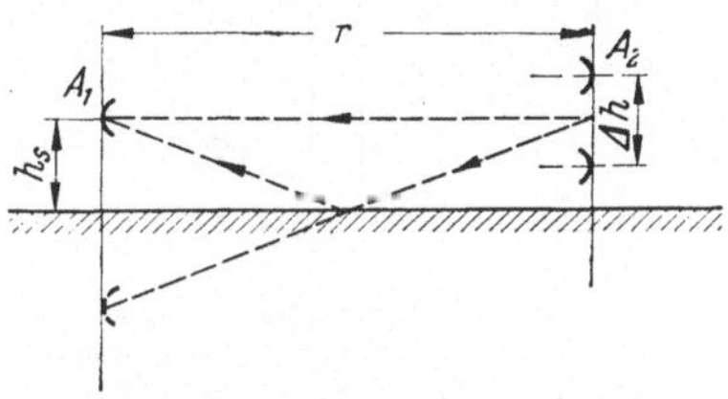

Abb. 9.14. Strahlengang der direkten und reflektierten Wellen bei Strahlungsmessungen

schiebung der Gegenantenne in vertikaler Richtung kann die Länge des Weges des reflektierten Strahles verändert werden. Wenn z. B. die vertikale Verschiebung Δh der Bedingung

$$\Delta h \geq \frac{1}{2}\frac{r_0}{h_s}\lambda_0 \tag{9.35}$$

genügt, durchläuft die Phase der Störspannung bei Verschiebung der Antenne A_2 relativ zu derjenigen des direkten Strahles den Wert 0 bis 2π, wobei die am Ausgang von A_1 erhaltenen Feldstärken zwischen zwei Grenzwerten schwanken. Der Mittelwert der Extremwerte ergibt die von dem direkten Strahl allein herrührende Feldstärke.

Eine weitere Möglichkeit für die meßtechnische Trennung des direkten und des von der Erdoberfläche reflektierten Strahles besteht in der Anwendung rotierender Reflektoren oder Absorptionsflächen im Wege des direkten Strahles, welche eine Amplitudenmodulation der Empfangsfeldstärke verursachen. Die Modulationsamplitude wird mit Hilfe eines mit der Drehbewegung des Reflektors synchron arbeitenden Synchron- bzw. Kohärentdetektors festgestellt. Sie ist ein genaues Maß der von dem direkten Strahl herrührenden Feldstärke.

Das Strahlungsdiagramm soll die Verteilung des Fernfeldes darstellen. Es ist unabhängig vom Abstand von der strahlenden Antenne. Bei zu kleinem Abstand zwischen den Antennen geben die Messungen wegen des Unterschiedes zwischen Fern- und Nahfeld diese Verteilung nicht richtig wieder und sind fehlerhaft.

Einen Überblick über den Fehler und Werte für den Mindestabstand zwischen den Antennen ergeben sich aus der Ableitung von Beziehungen für die Nahfeldverteilung eines Flächenstrahlers mit konstanter Feldverteilung. In Abb. 9.15 sind die Bedingungen, auf denen die Ableitung beruht, schematisch dargestellt. Dem Flächenstrahler A_1 mit

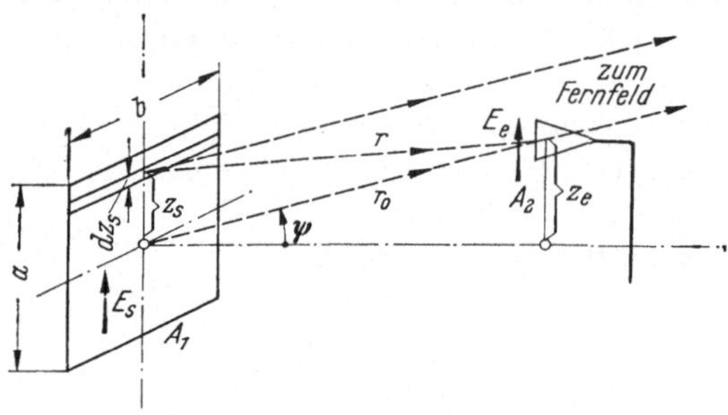

Abb. 9.15. Bedingungen für die Berechnung des Nahfeld-Strahlungs-diagrammes eines Flächenstrahlers

der Fläche $F = a \cdot b$ steht im Abstand r_0 die Antenne A_2 gegenüber, welche im Kreis um A_1 bewegt werden kann. Der Unterschied zwischen Fern- und Nahfeld rührt hauptsächlich von dem unterschiedlichen Strahlengang her. Für das Fernfeld sind parallele und für das Nahfeld konvergierende Strahlen charakteristisch.

Der Nahfeldfehler äußert sich in einer fehlerhaften Verteilung der Feldstärke, in fehlerhaften Werten der Halbwertsbreite (Winkel im Strahlungsdiagramm beiderseits der Hauptstrahlrichtung, für welche das Quadrat der Feldstärkeamplitude auf den halben Wert des Maximalwertes gesunken ist) und in fehlerhaften Werten der relativen Größe der Seitenzipfel und in einer fehlerhaften Lage der Minima. Unter den in der Abb. 9.15 dargestellten Bedingungen erhält man für die Verteilung des Feldes auf Grund der KIRCHHOFFschen Gleichung

$$E_e \approx E_s \frac{i\,b\,e^{-i\beta r_0}}{r_0} \int f(z_s)\, e^{i\,2\,\pi \left(\frac{z_s}{\lambda_0}\right)(\sin \psi)}\, d\left(\frac{z_s}{\lambda_0}\right), \qquad (9.36)$$

wenn $f(z_s) = e^{-i\beta \frac{z^2}{2\,r_0}}$ und $r \approx r_0 + z_s^2/2\,r_0 - z_s \sin \psi$ sind. Für $f(z_s) = 1$ erhält man die Verteilung des Fernfeldes, welche in Abb. 9.7a dargestellt ist. Die von dem unterschiedlichen Strahlengang herrührende Abweichung kann entsprechend Gl. (9.36) durch eine scheinbare zusätzliche Phasenverteilung $f(z_s)$ der Amplitude E_s über die Strahlerfläche berücksichtigt werden. Da die maximalen Phasenunterschiede klein sind, kann man $f(z_s)$ durch die ersten beiden Glieder der entsprechenden Reihe darstellen, wobei sich für E_e

$$E_e = E_s \frac{i\,F\,e^{-i\beta r_0}}{\lambda_0\,r_0} \frac{\sin x}{x} + \Delta E_s , \qquad (9.37)$$

mit

$$\Delta E_s = E_s \frac{F\,e^{-i\beta r_0}}{\lambda_0\,r_0} \frac{\pi\,a^2}{4\,\lambda_0\,r_0} \left[\frac{\sin x}{x} - \frac{2}{x^2} \left(\frac{\sin x}{x} - \cos x \right) \right] ; \qquad x = \pi \frac{a}{\lambda_0} \sin \psi$$

ergibt. Die von der Konvergenz des Strahlenganges hervorgerufene Feldstärkeabweichung ist um 90° phasenverschoben und geht für große Werte von x, d. h. außerhalb der Hauptstrahlrichtung, in die für das Fernfeld charakteristische Abhängigkeit ($\sin x/x$) über. Der maximale Amplitudenfehler ($\sin \psi = 0$) ist

$$\frac{|\Delta E_s|}{|E_s|} \, max \approx 0{,}5 \left(\frac{\pi}{12} \frac{a^2}{\lambda_0\,r_0} \right)^2 . \qquad (9.38)$$

Der Abstand zwischen den Antennen ist so zu wählen, daß ein bestimmter Wert des Amplitudenfehlers nicht überschritten wird. Abb. 9.16 zeigt in Diagrammform den Zusammenhang zwischen der relativen Antennengröße (a/λ_0) und dem relativen Abstand (r_0/a) für die angegebenen Werte des Fehlers. Bei kleinerem Abstand ermöglicht Gl. (9.37) die Berechnung der verschiedenen Nahfeldfehler.

Eine weitere Fehlerursache können Reflexionen zwischen den Antennen sein. Die Größenordnung des Fehlers und seine Berücksichtigung wurden im Zusammenhang mit der Messung des Gewinnfaktors behandelt.

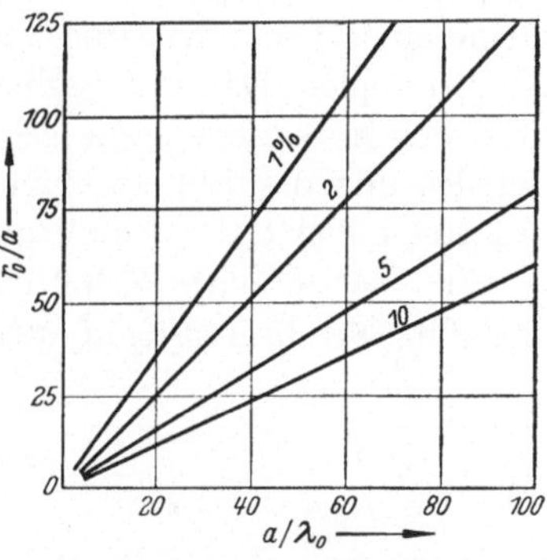

Abb. 9.16. Nahfeldfehler bei der Messung des Strahlungsdiagrammes

9.5.3 Nahfeldmessung

Die Fernfeldverteilung hängt, wie in Abschn. 9.3 gezeigt wurde, von der Feldstärkeverteilung auf dem Strahler ab. Diese kann mit Hilfe einer Nahfeldmessung bestimmt und daraus das Fernfeld berechnet werden. Die Kenntnis der Verteilung des Nahfeldes trägt häufig wesentlich zur Auffindung von Ursachen für eine unerwünschte Form des Strahlungsdiagrammes bei. Das Nahfeld ist durch die Richtung, Amplitude und Phase der beiden Feldstärken abhängig von der Lage in der Umgebung des Strahlers definiert. Diese Feldgrößen sind am zweckmäßigsten mit Sonden, welche in Abschn. 10 näher beschrieben sind, meßbar. Die verschiedenen Sondenarten ermöglichen die getrennte

Feststellung der beiden Feldgrößen. Die Nahfeldmessung ist weiter ein wertvolles Hilfsmittel bei der Abstimmung von einstellbaren Antennen.

Abb. 9.17 zeigt eine Meßschaltung für die Bestimmung der Amplitude und Phase der Feldstärke in der Umgebung einer Antenne. Die von der

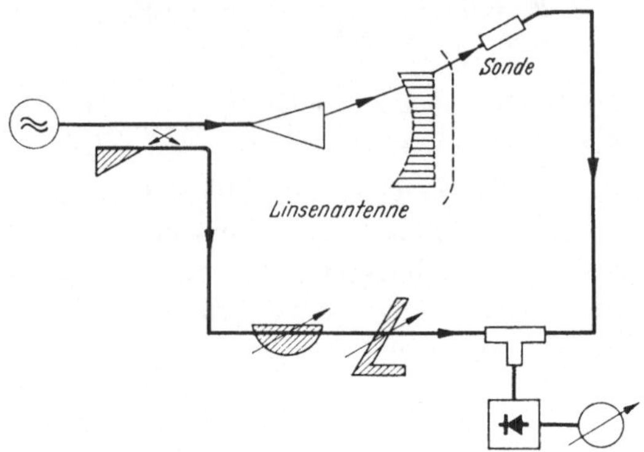

Abb. 9.17. Meßschaltung für die experimentelle Bestimmung des Nahfeldes

Sonde aufgenommene Mikrowellenenergie wird einem der Vergleichsarme einer T-Verzweigung zugeführt. Der zweite Arm wird über einen Richtkoppler, Dämpfungsglied und Phasendrehglied direkt mit einem Teil der Antennenenergie gespeist. Die Einstellungen des Dämpfungsgliedes und des Phasenschiebers bei Nullanzeige sind ein Maß für die relativen Werte der Amplitude und Phase der Nahfeldgröße.

Eine vereinfachte Schaltung mit Meßleitung ist in Abb. 9.18 dargestellt. Mit ihrer Hilfe können Abgleichungen an einstellbaren Antennen

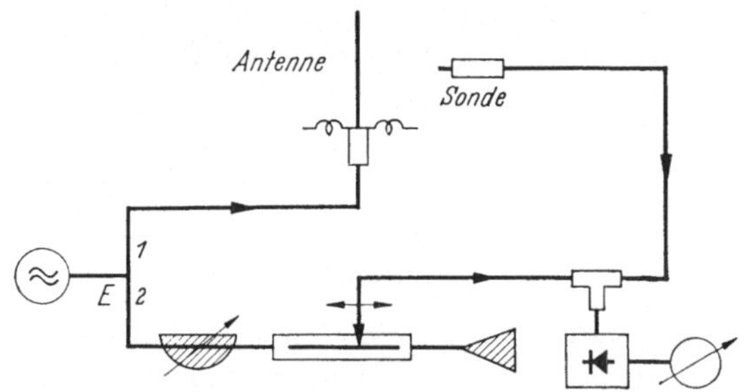

Abb. 9.18. Nahfeldmessung bei Verwendung einer Meßleitung

leicht vorgenommen werden. Die Messung besteht in einem Vergleich der Amplitude und Phase der in der Sonde induzierten Feldstärke mit den entsprechenden Werten einer Vergleichsfeldstärke. Die Vergleichsenergie wird von einem Signalgenerator über ein Dämpfungsglied einer ausgangsseitig angepaßt abgeschlossenen Meßleitung zugeführt und gelangt über die Sonde der Meßleitung in die T-Verzweigung. Die rela-

tiven Werte der Amplitude und Phase der Vergleichsenergie sind durch
die Einstellung des Dämpfungsgliedes und durch die Lage des Meß-
leitungswagens bzw. der Sonde definiert. Unerwünschte vom Dämpfungsglied hervorgerufene Phasenänderungen sind gegebenenfalls zu berücksichtigen.

9.5.4 Modellmessungen

Die Schwierigkeiten, welche mit Messungen im Freien an räumlich
großen Antennensystemen verbunden sind, legen den Gedanken nahe,
die Systeme maßstabsgetreu zu verkleinern und die Messungen bei einer
der Verkleinerung entsprechenden Wellenlänge durchzuführen. Die
Frequenzen und Wellenlängen, welche für die Durchführung dieser
Modellmessungen geeignet sind, fallen in das Mikrowellengebiet. Die
Messungen ermöglichen die einfache Bestimmung der Feldverteilung und
des Strahlungsdiagrammes von Antennen des Ultrakurzwellengebietes
und des niederfrequenten Bereiches der Mikrowellen unter Berücksichtigung der durch Modelle dargestellten Umgebung. Die Herstellung
kleiner Modelle ist einfach. Die Messungen können in Innenräumen
durchgeführt werden.

Die Modelle sollen nach der Maßstabsänderung dasselbe elektrische Verhalten wie das Originalsystem zeigen. Es ist daher wichtig festzustellen,
wie die Daten von elektromagnetischen Systemen geändert werden
müssen, damit diese Bedingung erfüllt ist. Die Untersuchung dieser
Frage wird an zwei kartesischen Koordinatensystemen x, y, z und x', y', z'
vorgenommen, welche über einen Längen-Maßstabfaktor p zusammenhängen. Es ist

$$x = p \cdot x', \quad y = p \cdot y', \quad z = p \cdot z'. \tag{9.39}$$

Man kann annehmen, daß sich die übrigen physikalischen Größen,
z. B. Zeit, Frequenz, Feldstärken usw. der beiden Systeme ebenfalls
unterscheiden. Es ist daher

$$E(x, y, z, t) = a \cdot E'(x', y', z', t'), \tag{9.40}$$

$$H(x, y, z, t) = b \cdot H'(x', y', z', t'), \tag{9.41}$$

$$t = c \cdot t', \tag{9.42}$$

wenn a, b, c reelle Maßstabfaktoren sind. Da sich beide Systeme elektro-
magnetisch gleichartig verhalten sollen, müssen die Gleichungen

$$\operatorname{rot} H = \sigma E + \varepsilon \frac{\partial E}{\partial t}, \tag{9.43}$$

$$\operatorname{rot} E = -\mu \frac{\partial H}{\partial t} \tag{9.44}$$

in beiden Systemen erfüllt sein. Einführung der Modelldaten ergibt

$$\operatorname{rot} H' = \left[\frac{\oint H' \, ds'}{F'}\right]_{F' \to 0} = \left[\frac{\oint H/b \cdot ds/p}{F/p^2}\right]_{F \to 0} = \frac{p}{b} \operatorname{rot} H$$

und weiter

$$\frac{\partial E'}{\partial t'} = \frac{c}{a} \cdot \frac{\partial E}{\partial t},$$

so daß man nach Einführung in Gl. (9.43) und entsprechender Auswertung der Gl. (9.44)

$$\sigma' = \frac{p\,a}{b}\,\sigma\,; \quad \varepsilon' = \frac{p\,a}{b\,c}\,\varepsilon\,; \quad \mu' = \frac{p\,b}{a\,c}\,\mu \tag{9.45}$$

erhält. Weitere Rechnung ergibt die in Tab. 9.2 angeführten Zusammenhänge der interessierenden elektrischen Größen.

Je nachdem die Modellmessungen in Luft oder z. B. in Wasser durchgeführt werden sollen, können in der Folge Vereinfachungen eingeführt werden. Für Luft in beiden Systemen haben die Materialkonstanten gleiche Werte. Es ist daher

$$\frac{p\,b}{a\,c} = \frac{p\,a}{b\,c} = 1 \rightarrow a = b\,; \quad c = p\,. \tag{9.46}$$

In Kolonne II sind die nötigen Transformationsfaktoren für diesen Fall angeführt. Es ist hervorzuheben, daß bei Modellmessungen gegebenenfalls die Leitfähigkeit des Modellsystems geändert werden muß, um gleiche Bedingungen wie bei dem Originalsystem zu erhalten.

Tabelle 9.2. *Modelle elektromagnetischer Systeme*

Größe	Original-system	Modellsystem I. Allgemein	Modellsystem II. Luft—Luft
Länge	l	l/p	l/p
Zeit	t	t/c	t/p
Elektrische Feldstärke	E	E/a	E/a
Magnetische Feldstärke	H	H/b	H/a
Dielektrizitätskonstante	ε	$\varepsilon \cdot p \cdot a/b \cdot c$	ε
Permeabilität	μ	$\mu \cdot p \cdot b/a \cdot c$	μ
Leitfähigkeit	σ	$\sigma \cdot p \cdot a/b$	$\sigma \cdot p$
Frequenz	f	$f \cdot c$	$f \cdot c$
Wellenlänge	λ	λ/p	λ/p
Phasengeschwindigkeit	v	$v \cdot c/p$	v
Impedanz	Z	$Z \cdot b/a$	Z
Kapazität	C	$C \cdot a/b \cdot c$	C/p
Induktivität	L	$L \cdot b/a \cdot c$	L/p
Antennenfläche	A	A/p^2	A/p^2
Verstärkung	G	G	G
Spannung	V	$V/a \cdot p$	$V/a \cdot p$
Strom	I	$I/b \cdot p$	$I/a \cdot p$
Leistung	P	$P/a \cdot b \cdot p^2$	$P/a^2 \cdot p^2$
Ladung	Q	$Q/b \cdot c \cdot p$	$Q/a \cdot p^2$

Die Modellmeßmethode wird hauptsächlich für die Bestimmung von Richtdiagrammen von Flugzeugantennen, wobei z. B. ein Teil des Flugzeuges als Antenne wirkt und zur Bestimmung von Radar-Echoflächen von Flugzeugen, Reflektoren und Fahrzeugen mittels Reflexionsmessungen benützt.

9.5.5 Echolose Wände und Räume

Die Feldverteilung in der Umgebung kleiner Mikrowellen-Antennen und deren Daten können bei Vortäuschung des freien Raumes in Innenräumen gemessen werden. Die Wände sind mit einem die elektromagnetische Strahlung absorbierenden Material belegt. Die Messungen sind mit denjenigen an akustischen Strahlern in schalltoten Räumen vergleichbar. Eine absorbierende Wand stellt einen angepaßten Abschluß des freien Raumes für ebene und angenähert ebene Wellen dar und ist eine analoge Anordnung zu einer schwarzen Wand in der Optik.

Ähnlich wie bei angepaßten Leitungsabschlüssen gibt es viele Möglichkeiten für die Herstellung absorbierender Wände. Ebene Schichten aus Verlustmaterial mit bestimmten Materialkonstanten, eine oder eine größere Zahl von Widerstandsschichten in bestimmten Abständen vor einer leitenden Wand, Kegel- oder keilförmige Körper aus Verlustmaterial mit der Basisfläche auf der Rückseite und kleine verlustbehaftete Dipole und Schwingkreise können für die flächenhafte Absorption der Energie verwendet werden. Von den entsprechend diesen Methoden hergestellten Schichten genügen jedoch wenige den praktischen Anforderungen. Die Schichten sollen einfach herstellbar und über einen möglichst großen Frequenzbereich unabhängig vom Einfallwinkel der Strahlung verwendbar sein.

Zufriedenstellende Ergebnisse wurden mit Platten, bestehend aus gekräuselten und mit einem Verlustmaterial überzogenen Tierhaaren erzielt [21]. Die Verlustmasse besteht aus Gummi, in welchem Graphit fein verteilt ist. Bei der Herstellung wird die Haarmatratze mit der Gummilösung getränkt, wobei infolge des geeigneten Tränk- und Trocknungsverfahren die Dichte des Verlustmaterials mit dem Abstand von der gekrausten Haaroberfläche zur Rückfläche allmählich zunimmt. Durch die allmähliche Zunahme der Dichte des Verlustmaterials zwischen dem freien Raum und der Rückseite der Platte und durch die Haarstruktur wird genügende Anpassung und Reflexionsfreiheit und Unabhängigkeit vom Einfallswinkel der Strahlung erzielt. Platten mit der Dicke von etwa 5 cm reflektieren bei 3 GHz etwa 2% und bei 10 GHz etwa $2^0/_{00}$ der einfallenden Energie. Die Grenzen für schrägen Einfall liegen bei etwa $\pm 30°$ bzw. $\pm 60°$ für die gleichen Frequenzbereiche.

Weitere im Handel befindliche absorbierende Platten mit einem mehr haltbaren Aufbau bestehen aus von der Plattenrückseite in den Raum hineinragenden kegelförmigen Körpern aus verlustbehaftetem Kunststoff. Der Zwischenraum zwischen den Kegeln wird zur Erzielung einer ebenen Fläche mit verlustarmen Schaummaterial mit möglichst kleiner Di-

elektrizitätskonstante (Polyfoam) ausgefüllt. Die Platten sind genügend
stabil um als Bodenbelag verwendet zu werden. Ihre elektrischen
Eigenschaften entsprechen den oben angeführten Daten von Haar-
platten. Messung der reflektierenden Eigenschaften der Oberflächen verschiedener Materialien haben ergeben, daß aus Abfallmaterial hergestellte
und als Baumaterial verwendete Platten oft ein sehr billiges und dabei
ausreichend reflexionsfreies Auskleidungsmaterial für echolose Räume
darstellen.

Absorbierende Platten können auf die vielfältigste Weise die An-
tennenmessung vereinfachen und verbessern. Als Auskleidungsmaterial
für echolose Räume ermöglichen sie die von der Witterung unbeeinflußte
Messung der Antenneneigenschaften in Innenräumen. Als Auskleidungsmaterial von nach einer Seite offenen Antennenmeßständen machen sie

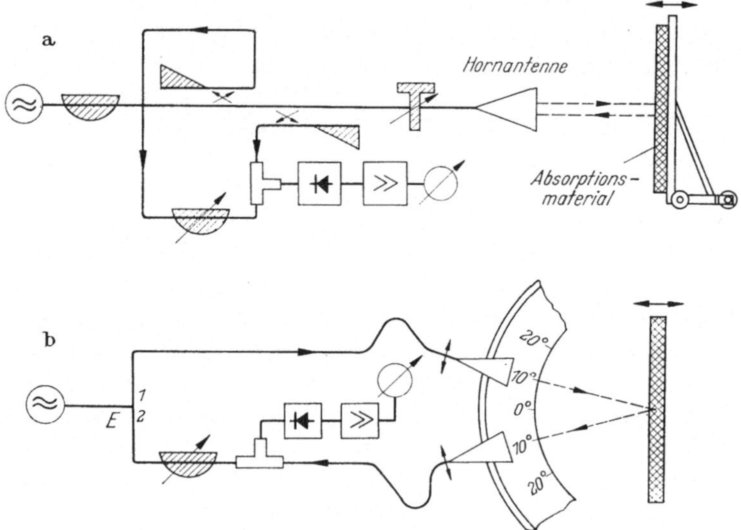

Abb. 9.19 a u. b. Meßanordnungen für die Bestimmung der Reflexions- und Absorptionseigenschaften
von plattenförmigem Material

die Messungen ebenfalls von der Witterung weitgehend unabhängig und
setzen die störenden Reflexionen von umliegenden Objekten herab.
Durch Belegung von vertikalen auf Rollen bewegbaren Paneelen ergeben sie verschiebbare Wandsektoren, welche in beliebiger Form zusammengestellt werden können und die Genauigkeit von Feldverteilungsmessungen erhöhen.

Die Messung der Eigenschaften von absorbierendem Plattenmaterial
erfolgt auf speziellen Meßplätzen. Ein Meßplatz besteht aus einer Wand,
welche in Richtung ihrer Normalen verschiebbar ist, einer oder zwei
Antennen, mit welchen die Wand angestrahlt wird, und aus der dazu

gehörigen Meßschaltung. Mit nur einer Antenne können die absorbierenden und reflektierenden Eigenschaften bei vertikalem Einfall mit Hilfe
der in Abb. 9.19a dargestellten Schaltung gemessen werden. Bei Verschiebung der absorbierenden Wand erhält man Schwankungen der abgelesenen Feldstärkeamplitude, welche nur von den von der Wand hervorgerufenen Reflexionen herrühren. Die
statischen Reflexionen, welche von der
Antenne und der stationären Umgebung
herrühren, können mit Hilfe des Anpassungstransformators kompensiert
werden. Die Apparatur wird vor und
nach der Messung bei Ersatz der absorbierenden Belegung durch einen total
reflektierenden Metallbelag geeicht, wobei die im Sekundärarm des Richtkopplers eingeführte Dämpfung D_2 bei
Totalreflexion das Absorptionsvermögen
des Materials bzw. die Reflexionen
direkt in db angibt. Abb. 9.19b zeigt
ein Beispiel einer Meßschaltung für die
Bestimmung der Winkelabhängigkeit
des Leistungs-Reflexionsfaktors mit
Hilfe zweier Hornantennen. Die Messung
beruht ebenfalls auf den abgelesenen
Feldstärkeschwankungen bei Verschiebung der absorbierenden Wand.

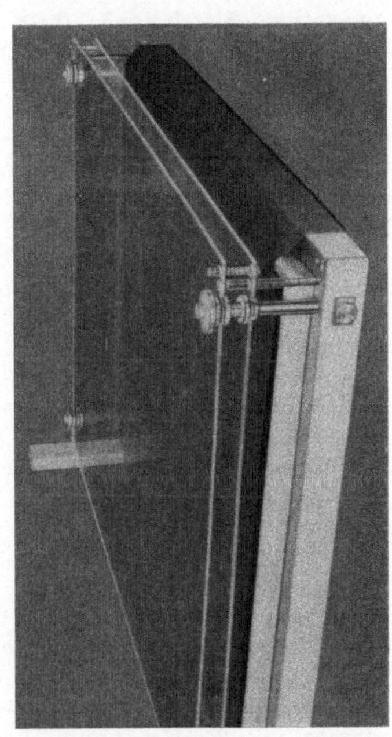

Abb. 9.20. Meßwand mit flächenhaftem Anpassungstransformator

In Abb. 9.20 ist eine Meßwand
für die Bestimmung der Absorptions-
eigenschaften von Plattenmaterial dargestellt (Labor des Verfassers).
Die Meßwand enthält einen flächenhaften Anpassungstransformator für
ebene Wellen bestehend aus zwei gegeneinander und gemeinsamen verschiebbaren dielektrischen Platten. Durch Verschiebung der Platten
kann die dahinter liegende Wand an den Raum vollkommen angepaßt
und die Reflexionen vollkommen kompensiert werden. Aus den Abständen
der Transformationsflächen bei Anpassung können genaue Angaben über
die Daten der reflektierenden Wände abgeleitet werden. Die dargestellte Wand wurde ebenfalls für die Untersuchung von Richtkopplersonden benutzt. Zur Prüfung der Einstellung der Transformationsplatten
diente eine senkrecht zur Wand verschiebbare kapazitive Sonde.

Literatur

[1] FRÄNZ, K.: Absolutmessung von Absorptionsflächen und Leistungsdichten
von Antennen. Hochfrequenztech. u. Elektroakust., Nov. **1943**, 129.

[2] CUTLER, C. C., A. P. KING and W. E. KOCK: Microwave antenna measurement. Proc. Inst. Radio Engrs, Dec. **1947**, 1462—1471.

[3] SINCLAIR, G., E. G. JORDAN and E. W. VAUGHAN: Measurement of aircraft-antenna patterns using models. Proc. Inst. Radio Engrs, Dec. **1947**, 1451—1462.

[4] CUTLER, C. G.: Experimental determination of helical-wave properties. Proc. Inst. Radio Engrs, Febr. **1948**, 230—233.

[5] SCHELKUNOFF, S. A.: Methods of electromagnetic field analysis. Bell Syst. tech. J., July **1948**, 487—509.

[6] SKIFTER, H. R., and J. S. PRICHARD: Antenna pattern measurement. Communications, March **1948**, 26—28 · · · 43.

[7] SAXTON, J. A.: Determination of arrial gain from its polar diagram. Wireless Engr, April **1948**, 110—116.

[8] HINES, J. N., and C. H. BOEHNKER: Measurement of the phase of radiation from antennas. Proc. nat. Electronics Conf., Chicago, Vol. **4**, 487—495 (1948).

[9] WOOTON, G. A., R. B. BORTS and J. A. CARRUTHERS: Indoor measurement of microwave antenna radiation patterns by means of a metal lens. J. appl. Phys., May **1950**, 428—430.

[10] COHN, S. B.: Determination of aperture parameters by electrolytic-tank measurements. Proc. Inst. Radio Engrs, Nov. **1951**, 1416—1421.

[11] BARRETT, R. M., and M. H. BARNES: Automatic antenna wave-front plotter. Electronics, Jan. **1952**, 120—125.

[12] DIKE, S. K., and D. D. KING: The absorption gain and back-scattering cross-section of cylindrical antenna. Proc. Inst. Radio Engrs, July **1953**, 926—934.

[13] MARTINDALE, J. P. A.: Lens aerials at centimeter wavelength. J. Brit. Instn Radio Engrs, March **1953**, 243—259.

[14] BOUIX, M.: Measurement on aerials for centimeter waves. Ann. Télécommun. Oct. **1953**, 314—326.

[15] ZUHRT, H.: Elektromagnetische Strahlungsfelder. Berlin/Göttingen/Heidelberg: Springer 1953.

[16] SCHARFMAN, H., and D. D. KING: Antenna-scattering measurement by modulation of the scatterer. Proc. Inst. Radio Engrs, May **1954**, 854—858.

[17 KLEINWÄCHTER, H.: Die einheitliche Berechnung der Strahlungsverteilung des elektrischen und des magnetischen Dipols, sowie der Schlitz- und der Spiegel-antenne mit der KIRCHHOFFschen Formel. Arch. elekt. Übertragung, Juni **1952**, 247—253.

[18] BACON, J.: An automatic X-band phase front plotter. Proc. nat. Electronics Conf., Chicago, Oct. **1954**, 256—263.

[19] KLEINWÄCHTER, H.: Sichtbarmachung elektromagnetischer Wellen. Arch. elekt. Übertragung, März **1955**, 154—156.

[20] SLAYTON, W. T.: Disign of microwave gain-standard horns. Electronics, July **1955**, 150—154.

[21] SIMONS, A. J., and W. B. EMERSON: An anechoic chamber making use of a new broadband absorbing material. Tele-Tech. July **1953**.

[22] AIKIN, A. W.: Measurements in traveling-wave structures. Wireless Engr, Sept. **1955**, 230—234.

[23] JUSTICE, R., and V. H. RUMSEY: Measurement of electric field distributions Inst. Radio Engrs, Transactions AP-3, Oct. **1955**, 177—180.

10 Feldstärke- und Feldverteilungsmessung

Die Messung der Feldstärke und deren Verteilung, welche im Zusammenhang mit Nahfeldmessungen an Antennen vorkam, hat weiter für die Bestimmung der Eigenschaften von elektromagnetischen Hohlräumen und Mikrowellenleitungen Bedeutung. Aus der durch Messung festgestellten Feldverteilung, z. B. im Inneren von Hohlraumkreisen, kann man deren Gütewert berechnen. Aus der Feldverteilung in Hohlleitern und in der Umgebung von Leitungen können deren Eigenschaften, z. B. die Dämpfung, und die Anpassungseigenschaften angeschlossener Mikrowellenbauteile festgestellt werden. Die Messung führt in Fällen komplizierter Hohlraum-, Hohlleiter- und Leitungsformen häufig schneller zu einem Resultat und ist in manchen Fällen genauer als die Rechnung.

Die wichtigsten Verfahren zur Bestimmung der Feldstärke und deren Verteilung sind die direkte Feldausmessung mittels Sonden, die Messung der Rückwirkung kleiner Diskontinuitäten auf das zu untersuchende System und die Feldverteilungsmessung an niederfrequenten Analogienetzen.

10.1 Feldstärkemessung mittels Sonden

Die Anpassungsmessung mit Hilfe einer Meßleitung ist ein Beispiel für die Feldverteilungsmessung mittels Sonden in Leitungen und Hohlleitern. Kleine, antennenförmige, durch einen Schlitz in die Leitung hineinragende, kapazitive und in der Längsrichtung verschiebbare Sonden ergeben die Längsverteilung der elektrischen Feldstärke, aus welcher die Anpassungseigenschaften der am Ausgang der Leitung angeschlossenen Bauteile bestimmt werden können. Eine schlingenförmige induktive Sonde an Stelle der kapazitiven Sonde erfüllt den gleichen Zweck. Die an ihrem Ausgang erhaltene Feldstärke ist der magnetischen Feldstärke in der Leitung proportional, wenn der Einfluß des elektrischen Feldes durch eine besondere Kompensation beseitigt ist. Richtkopplersonden stellen einen besonderen Sondentyp dar. Die in ihnen induzierte Spannung ist der Amplitude der Wellen proportional, welche in nur eine der beiden Richtungen fortschreiten.

Ähnlich wie bei der Messung der Längsverteilung des Feldes in der Meßleitung ist bei den übrigen Feldstärke- und Feldverteilungsmessungen mittels Sonden darauf zu achten, daß diese und die Zuleitungen die ursprüngliche Feldverteilung ohne Sonde nicht wesentlich stören. Die Sonden können durch Löcher in den Wänden des Raumes, in welchem die Feldstärke festzustellen ist, eingeführt werden oder sind längs Schlitzen verschiebbar angeordnet. In beiden Fällen ragt möglichst nur die eigentliche Sonde in den zu untersuchenden Raum hinein. Bei der Anordnung von Schlitzen ist darauf zu achten, daß diese längs der Stromlinien verlaufen, um Rückwirkungen auf die Feldverteilung und Kopplung des Innenraumes mit dem Außenraum zu verhindern.

Die Meßschaltungen für die Anzeige und für die Auswertung der durch die Sonden dem Feld entzogenen elektromagnetischen Energie haben den gleichen Aufbau wie die für die Antennen-Nahfeldmessungen (Abb. 9.17 u. 18) gezeigten Schaltungen. Mit ihrer Hilfe werden die Größe und Phase der beiden Feldstärken als Meßgrößen fesgestellt. Die Richtkopplersonde ermöglicht weiter die Feststellung der Richtung des Energietransportes in dem zu untersuchenden Wellenfeld als weitere Meßgröße.

10.1.1 Kapazitive Sonde

Das elektrische Feld wird mittels kapazitiver Sonden ausgemessen. In Abb. 10.1 a—d sind Beispiele ihres Aufbaues schematisch dargestellt. Die Sonde *a* besteht aus einer am Ende offenen Koaxialleitung, aus welcher der Innenleiter her-

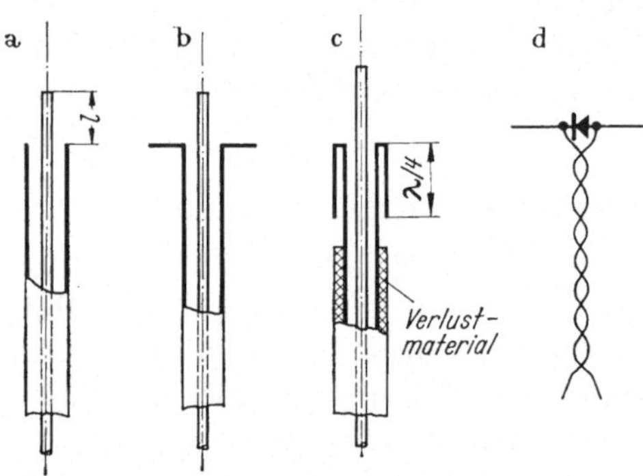

Abb. 10.1 a—d. Beispiele für den Aufbau kapazitiver Sonden

welcher der Innenleiter herausragt. Die Sonde *b* besitzt ein am Ende des Außenleiters angeordnetes Gegengewicht zur Herabsetzung der Energie, welche von der Außenfläche der Sondenzuleitung aufgenommen wird und in das Innere der Sonde eindringt. Die Kopplung zwischen der eigentlichen Antenne und der Außenfläche der Zuleitung kann mit Hilfe einer $\lambda/4$-Drossel weiter herabgesetzt werden, wie es in Abb. 10.1c angedeutet ist. Die eigentliche Antenne besteht in diesem Fall aus dem herausragenden Innenleiter und dem $\lambda/4$- langen umgestülpten Ende des Außenleiters. Sie ist $\lambda/2$ lang. Überzug der Sondenzuleitung mit ferromagnetischem Verlustmaterial vermindert zusätzlich das Eindringen von Störwellen. Abb. 10.1d zeigt eine Sonde in Dipolform mit Kristalldetektor zwischen den Antennenhälften und mit niederfrequenter verdrillter Zuleitung. Im Gegensatz zu dieser Ausführung wird die Mikrowellenenergie der übrigen Formen über ein Kabel einem Gleichrichter, Empfänger oder einer Vergleichsanordnung zur Bestimmung der Amplitude und Phase der Empfangsfeldstärke zugeführt und ausgewertet.

Die Empfangsfeldstärke bzw. Ausgangsspannung einer kapazitiven Sonde ist der Komponente der elektrischen Feldstärke in Richtung der Antenne proportional. Die Eigenschaften und Daten einer Sonde können, wenn sie für absolute Feldstärkemessungen benötigt werden, in Anlehnung an Antennen mit Hilfe der Absorptionsfläche definiert werden.

Ihre Bestimmung erfolgt zweckmäßig durch Vergleich mit einer Normalantenne oder entsprechend den in Abschn. 9.5.1 beschriebenen Methoden.

Einen ungefähren Zusammenhang zwischen der elektrischen Feldstärke E_0 und Sonden-Leerlaufspannung V_0 erhält man auf Grund der Annahme

$$V_0 \approx E_0\, l \, ,$$

wenn l die Länge der eigentlichen Antenne (Abb. 10.1 a) ist. Entsprechend dem zugehörigen in Abb. 10.2 gezeigten Ersatzschaltbild ist die dem Zuleitungskabel zugeführte Sondenspannung V_s, mit Z_0 für den Wellenwiderstand der angepaßt abgeschlossenen Zuleitung,

$$V_s \approx \frac{i\,\omega\,C\,Z_0}{1 + i\,\omega\,C\,Z_0}\,E_0\,l \, . \qquad (10.1)$$

Der Wert für $\omega\,C\,Z_0$ kann meßtechnisch bei Anschluß der Sonde an eine Meßleitung aus der Minimumverschiebung bei Vergleich mit der am Fußpunkt der Antenne kurzgeschlossenen Sonde festgestellt werden.

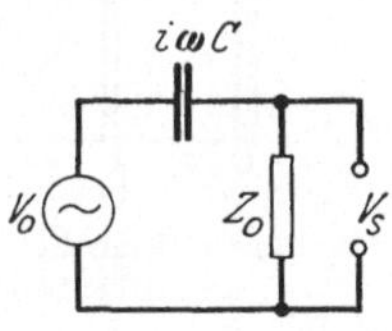

Abb. 10.2. Ersatzschaltbild der kapazitiven Sonde

Die Berechnung der Sondenspannung und der Sondenleistung liefert genauere Werte, wenn man die Sonde als Empfangsantenne betrachtet und von der effektiven Absorptionsfläche ausgeht (Tab. 9.1). Für die Ausgangsspannung einer Sonde des in Abb. 10.1 b gezeigten Typs ergibt sich

$$V_s = \frac{E_0}{4}\sqrt{\frac{Z_0}{Z_{00}}}\,\lambda_0\,(1 - \varrho) \, , \qquad (10.2)$$

mit $Z_{00} = 377\,\Omega$ (Wellenwiderstand des freien Raumes). Den Reflexionsfaktor erhält man bei Anschluß der Sonde an eine Meßleitung. Er wird Null bei Anpassung. Die Dämpfung des Zuleitungskabels ist in den meisten Fällen nicht vernachlässigbar.

10.1.2 Induktive Sonde

Die induktiven Sonden dienen zur Feststellung der magnetischen Feldstärke elektromagnetischer Wellenfelder. Sie haben meist die Form von unsymmetrischen Schlingen, wie es in Abb. 10.3 schematisch dargestellt ist. Die Abbildung zeigt eine idealisierte Sonde mit rechteckiger Schlingenfläche, welche eine angenäherte Berechnung der Sondeneigenschaften und ihrer Daten ermöglicht. Für die praktische Ausführung ist eine teilweise kreisförmige Schlingenfläche zweckmäßig. Das Ersatzschaltbild ist in Abb. 10.4a gezeigt. Die Sondenspannung V_s ist

$$V_s = V_0 \frac{Z_0}{Z_0 + i\,\omega\,L} \, , \qquad (10.3)$$

wenn V_0 die von der magnetischen Feldstärke induzierte Leerlaufspannung ist. Für kleine Schlingenfläche ist $\omega L \ll Z_0$, so daß

$$V_s \approx V_0$$

erhalten wird. Die induzierte Leerlaufspannung kann aus dem magnetischen Fluß Φ berechnet werden;

$$V_0 = -\frac{d\Phi}{dt}\,.$$

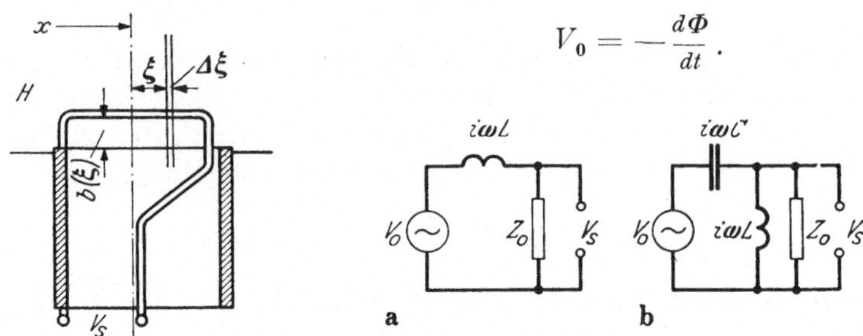

Abb. 10.3. Gemischt induktiv-kapazitive Sonde

Abb. 10.4 a u. b. Ersatzschaltbild einer Sonde mit Drahtschlinge für die a magnetisch induzierte Spannung, b kapazitiv induzierte Spannung

Einführung der induzierenden Feldstärke H ergibt daher angenähert

$$V_s \approx -i\,\omega\,\mu_0\,F_s\,H\,. \tag{10.4}$$

F_s ist die Schlingenfläche und μ_0 die Permeabilität des Raumes (s. S. 6).

Im Gegensatz zur kapazitiven Sonde hat die induktive Sonde in Richtung der Wellenausbreitung meist eine endliche Ausdehnung. Es ergibt sich die Frage, ob die Sonde unter dieser Bedingung die Feldverteilung richtig wiedergibt. Unter Annahme der Ausbreitung ebener Wellen in der x-Richtung entlang der Sonde in Abb. 10.3 erhält man nach Einführung eines komplexen Reflexionsfaktors ϱ für das Amplitudenverhältnis der in beide Richtungen fortschreitenden Wellen und einer örtlichen Variablen ξ ($-\Delta x < \xi < +\Delta x$, $\pm\,\Delta x$ = Sondengrenzen)

$$H(\xi) = H_0\,e^{-i\beta x}\left[1 - \varrho\,e^{-2i\beta(l-x)}\right], \tag{10.5}$$

$$V_s \approx -\int_{-\Delta x}^{+\Delta x} \mu_0\,\frac{dH(\xi)}{dt}\,b(\xi)\cdot d\xi \tag{10.6}$$

und weiter

$$V_s \approx K\,e^{-i\beta x}\left[1 - \varrho\,e^{-2i\beta(l-x)}\right] F_s'\,, \tag{10.7}$$

$$K = -i\,\omega\,\mu_0\,H_0; \quad \beta = \frac{2\pi}{\lambda_0}; \quad F_s' = F_s\,\frac{\sin\beta\,\Delta x}{\beta\,\Delta x}; \quad F_s = b_0\cdot 2\,\Delta x.$$

F_s' ist die effektive Schlingenfläche. Vergleich der Gleichungen (10.5) und (10.7) zeigt, daß die Sondenspannung die Feldverteilung richtig wiedergibt. Durch die endliche Ausdehnung der Sonde wird lediglich die effektive Schlingenfläche herabgesetzt. Eine Voraussetzung ist Symmetrie der Schlingenfläche, wie an anderer Stelle gezeigt ist [7]. Bei der Ausmessung der Felder nichtebener Wellen ist die Größe der

Schlingenfläche möglichst klein zu halten. Eine zum Teil kreisförmige Schlingenfläche ergibt maximale Sondenspannung bei kleinster Ausdehnung.

Messungen mit induktiven Sonden haben gezeigt, daß die Sondenspannung einen von der elektrischen Feldstärke induzierten Anteil hat. Das Ersatzschaltbild für den Weg des die Schlinge treffenden elektrischen Verschiebungsstromes zeigt Abb. 10.4 b. Es unterscheidet sich von demjenigen der kapazitiven Sonde durch die zum Sondeneingang parallel geschaltete Schlingenreaktanz, welche bewirkt, daß der elektrische Anteil der Sondenspannung mit der an der Stelle der Sonde vorhandenen elektrischen Feldstärke in Phase ist. Für eine kleine Sonde ist

$$Z_0 > \omega L, \quad \frac{1}{\omega C} > \omega L,$$

so daß für den elektrischen Anteil der Sondenspannung V_{se}

$$V_{se} \approx \frac{E_0 l}{1 - \dfrac{1}{\omega^2 L C}} \approx -\omega^2 L C E_0 l \qquad (10.8)$$

erhalten wird. Dieser Wert überlagert sich dem magnetischen Anteil der Sondenspannung

$$V_{sm} \approx -i\,\omega\,\mu_0 F_s H_0, \qquad (10.9)$$

welcher um 90° in der Phase verschoben ist. Bei Einführung numerischer Werte findet man, daß beide Teile für übliche Sondendimensionen in der gleichen Größenordnung liegen. Eine Anordnung mit einer Schlinge ist daher bei genauer Betrachtung eine gemischt kapazitiv-induktive Sonde.

Wie bereits im Zusammenhang mit der Messung der Feldverteilung in der Meßleitung (Abschn. 4.3.6) beschrieben wurde, kann man den kapazitiven Anteil der Sondenspannung durch die Anordnung eines Kompensationsbügels (Abb. 4.22) kompensieren. Eine derartig kompensierte Sonde stellt eine „rein"-induktive Sonde dar. Die Resultate der

Abb. 10.5. Meßanordnung für die Bestimmung der Feldstärkeverteilung längs eines H-Wellenleiters

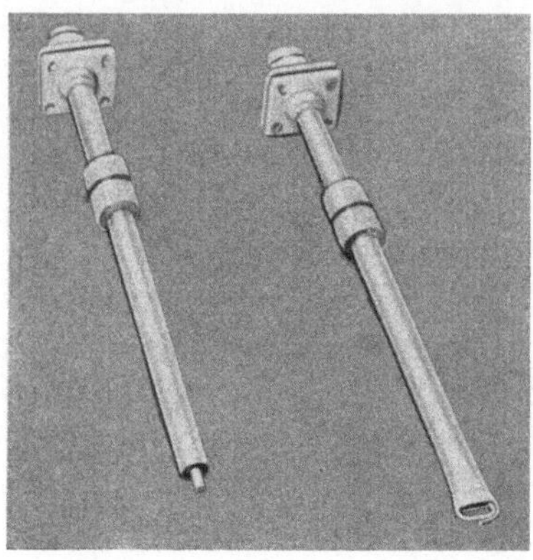

Abb. 10.6. Kapazitive und kompensierte induktive Sonde

Untersuchung der Meßleitungssonde [7] sind direkt auf Sonden für Feldstärkemessungen im freien Raum anwendbar. Es ist zweckmäßig die Prüfung dieser Sonden mit Hilfe einer Meßleitung entsprechend dem in Abschn. 4.3.6 beschriebenen Verfahren durchzuführen.

Abb. 10.5 zeigt eine Anordnung für die Feldstärke und Feldverteilungsmessung an einem speziellen Leitungstyp. Die kapazitive und induktive Sonde können mit Hilfe eines Verschiebungsmechanismus längs der Leitung bzw. senkrecht dazu bei gleichzeitiger Ablesung der Lage verschoben werden (Labor des Verfassers). Das bei diesen Messungen verwendete Sondenpaar, eine kapazitive und eine kompensierte induktive Sonde, sind in Abb. 10.6 gezeigt.

10.1.3 Richtkopplersonde

Richtkoppler ermöglichen die direkte Anzeige der Amplituden der in einer Leitung oder in einem Hohlleiter in eine der beiden Richtungen fortschreitenden Wellen. Für die Feldausmessung im freien Raum sind Instrumente mit den gleichen Eigenschaften sehr wertvoll. Sie ermöglichen nicht nur die Feststellung und Anzeige der Wellenamplituden in beide Richtungen sondern auch die Bestimmung der Richtung, in welche die Wellen fortschreiten.

Mit Instrumenten dieses Typs, welche Richtkopplersonden genannt werden, kann man z. B. direkt die reflektierenden Eigenschaften von Materialoberflächen feststellen, wenn man diese mit ebenen Wellen anstrahlt und die relativen Amplituden der reflektierten Wellen mißt. Die in Abb. 9.20 gezeigte flächenhafte Anpassungsanordnung wurde ebenfalls mit Hilfe einer Richtkopplersonde eingestellt. Um die gleichen Daten zu erhalten, müßte anderenfalls eine verschiebbare Sonde verwendet und diese in und entgegengesetzt der Richtung der Wellenausbreitung verschoben werden. Ähnlich wie bei Messung mit der Meßleitung kann die relative Größe der reflektierten Wellen $|\varrho|$ aus den gemessenen Werten $SWV = |V|_{max}/|V|_{min}$ bestimmt werden.

Eine Richtkopplersonde eines neuen Typs und ihr Ersatzschaltbild sind in Abb. 10.7 gezeigt. Die Sonde, welche im Vergleich zur Wellenlänge sehr klein ist, besteht aus einer linearen Antenne A, welche an ihrem Fußpunkt in einer Widerstandsschicht C befestigt ist. Die Widerstandsschicht schließt den Außenleiter D einer koaxialen Zuleitung ab. Der Innenleiter der Koaxialleitung ist durch ein exzentrisches Loch in der Widerstandsschicht herausgeführt und bildet mit der unteren Hälfte der Antenne eine Schlinge B.

Die Sonde kann als kapazitiv-induktive Sonde angesehen werden. Die Sondenspannung V_s setzt sich aus einem von der elektrischen Feld-

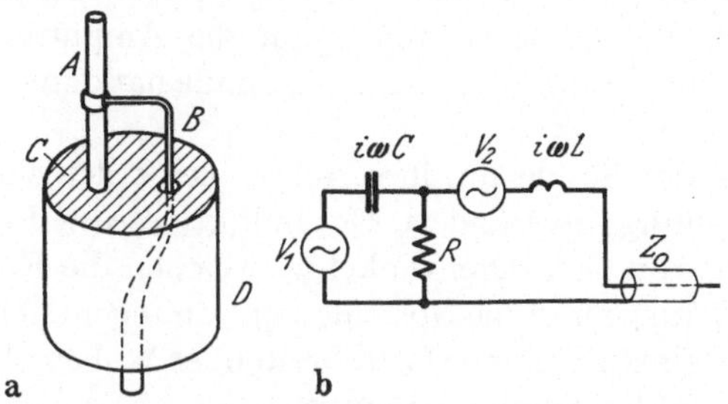

Abb. 10.7 a u. b. Richtkopplersonde mit Ersatzschaltbild.
A Antenne, B Schlinge, C Widerstandsschicht und D Koaxialleitung

stärke E in der Antenne A induzierten Anteil V_1 und einem induktiven Anteil V_2 zusammen. V_2 wird von der magnetischen Feldstärke, welche senkrecht zur Schlingenfläche gerichtet ist, in dieser induziert. Der kapazitive Anteil V_1 ist entsprechend Gl. (10.1)

$$V_1 \approx i\,\omega\,C\,R \cdot E\,l\,, \tag{10.10}$$

wenn R der Widerstand zwischen Antennenfußpunkt und Außenleiter der Koaxialleitung und l die Länge der Antenne sind. Die in der Schlinge induzierte Spannung ist

$$V_2 \approx -\,i\,\omega\,\mu_0\,F_s\,H\,; \tag{10.11}$$

F_s ist die Schlingenfläche. Die Annahme ebener in Richtung der Schlingenfläche fortschreitender Wellen ergibt für die komplexen Amplituden der Feldstärken

$$E = E_0\,(1 + \varrho)\,, \tag{10.12}$$

$$H = \frac{E_0}{Z_0}\,(1 - \varrho)\,, \tag{10.13}$$

wenn der Reflexionsfaktor ϱ ein Maß für die relative Amplitude der reflektierten Wellen an der Stelle der Sonde ist (Kurzschluß: $\varrho = -1$). Unter dieser Voraussetzung ist die Sondenspannung

$$V_s = i\,\omega\,E_0\left[\left(C\,R\,l - \frac{\mu_0\,F_s}{Z_0}\right) + \varrho\left(C\,R\,l + \frac{\mu_0\,F_s}{Z_0}\right)\right]. \tag{10.14}$$

Gl. 10.14 zeigt, daß die Sondenspannung der Amplitude der reflektierten Wellen proportional ist, und daß die vorwärts laufenden Wellen keinen Beitrag zur Sondenspannung liefern, wenn die Bedingung

$$C\,R\,l - \frac{\mu_0\,F_s}{Z_0} = 0 \tag{10.15}$$

erfüllt ist. In den beiden Summanden kann die Länge l der Antenne und die Schlingenfläche F_s beliebig geändert werden, bis die Bedingung der Gl. (10.15) hergestellt ist. Wenn die Sonde mit den der Gl. (10.15) entsprechenden Dimensionen um 180° gedreht wird, ändert der induktive Anteil der Sondenspannung und damit $\mu_0\,F_s/Z_0$ in Gl. (10.14) sein Vorzeichen, so daß die Sondenspannung nur der Amplitude der vorwärts schreitenden Wellen proportional ist. Die Sonde hat daher die gewünschte Richtwirkung.

Bei Drehung der Sonde um ihre Achse bleibt der elektrische Anteil der Sondenspannung unverändert. Der induktive Anteil V_2 schwankt dagegen abhängig von dem Drehwinkel ψ, welchen die Richtung der magnetischen Feldstärke und die Normale zur Schlingenfläche einschließen, sinusförmig. In einem Feld nur fortschreitender Wellen ohne Reflexionen ist die Amplitude der Sondenspannung

$$|V_s| = |V_{s\,max}|\,(1 - \cos\psi)\,. \tag{10.16}$$

Wenn man die Sondenspannung abhängig von der Richtung darstellt, erhält man die in Abb. 10.8 dargestellte Nierenkurve als Richtdiagramm

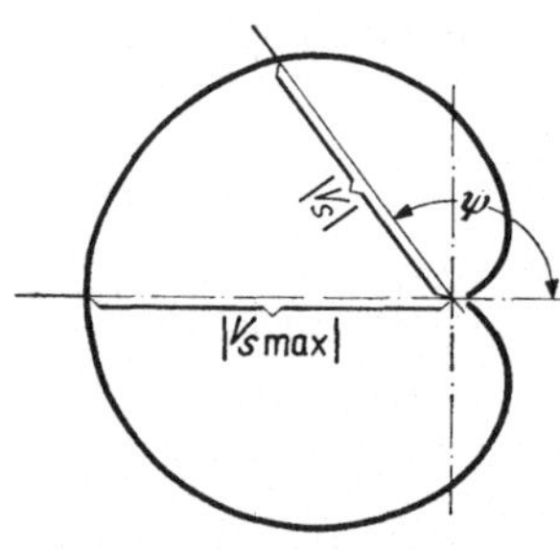

Abb. 10.8. Richtdiagramm der Richtkopplersonde

mit einem Nullwert in Richtung der Wellenfortpflanzung. Die Richtkopplersonde hat daher eine ähnliche Wirkungsweise wie ein Peiler, und man kann mit ihrer Hilfe die Richtung fortschreitender Wellen bestimmen.

Die Richtkopplersonde kann weiter in einer Koaxialleitung oder in einem Hohlleiter als Richtkoppler verwendet werden. Bei einer Drehung der Sonde um 180° kann das Verhältnis der Amplituden der vorwärtsschreitenden und reflektierten Wellen festgestellt werden. Es ist zu beachten, daß in diesem Fall die Bedingung der Gl. (10.15) entsprechend der Feldkonfiguration geändert werden muß. Ein teleskopartiger Aufbau der Antenne ermöglicht die Änderung der Größe C und l und die Erfüllung der Bedingung entsprechend dieser Gleichung.

10.2 Messung der Rückwirkung von Probekörpern

Bei der Ausmessung der Felder mit Hilfe von Sonden verursachen diese eine Änderung der ursprünglichen Feldverteilung. Diese Störung ergibt gegebenenfalls einen Fehler. Bei einer weiteren Meßmethode wird die Feldveränderung positiv ausgenützt und die Feldverteilung auf Grund der Rückwirkung eines störenden Probekörpers bestimmt. Die Methode wurde mit Erfolg zur Messung der Feldverteilung in Hohlraumresonatoren benutzt, wobei als Probekörper dielektrische, ferromagnetische (LINHART [10]) und metallische (GOUBAU [1]) Kugeln verwendet wurden. Die Feldverteilung ergab sich aus der Änderung der Resonanzfrequenz abhängig von der Lage des Probekörpers. An Stelle der Resonanzfrequenz kann die Rückwirkung auf eine Anschlußleitung als Meßgröße benutzt werden. Bei dem letzteren Verfahren wird die Feldverteilung aus der Änderung des eingangsseitigen Reflexionsfaktors bzw. der Impedanz bestimmt. Beide Meßverfahren sind außer auf Hohlraumkreise auch auf Hohlleiter und andere spezielle Mikrowellenleitungen anwendbar.

Abb. 10.9 zeigt als Beispiel schematisch eine Anordnung zur Bestimmung der Feldstärkeverteilung in einem zylindrischen Hohlraum mit konzentrierten Energiespeichern (L und C). Der Hohlraum A ist in der oberen Hälfte längs eines Durchmessers geschlitzt, so daß ein an einem gespannten Seidenfaden C befestigter Probekörper B im Hohlraum beliebig in der r- und z-Richtung bewegt werden kann. Der Hohlraum wird von einem Signalgenerator gespeist und die durch eine weitere Zuleitung ausgekoppelte Energie gleichgerichtet und angezeigt. Die Messung der Änderung der Resonanzfrequenz abhängig von der Lage des Probekörpers B ergibt die Verteilung der Feldstärken. Als Probekörper wird abwechselnd eine dielektrische und eine metallische Kugel verwendet.

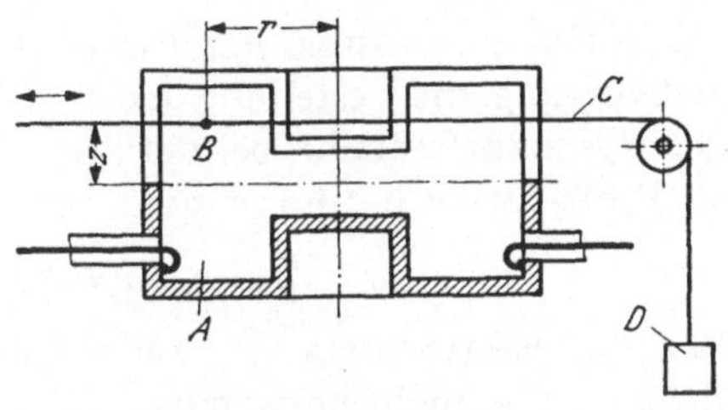

Abb. 10.9. Messung der Feldverteilung in einem Hohlraumresonator mittels Probekörper. A Hohlraum, B Probekörper, C Seidenfaden und D Gewicht

Der Meßmethode liegt eine Beziehung über die Störung eines geschlossenen elektromagnetischen Systems durch einen Probekörper zu Grunde. Sie bezieht sich auf den Zusammenhang zwischen den Änderungen der zugeführten komplexen Leistung, der Frequenz und der inneren Felddaten. Sie kann durch folgende Gleichung ausgedrückt werden

$$2\,\Delta P = i\,\Delta\omega\left[\int_V \mu\,H\,H^*\,dV + \int_V \varepsilon\,E\,E^*\,dV\right] +$$

$$+ i\,\omega\left[\int_V \Delta\mu\,H\,H^*\,dV + \int_V \Delta\varepsilon\,E\,E^*\,dV\right] +$$

$$+ i\,\omega\left[\mu\,H\,H^* - \varepsilon\,E\,E^*\right]\Delta V\,, \tag{10.17}$$

in welcher die Δ-Werte Änderungen der ursprünglichen Größen darstellen. ($V =$ Volumen).

Für $\Delta P = 0$ ergeben sich Beziehungen für die Änderung der Resonanzfrequenz bei Einführung verschiedenartiger Probekörper. Die Bedingung $\Delta P = 0$ setzt voraus, daß das System, z. B. ein Hohlraumkreis, lose an eine Zuleitung angekoppelt ist und nur wenig Leistung zur Anzeige der Resonanz entnommen wird. Gl. (10.17) zeigt, daß bei Einführung eines Probekörpers die relative Änderung der Resonanzfrequenz den Quadraten $(H\,H^*,\,E\,E^*)$ der Amplituden der Feldstärken an der Stelle des Probekörpers proportional ist.

$$\Delta P = \text{o}: \qquad \frac{\Delta f_{diel}}{f_0} = k_1|E|^2 \quad \text{Dielektrischer Probekörper}, \qquad (10.18)$$

$$\frac{\Delta f_{metall}}{f_0} = k_2|E|^2 - k_3|H|^2 \quad \text{Metallischer Probekörper}. \quad (10.19)$$

Gl. (10.19) ergibt die Frequenzänderung bei Störung des zu untersuchenden abgeschlossenen Systems bei Einführung eines metallischen Probekörpers. Die Störung kommt einer Verminderung des Systemvolumens um den Betrag ΔV gleich ($\Delta V =$ Volumen des metallischen Probekörpers).

Die Feldausmessung kann praktisch so erfolgen, daß in einem ersten Meßvorgang, die Verteilung der elektrischen Feldstärke aus der Änderung der Resonanzfrequenz bei der Verschiebung einer dielektrischen Kugel als Probekörper bestimmt wird. Es ist

$$|E(r,\,z)| = \sqrt{(\Delta f_{diel}/f_0)/k_1}\;. \qquad (10.20)$$

Für die Bestimmung der relativen Amplitude ist die Kenntnis der Größe von k_1 nicht notwendig. Für absolute Feldstärkemessungen kann ihre Größe gegebenenfalls in einem Hohlraum bekannter Feldverteilung festgestellt werden. Der zweite Meßvorgang zur Bestimmung der Verteilung der magnetischen Feldstärke entsprechend Gl. (10.19) ist eine Wiederholung des ersten bei Ersatz des dielektrischen Probekörpers durch eine metallische Kugel. Es ist

$$|H(r,\,z)| = \sqrt{[(\Delta f_{diel}/f_0)\,k_2/k_1 - \Delta f_{metall}/f_0]/k_3}\,, \qquad (10.21)$$

wenn an Stelle von $k_2\,|E|^2$ die Meßwerte des ersten Meßvorganges eingeführt werden. k_2/k_1 ist aus dem Verhältnis der Frequenzänderungen feststellbar, wenn die beiden Probekörper an eine Stelle im Hohlraum gebracht werden, wo nur elektrische Feldstärke vorhanden ist. Bei dem in der Abb. 10.9 dargestellten Hohlraum ist diese Bedingung im Zentrum ($r = $ o) erfüllt.

Eine weitere Möglichkeit für die Bestimmung der Feldverteilung besteht in der Auswertung der Impedanz- bzw. Anpassungsänderung bei Störung eines geschlossenen Systems durch Einführung eines Probekörpers. Entsprechend Gl. (10.17) ergibt die Einführung des Probekörpers eine Änderung des Blind-Leistungsflusses ΔP in der Eingangsleitung. Es ist

$$\Delta\omega = \text{o}: \qquad \Delta P_d = k_1'\,|E|^2\,, \qquad (10.22)$$

$$\Delta P_m = k_2'\,|E|^2 - k_3'\,|H|^2\,. \qquad (10.23)$$

Die Änderung der zugeführten Blindleistung entspricht einer Änderung des eingangseitigen Blindleitwertes bzw. Blindwiderstandes um einen

ΔP proportionalen Betrag. Sie kann ebenfalls durch eine Änderung des Reflexionsfaktors ϱ ausgedrückt werden. ΔB bzw. ΔX kann mit Hilfe des Smith-Diagrammes aus der Änderung ΔSWV und aus der Verschiebung des Minimums bei Anschluß des Hohlraumes an eine Meßleitung und bei Einführung und Verschiebung des Probekörpers festgestellt werden. Wenn die Änderung durch den dielektrischen Probekörper verursacht wird, ist

$$|E(r,z)| = k_1' \sqrt{\Delta B_d} = k_1' \sqrt{\Delta \varrho_d/(1 + \varrho + \Delta \varrho_d)} \ . \qquad (10.24)$$

In Gl. (10.24) sind k_1' ein Proportionalitätsfaktor und ϱ der Reflexionsfaktor vor Einführung des Probekörpers. Für einen metallischen Probekörper erhält man eine der Gl. (10.21) entsprechende Beziehung, in welcher die Frequenzänderungen durch die Werte für ΔB zu ersetzen sind. Erhöhte Meßgenauigkeit ergibt sich bei Anschluß des Hohlraumes in eine Brückenschaltung.

Über die Meßgenauigkeit der Feldverteilungsmessungen mittels Probekörpers können keine Angaben gemacht werden, da die Genauigkeit wesentlich von den Versuchsbedingungen und den Genauigkeiten der verwendeten Meßgeräte abhängt. Zur Verminderung des Fehlers ist es zweckmäßig, ein großes Hohlraummodell bei möglichst niedriger Resonanzfrequenz zu wählen.

10.3 Bestimmung der Feldverteilung mit Hilfe von Analogienetzen

Es ist bekannt, daß man Leitungen durch Spulen und Kondensatoren, welche zu einer Tiefpaßkette zusammengeschaltet sind, nachbilden kann. Auf ähnliche Weise ist es möglich, die Wellenausbreitung im freien Raum durch diejenige in Netzwerken mit konzentrierten Energiespeichern (Spulen und Kondensatoren) bei niedrigen Frequenzen darzustellen und zu untersuchen (KRON [3]).Diese Analogie-Meßmethode hat alle Vorteile, welche die niederfrequenten Messungen charakterisieren. Die Vorteile bestehen in leichter Signalerzeugung, -Verstärkung, -Verteilung, in hohen Eingangswiderständen der Röhren, in leichter Meßbarkeit und guter Reproduzierbarkeit. Die Analogie-Meßmethode kann mit Vorteil zur Bestimmung der Feldverteilung in Systemen mit komplizierten Berandungen benützt werden. Besonders einfache Analogien ergeben sich für zwei-dimensionale Systeme. Die Feldverteilung in dem in Abb. 10.9 gezeigten Hohlraum in radieller und axieller Richtung ist z. B. in einem ebenen Analogienetz darstellbar. Abb. 10.10 zeigt schematisch einen Ausschnitt eines derartigen Netzes. Man kann weiter beliebige Hohlleiterquerschnitte, Hohlleiter-Kniestücke und andere Diskontinuitäten nachbilden und die Feldverteilung in diesen Räumen durch Messung der entsprechenden Meßgrößen im niederfrequenten Analogienetz feststellen.

Als Beispiel sei das in Abb. 10.10 gezeigte Netzwerk angeführt. Die Strom- und Spannungsverteilung in die u- und v-Richtung sind durch das Gleichungssystem

$$\frac{\partial I_u}{\partial u} + \frac{\partial I_v}{\partial v} = - Y_w \cdot V_w \, ,$$

$$\frac{\partial V_w}{\partial u} = - I_u \cdot Z_u \, ,$$

$$\frac{\partial V_w}{\partial v} = - I_v \cdot Z_v \tag{10.25}$$

gegeben, welches aus den KIRCHOFFSCHEN Gleichungen für einen Knotenpunkt für ein genügend feinmaschiges Netz erhalten wird. Um ein analoges Gleichungssystem für die Feldausbreitung zu erhalten, geht

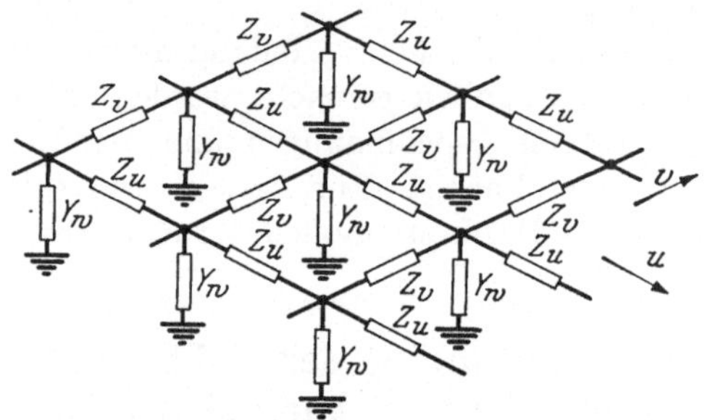

Abb. 10.10. Zweidimensionales Analogienetz

man von den MAXWELLSCHEN Gleichungen aus. Die Annahme eines ebenen Wellenfeldes mit den Komponenten E_z, H_x und H_y der Feldgrößen ergibt

$$\frac{\partial H_y}{\partial x} - \frac{\partial H_x}{\partial y} = i \, \omega \, \varepsilon \, E_z \, ,$$

$$\frac{\partial E_z}{\partial x} = i \, \omega \, \mu \, H_y \, ,$$

$$\frac{\partial E_z}{\partial y} = - i \, \omega \, \mu \, H_x \, . \tag{10.26}$$

Vergleich der beiden Gleichungssysteme ergibt die folgenden Analogien:

Originalfeld	Analogienetz
E_z	V_w
H_x	I_v
H_y	$- I_u$
$i \, \omega \, \varepsilon$	$Y_w = i \, \omega' \, C$
$i \, \omega \, \mu$	$Z_u = Z_v = i \, \omega' \, L$

Auf ähnliche Weise erhält man die Analogien für einen zylindrischen Hohlraum (Abb. 10.9) mit den Feldstärkekomponenten E_r, E_z und H_φ. Es ist

Originalfeld	Analogienetz
E_r	I_v
E_z	$-I_u$
$r\,H_\varphi$	V_w
$i\,\omega\,\varepsilon\,r$	$Z_u = Z_v = i\,\omega'\,L$
$i\,\omega\,\dfrac{\mu}{r}$	$Y_w = i\,\omega'\,C$

Die Analogien zeigen, daß für die Darstellung radieller Wellen die Induktivitäts- und Kapazitätswerte proportional zu r bzw. verkehrt proportional ihren Wert ändern müssen. Die Randbedingungen werden so berücksichtigt, daß die Berandung des Netzes in der z-Richtung offen, in der r-Richtung parallel geschaltet und für $r = 0$ geerdet ist ($C = \infty$).

Die Werte für die Induktivitäten und Kapazitäten sind hauptsächlich von der Anzahl n der Spulenelemente je abzubildende Wellenlänge und von der Frequenz, bei welcher gemessen werden soll, abhängig. Der Zusammenhang ist durch die Gleichung

$$f'[Hz] = \frac{1}{n\,\sqrt{L^{[\text{Hy}]}\,C^{[\text{F}]}}}$$

gegeben.

Die Verluste in den Spulen und Kondensatoren verursachen Fehler in der Wiedergabe der im Raum verlustfreien Wellenausbreitung. Die verwendeten Spulen und Kondensatoren sollen daher einen möglichst hohen Gütewert haben.

Literatur

[1] GOUBAU, G.: Zur Ausmessung elektromagnetischer Felder mittels Testkörper. Hochfrequenztech. u. Elektroakust., Sept. 1943, 73—76.

[2] WHINNERY, J. R., and SIMON RAMO: A new approach to the solution of highfrequency-field problems. Proc. Inst. Radio Engrs, May 1944, 284—288.

[3] KRON, G.: Equivalent circuit of the field equations of MAXWELL. Proc. Inst. Radio Engrs, May 1944, 289—299.

[4] WHINNERY, J. R., and others: Network analyzer studies of electromagnetic cavity resonators. Proc. Inst. Radio Engrs, June 1944, 360—367.

[5] SINCLAIR, G.: Theory of models of electromagnetic systems. Proc. Inst. Radio Engrs, Nov. 1948, 1364—1370.

[6] SPANGENBERG, K., G. WALTERS and F. SCHOTT: Electrical network analyzers for the solution of electromagnetic field problems. Proc. Inst. Radio Engrs, July 1948, 724—729, Aug. 1949, 866—872.

[7] TISCHER, F.J.: Induktive Sonde für Meßleitungen und Nahfeldprüfer bei Mikrowellen. Transactions Royal Inst. of Techn., Stockholm. Nr. 45, 1951.

[8] MORITA, K.: Direction finder and flow meter for centimeter waves. Proc. Inst. Radio Engrs, Dec. 1951, 1529—1534.

[9] TISCHER, F. J.: Zur Fortleitungs- und Anpassungstheorie homogen geführter Wellen. Arch. elekt. Übertragung, Jan. 1954, 8—14, Febr. 1954, 75—84.

[10] LINHART, J. G., and T. H. B. BAKER: A method of measuring the intensity distribution of radio-frequency electronic and magnetic fields in resonant cavities. Brit. J. appl. Phys., March 1955, 100—103.

[11] RICHMOND, J. H., and T. E. TICE: Probes for microwave near-field measurements. Inst. Radio Engrs, Transactions MTT-3, April 1955, 32—34.

[12] KITTCHEN, S.W., and A. D. SCHELBERG: Resonant-cavity field measurements. J. appl. Phys., May 1955, 618—621.

[13] AIKIN, A. W.: Measurements in travelling-wave structures. Wireless Engr, Sept., 1955, 230—234.

11 Rauschmessung

11.1 Rauschursachen, Meßgrößen und Beziehungen

Die Wahrnehmbarkeit und Messung kleiner Energiemengen ist durch das Rauschen begrenzt. Die Rauschsignale entstehen in Widerstandsmaterialien als sog. Widerstandsrauschen, in Röhrenschaltungen infolge statistischer Schwankungen in Elektronenströmen und rühren weiter von der im Raum befindlichen Strahlungsenergie her. Alle praktisch vorkommenden Mikrowellengeräte und Bauteile, sowohl in der Form als Abschlußelemente als auch als Durchgangselemente, geben an ihren Ausgängen Rauschenergie ab. Sie rührt teils von Rauschbeiträgen der Bauteile selbst und teils von Rauscheinströmungen in die Geräte her. Die Rauschsignale sind nicht periodisch und ihr Leistungsspektrum ist in den meisten Fällen gleichmäßig über das gesamte Frequenzspektrum (weißes Rauschen) verteilt.

Eine zweckmäßige Einheit für die abgegebene Rauschleistung erhält man, wenn man einen angepaßten Leitungsabschluß, welcher Widerstandsmaterial zur Absorption der hineinlaufenden Wellen enthält, bei Zimmertemperatur als Rauschquelle betrachtet. Die abgegebene Leistung ist von der Form der Leitung und der speziellen Schaltung im Innern des Abschlußelementes unabhängig. Sie ist in Anlehnung an die niederfrequenten Vorgänge entsprechend der Beziehung

$$P_0 = k\,T_0\,\Delta f \tag{11.1}$$

der absoluten Temperatur T_0 und der Bandbreite der Ausgangsschaltung Δf proportional, wenn $k\,T_0 = 4 \cdot 10^{-21}$ Wsek die Rauschleistung je Hz Bandbreite eines Ohmschen Widerstandes mit der Temperatur $T_0 = 290°$ abs. ist. Da P_0 sehr genau durch die Betriebsbedingungen definiert ist, stellt sie eine absolute Standardgröße und Einheit der Mikrowellenleistung dar (Abschn. 1.2). Von diesem Wert können gegebenenfalls weitere Einheiten, z. B. für die Feldstärke, abgeleitet werden. Die Rauschbeiträge beliebiger Geräte und Bauteile kann man auf die thermische Rauschleistung bzw. die entsprechende Rauschenergie $k T_0$ beziehen.

Wenn man dem Ausgang eines Gerätes ein Nutzsignal entnimmt, ist diesem ein Rauschsignal überlagert, welches teils von den Bauteilen des Gerätes selbst und bei Durchgangselementen z. T. von einer eingangsseitigen Rauscheinströmung herrührt. Bei kleinem Nutzsignal beeinträchtigen die Rauschstörungen die Wirkungsweise der Mikrowellenanlagen. Das Verhältnis des ausgangsseitigen Rauschsignals zu Nutzsignal ist eine für die Anwendbarkeit von Geräten wichtige Größe, welche mit Hilfe des Rauschfaktors bestimmt werden kann.

In der Meßtechnik hängen mit dem Rauschen zwei Probleme zusammen: Eines ist die Begrenzung der Empfindlichkeit von Mikrowellen-Meßgeräten. Dieses Problem kam im Zusammenhang mit der Messung kleiner Leistungen vor. Es kann durch spezielle Modulations- und Demodulationsverfahren (Korrelations- oder Kohärentdetektor) z. T. beherrscht werden. Ein weiteres Problem ist die Messung der Daten von Mikrowellengeräten bezüglich ihrer Rauscheigenschaften, z. B. von Mikrowellenverstärkern und -empfängern. Die Güte, Reichweite und Einfachheit von Übertragungsanlagen und Funkmeß-Anlagen ist hauptsächlich von den Rauscheigenschaften der Empfänger und in manchen Fällen von dem Rauschen der Oszillatoren und Sender abhängig, so daß viel Mühe für die Verbesserung der Rauscheigenschaften von Bauteilen aufgewendet wird. Dementsprechend ist die Messung dieser Eigenschaften eine wichtige Aufgabe.

Die Güte und Empfindlichkeit des linearen Teils von Empfängern und Verstärkern kann mit Hilfe des Rauschfaktors F definiert und angegeben werden. Der Rauschfaktor stellt multipliziert mit der minimalen Rauschenergie $k T_0$ diejenige dem Eingang des Gerätes zugeführte Rauschenergie dar, welche die Ursache einer Verdopplung der Ausgangsleistung ist. Diese Definition ergibt eine sehr zweckmäßige Meßgröße, da sie von der Bandbreite unabhängig ist und so den Vergleich verschiedenartiger Geräte ermöglicht. Das Produkt $F \cdot k T_0$ ist gleichzeitig die Summe der in der Eingangsleitung vorhandenen minimalen und der von dem Gerät herrührenden, auf den Eingang bezogenen Rauschenergie.

Mit dem Rauschfaktor kann weiter das für den Betrieb wichtige Verhältnis der ausgangsseitigen Rauschleistung zu Signalleistung $P_{r\,aus}/P_{s\,aus}$ dargestellt werden, wenn die eingangsseitige Signalleistung $P_{s\,ein}$ als ein Vielfaches der minimalen Rauscheinströmung $P_{r\,ein} = k T_0 \Delta f$ bekannt ist;

$$\frac{P_{r\,aus}}{P_{s\,aus}} = F \frac{P_{r\,ein}}{P_{s\,ein}}. \tag{11.2}$$

Für $P_{r\,aus}/P_{s\,aus} = 1$ erhält man die ursprüngliche Definition des Rauschfaktors.

Der Rauschfaktor ist gegebenenfalls von der Betriebstemperatur des Gerätes abhängig. Es ist zweckmäßig seine Messung unter normalen Betriebsbedingungen vorzunehmen, jedoch das Resultat auf die minimale Rauscheinströmung bei Zimmertemperatur entsprechend Gl. (11.1) zu beziehen.

Der Anschluß eines angepaßten Leitungsabschlusses der Temperatur T_0 an den Eingang eines Verstärkers ergibt die thermische bzw. minimale Rauscheinströmung kT_0. Bei Anschluß eines Leitungsabschlusses abweichender Temperatur oder einer anderen äußeren Signalquelle, z. B. einer in den leeren Weltraum gerichteten Antenne hat das Eingangs-Rauschsignal einen abweichenden Wert. Man hat zwei Möglichkeiten für die Definition des Signals: Man kann es als Vielfaches der minimalen Rauscheinströmung durch einen Quellen-Rauschfaktor F_q angeben, oder man kann der Rauschquelle eine fiktive oder die tatsächliche Rauschtemperatur T_q zuschreiben. Zwischen beiden Größen besteht die Beziehung

$$F_q = T_q/T_0 \, . \tag{11.3}$$

Bei Anschluß der äußeren Rauschquelle an den Verstärker bzw. Empfänger erhält man am Ausgang eine Änderung der Rauschleistung ΔP_r, welche entsprechend Gl. (11.2) als eine Signalleistung betrachtet werden kann. Man erhält so

$$\frac{\Delta P_r}{P_{r\,aus}} = \frac{1}{F}\left(\frac{T_q}{T_0} - 1\right) = \frac{1}{F}\left(F_q - 1\right) \, . \tag{11.4}$$

F_q-1 und $T_q/T_0 -1$ sind Maße für das Überschußrauschen oder dessen Unterbetrag, wenn F_q kleiner als 1 ist.

Die Hintereinanderschaltung von Bauteilen oder Geräten, wie es in Abb. 11.1 schematisch dargestellt ist, von denen jedes zum Gesamt-

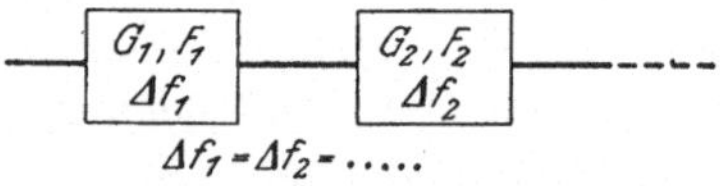

$$
\boxed{\begin{array}{c} G_1, F_1 \\ \Delta f_1 \end{array}} \quad \boxed{\begin{array}{c} G_2, F_2 \\ \Delta f_2 \end{array}} \quad ----
$$

$$\Delta f_1 = \Delta f_2 = \ldots$$

Abb. 11.1. Zu: Rauschfaktor hintereinander geschalteter Bauteile

rauschen beiträgt, stellt einen häufig vorkommenden Schaltungsfall dar. Für die Zusammenschaltung zweier Bauteile erhält man

$$P_{r\,aus} = (P_{r\,ein} + P_{r\,E_1})\,G_1 G_2 + P_{r\,E_2} G_2 \, , \tag{11.5}$$

wenn $P_{r\,E_1}$ und $P_{r\,E_2}$ die auf die Eingänge bezogenen Rauschbeiträge der einzelnen Bauteile sind und G_1 und G_2 deren Leistungsverstärkung angeben. Die auf den Eingang bezogene gesamte Rauschleistung ist

$$P_{r\,ges} = P_{r\,ein} + P_{r\,E_1} + \frac{P_{r\,E_2}}{G_1} \, . \tag{11.6}$$

Dementsprechend ist der Gesamtrauschfaktor

$$F_{ges} = F_1 + \frac{F_2 - 1}{G_1} .$$

Für eine beliebige Anzahl von Bauteilen erhält man:

$$F_{ges} = F_1 + \frac{F_2 - 1}{G_1} + \frac{F_3 - 1}{G_1 G_2} + \cdots \frac{F_n - 1}{G_1 G_2 \cdots G_{n-1}} . \qquad (11.7)$$

Gl. (11.7) zeigt, daß der Rauschbeitrag von Bauteilen, welche auf solche mit hoher Verstärkung folgen, sehr gering ist. Der größte Beitrag wird von den Eingangsstufen geliefert.

Bei den bisherigen Betrachtungen wurde konstante und von der Frequenz unabhängige Verstärkung und konstantes Rauschspektrum (weißes Rauschen) vorausgesetzt. Wenn eine oder beide Größen abhängig von der Frequenz schwanken, erhält man einen mittleren Rauschfaktor aus

$$F_m = \frac{\int\limits_0^\infty F(f)\, G(f)\, df}{\int\limits_0^\infty G(f)\, df} , \qquad (11.8)$$

wobei $G(f)$ die Leistungsverstärkung ist. Unter der Voraussetzung eines konstanten Rauschspektrums beeinflussen lediglich die Frequenzschwankungen der Verstärkung die Bandbreite. Es wird

$$\Delta f_m = \frac{\int\limits_0^\infty G(f)\, df}{G_0} , \qquad (11.9)$$

wenn Δf_m die auf die Verstärkung G_0 bezogene mittlere Bandbreite ist.

Bei dem wichtigen Fall der Hintereinanderschaltung mehrerer Bauteile geht Gl. (11.7) in

$$F_{m\,ges} = \frac{\int\limits_0^\infty [F_1 G_1 \cdots G_n + (F_2 - 1) G_2 \cdots G_n + \cdots (F_n - 1) G_n]\, df}{\int\limits_0^\infty G_1 G_2 \cdots G_n\, df} \qquad (11.10)$$

über. Die Gleichung zeigt, daß eine Verringerung der Bandbreite in den Ausgangsstufen eines linearen Gerätes wesentlich günstiger ist, als diejenige in den Eingangsstufen.

11.2 Rauschbeiträge verschiedener Mikrowellenbauteile

Die Beiträge der verschiedenen Bauteile einer Mikrowellenanlage zum Gesamtrauschen sind sehr unterschiedlich und hängen teils vom Bauteil selbst, aber auch von der Lage in der Schaltung entsprechend Gl. (11.7) und Gl. (11.10) ab. Bei einer Empfangsanlage tragen z. B. der Raum in der Strahlrichtung der Antenne, aus welchem die Nutzsignale empfangen werden, die Antenne, die Leitungen, Eingangskreise, Mischkreise und

Mischdetektoren, der Lokaloszillator, die Zwischenfrequenzkreise und Verstärkerröhren und der gegebenenfalls der Mischstufe vorgeschaltete Mikrowellenverstärker zum Gesamtrauschen bei. Bei der Beurteilung der Güte der gesamten Übertragungsanlage müssen übrigens die dem ankommenden Nutzsignal überlagerten und vom Sender herrührenden Rauschstörungen ebenfalls berücksichtigt werden.

Die Rauschtemperatur von Antennen schwankt zwischen etwa $70°$ bis $300°$ abs., je nach der Strahlrichtung und je nach der Temperatur der in dem von der Antenne angestrahlten Raum befindlichen Objekte. Bei der Angabe des Rauschfaktors einer Empfangsanlage kann die Rauschtemperatur der Antenne T_A auf Grund der folgenden Beziehung berücksichtigt werden

$$F_E - 1 = F_{ges} - \frac{T_A}{T_0}\,,$$

wenn F_E der Rauschfaktor des Empfängers ist. Es ist weiter

$$F_{ges} = F_E + \left(\frac{T_A}{T_0} - 1\right). \tag{11.11}$$

Die Rauschtemperatur einer Antenne hat den Wert

$$T_A = \frac{1}{4\pi} \int \int T(\vartheta, \varphi)\, G(\vartheta, \varphi)\, \sin\vartheta\, d\vartheta\, d\varphi\,,$$

wenn $T(\vartheta, \varphi)$ und $G(\vartheta, \varphi)$ die Rauschtemperatur und der Leistungsgewinn abhängig von den Raumkoordinaten (Abb. 9.2a) sind.

Der Einfluß der Leitung zwischen Antenne und Empfänger kann durch eine modifizierte Antennentemperatur T'_A berücksichtigt werden, wenn man

$$T'_A = T_A \left[e^{-\alpha L} + (1 - e^{-\alpha L})\, T_1/T_A\right] \tag{11.12}$$

einführt. Die Daten der Leitung sind durch α, L und T_1 für die Dämpfungskonstante, Länge und Temperatur gegeben.

In der folgenden Tabelle sind ungefähre Werte der Rauschfaktoren verschiedener Bauteile angegeben. Sie geben einen Überblick über den derzeitigen Stand der Bestrebungen die Rauschfaktoren möglichst niedrig zu halten. Aus den angegebenen Werten kann man mit Hilfe von Gl. (11.7) und (11.10) den Gesamtrauschfaktor von Anlagen berechnen. Die Werte sind in Dezibel angegeben;

$$F^{[db]} = 10 \log_{10} F\,.$$

Der Mischteil eines Überlagerungsempfängers kann als lineares Element angesehen werden, doch ist der Beitrag der eingangsseitigen Rauschsignale, welche außerhalb des durch den Zwischenfrequenzverstärker bedingten Übertragungsbereiches liegen, zu berücksichtigen. Dieser Beitrag hängt hauptsächlich von den vor der Mischstrecke liegenden Kreisen ab. Der Beitrag des Lokaloszillators zum Mischrauschen kann z. T. in symmetrischen Mischkreisen mit gegengeschalteter Oszillatoramplitude unterdrückt werden.

Tabelle 11.1. *Rauschfaktoren typischer Mikrowellenbauteile*

Bauteil		Rauschfaktor db	Verstärkung db	Bandbreite MHz	Frequenzband
Verstärker	Triode	18	10	100	C-Band
	Klystron	30	25	8	S-Band
	TW-Röhre	10	25	400	X-Band
Mischteil	Symmetr. Detektor	8	—6		X-Band
	Einfacher Detektor	10	—6		X-Band
ZF-Verstärker	Normale Eingangsschalt.	10	100	20	30 MHz
	Kaskodenschaltung	2	100	20	30 MHz

11.3 Rauschquellen

Die für Rauschmessungen benötigten, genau definierten und sehr kleinen Signalleistungen kann man am sichersten mit Hilfe von Rauschquellen herstellen. Gl. (11.3) zeigt, daß ein auf eine hohe Temperatur T erhitzter Widerstand eine Rauschquelle darstellt, deren zusätzliche, die minimale Rauschleistung übersteigende Signalleistung durch

$$P_s = k\,(T - T_0)\,\Delta f \qquad (11.13)$$

gegeben ist. Ein erhitztes angepaßtes Abschlußelement stellt daher eine einfache Rauschquelle mit der durch Gl. (11.13) gegebenen Leistung dar. Für Abschlußelemente in Koaxialausführung hat die Rauschquelle das in Abb. 11.2 gezeigte Ersatzschaltbild. Der mittlere Effektivwert der Leerlauf-Rauschspannung ist

$$V_{r_0} = \sqrt{4\,k\,T_0\,Z_0\,\Delta f}\,, \qquad (11.14)$$

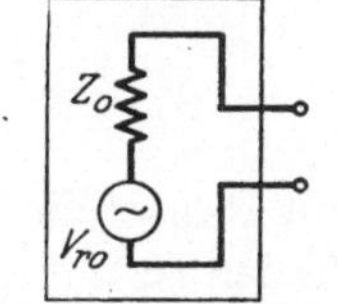

Abb. 11.2. Widerstand als Rauschquelle

wenn Z_0 der Innenwiderstand der Rauschquelle und gleichzeitig der Wellenwiderstand der Ausgangsleitung des Abschlußelementes ist.

Bei der Serien- und Parallelschaltung von Widerständen mit verschiedenen Temperaturen ist die Rauschleistung

$$P_r = k\,T_n\,\Delta F$$

mit

$$T_n = \frac{T_1\,R_1 + T_2\,R_2}{R_1 + R_2} = \frac{T_1\,G_1 + T_2\,G_2}{G_1 + G_2}\,,$$

wenn die in Serie geschalteten Widerstände mit R und die parallel geschalteten Leitwerte mit G bezeichnet sind.

In der niederfrequenten Technik verwendet man hauptsächlich Dioden bei Betrieb im Sättigungsgebiet als Rauschquellen mit einer durch die Betriebsbedingungen definierten Energie (Abb. 11.3). Im niederfrequenten Gebiet ist das mittlere Quadrat des Rauschstromes in Amp.

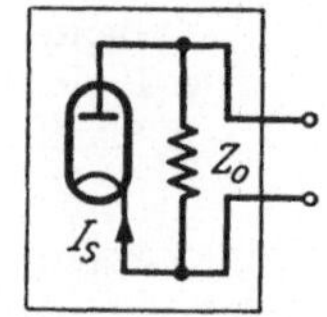

Abb. 11.3. Ersatzschaltbild einer Diode als Rauschquelle

$$I_r^2 = 2\,e\,I_s^{[\text{Amp}]}\,\Delta f\,, \qquad (11.15)$$

wobei I_s der Sättigungsstrom der Diode und e die Elementarladung in Ampsek. sind. Bei Mikrowellen müssen die Abweichungen infolge des kinetischen Verhaltens der Elektronen, wobei deren Laufzeit in die Größenordnung der Periodendauer fällt, berücksichtigt werden. Schaltungstechnische Schwierigkeiten kann man durch Ausführung der Diode in der Form einer Koaxialleitung überwinden. Die Kathode und Anode bilden, wie es in Abb. 11.4 dargestellt ist, den Innen- und Außenleiter. Die Diode ist beiderseits über Transformationsleitungen an die Anschlußleitungen angepaßt. Entsprechend einer Untersuchung von KOMPFNER [4] hat die am Ausgang abgegebene Rauschleistung den Wert

$$P_r = \frac{1}{2}\,e\,I_s Z_0\,\eta\,e^{\alpha L}\frac{\sinh \alpha L}{\alpha L}\,; \qquad (11.16)$$

η ist ein Laufzeit-Schwächungsfaktor und α die Dämpfungskonstante der Leitung. Rauschfaktoren in der Größenordnung von $F_q = 12$ können

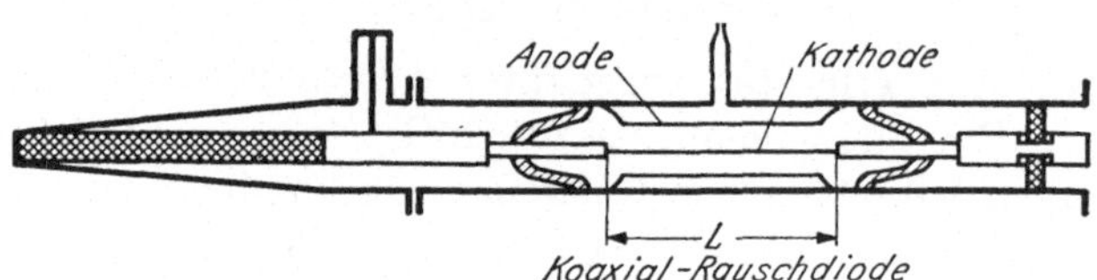

Abb. 11.4. Rauschdiode in Koaxialausführung

mit Rauschdioden erhalten werden. Die Anwendung derartiger Rauschdioden ist auf den niederfrequenten Bereich der Mikrowellen beschränkt.

Als Rauschquellen haben sich in den letzten Jahren Gasentladungsröhren durchgesetzt, nachdem MUMFORD [7] feststellte, daß die positive Säule einer Glimmentladung ein konstantes Spektrum von Rauschenergie abgibt. Die positive Säule stellt eine Rauschquelle mit einer Rauschenergie $k\,T_e$ dar, wenn T_e eine mit der mittleren kinetischen Energie der Elektronen zusammenhängende fiktive Elektronentemperatur ist. Die Elektronen bewegen sich unter dauernden Kollisionen mit positiven Ionen auf eine ähnliche Weise, wie sie für die Gasmoleküle in erhitzten Gasen charakteristisch ist. T_e hängt hauptsächlich von der

Gasart und unter bestimmten Betriebsbedingungen nur geringfügig von dem Gasdruck und dem Entladungsstrom ab. Kurven für den Zusammenhang zwischen T_e, Gasdruck und Entladungsstrom sind bei Knol [8] für Helium, Neon, Argon und Xenon angegeben. In Tab. 11.2 sind Richtwerte für mittlere erzielbare Elektronen-Rauschtemperaturen und die entsprechenden Rauschfaktoren in db angeführt.

Die Tabelle zeigt, daß die besten Rauschfaktoren mit Helium und Neon erzielt werden. Messungen an einer mit Helium gefüllten Entladungsröhre mit ca. 9 mm Innendurchmesser und 11 mm Hg Gasdruck ergab $F_q = 19{,}8$ db im X-Band für einen Entladungsstrom von 70 mA bei Vergleich mit einer geeichten Rauschquelle. Die Rauschtemperatur kann übrigens mit Hilfe einer Sonde, welche in der Wand der Ent-

Tabelle 11.2. *Elektronentemperaturen in Gasentladungen*

Gasart	$T_e\,^{\circ}\mathrm{K}$	F_q^{db}
He	29000	20
Ne	25000	18
A	15000	17
Xe	9000	14,5
Hg	11000	15
N_2	11500	16

ladungsröhre eingeschmolzen ist, aus dem Zusammenhang zwischen Sondenstrom und Potential festgestellt werden. Eine für die Verwendung als Rauschquelle zweckmäßige Entladungsröhre besteht aus einer

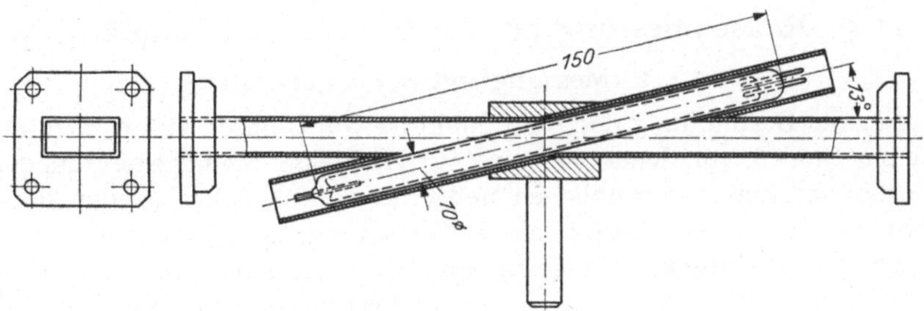

Abb. 11.5. Rauschquelle mit Gasentladungsröhre für das X-Band

beiderseits abgeschmolzenen Glas- oder Quarzröhre mit Elektrodendurchführungen an den Enden. An einem Ende ist mit den Durchführungen die direkt geheizte Kathode verbunden. Zur Auskopplung der Rauschenergie durchsetzt die Rauschröhre in schräger Richtung einen rechteckigen Hohlleiter, wie es die in Abb. 11.5 dargestellte Querschnittszeichnung einer Rauschanordnung für das X-Band zeigt. Bei genügend hohem Entladungsstrom stellt der von der Glimmröhre durchsetzte Teil des Hohlleiters ein beiderseits angepaßtes Dämpfungsglied dar, wobei der Abschluß des Hohlleiters an dem dem Meßobjekt entgegengesetzten Ende für die abgegebene Rauschleistung belanglos ist. Abb. 11.6 zeigt im Handel befindliche Rauschanordnungen mit Gasentladungsröhren für X-, K- und Q-Band (Roger White, Electron

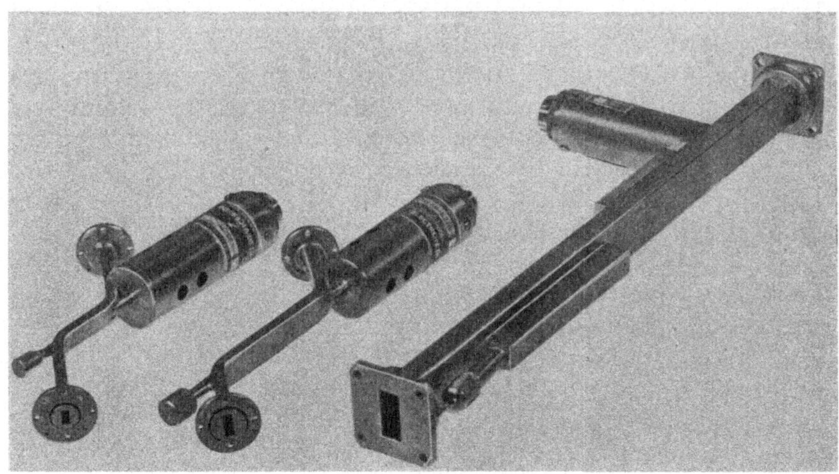

Abb. 11.6. Rauschanordnungen mit Gasentladungsröhren in Hohlleiterausführung (Roger White, Electron Devices, Haskell, N. J., U.S.A.)

Devices, Haskell, N. J., U.S.A.). Der Rauschfaktor beträgt entsprechend Angaben der Lieferfirma $18 \pm 0,5$ db.

11.4 Rauschmessung an Verstärkern und Empfängern

11.4.1 Messung mit Signalgenerator

Für die Bestimmung des Rauschfaktors von Geräten gibt es mehrere Meßmethoden, von denen diejenige mit Hilfe eines Signalgenerators den Vorteil hat, daß sie mit üblichen Meßgeräten durchgeführt werden kann. Abb. 11.7 zeigt schematisch die Meßschaltung, bestehend aus Signalgenerator, Meßobjekt und einem an dessen Ausgang angeschlossenen Leistungsmesser. Bei Empfängern muß der Leistungsmesser vor dem Gleichrichter im Zuge des Zwischenfrequenzverstärkers eingeschaltet werden. An Stelle eines speziellen Leistungsmessers kann man quadratisch anzeigende Spannungs- oder Strommesser verwenden, da bei

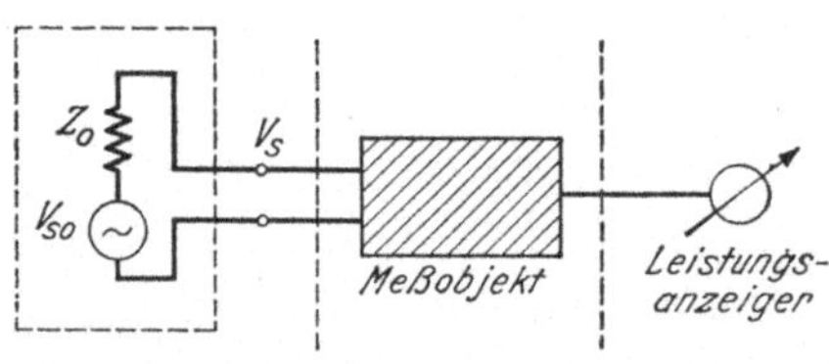

Abb. 11.7. Meßschaltung für die Bestimmung des Rauschfaktors

der Rauschmessung lediglich relative Leistungswerte festzustellen sind. Statische Voltmeter, Hitzdrahtinstrumente, Strommesser mit Thermoelementen und Bolometer sind für diesen Zweck geeignet.

Der Meßvorgang beruht auf Gl. (11.2) und besteht in der Bestimmung derjenigen vom Generator abgegebenen Signalamplitude, welche die ohne Nutzsignal am Ausgang festgestellte Leistung verdoppelt. Zur Feststellung der Rauschleistung ohne Nutzsignal stellt man entweder das Dämpfungsglied des Signalgenerators auf seinen Maximalwert ein oder ersetzt für genaue Messungen den Signalgenerator durch einen angepaßten Leitungsabschluß auf Zimmertemperatur. Unter diesen Bedingungen ($P_{r\,aus} = P_{s\,aus}$) ist entsprechend Gl. (11.14)

$$F = \frac{P_{s\,ein}}{P_{r\,ein}} = \frac{V_s^2}{Z_0} \frac{1}{k\,T_0} \frac{1}{\Delta f_m}, \tag{11.17}$$

wenn V_s die vom Generator bei Anpassung abgegebene Signalspannung (Effektivwert), Z_0 der Wellenwiderstand der Eingangsleitung des Meßobjektes und Ausgangsleitung des Generators und Δf_m die mittlere Bandbreite sind. Die Angabe des Rauschfaktors kann in Dezibel erfolgen:

$$F^{[db]} = 10 \log_{10} F \, .$$

Die Bandbreite ist

$$\Delta f_m = \frac{\int\limits_0^{\infty} G(f)\,df}{G_0} \, .$$

Ihren Wert kann man durch Auswertung der Messung der Frequenzabhängigkeit der relativen eingangsseitigen Signalleistung V_s^2/Z_0 bei konstanter Ausgangsleistung oder umgekehrt feststellen. Das Integral ist auf die Leistungsverstärkung G_0 bei der Frequenz der Rauschmessung, z. B. der Bandmitte-Frequenz, zu beziehen. Für die Rauschmessung muß man gegebenenfalls die Ausgangsimpedanz bzw. Ausgangsleitung des Signalgenerators mit Hilfe eines Anpassungstransformators und Übergangsstückes auf den Wert bzw. die Form der Eingangsleitung des Verstärkers oder Empfängers bringen und Anpassung herstellen.

11.4.2 Messung mit einstellbarer Rauschquelle

Den Nachteil, bestehend in der Messung der mittleren Bandbreite, bei der im vorigen Abschnitt beschriebenen Meßmethode kann man durch Verwendung einer Rauschquelle als Signalgenerator vermeiden. Die von veränderlichen Rauschquellen abgegebene Rauschenergie kann in verschiedener Weise mit Hilfe des Quellen-Rauschfaktors F_q, der Rauschtemperatur T_q oder gegebenenfalls direkt in Leistungswerten (Dezibel unter 1 mW) bei gleichzeitiger Angabe der Bandbreite angegeben werden.

Die Meßschaltung setzt sich aus Rauschquelle, Meßobjekt und Leistungsanzeiger zusammen. Die Messung besteht aus zwei Teilvorgängen: Zuerst stellt man bei Ersatz der Rauschquelle durch einen angepaßten Leitungsabschluß den relativen Wert der Ausgangsleistung fest. Nach Anschaltung der Rauschquelle wird diejenige Rauschleistung eingestellt, welche die Ausgangsleistung verdoppelt. Mit dem abgelesenen Wert kann man entsprechend der Beziehung

$$F = \frac{T_q}{T_0} - 1 = F_q - 1 \tag{11.18}$$

den Rauschfaktor unabhängig von der Bandbreite und von der Übertragungskurve aus T_q oder F_q (s. S. 294) bestimmen. Wenn die Rauschquelle in Leistungswerten geeicht ist, erhält man

$$F = \frac{P_{r\,abgelesen}}{k\,T_0\,\Delta f_m},$$

wobei die mittlere Bandbreite Δf_m in die Rechnung eingeht und bekannt sein muß. Als veränderliche Rauschquellen können Rauschdioden im Sättigungsgebiet (s. S. 297) oder die Kombination einer konstanten Rauschquelle und eines Dämpfungsgliedes verwendet werden.

11.4.3 Meßmethode mittels konstanter Rauschquelle

Die am häufigsten verwendeten Rauschquellen, z. B. Gasentladungsröhren, geben konstante Energie mit weitgehend konstantem Rauschspektrum ab. Bei ihrer Verwendung muß aus dem von 1 abweichenden Verhältnis der Ausgangsleistungen mit und ohne Rauschquelle der Rauschfaktor bestimmt werden. Die Meßschaltung besteht aus Rauschquelle, Meßobjekt und Leistungsanzeiger. Für den Leistungsvergleich wird entweder die Rauschquelle durch einen angepaßten Leitungs

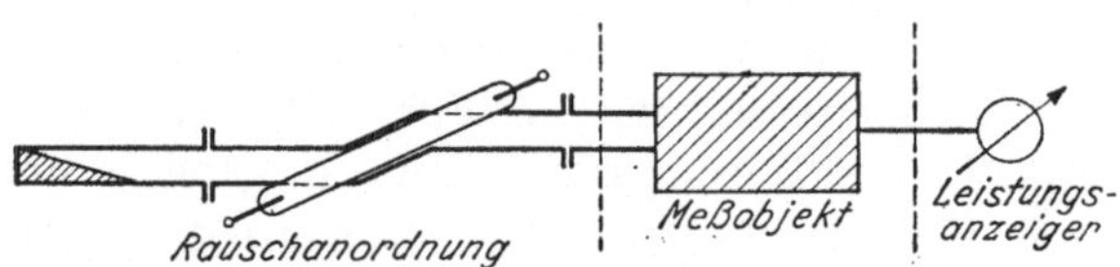

Abb. 11.8. Rauschmessung mit Gasentladungsröhre

abschluß ersetzt, oder es wird die Rauschanordnung mit Gasentladungsröhre an dem dem Meßobjekt entgegengesetzten Ausgang angepaßt abgeschlossen, wie es in Abb. 11.8 schematisch angedeutet ist. Bei der ersten Teilmessung wird die Gasentladung abgeschaltet. Bei der Messung mit der in der Abbildung gezeigten Schaltung erhält man den Rauschfaktor aus dem Vergleich der Ausgangsleistungen mit und ohne Glimmentladungen in der Entladungsröhre. Das Verhältnis der ausgangsseitigen Rauschleistungen mit und ohne Glimmentladung ist

$$\frac{P_{r\,mit}}{P_{r\,ohne}} = 1 + \frac{\Delta P_r}{P_{r\,aus}}. \tag{11.19}$$

Einführung der Gl. (11.4) ergibt

$$F = \frac{\dfrac{T_q}{T_0} - 1}{\dfrac{P_{r\,mit}}{P_{r\,ohne}} - 1} = \frac{F_q - 1}{\dfrac{P_{r\,mit}}{P_{r\,ohne}} - 1}. \tag{11.20}$$

Bei genauen Messungen ist darauf zu achten, daß die Rauschquelle auf derjenigen Temperatur gehalten wird, bei welcher sie geeicht wurde. Der angepaßte Leitungsabschluß ist auf Zimmertemperatur zu halten.

Wenn der Leitungsabschluß eine abweichende Temperatur T_1 hat, ist

$$F = \frac{\left(\dfrac{T_2}{T_0} - 1\right) - p\left(\dfrac{T_1}{T_0} - 1\right)}{p - 1}: \qquad (11.21)$$

Der Wert $p = P_{r\,mit}/P_{r\,ohne}$ ist das Verhältnis der Rauschleistung bei Anschluß der Rauschquelle mit der Temperatur T_2 gebrochen durch diejenigen bei Anschluß des Leitungsabschlusses der Temperatur T_1.

Eine konstante Rauschquelle kann durch Vorschalten eines angepaßten veränderlichen Dämpfungsgliedes gegebenenfalls in eine einstellbare Anordnung verwandelt werden. Wenn der Rauschfaktor der Rauschanordnung F_q den zu erwarteten Rauschfaktor des Meßobjektes übertrifft, kann die Messung wiederum unter der vereinfachenden Bedingung $\varDelta P_r = P_{r\,aus}$ erfolgen. Unter dieser Bedingung ist

$$F = \frac{P_{s\,ein}}{k\,T_0\,\varDelta f}$$

und

$$P_{s\,ein} = k\,T_0\,(F_q - 1)\,10^{-\frac{D^{[db]}}{10}}\,\varDelta f. \qquad (11.22)$$

$P_{s\,ein}$ ist die von der Rauschquelle gelieferte Überschuß-Rauschleistung. Der Rauschfaktor hat den Wert

$$F = (F_q - 1)\,10^{-\frac{D^{[db]}}{10}}, \qquad (11.23)$$

wenn $F_q = T_q/T_0$ der Quellenrauschfaktor der Rauschquelle und D diejenige Dämpfung des vorgeschalteten Dämpfungsgliedes ist, für welche die Rausch-Ausgangsleistung bei dem Leistungsvergleich verdoppelt wird. Wenn die vereinfachende Bedingung $\varDelta P_r = P_{r\,aus}$ nicht erfüllt ist, muß F aus der Messung einer beliebigen Erhöhung der Ausgangsleistung entsprechend Gl. (11.20) oder Gl. (11.21) bestimmt werden.

Ein weiterer wesentlicher Vorteil der Verwendung von Rauschquellen für die Rauschmessung besteht darin, daß der Vergleich der Ausgangsleistungen mit Hilfe beliebiger Anzeigevorrichtungen und hinter nichtlinearen Elementen des Empfängers, z. B. hinter dem Gleichrichter, erfolgen kann. Für genaue Messungen ist der Leistungsvergleich bei konstantem Ausschlag des Anzeigeinstrumentes bei Einschaltung eines Dämpfungsgliedes (3 db) oder Spannungsteilers im linearen Teil des Empfängers zweckmäßig. Die Messung der Rauschspannung mit Hilfe eines Röhrenvoltmeters im Zwischenfrequenzteil stellt eine weitere vereinfachte Möglichkeit dar.

11.4.4 Direkt anzeigender Rauschfaktormesser

Serienmessungen des Rauschfaktors entsprechend den bisher beschriebenen vergleichenden Meßmethoden sind zeitraubend, da für jeden Meßwert manuelle Einstellungen oder Umschaltungen der Geräte notwendig sind. Eine Vereinfachung des Meßvorganges durch Automatisierung der Umschaltung ist daher sehr erwünscht. Die automatische Umschaltung

ermöglicht gleichzeitig die Anwendung von Demodulationsverfahren
entsprechend dem Prinzip des Kohärent- oder Korrelationsdetektors,
und damit eine wertvolle Erhöhung der Meßgenauigkeit.

Für die Herstellung direkt anzeigender Rauschfaktormesser gibt es
zwei grundsätzliche Prinzipien. Es kann das Verhältnis der Ausgangsleistungen bei automatischer Ein- und Ausschaltung der Rauschquelle
angezeigt werden. Eine andere Möglichkeit bietet die automatische
Regelung der Rauschquelle und Einschaltung eines Dämpfungsgliedes
im linearen Teil des Empfängers, wobei die Ausgangsamplitude bei der
Umschaltung konstant gehalten wird. Ein grundsätzliches Blockschaltbild eines Meßplatzes, welcher beide Möglichkeiten bietet, ist in Abb. 11.9

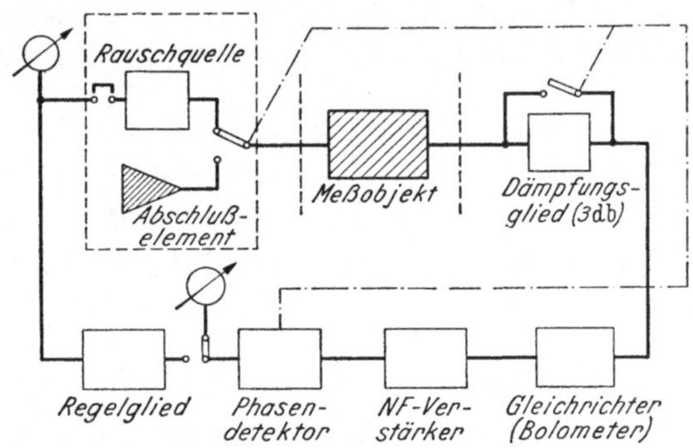

Abb. 11.9. Gerät für die direkte Anzeige des Rauschfaktors

dargestellt. Der Meßplatz besteht aus einer Rauschquelle, welche automatisch zwischen den Rauschenergien $k\,T_0$ und $F_q\,k\,T_0$ umgeschaltet
wird. Das Meßobjekt ist mit einem ebenfalls automatisch umgeschalteten, gegebenenfalls einstellbaren Dämpfungsglied abgeschlossen. Dem
Dämpfungsglied folgt der Gleichrichter oder ein Bolometer, welches
bei Ungleichheit der umgeschalteten Ausgangsleistung Rechteckimpulse
abgibt. Die Ausgangssignale werden verstärkt einem Phasendetektor
zugeführt, welcher in Verbindung mit einem Instrument bei Ampli-
tudengleichheit der umgeschalteten Ausgangsleistung den Wert Null
und anderenfalls eine positive oder negative Anzeige für eine Erhöhung bzw. Verminderung des vom Meßobjekt herrührenden Rauschens ergibt. Das Dämpfungsglied kann für verschiedene Werte des
mittleren Rauschfaktors umgeschaltet werden, wobei das Instrument
die Abweichungen von diesem Wert anzeigt. Die vom Phasendetektor
erhaltene Spannung kann man gegebenenfalls einem Regelglied zuführen
und zur automatischen Regelung der Rauschquelle verwenden. Das
Regelglied hält die von der Rauschquelle abgegebene Rauschenergie
konstant auf dem Wert $(F + 1)\,k\,T_0$, wobei die Ausgangsleistung bei
gleichzeitiger Umschaltung der Rauschquelle und des 3-db-Dämpfungs-
gliedes konstant bleibt.

Als Rauschquelle eignet sich im niederfrequenten Bereich der Mikrowellen eine koaxiale Rauschdiode entsprechend Abb. 11.4. Die Umschaltung wird mit der impulsförmigen Anodenspannung erzielt. Automatische Regelung des Heizstromes ermöglicht die Konstanthaltung der Ausgangsleistung. Die Anzeige des Heizstromes ist ein Maß für den Rauschfaktor.

Bei Verwendung einer Gasentladungsröhre wird die automatische Umschaltung mit Hilfe einer impulsförmigen Entladungsspannung, welcher ein periodischer kurzzeitiger Zündimpuls überlagert sein kann, durchgeführt. Die Regelung der abgegebenen Rauschenergie ist mit Hilfe eines automatisch veränderlichen Dämpfungsgliedes mit Motorantrieb möglich.

Literatur

[1] FRÄNZ, K.: Messung der Empfängerempfindlichkeit bei ultrakurzen Wellen. Hochfrequenztech. u. Elektroakust., 49, 105—112; 143—144. April u. Mai 1942).

[2] FRIIS, H. T.: Noise figure of radio receivers. Proc. Inst. Radio Engrs, July 1944, 419—422; Feb. 1945, 125—126.

[3] MOFFAT, J.: A diode noise generator. J. Instn elect. Engrs, (III A). March 1946, 1335—1337.

[4] KOMPFNER, R., and others: The transmission-line diode as noise source at centimeter wavelengths. J. Instn elect. Engrs, (III A), 1946, 1436—1442.

[5] JOHNSON, H.: A coaxial-line diode noise source for U. H. F. RCA Rev., March 1947, 169—185.

[6] MATARÉ, H. F.: Methoden zur Berechnung der Empfindlichkeit von Mischanordnungen im Dezimeter- und Zentimeterwellengebiet. Archiv elekt. Übertragung, Okt. 1949, 241—248.

[7] MUMFORD, W. W.: A broadband microwave noise source. Bell Syst. tech. J., Oct. 1949, 608—618.

[8] KNOL, K. S.: Determination of the electron temperature in gas discharges by noise measurements. Philips Res. Rep., Aug. 1951, 288—302.

[9] JOHNSON, H., and K. R. DEREMER: Gaseous discharge super-high-frequency noise sources. Proc. Inst. Radio Engrs, Aug. 1951, 908—914.

[10] KLEEN, W.: Einführung in die Mikrowellen-Elektronik. Zürich: S. Hirzel, 1952.

[11] RATCLIFFE, P. M.: The design of microwave-noise generators. Marconi Instrumentation, Oct. 1952, 124—127.

[12] HOULDING, N.: Valve and receiver noise measurement at U. H. F. Wireless Engr, Jan. 1954, 15—26.

[13] SPENCER, W. H., and P. D. STRUM: Broadband U. H. F. and V. H. F. noise generators. Inst. Radio Engrs, Transactions PGI-4, Oct. 1955, 47—50.

[14] STRUM, P. D.: A noise figure meter having large dynamic range. Inst. Radio Engrs, Transactions PGI-4, Oct. 1955, 51—54.

[15] WALLMAN, H.: Automatic noise-factor meter. Chalmers tek. Högsk. Handl., 1955, No. 161, 17.

[16] CHASE, C. E.: Direct-reading noise-figure indicator. Electronics. Nov. 1955, No. 11, 161—163.

[17] MAXWELL, E., and B. J. LEON: Absolute measurement of receiver noise figures at U. H. F. Inst. Radio Engrs, Transactions PG MTT-4, April 1956, 81—85.

[18] WHITE, W. D., and J. G. GREENE: On the effective noise temperature of gasdischarge noise generators. Proc. Inst. Radio Engrs, July 1956, 939.

Namenverzeichnis

Sachverzeichnis